U0339476

全球变暖

完整的概述 | 第四版

John Houghton 著

戴晓苏　赵宗慈　等译

丁一汇　译校

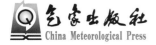

气象出版社
China Meteorological Press

Global Warming Fourth Edition (ISBN 978-0-521-70916-3) by John Houghton first published by Cambridge University Press 2009

图书在版编目（CIP）数据

全球变暖：第4版 / (英) 霍顿 (Theodore, H. J.)
著；丁一汇等译. –– 北京：气象出版社，2012.12
　　ISBN　978-7-5029-5628-8

　　Ⅰ．①全…　Ⅱ．①霍…　②丁…　Ⅲ．①全球变暖 – 研究
Ⅳ．①X16
　　中国版本图书馆CIP数据核字(2012)第282817号

北京市版权局著作权合同登记：图字01–2011–1978号

出版发行：气象出版社　　　　　　　　地　　社：北京市海淀区中关村南大街46号
网　　址：http://www.cmp.cma.gov.cn　　邮　　编：100081
E－mail：qxcbs@cma.gov.cn　　　　　　电　　话：总编室 010–68407112　发行部 010–68409198
责任编辑：张　斌　　　　　　　　　　终　　审：章澄昌
封面设计：北京博雅思企划有限公司　　责任技编：吴庭芳
印　　刷：北京天成印务有限责任公司
开　　本：787mm×1092mm　1/16　　　印　　张：26　　　　字　　数：422千字
版　　次：2013年1月第一版　　　　　　印　　次：2013年1月第一次印刷
定　　价：120.00元

《全球变暖（第四版）》译者

中文版序：陆春晖　丁一汇

原版前言：陆春晖　丁一汇

第 1 章：王绍武　闻新宇

第 2 章：李巧萍　丁一汇　张　锦

第 3 章：柳艳菊　丁一汇　宋亚芳

第 4 章：王绍武　闻新宇

第 5 章：赵宗慈

第 6 章：赵宗慈

第 7 章：戴晓苏

第 8 章：郭彩丽

第 9 章：罗　勇

第 10 章：胡国权

第 11 章：陈文颖

第 12 章：戴晓苏

附　　录：戴晓苏

中文版序

    人类活动引起的全球变暖是本世纪人类面临的最大挑战之一。全球变暖源自大气中增加的温室气体排放（特别是二氧化碳），这主要是由于化石燃料燃烧（煤、石油、天然气）和热带森林的焚烧。随着地球的逐渐变暖，世界各地遭受的最严重影响主要来自海平面增加与更频繁、更严重的气候极端事件（例如热浪、洪涝和干旱等）。

    通过 1988 年联合国组建了政府间气候变化专门委员会（IPCC），世界各地的气候学家们一直紧张而热情地参与到气候变化研究工作中来，包括研究其相关的详细过程、评估未来的影响以及建议采取行动适应和减缓气候变化。来自中国气象局和中国科学院的科学家们对此作出了很多杰出的贡献。我很荣幸曾与中国著名的科学家丁一汇先生、秦大河先生一起作为 IPCC 科学评估工作组的共同主席。

    通过 IPCC 的工作，中国政府及其决策者们已经意识到气候变化对包括中国在内的许多国家的严重影响以及减少温室气体排放的迫切需要。技术的发展已经可以使可再生能源替代化石燃料。至今已充分表明，所要求的改变是不难付诸实施的。此外，很高兴注意到由于采取了这些行动，也获得了许多另外的收益，譬如减少了污染。中国政府在推动这一新的进程方面一直走在世界的前列。

    世界各地的人们都需要加入到这些旨在改变现状的行动中。因此，获得好的可靠的信息不仅对于专家学者，而且对于普通大众都是很有必要的。因此，我很高兴看到本书在中国出版。我希望它将能告知人们关于人类活动引起的气候变化的基本科学知识，以及号召人们加入到减缓气候变化影响的重要行动中来。

    最后，请允许我对那些致力于翻译和出版此书的所有人表示诚挚的感谢！

约翰·霍顿

John Houghton

2011 年 8 月

序　言

　　本书第一版出版于 IPCC 第一次评估报告发表之后。气象出版社及时出版了中文版。时任中国气象局局长的邹竞蒙为此书写了序言。以后，每一次 IPCC 评估报告发表后作者都会根据当时最新的资料对本书进行更新和修订（第二次评估报告发表后出版了第二版，第三次评估报告发表后出版了第三版），以适应气候变化科学迅速发展的脉搏。本书是第四版，是作者根据 2007 年出版的 IPCC 第四次评估报告全面修订的，内容和篇幅大为扩展，包含了许多新的材料和内容，其中最值得关注的是他站在比较公正、客观的立场上对气候变化的各种科学问题作出了清晰的分析和评价。

　　Houghton 爵士曾是英国剑桥大学知名大气科学教授，曾著有《大气物理》一书（第一版由气象出版社出版了中译本），第三版出版于 2001 年，实际上这本教科书是从基础知识上对本书的一个补充，影响很大。Houghton 教授对于 IPCC 的发展和气候变化科学问题的进展贡献很大。

　　作者对气候变化有全面和深入的了解，他不但是大气物理方面的专家，也是气象卫星遥感方面的专家，因而对气候变化的基础理论之一——大气辐射问题有深入和独到的见解。因而，这本著作也是他多年教学、研究成果综合的结晶，很值得对气候变化感兴趣的广大读者一读。

郑国光

2011 年 9 月 23 日于中国气象局

译者前言

气候变化在世界各国政府，科技界，公众和媒体的关注下，日益成为全球性的热点问题。特别是在哥本哈根会议之后，更引起了广大公众的关心，因而回答科技界和公众提出的有关气候变化的各种科学和应对问题十分必要，也十分迫切。

气候变化是一个多学科交叉的复杂科学问题，经过科学界长期的研究，既有确定性结果，也包含有很大的不确定性。但通过政府间气候变化专门委员会 (IPCC) 四次评估报告和全世界许多科学家的研究，科学界至少在以下两点取得了比较肯定的结论和共识。

(1) 近百年气温表现出明显的上升趋势，即地球正经历一个全球气候变暖期；

(2) 大气 CO_2 浓度从工业化后 (1750 年) 不断上升，已从 280 ppm 上升到了 390 ppm。

上述两个结论主要都是根据观测得到的，因而是不争的事实，但在其他一些主要问题上也明显存在争议和不同声音，这包括：

(1) 人类活动是不是近百年气候变化的主要原因？自然因素的贡献有多大？

(2) 气候变化的影响是以负面为主还是正面为主？有专家认为，从人类发展的长期历史资料的分析看，气候变暖的结果主要是有利的，是人类的福音；但也有人认为暖期易发生干旱等自然灾害，为人类社会发展带来许多不利甚至严重的影响。

(3) 模式预测的未来气候变化是否可靠？能否为制定适应和应对气候变化战略提供有用的科学信息？

(4) 目前国际社会虽然在全球升温 2℃ 阈值问题上取得了相当的共识，但对于这种阈值下 CO_2 浓度到底应稳定在什么水平上，是 450 ppm，还是 500 ppm，仍存在不同看法。这涉及全球和各国近期、中期和远期减排指标的确定，以及应采取什么样的能源战略和技术才能有效地进行相应的减排？

对上述问题，Houghton 教授的这本书在很大程度上都作出了解释和回答。应该说，这是一本科学性强，综合性广，针对性明确的气候变化科普著作，与众多的气候变化专著相比，Houghton 教授的这本著作在科学论述和深度上是独具特色的。

　　本书是根据 John Houghton 教授的第四版《Global Warming--The Complete Briefing》翻译的。作者是前剑桥大学教授和英国气象局局长，曾任 IPCC 第一工作组主席和共同主席。第四版出版于 2009 年，它在前三版的基础上，根据 2007 年出版的 IPCC 第四次评估报告对全书从内容，观点，结构，图表等方面都做了明显的改进。内容大为扩展，插图更为美观，数据更为翔实，更重要的是科学观点更为平衡，关键的问题尽可能以多种事实为依据，做出明确而客观的阐述。全书内容广泛，几乎涵盖了气候变化的主要问题，但重点是告诉读者：最近频繁发生的极端天气和气候事件与气候变化有什么联系？是否有更多的证据支持现今的气候变化主要是由人类活动引起的？全球的电力供应，交通运输等能否实现低碳或无碳能源？全书的文字简洁，明了，条理清晰，是一本可读性很高的气候变化读物。

　　在 1996 年，我们曾翻译出版了作者的第一、二版，受到了广大读者的欢迎。我相信，这一新版将会得到更多读者，包括在校的青年学生的欢迎。本书由多位专家译出，感谢他们为此付出的劳动和时间。张锦同志为组织此书翻译，自始至终做了许多具体工作。气象出版社张斌主任为编辑此书做了极为细致的工作。中国气象局科技与气候变化司郭彩丽同志对本书出版给予大力支持。在此一并表示诚挚的谢意。

丁一汇

2011 年 9 月 8 日于国家气候中心

原版前言

全球变暖这一话题吸引了全世界越来越多的注意力。它真的发生了吗？如果是的话，有多少是由于人类活动造成的呢？我们将在多大程度上可能适应这样的气候变化，对此又能够或应该采取怎样的应对行动？而这样的行动要付出怎样的代价，还是已经太晚了而很难找到有效的应对方法了？在这里我们试图为回答这些问题提供最佳和最新的答案。

从 1988 年 IPCC 成立到 2002 年，我有幸担任了它的科学评估报告的主席或共同主席。在此期间，IPCC 分别在 1990 年、1995 年和 2001 年出版了三个主要的综合性报告，这些报告影响了从事气候变化研究以及关注气候变化带来影响的人们，并为他们提供了信息。2007 年，IPCC 出版了第四次评估报告，在这次报告中增加了很多有关气候变化的新材料，这些材料也为本书更新第四版进行大幅度的修订提供了依据。

气候变化作为至今被世界科学界研究的一个复杂的科学问题，IPCC 报告被公认为是对其最权威、最全面的评估。在 1990 年第一次完成评估报告时，我被要求向当时的首相玛格丽特．撒切尔和她的内阁报告内容，这也是我第一次在唐宁街 10 号的内阁会议室用投影仪做报告。2005 年，G8 各参与国以及中国、印度和巴西的科学院就将 IPCC 报告中的工作在一份关于要求采取行动的气候变化联合声明中引证了。世界上顶尖的科学家都对 IPCC 的工作非常支持，2007 年 IPCC 被授予诺贝尔和平奖，这表明 IPCC 在世界范围内得到了更加广泛的认可。

关于全球变暖已经出版了很多书籍，而我在选择本书材料时，参考了很多近些年来我给专业人士、学生和普通观众做讲座时的内容。

这本书的优点包括：

• 为学生、专业人士以及对全球变暖问题感兴趣或关心的人提供了最新、最可靠、准确并易于理解的信息，涵盖了全球变暖问题的各个方面。

• 科学家和普通人都可以读懂。虽然在书中出现了很多数字（因为我觉得量化是非常重要的），但是书里并没有数学方程，一些重要的技术材料放在了注释框中。

• 内容全面，本书涵盖了全球变暖的基本科学知识以及全球变暖对人类社会、生态系统、经济、技术、伦理、国家和国际行动中的政策选择等方面的影响。

• 适合作为高中到大学水平学生的普通参考书，书中的每一章都包含了思考题，可以帮助学生思考并检测他们对章节中相关内容的理解程度。

• 针对大量的气候变化相关数据，这里用简单、有效而不是过多的插图进行说明，以确保读者可以看到是怎样得到结论的，并且书中的配图可以在互联网上找到。

IPCC 成立 20 多年来，我们对于气候变化的认识有了很大的提高，并且亲身经历了由人类活动引起的气候明显变化。更进一步，关于决定气候响应的反馈研究表明越来越多的可能性会增强气候变化的响应，从而导致近些年来对气候变化在未来对于人类和生态系统的影响有更多的关注。我们可以做些什么来减轻或减缓未来气候变化的影响呢？本书后面几章回答了这个问题，并显示文中提出的这些技术可以支持紧迫且可行的气候变化行为。此外，文中还指出了如果采取必要的行动这些应对措施对社会各界的其他好处，然而我们现在缺乏的似乎是采取行动的意愿。

当我完成这版修订稿的时候，我想表达我的感激之情。首先感谢那些鼓励并帮助我准备早期版本材料的人，他们中的很多人和我一起在 IPCC 或者哈得来中心（Hadley Centre）工作过。我还要感谢那些帮助我准备这一版本材料的人，以及看过初稿后给我提出宝贵意见的人，特别是 Fiona Carroll、Jim Coakley、Peter Cox、Simon Desjardin、Michael Hambery、MarcHumphreys、Chris Jones、Linda Livingstone、Jason Lowe、Tim Palmer、MartinParry、Ralph Sims、Susan Solomon、Peter Smith、Chris West、Sue Whitehouse 和 Richard Wood。我还要感谢剑桥大学出版社的 Catherine Flack、Matt Lloyd、Anna-Marie Lovett 和 Jo Endell-Cooper，他们出色的工作能力和善意的态度为本书的酝酿和出版提供了重大的指导。

最后，我想对我的妻子 Sheila 说：我亏欠了你很多，非常感谢你！首先是你坚定地鼓励我写这本书，也是你的不断鼓励和支持帮助我度过了漫长的出版等待时间。

John Houghton

目　录

全球变暖与气候变化

"威尔玛"飓风于2005年10月24日袭击美国佛罗里达州西南海岸

" **全球变暖**"一词作为当今热议的话题之一已为大家所熟知。人们对其所持的态度却千差万别,有人感觉如"末日来临",也有人对此不屑一顾。本书旨在清晰地阐述有关"全球变暖"的科学现状,以帮助我们做出基于事实的理性判断。

气候正在变化吗？

到2060年，我们的孙辈都将有70岁，那时的世界会变成什么样？或者说，在他们正常的一生中要经历些什么？在过去的70年间，已经发生了很多在20世纪30年代根本无法预测的事。变化的步伐是如此之快，我们根本无法预测未来70年又会发生什么新奇的事。也许比较确定的是，这个世界将变得更拥挤，交流更频繁。可这些仍在增强的人类活动会不会影响环境，特别是世界会变得更暖吗？未来的全球气候会不会变化？

在谈到未来的气候变化之前，我们可以先谈谈过去的气候变化究竟是什么样。从远古时代到现在，气候已经发生过巨大的变化。过去的100万年间，地球经历了一连串重大的"冰期"，冰期与冰期之间又由短暂的"间冰期"分割开来。最后一个冰期在大约2万年前结束，我们现在正处在一个所谓的"间冰期"中。本书第4章将详细介绍过去的地球气候。在我们短暂的记忆中，比如最近几十年间，气候又发生过什么样的变化呢？

日复一日的"天气"变化时刻都在发生，这已经成为我们生活的一部分。与之不同的是，一个地区的"气候"，则是指一段时间之内的平均"天气"。一段时间可以是几个月、几个季度甚至几年。气候的变化我们并不陌生，比如我们常常形容夏天为"湿润"或"干燥"，形容冬天为"暖和"、"寒冷"或"风暴肆虐"。在英伦三岛，像世界上许多地方一样，四季分明，没有哪个季节与上一个或之前的任何季节一样，也没有哪个季节会在下一年重复，我们认为这些变化是理应出现的。正是这些变化给我们带来许多生活的乐趣。我们特别关心的往往是极端事件和气候灾难（例如，图1.1显示了1998年主要的气候事件和灾难，1998年是有记录以来最暖的年份之一）。事实上，世界上绝大多数严重的灾难都与天气或者气候有关。我们的新闻媒体则不断地告诉我们这样的灾难发生在世界的不同地方，包括热带风暴（也称飓风或台风）、暴风雨、洪水和龙卷风，以及持续时间长且破坏力很大的干旱。

过去的30年

20世纪最后的几十年和本世纪的前几年异常偏暖。就全球而言，过去的30年是最近100年有准确气象记录以来最暖的30年。1850年以来，全球地表气温最暖的13个年份，有12个出现在1995至2007年间，并且1998年和2005年被

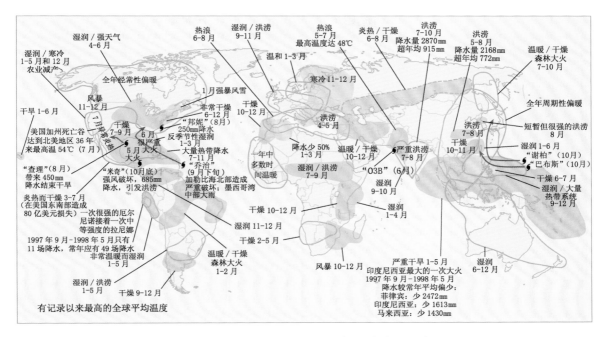

图1.1　1998年重要的气候极端事件，记录来自美国海洋大气管理局气候预测中心

认为是最暖的年份（不同的数据分析对于其中哪一年是更暖的尚有分歧）。
IPCC在其2007年的评估报告[1]中有如下描述：

> "全球气候系统的变暖是不争的事实，现在全球平均气温上
> 升、海洋温度上升、冰雪大面积融化与全球海平面高度不断上升都
> 证明了这一点。"

当前这一时期，在极端天气、气候事件的频率和强度方面都显得十分异
常（究竟有多异常稍后再议）。我们举几个例子。2003年夏天，欧洲中部经历
了极端反常的热浪，导致了超过20000人的过早死亡（参见第7章第197页）。
许多极端强风也曾席卷西欧。在1987年10月16日早晨的几个小时之内，英格兰
东南部和伦敦地区有超过1500万棵树被吹倒。这场风暴也席卷了法国北部、比
利时和荷兰，最终成为自1703年以来该地区最猛烈的一场强风暴。类似或更强
烈的风暴在1990年曾发生过四次，在1999年12月曾发生过三次，范围涉及欧洲
西部的更广大地区。

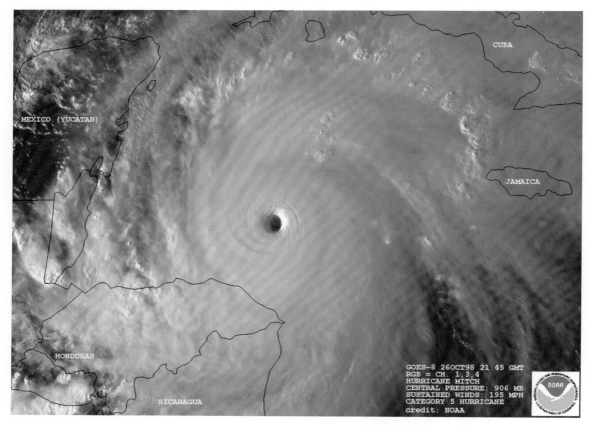

"米奇"飓风是大西洋地区最具威胁、最强的飓风之一，中心最大风速达到290 km/h。这是大西洋地区1990年飓风季第13个热带风暴、第9个飓风、第3个强飓风

　　但是，欧洲的这些风暴与这些年世界上其他地区经受的更为强烈、更具破坏性的风暴相比要温和得多。每年有80个飓风和台风（热带风暴的别名）发生在热带洋面上并被命名，以便人们熟悉它们：例如1988年袭击了牙买加群岛和墨西哥海岸的"吉尔伯特"（Gilbert）飓风，1991年袭击日本的"米瑞利"（Mireille）台风，1992年对美国南部诸多地方和佛罗里达州造成巨大损失的"安德鲁"（Andrew）飓风，1998年袭击洪都拉斯和中美各国的"米奇"（Mitch）飓风，以及2005年创纪录地重创美国、墨西哥湾沿岸的"卡特里娜"（Katrina）飓风，都是值得回顾的例子。诸如孟加拉国这样的低海拔国家，特别容易受到热带气旋造成的风暴潮的影响，再加上很强的低气压、极端强风和天文大潮的共同作用，常发生深入内陆的海水倒灌。本世纪最

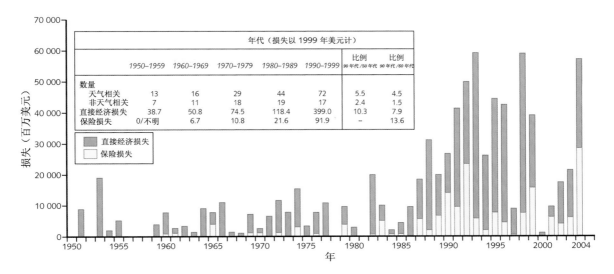

图1.2　慕尼黑再保险公司记录的1950—2004年灾害性天气造成的经济损失和保险费用。2005年由于美国的"卡特里娜"飓风，此图已超出范围：实际有超过2000亿美元经济损失和超过800亿美元保险费用。两项指标在最近几十年都在不断攀升。图中也包含非气象灾害的数量用于比较。第7章中的表7.3和表7.4提供了一些地方的具体数据，并列出了最近造成最严重经济损失和保险费用的一些灾害

严重的自然灾害之一就是发生在1970年孟加拉国的风暴潮，有超过25万人在这场灾难中丧生。同样的事在1999年也发生过一次，其邻国印度的奥里萨邦（Orissa）在1999年也发生过一次，事实上在以上地区经常发生小规模的潮涌。

　　近年来遭受自然灾害打击的保险业也一直关注风暴强度的增加问题。一直到20世纪80年代中期，人们仍普遍认为在美国受风暴和飓风引起的保险损失很少会超过10亿美元，但是仅1987年10月袭击西欧的一系列风暴带来的强风所造成的损失就已高达100亿美元。再例如，"安德鲁"飓风造成的保险损失据估计为210亿美元（1999年价格），而全部连带经济损失接近370亿美元。图1.2显示了过去50年间与天气有关的灾害[2]给保险业带来的损失。此图表明从1950年到现在由于此类自然灾害造成的经济损失的增长已超过10倍，这种增长部分可归咎于人口增长和其他社会经济因素——特别是在那些脆弱地区。在全球很多地区，人们面对自然灾害都显得更加脆弱，其中一个重要的因素是自1950年以来风暴数量的增多。

　　风暴或者飓风绝不是引起自然灾害的唯一的极端天气和气候事件，由异常强而持续的降水引起的洪水及长期少雨（或完全无雨）而形成的干旱，对

1993年被淹的麦当劳店，位于密苏里州费斯特斯（Festus）。拍摄于2.5 km之外的河面上9 m处。

人类的生命财产更具破坏性，这样的事件经常在世界许多地方发生，尤其在热带和副热带地区。最近20年间有许多著名的例子，让我来描述几次洪水。1998年，孟加拉国发生了历史上水位最高的洪水，占国土面积80%的地区受到了影响；1991年、1994—1995年、1998年，中国都发生了严重的洪涝灾害，数百万人受到影响；1993年，美国的密西西比河和密苏里河地区发生洪水，洪水水位超过历史记录，受淹面积相当于大湖区的面积；1999年委内瑞拉大洪水导致了严重的泥石流，有3000人死亡；2000—2001年的一年间，莫桑比克发生两次洪水，造成50万人无家可归；2002年夏天，欧洲遭受几个世纪以来最严重的洪水。在同一时期，非洲从北到南的许多地区却经历了持续而严重的干旱。非洲是世界上最脆弱的地区，那里对重大自然灾害的恢复能力十分有限。图1.3显示了20世纪80年代非洲干旱所造成的死亡人数比其他各种自然灾害造成的死亡人数之和还多，这足以说明干旱问题的严重性。

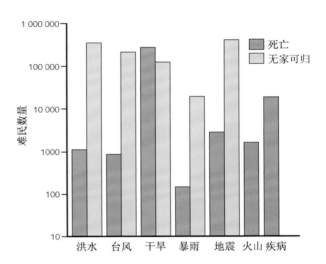

图1.3　1980—1989年记录的非洲灾害，由非洲统一组织提供。注意此图使用对数坐标

厄尔尼诺事件

在热带与副热带地区，引起旱涝的雨型常常受到全球海温的影响，尤其受南美沿岸太平洋海温分布的影响（参见第5章和图5.9）。大约每隔3～5年在这一区域会出现大面积海水温度偏高并持续一年或一年以上的现象。由于这一现象常在圣诞节前后发生，故称为厄尔尼诺（圣婴）事件[3]。由于厄尔尼诺事件对南美沿岸国家的渔业有破坏性的影响，所以几百年来已为这些南美沿岸国家所熟知。其原因是：海洋表面的暖水会阻止下方较冷海水的上翻，导致冷水中的营养物质无法到达海面，而这是维持海表鱼类生活所必需的。

1993年4月至10月沿密西西比河和密苏里河发生的美国中西部大洪水。这次洪水是美国历史上损失最大、最具破坏力的洪水之一，导致超过150亿美元的损失，受灾面积超过80000 km²。照片取自Landsat-5卫星的热成像仪，拍摄于洪水期间的密西西比河靠近圣路易斯市（St Louis）附近

　　1982—1983年发生了一次特别强的厄尔尼诺事件，海表温度异常偏高7℃，几乎各大洲的旱涝都与那次厄尔尼诺事件有关（参见图1.4）。像其他天气、气候事件一样，每一次厄尔尼诺的详细特征往往差异很大，这种差异在20世纪90年代表现得尤为明显。例如，1990年开始并于1992年初达到峰值的厄尔尼诺事件，除了在1992年中期有一定的减弱，一直到1995年始终是暖位相为主。美国中部和安第斯山地区的异常洪水以及澳大利亚和非洲的干旱，都可能

和这次持续时间很长的厄尔尼诺事件有关。在这次20世纪持续时间最长的厄尔尼诺事件之后，紧接着发生了1997至1998年号称世纪之最的强厄尔尼诺事件，这次事件引起了中国和印度次大陆严重的洪涝灾害，以及印度尼西亚的干旱，干旱更进一步导致了严重的森林大火，燃烧产生的浓烟像一条罕见的毛毯一样延伸到1600 km之外（见图1.1）。

　　用计算机模式进行研究（见第5章）给人们提供了一种科学的工具来了解厄尔尼诺事件和其他极端天气事件之间的联系，这也在一定程度上增加了人们成功预报这种灾害的信心。当前一个紧要的科学问题是，由人类活动引起的全球变暖，是否会影响厄尔尼诺事件的特点和强度。

火山喷发对温度极值的影响

　　火山活动可以影响气候。火山把大量的灰尘和气体喷发到上层大气中，其中有大量的二氧化硫，它们在太阳的辐射作用下通过光化学反应转化为硫酸和硫酸盐颗粒物。一般这些颗粒物停留在10 km以上的平流层大气中达几年之久，之后会沉降到低层大气，并很快被雨水冲刷清除。在这期间，它们在全球扩散，并阻挡一部分太阳辐射，使低层大气温度降低。

　　20世纪最大的火山喷发是1991年6月12日菲律宾的皮纳图博（Pinatubo）火山喷发，约2000万吨的二氧化硫和大量的灰尘被喷射到平流层中。在火山爆发后的几个月内，这种平流层灰尘在全球范围内引起了壮丽的日落景象，并使到达低层大气的太阳辐射量下降了约2%。在之后的两年里，全球平均温度下降约0.25℃。也有证据表明，1991年和1992年的一些异常天气，如中东冷冬和西欧的温和冬天，都受到了这次火山的影响。

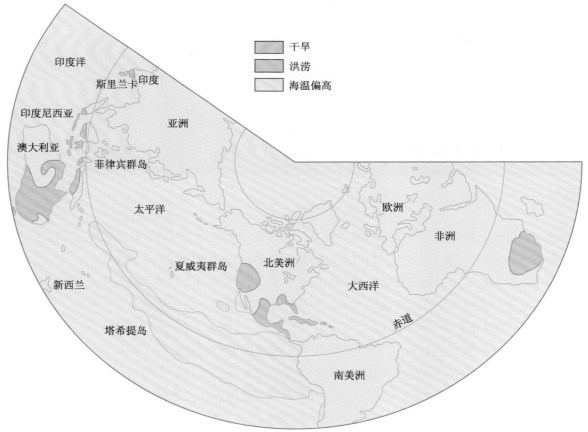

图1.4　1982—1983年厄尔尼诺期间发生洪涝和干旱的地区

气候变化的脆弱性

许多世纪以来，虽然不同地区的人们都在适应各地独特的气候，但任何相对平均气候状态的明显改变都会给人们带来这样或那样的影响。特别是极端气候事件和气候灾害向人类展示了气候对人们日常生活的重要性，并使世界各国都认识到受到气候影响的可能性以及面对极端天气事件的脆弱性。由于人口激增和对资源需求的增加，这种脆弱性也与日俱增。但问题接踵而至：我们列出的这些极端事件究竟有多明显？它们预示着人类活动正在引起气候变化吗？对此必须小心分析，因为正常的自然气候变化幅度也是很大的，气候极端现象并不是新鲜事，气候记录始终不断地被打破。事实上，若某个月没有破纪录，这本身就是某种纪录！

我们许多人或许还记得20世纪60年代和70年代初发生的全球范围的一段冷期，曾引起人们推测世界要进入一个新的冰期。在英国，一个反映气候变化的电视节目"冰期来临"在70年代初制作完成并广泛播映。但不久变冷趋势即告终止，我们千万不要被我们相对短暂的记忆所误导。

我们已经确定过去几十年全球变暖的事实，但我们有证据表明这是和人类200年来工业活动的发展有关吗？为了确认气候变化与工业发展有关，我们需要寻找这200年内的全球变暖趋势。可这比一代人的记忆还长，也比有准确气象记录的历史还长。例如，我们可以确认20世纪80—90年代北大西洋地区风暴比几十年前多得多，但仍然不能确定相对于几个世纪以前这是否反常。在世界其他地方，由于缺少足够的气象记录，向前追溯气候变化的趋势就显得更加困难，而检测极端事件的频率变化也非易事。

为了解决这一困难，当前最重要的是不断地将最新的观测事实和我们的科学预期做对比。在过去的几年中，随着很多极端事件引起大众对环境问题的关注[4]，科学家们越来越相信人类活动确实改变了气候。在接下来的几章中，我们将详细讨论全球变暖的科学细节、我们能预期的气候变化，以及这种预期的变化是否符合观测事实。首先，我们简要介绍一下当前科学认知的概况。

全球变暖

我们十分确信地知道：正是由于人类活动，特别是化石燃料、煤炭、石油和天然气的使用，以及大面积的森林砍伐，大量的二氧化碳气体被排放到大

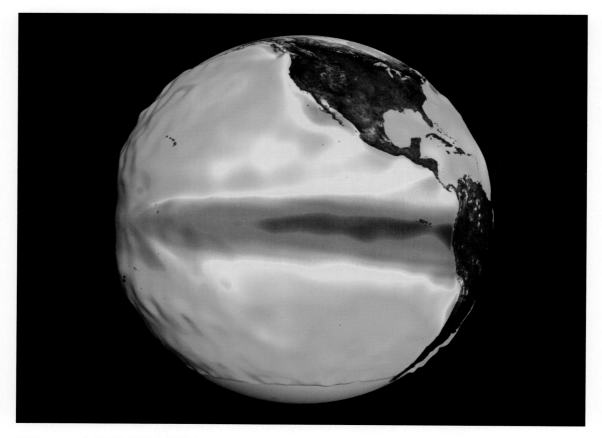

1997—1998年的厄尔尼诺事件是有记录以来最强的一次。结果导致亚洲干旱并引起森林大火，仅在印度尼西亚就烧掉了几千平方英里*的热带雨林、木材林地、替代性森林和灌木丛林。这张图为海温距平与海面高度距平的叠加，显示了堆积的暖水横跨太平洋一直延伸到南美沿岸

气中。这导致在过去的200年特别是近50年里，大气中的二氧化碳含量在持续增加。现在每年的碳排放，足以使大气中的碳含量增加80亿吨**，其中的大部分有可能在大气中留存100年甚至更长。由于二氧化碳能很好地吸收地球表面的辐射热量，使得它们就像覆盖在地球表面的一层棉被（"被毯"作用），使地球越来越暖。随着地球不断暖化，大气中的水汽含量也有所增加，这使得地球温度进一步增加。由于某些人类活动，例如采矿和农业，大气中的甲烷气体

---

*1平方英里约等于2.59 km²。
**校者注：1吨碳约等于3.7吨二氧化碳。

浓度也在增加，这使得问题更加严重。

　　对于那些在寒冷地区生活的人们，气候若能变暖一些似乎很有吸引力。但全球平均温度的增加，意味着全球性的气候变迁。如果这种变迁足够小且足够慢的话，我们可能还能去适应它；但随着全球人类工业活动的快速扩张，这种变迁既不小也不很慢。据我们估计，若缺少有效的措施来抑制二氧化碳排放量的增长，全球平均温度将每10年上升1/3℃或更多，或者说，未来100年将上升3℃或更多。

　　这听起来似乎并不严重，特别是和正常的温度变化范围比较起来，如早晚温差，或日与日之间的温差比较。但需要强调的是，这个温度变化可不是某一具体地点的，而是全球平均的。这里所预测的变暖率，即全球平均温度百年上升3℃，可能是过去1万年间变化最快的。考虑到地球最冷的冰期和最暖的间冰期之间的温度变化也只有5~6℃（见图4.6），我们认为全球平均温度变化3℃将意味着地球气候发生显著变化。对这种变化幅度，特别是这种变化的速度，许多生态系统和人类群落（特别是那些发展中国家）都将难以适应。

　　气候变化并不是一无是处。当某些地区经受更频繁的严重干旱、水患、海平面上升时，其他一些地方的农田却可能因二氧化碳的"施肥"而增产；而另一些地方，比如副极地地区，则还有可能变得更适宜居住。但即使在这些变好的地方，过快的变化仍可能带来一些问题，比如：由于永冻土层的融化导致地面建筑物的大量毁坏，副极地地区树木由于不能及时适应新的气候条件而死亡。

　　科学家们确信由人类活动引起的全球变暖和气候变化的事实。然而仍有一些不确定的问题，比如变暖的幅度，以及全球各地的具体表现。尽管已经了解一些，但科学家们仍很难确切地说出哪些地方受影响最严重。目前仍需要加强科研工作来增进他们科学预测的信心。

对气候变化的适应与减缓

　　图1.5给出了对人类活动引起的气候变化整体概念的示意图，图中显示了一个完整的因果循环。从图中最下端的"社会经济发展"开始，不论规模大小，或在发达国家或在发展中国家，都导致温室气体（二氧化碳是最重要的）和气溶胶的排放。沿顺时针方向，这些人为排放导致大气中很多重要组分的浓度变化，进一步改变了气候系统的能量平衡，从而改变地球气候。气候变化再进一步影响人类和自然生态系统，影响自然资源的分布，甚至影响人类的生活

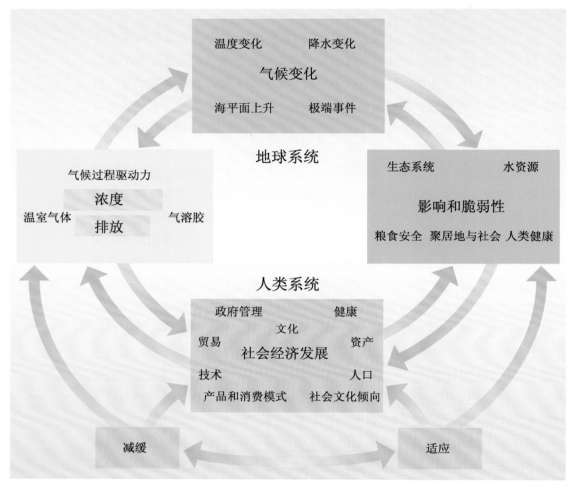

图1.5　气候变化的集成框架（参阅正文解释）

和健康。这些影响反过来又会影响人类各方面的发展。图中逆时针方向的箭头，表示可采取的措施和减排路径，以减少或避免未来气候变化带来的影响和风险。

图1.5同时也显示了"适应"与"减缓"是如何改变因果循环的。简而言之，"适应"的目的是减少气候变化的负面影响；"减缓"的目的是降低气候变化的起因，特别是不断增加的温室气体排放。

不确定性和响应

对未来气候的预测有很多值得仔细考虑的不确定因素。这源于我们对气候变化科学认知的不完善，也源于无法准确估计未来人类活动的变化（这可是气候变化的主因）。政治家和其他制定政策的人因此不得不在应对气候变化的威胁时面临两难的选择，既要仔细权衡气候变化不确定性的方方面面，又要考虑应对气候变化的成本。一些减缓气候变化的方案能够以很低的成本得以实施，例如发展节能技术，减少滥砍滥伐并鼓励植树。而其他一些方案，例如同时在发达国家和发展中国家大范围地改变能源结构，使用无二氧化碳的新能源（如可再生能源：生物质能、水电或太阳能），则需要很长时间。可是，发展新能源基础设施所减排的二氧化碳反馈到气候变化上需要很长时间，而人类的紧迫感要求我们"立即行动"！关于这一点我们将在稍后讨论（第9章），"走一步看一步"是不负责任的态度。

在接下来的几章中，我将先介绍全球变暖的科学认知、证据及当前的气候预测水平；然后，我会介绍已知的一些气候变化所带来的影响，例如海平面、极端事件、水和食物供给。在讨论"我们为什么要担心环境"以及"如何面对科学层面的不确定性"这类问题之后，我们还会讨论大幅度减排二氧化碳在技术层面的可能性，以及可能对能源利用和交通产生的影响。

最后，我想谈一谈"地球村"的话题。目前，随着环境问题日益突出，国家的边界变得越来越不重要，一个国家的污染就足以影响整个世界。进一步地说，我们已越来越多地认识到环境问题与许多全球性问题都有关系，诸如人口激增、贫穷、资源的过度开发、全球安全等。所有这些已经暴露的全球性问题，终将只能由全球性解决方案来解决。

思考题

1. 看看最近的报纸和杂志中有关"气候变化"、"全球变暖"或"温室效应"的文章，其中有多少结论是准确的？

2. 制作一份关于"气候变化"、"全球变暖"和"温室效应"的调查问卷，看看有多少人了解这些问题，了解彼此的关系和各自的重要性。分析被调查对象的背景，进而对如何增进人们对这些问题的了解提出建议。

▶ 扩展阅读

Walker, Gabrielle and King, Sir David. 2008. The Hot Topic. London: Bloomsbury. A masterful paperback on climate change for the general reader covering the science, impacts, technology and political solutions.

注释

[1] 决策者摘要。Summary for policymakers, p. 5in Solomon, S., Qin, D., Manning, M., Chen, Z., Marquis, M., Averyt, K. B., Tignor, M., Miller, H. L. (eds.) 2007. Climate Change 2007: The Physical Science Basis. Contribution of Working Group 1 to the Fourth Assessment Report of the Intergovernmental Panel on Climate Change. Cambridge: Cambridge University Press.

[2] 包括风暴、飓风或台风、洪涝、龙卷风、冰雹、暴风雪，但不包括干旱，因为干旱的影响不直接并且持续时间长。

[3] 对厄尔尼诺事件的多样性及其几百年来对全球各地的影响的详细介绍，可参考Ross Couiper Johnston的书：El Nino: The Weather Phenomenon that Changed the World. 2000. London: Hodder and Stoughton.

[4] Mark Lynas写了一本书：High Tides: News from a Warming World. 2004. London: Flamingo. 书里生动记录了近几十年间的许多变化。

温室效应

升起的地球迎接从月亮背面出现的"阿波罗"8号飞船宇航员

全球变暖的基本原理可以通过考虑两种辐射能来理解，一种是加热地球表面的来自太阳的辐射，另一种是射向外空的来自地球和大气的热辐射。平均来说，这两种辐射能量一定平衡。如果这种平衡被破坏（如由于大气中二氧化碳的增加），它可以通过地球表面温度的升高而恢复。

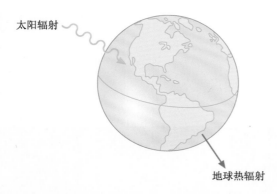

太阳辐射

地球热辐射

图2.1　地球辐射平衡。净入射太阳辐射与地球向外热辐射平衡

地球是如何保持温暖的？

我从一个非常简化的地球出发来解释这些加热地球及其大气的过程。假设我们能够突然地从大气中移走所有的云、水汽、二氧化碳及所有其他的微量气体和尘埃，仅留下氧气和氮气，其他一切都保持不变。在这种情况下，大气温度将会发生什么变化呢？

这是一个非常容易的、涉及比较简单的辐射平衡计算的问题。到达大气外界、直接面对太阳的1 m²面积上的太阳辐射能约为1370 W——相当于一个普通家用电炉所辐射的功率。然而，地球表面只有一小部分直接面对太阳，而且还总是有一半时间（夜晚）背向太阳，因此，到达大气外界1 m²面积上的平均能量仅是该值的四分之一[1]或342 W。当辐射通过大气时，一小部分（约6%）被大气分子散射返回外空，平均约10%由陆地和海洋表面反射回外空，其余的84%（或平均约288 W/m²）真正保留下来用于加热地表——相当于三个大的白炽灯泡的功率。

为了平衡上述入射辐射，地球本身必须以热辐射的形式向外辐射同样的能量（图2.1）。所有物体均发射这种辐射，如果它们足够热，我们还可以看得见它们发射的辐射。温度约为6000℃的太阳看上去是白色的，而一个800℃左右的电炉则呈红色。较冷的物体发射肉眼无法看到的辐射，其波长位于可见光谱的红光以外，即红外辐射。在晴朗、星光灿烂的冬季夜晚，我们可以明显地察觉到这种由地表发射到外空的辐射而造成的冷却效应——它经常导致霜冻。

地表发射的辐射量取决于它的温度，地表越热，发射的辐射能就越多；它还取决于地表的吸收，吸收越大，辐射越多。对大多数的地球表面（包括冰和雪），如果我们能在红外波长看到它们的话，它们将呈现"黑色"，这意味着它们几乎吸收了所有到达其上的热辐射而不反射。由计算可知[2]，为了平衡地球吸收的288 W/m²入射太阳辐射，地表温度必须是−6℃才能产生相当的辐射能[3]，这比实际情况要冷得多。事实上，在靠近地表的整个地球表面（海洋表面和陆地表面）全年所观测到的平均温度大约是15℃。为了解释这一差异，我们需要考虑某个尚未被考虑的因子。

温室效应

构成大气主要成分的氮气和氧气（表2.1给出了大气成分的详细情况），既不吸收也不发射热辐射。而大气中含量少得多的水汽、二氧化碳和其他一些微量气体（表2.1）才真正吸收了一部分地表发射的热辐射，对它起了部分"被毯"作用，并造成地表实际平均温度（15℃）与没有这些气体大气状况下地表温度之间20～30℃的差别[4]。这种"被毯"作用被称为"自然温室效应"，而这些气体则被称为温室气体（图2.2）。将它称为"自然"是由于所有的大气成份（CFCs除外）远在人类出现之前就已经存在了。下面我将会提到"增强的温室效应"，指的是由于化石燃料燃烧和森林破坏等人类活动产生的大气气体所引起的附加效应。

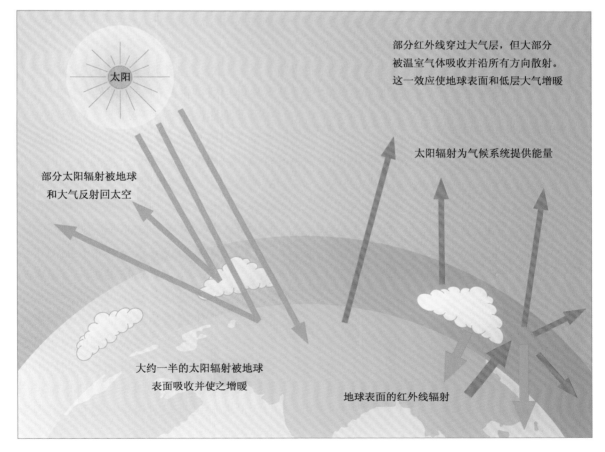

图2.2　自然温室效应示意图

表2.1　大气组成主要成分（氮气和氧气）和温室气体（2007）

气体	混合比或克分子数[a]（%）* 或百万分之一体积（ppm）
氮气（N_2）	78*
氧气（O_2）	21*
水汽（H_2O）	可变（0～0.02*）
二氧化碳（CO_2）	380
甲烷（CH_4）	1.8
氧化亚氮（N_2O）	0.3
氯氟烃（CFCs）	0.001
臭氧（O_3）	可变（0～1000）

[a]定义见术语表

早在19世纪初（见下页注释窗），就已经了解了温室效应的基本原理。那时，第一次提出了地球大气和温室玻璃辐射特性之间的相似性（图2.3），并因此取名为"温室效应"。在温室中，来自太阳的可见光辐射几乎无阻挡地透过玻璃并被里面的植物和土壤吸收。但是，由植物和土壤发射的热辐射却被玻璃吸收并将部分辐射再发射回温室中。玻璃因此成为帮助温室保持温暖的"辐射被毯"。

但是，辐射传输仅是热量在温室中输送的方式之一。热量输送的另一个重要方式是对流，它是由较低密度的暖空气向上运动、较高密度的冷空气向下运动而产生的。一个大家熟悉的对流过程的例子是家用对流电加热器，它通过促进房间内的对流而使整个房间得到加热。因此，温室中的情形要比仅有辐射热输送过程的情况复杂得多。

尽管空间尺度大得多，但大气层中依

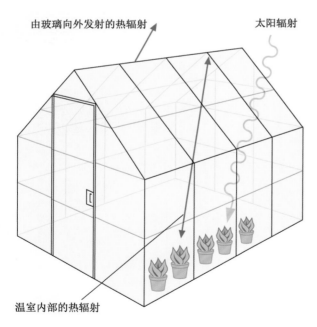

图2.3　温室具有与大气类似的对入射太阳辐射和射出热辐射的作用

温室效应科学原理的先驱者[5]

　　大气中温室气体的增暖效应首先是由法国科学家Jean-Baptiste Fourier在1827年发现的，他曾以对数学的贡献而闻名于世。他还指出了大气和温室玻璃会产生相似的增温结果，这就是"温室效应"这一名称的由来。接着，英国科学家John Tyndall 在1860年前后测量了二氧化碳和水汽对红外辐射的吸收；他还提出，冰期形成的一个原因可能是二氧化碳温室效应的减小。1896年，瑞典化学家Svante Arrhenius计算了温室气体浓度增加产生的效应。他估算的结果是，二氧化碳浓度加倍将使全球平均温度升高5～6℃，这与我们当前的认识相近[6]。大约过了50年，即在1940年左右，在英国工作的G. S. Callendar首次计算了由于化石燃料燃烧所增加的二氧化碳的增暖效应。

　　第一次有关增加温室气体可能影响气候变化的论述产生于1957年，当时加利福尼亚的斯克里普斯海洋研究所（SIO, Scripps Istitute of Oceanography）的Roger Revelle 和Hans Suess发表的一篇论文指出，在大气二氧化碳的增加过程中，人类正在进行一场大规模的地球物理试验。同年，二氧化碳的常规观测在夏威夷的Mauna Kea观象台开始进行。从那时起，由于对化石燃料使用

Svante August Arrhenius (1859-1927)

的快速增加以及人们对环境的日益关注，使全球变暖成为20世纪80年代政治家提到议事日程上的话题，并最终导致1992年签署气候框架公约（后面几章将对此有更多的讨论）。

　　然存在混合和对流。因此，为了对温室效应有一个正确的认识，除了考虑辐射热输送过程外，还必须考虑大气中的对流热输送过程。

　　在大气层内部（至少是在高达10 km左右、被叫做对流层的大气最下面的四分之三内），对流实际上是热量输送的主要过程。其作用如下：地表通过吸收太阳光而变暖，近地面的空气被加热并因密度较低而上升；当热空气上升时便会膨胀冷却——正如从一个轮胎阀门出来的空气变凉一样。当某些空气团上升时，其他的空气团则下沉；这样，空气将不停地上下流动，最终达到对流平衡状态。对流层内的温度随高度升高而下降（称为"直减率"），温度下降的速度决定于上述对流过程，下降速率平均约为6℃/km（图2.4）。

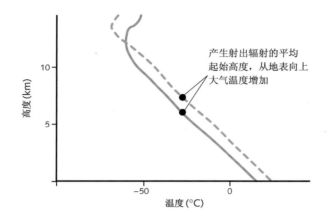

图2.4　对流大气中的温度分布（实线）。虚线表示当大气中二氧化碳增加时温度的变化（图中夸大了线与线间的差距。例如，仅有加倍的二氧化碳而无其他效应时，温度增加1.2℃）。图中还给出了这两种情况下大气射出热辐射的平均起始高度（对无扰动的大气，约为6 km）

　　绕地球飞行的卫星上的仪器可以观测到地球及大气发射的热辐射，对它们进行仔细观察，就可得到一个大气辐射传输的图像（图2.5）。在红外波段的某些波长上，就像在可见光谱区一样，无云大气基本上是透明的。若我们的眼睛对这些波长是敏感的，那么，就像在可见光谱看到的那样，我们可以透过大气看到上面的太阳、星星和月亮。来自地表的这些波长上的所有辐射均穿过大气到了外空。

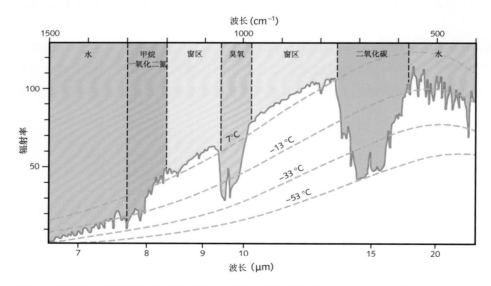

图2.5　地表和大气发射的红外热辐射，光谱的可见光部分在0.4～0.7μm之间。这是在大气之上绕轨道飞行的卫星仪器在地中海上空观测到的结果。图中标出了不同气体对辐射有贡献的光谱部分。约在8～14μm的波长区间（O_3的吸收带除外），无云大气是相当透明的，该谱段称作"窗区"。叠加在光谱上的曲线是温度为7℃、−13℃、−33℃ 和−53℃的黑体辐射曲线。辐射率单位是mW/（m^2·球面度·波数）

冰、海洋、陆面和云在确定有多少入射太阳辐射从地球反射回太空时都起作用

在其他波长，来自地表的辐射被大气中存在的一些气体（特别是水汽和二氧化碳）强烈吸收。

好的辐射吸收体也是好的辐射发射体。一个黑色表面既是一个好的发射体也是一个好的吸收体，而一个具有高反射能力的表面，其吸收和发射能力均较弱（这就是为什么用高反射率的金属薄膜来覆盖保温瓶的表面并把它放在房子阁楼隔层之上的原因）。

大气中的吸收气体吸收了某些由地表发射的辐射，并同时向外空发射辐射。它们发射的热辐射量取决于其自身的温度。

这些气体从靠近大气上层的某些高度上（一般在5~10 km之间，见图2.5）向外空发射辐射。在那里，由于前面提到的对流过程，所以温度比地表低得多（低30~50℃甚至更多）。因为气体冷，故发射的辐射较小。因此，这些气体的作用就是吸收地表发射的部分辐射并向外空发射比之小得多的辐射。地表和大气的能量净损失比起没有这些吸收气体时要小得多。所以，这些气体犹如一个罩在地表上的辐射"被毯"（注意："被毯"的外表面比内表面冷），使得地面比没有这些温室气体时温暖（图2.6）。

进入和离开大气顶的辐射之间需要保持一种平衡——就像本章开始时提到的那个非常简单的模型中的情况那样。图2.7表示实际大气中进入和离开大气顶的各辐射分量。平均来说，大气和地表吸收235 W/m²的太阳辐射，这比本章开始提到的288 W/m²要小。这是因为现在已考虑了云的效应，它将部分来自太阳的辐射反射回了太空。但是，云也吸收和发射热辐射，并具有与温室气体类似的"被毯"效应。这两种效应起着相反的作用：一种（将太阳辐射反射回太空）使地表变冷，而另一种（吸收热辐射）则加热地表。对这两种效应进行仔细考虑后表明：平均来说，云对辐射总收支的净效应是导致地表温度稍稍变冷[7]。

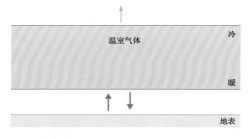

图2.6 温室气体的被毯效应

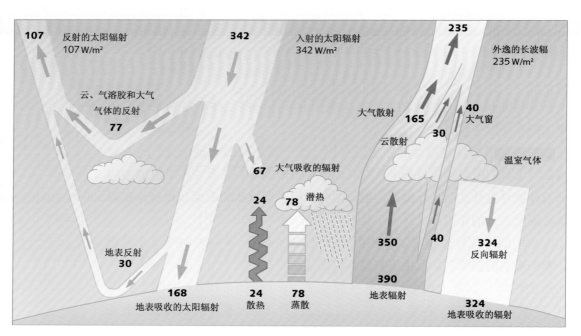

图2.7 进入和离开地球大气并形成大气辐射平衡的各辐射分量（W/m²）。约一半的入射太阳辐射被地表吸收，通过加热地表空气（热对流）、蒸散和长波辐射（被云和温室气体吸收），将这部分能量传输给大气，大气随之向地表或大气发射长波能量

图2.7中的数字说明了必须保持的平衡——即平均235 W/m²的入射和平均235 W/m²的出射。地表温度及其之上的大气温度自身将进行调整以保证该平衡得以维持。有趣的是，我们注意到只有在较高层的大气具有较冷的温度时，温室效应才能见效。因此，如果没有温度随高度减小的这种结构，地球上也就不会有温室效应。

火星和金星

类似的温室效应也出现在离我们距离最近的火星和金星这两个大行星上。火星比地球小，与地球相比，它拥有非常稀薄的大气。若在火星表面放一个气压表，那么记录下的气压将比地球表面气压的1%还小。它的大气几乎全部是二氧化碳，其温室效应虽然不大但却很重要。

金星，我们在早晚的天空中经常看到它十分接近太阳，有着与火星非常不同的大气。金星的大小与地球相当。一个在金星上使用的气压计需要经受得住恶劣的条件，它必须能够测量比地球上气压大100倍的气压。在几乎由二氧化碳构成的金星大气内部，由几乎是纯硫酸微滴组成的深厚云层完全覆盖着这颗行星，并阻挡着大部分太阳光到达其表面。在那里着陆的几个俄罗斯太空探测仪已将那儿像地球上一样的昏暗状况记录了下来（云层以上的太阳光只有1%或2%的可以穿透云层）。可能有人猜测，由于只有少量的太阳辐射可用于表面加热，因此它一定十分冷。但恰恰相反，从同一俄罗斯太空探测仪测量的结果中发现，那儿的温度约为525℃——事实上是一个暗红色的热体。

火星、地球和金星有着明显的大气。图中显示的是这三个行星近似的相对大小

　　产生这种高温的原因是温室效应。由于非常厚的二氧化碳大气的吸收，地表发射的热辐射很少能逃逸出去。尽管没有更多的太阳辐射能量用于加热金星表面，但其大气却是一个有效的辐射"被毯"，致使温室效应几乎达到500℃。

"失控"的温室效应

　　在金星上出现的现象便是所谓"失控"温室效应的一个例子。我们可以通过想象由行星内部气体释放而形成的金星大气的早期历史来对此进行解释。一开始，它应当含有许多水汽——一种强有力的温室气体（图2.8），水汽的温室效应引起金星表面温度上升。温度的上升将引起金星表面水汽更多的蒸发，给大气输送更多的水汽，从而导致更大的温室效应，又引起表面温度的进一步升高。这个过程将持续进行下去，直到大气中的水汽变得饱和，或所有可以蒸发的水蒸发完为止。

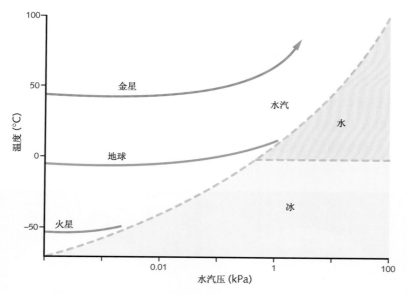

图2.8　地球、火星和金星大气演变示意图

　　图2.8所绘的是这三颗行星的地表温度与它们演化过程中各自大气水汽压之间的关系。图中也绘出了水的相态曲线（虚线），它将图分为水汽、液态水或冰处于平衡态的几个区域。对火星和地球来说，当水汽与液态水或冰处于平衡时，温室效应就停止了。而对于金星就没有这样的停止出现，图中也显示了其"失控"的温室效应。

　　与此过程相似的失控化过程似乎已经在金星上发生。我们可以问，对地球这样一个与金星具有同样大小、就目前的认识来说又具有相似的初始化学组成的行星来说，为什么"失控"温室效应不发生呢？其原因是金星比地球更接近太阳，到达其上的太阳能大约是到达地球的两倍。当没有大气时，金星表面的起始温度刚好超过50℃（图2.8）。在上面描述过的整个演化过程中，金星表面上的水可能一直在沸腾。由于高温，其大气中的水汽也从未达到饱和。但是，地球起始于一个较冷的温度，在上述演化的每个阶段，地表和水汽饱和的大气之间将会达到一个平衡。这种失控的温室效应在地球上出现的条件不可能存在。

"增强"的温室效应

在火星和金星上旅行之后，让我们返回到地球上来。自然温室效应是由大气中自然存在的水汽和二氧化碳等气体所造成的。大气中的水汽量主要取决于海洋表面的温度，大部分水汽来源于海表的蒸发，是不受人类活动直接影响的。二氧化碳则不同，自工业革命以来，由于人类的工业生产及森林的毁坏，大气中二氧化碳含量已经发生了明显的变化——到目前为止，大约增加了40%甚至更多（见第3章）。在缺乏控制因子的情况下，预计大气中的二氧化碳增加将会快速增加，其大气浓度很可能在未来100年内增加到工业革命前的两倍（图3.6）。

由于二氧化碳增强的温室效应，其含量增加正导致全球地表的变暖。例如，让我们想象一下：在其他的一切保持不变时，如果大气中二氧化碳的含量突然加倍（图2.9），前面提到的那些辐射收支项（图2.7）将会发生什么变化呢？太阳辐射收支是不会受

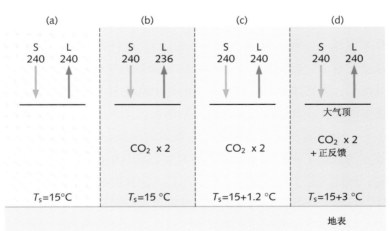

图2.9　"增强"温室效应示意图。(a)在自然条件下，入射太阳净辐射（S=240 W/m²）与离开大气顶的热辐射（L）相平衡；平均地表温度T_s=15℃；(b) 如果二氧化碳突然加倍，L减小4 W/m²；(c)若除了地表及低层大气的温度升高1.2℃以外没有别的变化，平衡将恢复；(d)如果同时考虑反馈过程，地表的平均温度上升约3℃

到影响的。大气中有更多的二氧化碳就意味着：平均来说，由它发射的热辐射将起源于一个比以前更高和更冷的大气层（图2.4）。热辐射收支将因此被减小，减小的量值约为 4 W/m^2（准确的值应为3.7 W/m^2）。

这就引起 4 W/m^2 总收支的净不平衡，进来的能量比出去的多。为了使平衡得以恢复，地表和大气将变暖。如除了温度之外无其他变化，换句话说，即云、水汽、冰雪覆盖等均保持与以前一样，则温度变化大约应为1.2℃。

当然，事实上其他许多因子将会发生变化，其中有一些以增强变暖的方式进行变化（它们被称作正反馈），而另一些则是以减弱变暖的方式进行变化（负反馈）。因此，实际情况比这种简单计算要复杂得多。这些复杂的情况将在第5章中更详细地讲述。在此，指出这一点就足够了：如二氧化碳含量加倍，则目前对平均地表温度增加的最佳估计值是上述简单计算值的两倍，亦即3.0℃。如同上一章所解释的，对全球平均温度来说，这是一个大的变化。正是这种被认为由"增强"温室效应导致的全球变暖引起了当前人们对它的关注。

在讨论了二氧化碳含量加倍的问题后，我们提出下面这样一个问题将会是十分有趣的：如果将所有的二氧化碳从大气中清除，会发生什么呢？人们往往推测，射出辐射在其他方向将会减少4 W/m^2，地球也会因此而冷却1或2℃。事实上，如果二氧化碳含量被减半的话，这种情况就会发生。而如将之全部除掉，则射出辐射的变化将为25 W/m^{2}左右（是上述推测的6倍），温度变化也将类似地变大。这是因为，在当前大气二氧化碳含量的情况下，在其吸收光谱的许多区域，二氧化碳的吸收存在着极大值（图2.5），以至于即使二氧化碳含量变化很大，但由此产生的吸收的辐射量的变化却较小[8]。这就像一个水池中的情形：当它清澈见底时，少量的泥土就使它显得混浊；但当它混浊时，加进更多的泥土，其浑浊度变化也差别不大。

一个显而易见的问题是：在最近的气候记录中，已经看到"增强"温室效应的证据了吗？第 4 章我们将考察过去100年左右的地球温度记录；在此期间，地球表面平均变暖了大约0.75℃。像我们在第4章和第5章中将要看到的那样，尽管有一些很好的理由可以解释这种增暖是由于"增强"的温室效应造成的，但由于气候自然变率的幅度，对这种增暖归因的准确量值仍存在一定的不确定性。

总结

- 没有人怀疑自然温室效应的真实性，它使比没有温室效应时偏暖了20℃以上。自然温室效应的科学原理已得到充分认知，类似的科学原理也适用于"增强"温室效应。

- 在离我们最近的火星和金星上存在着实质性的温室效应。这些行星上的温室气体条件已知，可以计算其温室效应的大小，并且已发现计算结果与现有的观测资料符合得很好。

- 过去气候的研究也对温室效应提供了某些线索，见第4章。
  但是，首先必须考虑温室气体本身。二氧化碳是如何进入大气的？还有什么别的气体影响全球变暖？

思考题

1. 在地球被云部分覆盖且反射30%的入射太阳辐射时，参照注释4（也可参照注释2）中所述的计算，可得到全球地表的平均平衡温度。如果整个地球上空的一半被云覆盖，且云的反射率增加1%，那么这将使得平均平衡温度改变多少？

2. 有时经常争论这样一个问题：由于二氧化碳的红外吸收带已几乎接近饱和，它很少能再吸收来自地球的热辐射，故其温室效应是可以忽略不计的。这种说法有哪些错误？

3. 假定将大气中的二氧化碳全部去除，利用图2.5中的信息近似估计这时的地表温度。条件是：应当保持地表及大气发射的总能量不变，即保持图2.5中辐射曲线上的面积保持不变，在此基础上，作出二氧化碳吸收带不存在时的新曲线[9]。

4. 参考有关气候或气象方面的书籍或论文，说明为什么大气中水汽的存在对确定大气环流是如此重要。

5. 对温室气体的增加所产生的区域性增暖的估计，一般认为大陆地区大于海洋地区，其原因可能是什么？

6. （这个问题是向有物理基础知识的学生提问的）局地热力平衡（LTE）[10]是适合于讨论温室效应时计算低层大气辐射传输的一个基本假定，它的含义是什么？什么条件下可以使用？

▶ 扩展阅读

Historical overview of climate change science. Chapter 1,in Solomons,S., Qin, D.,
Manning, M., Chen, Z., Marquis, M., Averyt, K.B., Tignor, M., Miller, H.L.(eds.) 2007.
Climate Change 2007: The Physical Science Basis. Contribution of Working Group I
to the Fourth Assessment Report of the Intergovernmental Panel on Climate Change.
Cambridge: Cambridge University Press.

Houghton J.2002. The Physics of Atmospheres, third edition.Cambridge: Cambridge
University Press, Chapters 1 and 14.

注释

[1] 它大约是四分之一，因为地球的表面积是地球朝向太阳的投影圆盘面积的四倍（见图2.1）。

[2] 黑体的辐射是Stefan-Boltzmann常数（$5.67\times10^{-8}\text{J}\cdot\text{m}^{-2}\cdot\text{K}^{-4}\cdot\text{s}^{-1}$），乘以以K为单位的物体绝对温度的四次方。绝对温度是摄氏温度加273 K（1 K=1℃）。

[3] 这些计算使用了一个只包含氮和氧的大气的简单模型，是为了举例说明其他气体，特别是水汽和二氧化碳的作用。当然，它不是一个真实存在的模型。所有的水汽都不可以从水面或冰面之上的大气中除去。另外，在平均地表温度为−6℃时，地表实际上应当更多地被冰所覆盖。增加的这些冰将向外空反射更多的太阳能，导致地表温度进一步降低。

[4] 如果不考虑温室气体，既不考虑冰和地表的反射率差异，也不考虑云的存在，计算的地面平均温度为−6℃。考虑云和其他因子后，依据该假定，有无温室气体情况下地表温度之间的差别为20~30℃。

[5] 进一步的描述，可以在"F.B.Mudge,The development of the greenhouse theory of global climate change from Victorian times, Weather,52,1997,pp.13-16"中找到。

[6] 2~4.5℃的范围引自第6章，143页。

[7] 关于云的辐射效应的更多描述在第5章给出（见图5.14和图5.15）。

[8] 吸收量与气体浓度的关系近似为对数关系。

[9] 有关各种温室气体红外光谱的更多信息及某些很有用的图表，参见J.E.Harries, The greenhouse Earth: a view from space, Quart.J.R.Met.Soc.,122,1996,pp.799-818。

[10] LTE的有关知识，可以参考J.T.Houghton, The Physics of Atmospheres, 3rd edition, Cambridge: Cambridge University,2002

温室气体

工业活动: 二氧化碳和其他温室气体以及颗粒污染物的源

温室气体是大气中那些吸收地表发射的热辐射、对地表有一种"被毯"作用的气体。温室气体中最重要的是水汽,但是它在大气中的含量不受人类活动的直接影响。直接受人类活动影响的主要温室气体是二氧化碳、甲烷、氧化亚氮、氯氟烃(CFCs)和臭氧。本章将对如下几点予以阐述,即: 对这些气体的起源我们知道多少? 它们在大气中的含量正在如何变化? 如何控制它们? 此外,还要考虑大气中那些由人类活动产生并对地表有降温作用的大气颗粒物。

哪一种气体是最重要的温室气体

图2.5说明了温室气体吸收的红外光谱区域。它们作为温室气体的重要性既取决于它们在大气中的浓度（表2.1），也取决于它们对红外辐射吸收的强度。对不同的气体来说，这两个量有很大的差别。

二氧化碳是大气中由于人类活动使其浓度正在增加的最重要的温室气体。如果我们暂不考虑CFCs以及全球各处显著不同的、难于定量化的臭氧变化的效应，那么，二氧化碳（CO_2）的增加对目前增强温室效应的贡献大约是72%，甲烷（CH_4）大约是21%，氧化亚氮(N_2O)则为7%左右（图3.11）。

辐射强迫

本章中，我们将使用辐射强迫这个概念来比较不同大气成分的温室效应。为此，必须首先定义辐射强迫。

在第2章中，我们注意到，如果保持大气中其他一切不变，只让二氧化碳浓度突然加倍，那么在大气层顶附近将产生$3.7W/m^2$的净辐射能量的不平衡。这种辐射能的不平衡就是辐射强迫的一个例子。辐射强迫的定义是：由于温室气体的浓度变化或整个气候系统中的其他变化，在对流层[1]（低层大气，词汇表中有定义）的顶部产生的平均净辐射能量的变化。例如，入射太阳辐射的变化会造成辐射强迫。像在第2章的讨论中我们已经看到的那样，以后经过一段时间，气候响应将恢复入射辐射和射出辐射之间的能量平衡。平均而言，正辐射强迫使地表增温，负辐射强迫使地表降温。

二氧化碳和碳循环

碳在自然界的许多碳库之间的输送过程叫碳循环，它主要是通过二氧化碳来进行的。我们每次呼吸都对这一循环有贡献。从食物中摄取的碳，被我们吸入的氧氧化后，变成呼出的二氧化碳；维持我们生命所需的能量就是以这种方式提供的。动物对大气二氧化碳的贡献方式与此相同；燃烧、木材腐烂以及土壤和其他地方的有机物的分解，亦与此相同。抵消这种将碳转变为二氧化碳的呼吸作用过程有：以相反方式运转的植物和树木的光合作用过程，即在光的作用下，它们吸收二氧化碳，把碳用于机体的生长，并将氧释放回大气。在海洋中也存在呼吸和光合作用。

图3.1是碳在各个碳库——大气、海洋（包括海洋生物群落）、土壤和陆地生物群落（群落这个词包括了陆地上和海洋中所有生命的物质，即植物、树木、动物等等，它们构成了称之为生物圈的一个完整的整体）之间循环方式的一个简图。此图表明，以二氧化碳的形式进出大气的碳输送量是很大的。大气中的总碳量每年有大约五分之一是循环进出的，其中的一部分是通过与陆地生物群落进行交换，另一半通过海洋表面的物理和化学过程进行。陆地和海洋中储存的碳远多于大气，所以，这些大的碳库的微小变化，都足以对大气二氧化碳浓度造成很大的影响。存储在海洋中的碳只要释放2%，就会使大气中的二氧化碳含量增加一倍。

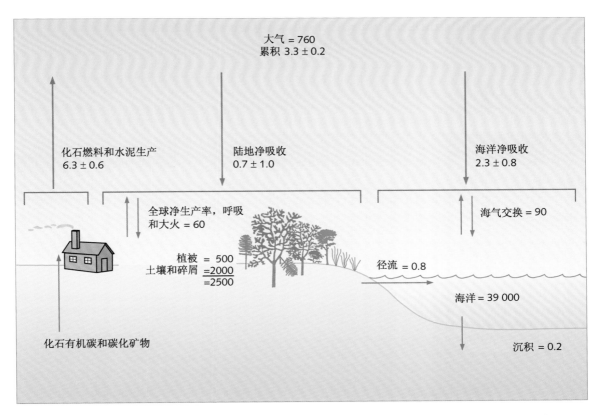

图3.1　全球碳循环（相对于人为扰动）简图，给出1989—1998年十年平均的年碳库储存量与碳传输量。人为扰动的净海洋吸收等于净的海/气输入量加上径流量再减去沉积量(单位：10亿吨，Gt)。（详见IPCC AR4 WGI 2007 第7章图7.3）

　　在我们关注的时间尺度内，人类活动排放到大气中的碳并未消失，而是在各个碳库之间进行了再分配。认识到这一点相当重要。因此，二氧化碳与其他温室气体的不同在于：其他温室气体可通过大气化学反应而被破坏。不同碳库之间的碳交换的时间尺度是很不一样的，这取决于它们各自的循环周期，短的可以短于一年，长的可以长达几十年（如海洋顶层与陆地生物圈之间的碳交换）甚至几千年（如在深海或历时长久的土壤堆积区）。一般来说，这些时间尺度远大于单个二氧化碳分子在大气中存在的大约4年的平均时间。各个碳库的很不相同的循环周期意味着，大气中二氧化碳的浓度发生扰动后，其恢复到平衡态所需要的时间将不可能用单一的时间常数来表示。大气中二氧化碳大约每增加50%，就需要30年的时间恢复到原来的水平；如果进一步增加30%，则需要几个世纪的时间；而且有20%的二氧化碳还将在大气中保留几千年[2]。尽管人们常常把大气中的二氧化碳寿命说成是大约100年，以便提供某种简明的表述，但使用一个单一的生命期，可能是一种严重的误导。

　　在人类活动成为一种重要的扰动之前，在比地质年代时间尺度短的时期

英国牛津附近的Didcot发电站

图3.2　大气二氧化碳浓度。（a）过去10000年（小插图是从1750年开始）不同的冰芯（不同颜色的符号代表不同的研究）和不同的大气样本（红线）。右边的坐标轴给出相应的辐射强迫。（b）两个不同的测量站网得到的全球平均的年变化以及5年平均值（红色和黑色阶梯状线）。5年平均意味着去除了与强ENSO事件（1972年、1982年、1987年和1997年）相联系的短期扰动。上面深绿色的线表示所有的化石燃料燃烧（不包括其他排放）排放到大气中可能发生的年增长

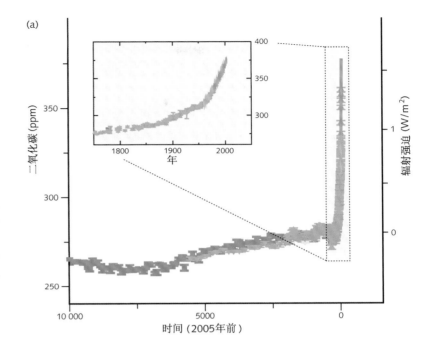

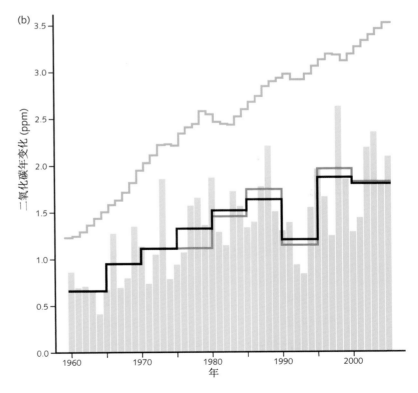

内，各个碳库之间的交换是相当稳定的，在1750年前后工业化开始之前的几千年内，一直维持着一个稳定的平衡。冰芯测量结果（见第4章）表明，那时大气中二氧化碳浓度的平均值约为280 ppm，变化则保持在大约20 ppm以内（图3.2a）。

工业革命破坏了这一平衡。从工业革命开始，由于化石燃料燃烧，大约有600 Gt（1 Gt=10^9t）碳被释放到大气中，致使大气中的二氧化碳浓度增加了36%左右，即从1700年前后的280 ppm增加到目前的380 ppm以上（见图3.2a），是至少65亿年以来最大的浓度。自1959年以来，在夏威夷莫纳罗亚山顶附近的一个观测站进行的精确测量表明：从1995年到2005年，二氧化碳平均每年增加1.9 ppm（不同年份的二氧化碳增加量变化很大，但相对于1990年代的1.5 ppm是明显增加的）（见图3.2b），这相当于每年向大气碳库添加了大约3.8 Gt（或38亿吨）碳。

全世界每年燃烧多少煤炭、石油和天然气是很容易确定的，其中大部分都是提供人类需要的能量：取暖和家用电器，工业和运输业（第11章有详细讨论）。自工业革命以来，燃烧的这些化石燃料的数量已经快速增加（图3.3）。其中1990年代每年碳排放增加7%，从1999到2005年碳排放系统从6.5 Gt增加到7.8 Gt（平均每年增加约3%），这些碳几乎全部以二氧化碳的形式进入大气。另一部分贡献主要是由于人类活动造成的土地利用变化，特别是热带森林破坏（只有部分是通过植树造林或森林的再生所平衡），因此要估算这部分贡献不容易，但是表3.1给出了一些初步的估计。对于1990年代（见表3.1），每年由于化石燃料燃烧、水泥制造（大约是总量的3%）和土地利用变化造成

表3.1　1980年代和1990年代年平均全球碳收支各分量估算值（单位：Gt/a；正值表示进入到大气的通量，负值表示从大气摄取的通量）

	1980年代	1990年代	2000—2005
排放（化石燃料燃烧和水泥生产）	5.4±0.3	6.4±0.4	7.2±0.3
大气的增加	3.3±0.1	3.2±0.1	4.1±0.1
海气通量	−1.8±0.8	−2.2±0.4	−2.2±0.5
陆气通量	−0.3±0.9	−1.0±0.6	−0.9±0.6
土地利用变化	1.4（0.6~2.3）	1.6（0.6~2.7）	——
作为余数的陆地汇	−1.7（−3.4~0.2）	−2.6（−4.3~−0.9）	——

的人为碳排放大约为8.0 Gt，其中四分之三是由于化石燃烧引起的。由于大气中的年净增加量大约是3.2 Gt碳，所以新增加的8 Gt碳的大约40%被留在大气中增加二氧化碳浓度（图3.2b），另外的60%被其他两个碳库——海洋和生物群落所吸收。图3.5表明，随着全球平均温度的增加,被陆地和海洋吸收的那一部分碳可能在减少。

大约95%的化石燃料燃烧发生在北半球，所以这里相比南半球存在更多的二氧化碳。目前南北半球二氧化碳浓度之差约为2 ppm（见图3.3），而且多年来这一差别与化石燃料的释放在同步增大，这就提供了一个更令人信服的有力证据：大气二氧化碳浓度的增加是由化石燃料燃烧排放引起的。

现在我们转向讨论海洋中所发生的事情。我们知道二氧化碳溶解于水，因为碳酸饮料就是利用这个原理。二氧化碳穿过整个海洋表面不断地与海面上的空气进行交换（每年交换90 Gt左右，见图3.1），特别是当波浪破碎时。溶解在海洋表层水中的二氧化碳浓度与海面之上空气中二氧化碳浓度之间形成一种平衡。支配这一平衡的化学定律是：如果大气浓度变化10%，则海水溶液中的浓度只变化10%的十分之一，即1%。

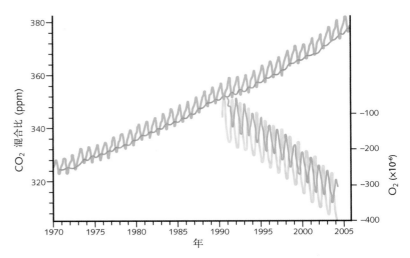

图3.3　1970年以来夏威夷莫纳罗亚站（19°N, 绿色）和新西兰巴林角站（41°S,红色）测量的大气CO_2浓度（月平均值）。图右下角为O_2/N_2比率（放大10^6倍），样本来自加拿大阿勒特(82°N, 蓝色)和澳大利亚格里姆角(41°S,深蓝色)氧气的测量

在海洋表层100 m左右的海水中，将很快发生这种变化，所以增加到大气中的人为（即人类活动产生的）二氧化碳的相当一部分将很快被海水吸收（大部分海洋吸收上述排放的60%）。但是，较深层的海洋对二氧化碳的吸收要花费较长时间；表层海水与较深层的海水混合需要几百年，而与深层海水的混合则长达千年以上。因此，二氧化碳逐渐从大气中被摄入海洋深层的这一过程有时被称作"溶解泵"。

　　所以，海洋并不像根据大气与海洋这个大碳库的交换规模所暗示的那样，能给增加的大气二氧化碳即刻提供一个汇。就短期变化而言，只有表层海水在碳循环中起主要作用。而且，变暖的概念很可能与海洋中减弱的翻转流以及由此而造成的二氧化碳吸收减少有关。

2006年6月6日由Envisat's MERIS卫星在北大西洋观测到的长度横跨爱尔兰的巨大的绿色浮游生物处于活动盛期的图像，该卫星是一种可以识别浮游植物浓度的专用海洋彩色传感器

海洋中的生物活动也起着一种重要作用。它可能并不那么直观，但海洋确实是充满生命的。尽管海洋中生命物质的总量不大，但它有较高的生产率，约是陆地上的30%~40%。绝大部分产物都来自浮游生物，它们经历一系列快速生命循环。当它们死亡和腐烂时，其中所含有的一部分碳将被向下输送到更深的海水层，从而增加那里的含碳量。其中还有一部分，将被输送到深水甚或是海底，就碳循环而言，在这里它们就不再参与几百年或几千年时间尺度的循环。这一过程对碳循环的贡献叫做"生物泵"（见注释窗），它在确定冰期期间大气和海洋中二氧化碳浓度的变化中具有重要作用（见第4章）。

已经建立了计算机模型（求解描述某种给定物理条件的数学方程，以预测其行为）来详细描述大气和海洋不同部分之间详细的碳交换（见第5章）。为了检验这些模式的真实性，它们也已经被用来描述在20世纪50年代核试验之后进入大气的碳同位素^{14}C在海洋中的扩散，结果表明它们描述得相当不错。根据这些模式结果，估计每年大气中增加的二氧化碳中，有2 Gt（±.0.8 Gt）进入海洋（表3.1）。大气和海洋中其他碳同位素相对分布的观测结果也证实了这种估计（见注释窗）。

海洋中的"生物泵"[3]

在中高纬地区，每年春天都有一个海洋生物活动的高峰时期。在冬季，富含营养的海水从深层输送到海面附近。春天，当太阳光照增加时，浮游生物开始极为迅速地繁殖，称之为"春季繁盛期"。从绕地球轨道运行的卫星得到的海洋彩色图片可以生动地显示出它出现在什么地方。

浮游生物是生活在海洋表层水中的微小的植物（浮游植物）和动物（浮游动物）；它们的大小介于千分之一毫米到陆地上典型昆虫大小之间。食草性浮游动物吃浮游植物；食肉性浮游动物吃食草性浮游动物。这些生命系统所产生的植物和动物碎屑沉降在海洋中。在沉降过程中，有些将发生分解并作为营养物回到海水中，还有一些（大概1%左右）到达深海或海底，在这里，在几百年、几千年甚至几百万年内，它们不再进入碳循环。"生物泵"的净效果是将表层海水中的碳转移到海洋深层。由于海洋表层水中含碳量的减少，使得它可以从大气中获取更多的二氧化碳以恢复表层碳平衡。一般认为，近一百年来，"生物泵"的运转非常稳定，并未受到大气二氧化碳增加的影响。

从冰芯得到的古气候记录（见第4章）可以证明"生物泵"的重要性。在冰芯气泡中被捕获的空气的成分之一是甲磺酸气体，它来自于海洋浮游生物的分解；因此它的浓度是浮游生物活动的一个指标。当大约20000年以前的末次冰期后退、全球温度开始升高和大气中的二氧化碳浓度开始增加时（图4.4），甲磺酸的浓度减小了。这就在大气二氧化碳和海洋生物活动之间提供了一种很有意义的联系。在冰期的寒冷期内，海洋中增强的生物活动可能是造成大气二氧化碳维持低浓度水平的原因——"生物泵"所具有的一种效应。

有古记录表明，被风吹到海洋上的含铁陆地尘埃可以促进海洋中的生物活动。于是，近年来就产生了一些想法：在海洋的适当区域，人工输入铁，以加强"生物泵"。这种想法很有趣，但经过细致研究发现，即使进行大规模作业也似乎不会有显著的实际效果。

那么，剩下的问题是：为什么冰期比起它们之间的暖期来，应当是一个海洋生物活动更活跃的时期？一种可能起作用的过程在于冬天当养分输送到上层海洋、等待春天生物繁茂期到来时所发生的事情。当大气二氧化碳较少时，海洋表面的辐射冷却增强。由于海洋上层的对流是由表层冷却驱动的，所以冷却的增强使一切生物活动发生其中的海表附近的混合层的深度增大。这是生物正反馈的一个例子；混合层的深度愈大，意味着有更多的浮游生物生长[4]。

我们能够从碳同位素中了解什么

同位素是元素相同但原子量不同的同一化学形态。在研究碳循环时，有三种碳同位素是重要的：最丰富的碳同位素是^{12}C，它占普通碳的98.9%以上；^{13}C大约占1.1%；以及放射性^{14}C，其含量极少。每年，由于太阳粒子辐射的作用，大约产生10 kg ^{14}C；其中的一半将在5730年（^{14}C的半衰期）内衰变为氮。

当二氧化碳中的碳被植物和其他有生命的物质吸收时，它们所吸收的^{13}C的比例要比^{12}C的小。煤炭和石油这类化石燃料原本来源于生命物质，所以比起当今大气普通空气中的二氧化碳来，也含有较少的^{13}C（大约是1.8%）。因此，森林燃烧、植物腐烂和化石燃料燃烧把碳排放到大气中时，势必使大气^{13}C的比例减少。

　　由于化石燃料存储在地球中的时间已经远远大于5730年（^{14}C的半衰期），所以它完全不含^{14}C。因而，当化石燃料中的碳排放到大气中时，大气中的^{14}C比例也将减小。

　　通过研究大气、海洋、冰芯和树木年轮中捕获的气体中的不同碳同位素的比例，有可能找出大气中的过量的二氧化碳来自哪里，以及有多少被输送进了海洋。例如，有可能估计在不同的时间内，在进入到大气中的二氧化碳中，有多少是来源于森林及其他植物的燃烧和腐烂，又有多少是来自化石燃料的燃烧。

　　对大气甲烷中的碳进行类似的碳同位素测量，可得到如下信息：有多少来自化石燃料的甲烷在不同的时间内进入大气。

　　如表3.1所示关于大气、海洋和陆地群落之间增加的大气二氧化碳的再分配的进一步信息来自于对大气二氧化碳浓度和精确测量的大气氧/氮比率的趋势比较（图3.3和3.4）。这种可能性的产生是由于陆地上氧和氮与大气的交换与海洋上是不相同的。在陆地上，有机组

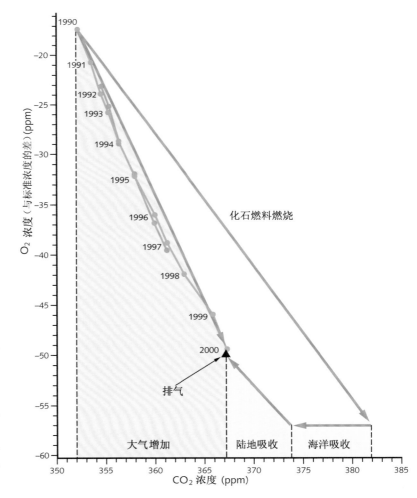

图3.4　由氧气测量仪器得到的化石燃料燃烧的二氧化碳的分配曲线，图中显示的是二氧化碳与氧气浓度变化之间的关系。实心圆表示观测，标有"化石燃料燃烧"的箭头表示不同燃烧类型的$O_2 : CO_2$的化学计量关系。与这些过程联系的化学计量比率限定了对陆地和海洋的吸收，它用各自箭头的坡度表示

织通过光合作用吸收大气中的二氧化碳并形成碳水化合物，然后把氧气返回到大气中。在呼吸过程中，有机组织从大气吸收氧气并把它们转变成二氧化碳。通过比较，在海洋中从大气中吸收的二氧化碳被溶解，碳和氧以分子的形式被消除。这样的测量是能够解释图3.4中1990—1994年期间的变化，这些数据与1991—1994年期间的碳收支相吻合。

表3.1中全球陆气通量表示由于土地利用的变化而形成的净通量平衡和残余量，前者通常是正的或者对大气来说是碳源；因而可推出，后者是负通量，是碳汇。尽管一些碳吸收是通过北半球温带地区的植树造林和土地管理变化产生的，但对土地利用变化的估计（表3.1）主要是根据热带地区森林破坏。对残余碳汇有贡献的主要过程被认为是二氧化碳的"施肥效应"（大气中二氧化碳的增加会加速某些植物的生长，见第7章182页注释窗）、氮肥施用增加的效应以及某些气候变化所带来的影响。这些效应的大小难以直接估计（表3.1），同时这些效应受到比它们总量大很多的不确定性的影响，但根据总的碳循环收支必须保持平衡这一要求，可以推理得到其综合效应。

大气二氧化碳浓度的观测结果，每年都显示出一种有规律的周期，这提供了有关陆地生物圈碳吸收的线索，例如，在夏威夷莫纳罗亚站观测的季节变化大约接近10 ppm（图3.3）。在生长季节大气中二氧化碳被植物吸收，而在冬季植物枯死时，二氧化碳又回到大气中，因此北半球大气中二氧化碳年循环的极小值出现在夏天。由于北半球比南半球有更多的植物生长，所以北半球的年变化比南半球大得多。利用南北半球之间二氧化碳浓度的季节循环和它们差值的观测资料，可以约束由碳循环模式对陆地生物圈碳吸收所作的估计[5]。

二氧化碳的施肥效应是生物反馈过程的一个例子，这是一种负反馈，因为当二氧化碳增加时，往往引起植物对二氧化碳吸收的增加，从而减少大气中的二氧化碳含量，降低全球变暖的速率。也存在着加速全球变暖的正反馈过程。事实上，比起负反馈过程来，可能存在更多的正反馈过程（见44—45页注释窗）。虽然目前的科学知识尚不能精确地描述它们，但某些正反馈过程可能很大，特别是，如果二氧化碳连同它所带来的全球变暖在整个21世纪到22世纪继续增加的话，这种正反馈可能很大。由于这些反馈来自对碳循环能力有影响的气候变化，所以这些反馈通常被称作气候/碳循环反馈。在后面的章节，将会看到这些反馈将对未来二氧化碳的浓度产生很大的影响。

二氧化碳对人为辐射强迫产生最大的贡献。在图3.11中给出了从工业革命到现在的辐射强迫。当大气二氧化碳浓度为C ppm时，大气二氧化碳的辐射强迫可以用如下有用的公式计算：$R=5.3\ln(C/C_0)$，这里C_0为工业革命以前的浓度280 ppm。

未来二氧化碳排放

为了获得关于未来气候的信息，我们需要估计未来大气二氧化碳的浓度，这主要依赖未来的人为释放。在这些估计中，与大气二氧化碳响应有关的时间常数的变化具有重要的含义。例如，假若人类活动对大气的所有释放突然停止，大气二氧化碳浓度也不会立即发生变化，它只会缓慢地降低。我们不能指望它在几百年内达到工业革命前的水平。

但是，二氧化碳的释放既没有停止，也没有减缓；事实上，释放量是逐年增加的。因此，大气中二氧化碳的浓度也在更迅速增加。后面几章（特别是第6章）将叙述在21世纪由于温室气体增加引起的气候变化估计。这类估计的一个前提，就是必须知道二氧化碳的释放可能如何变化。当然，猜测未来将发生什么并不是一件容易的事情。因为我们所做的每件事情几乎都对二氧化碳的释放有影响，所以这就意味着去估计人类的行为以及他们的活动将是怎样。例如，需要对有关人口增长、经济增长、能源使用、能源发展以及环境保护的压力的可能影响等作出假定。这些假定对世界上所有的国家，不管是发展中国家还是发达国家，都是需要的。更进一步地说，由于所作的任何假定，实际上都不可能是完全精确的，所以必须对不同的假定设定各种可能的情况，以便我们能够得到一些可能性范围的概念。这样一些可能的未来情形被称为情景。

在第6章和第11章给出了由政府间气候变化委员会（IPCC）和世界能源理事会（WEC）制定的两套排放情景。这些排放情景通过碳循环模式的应用被转变成对大气二氧化碳浓度的未来预估，这里碳循环包括了对已经提到的所有交换的描述。通过气候模式的应用（见第5章），第6章进一步给出了由于排放情景不同所导致的气候变化的预估。

生物圈中的反馈

　　当人类活动把二氧化碳和甲烷等温室气体释放到大气中时，生物圈中的生物或其他反馈过程将影响这些气体大气浓度增加的速度。这些过程，或者是增强人为温室气体的增加（正反馈），或者是减少它（负反馈）。

　　在正文中已经叙述过两种反馈，一种是正反馈（海洋中的浮游生物增殖），另一种是负反馈（二氧化碳施肥效应）。还有三种其他的正反馈可能是重要的，尽管我们目前的知识尚不足以完全精确地把它们定量化。

　　其中之一是更高的气温对（生物）呼吸的影响，特别是对土壤中微生物的影响，可以增加二氧化碳的释放。关于这一影响程度的证据主要来自对1991年皮纳图博火山爆发后冷期以及 El Nino 期间大气中二氧化碳浓度的短期变化研究 。

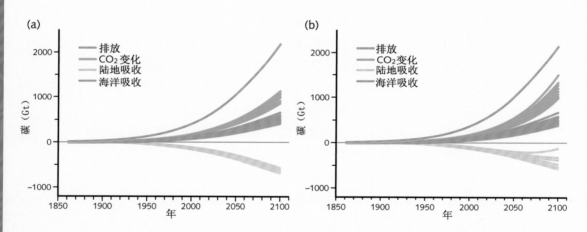

图3.5　气候反馈对碳循环的可能影响。红线：1860年到目前累积的化石燃料燃烧的二氧化碳排放和预估的A2排放情景下2100年情形（图6.1）；蓝线：由（1）中被海洋吸收的CO_2；橙色：被陆地（与其他贡献有相同的符号，但为了清楚起见，画在横坐标轴下面）吸收的CO_2；绿线：由化石燃料燃烧排放的CO_2（即（1））最后残存在大气中的CO_2。作为模式比较计划（CMIP）的一部分给出的9个耦合大气–海洋环流模式（AOGCMS–见第5章）得到的 9种不同的海洋和陆地收支。（a）假定气候变化对碳循环没有反馈的结果。（b）考虑气候对碳循环有反馈的结果

　　这些研究（包括几年的变化）表明存在一种关系，即平均温度5℃的变化将导致全球平均呼吸率40%的变化[6]，这是主要的影响。需要解决的问题是这一关系对于几十年到世纪时间尺度的长期变化是否成立。 第二种正反馈是由于气候变化引起的不利因素使森林生长减缓，甚或是枯萎，这一情况在亚马逊河流域更为严重（见第192页第7章注释窗）[7]。对于最后一种效应，随着气候变化变得更强，这一效应将会增强。这两种反馈组合的结果是只有很少的二氧化碳被生物圈吸收，而更多的二氧化碳主要是存留在大气中[8]。

　　图3.5给出了包括了海洋和陆地生物圈过程的9个不同的气候模式对21世纪估计的组合结果。值得注意的是，其中来自哈得来中心的一个模式预测出前面提到的气候—碳循环反馈的最强值，同时预估出了到2100年最强的二氧化碳水平[9]。图3.5中与这一模式有关的陆地吸收曲线开始从本世纪中期向上弯曲，这时陆地生物圈从碳汇向碳源变化（见表3.1）。

　　取A2情景下9个模式的平均，并与不存在气候—碳循环反馈情况进行比较，得到2050年大约有50 Gt碳残留在大气中，到2100年为150 Gt。对于哈得来中心的模式，到2050年和2100年分别是50 Gt和350 Gt。根据二氧化碳的浓度，增加100 Gt碳，就意味着二氧化碳的浓度增加50 ppm。

　　第三种正反馈的发生是通过由于气候变暖造成的变干情况或前面提到的由于气候变化引起植物枯萎从而造成森林地区火灾增加[10]而向大气中排放二氧化碳这一过程实现的。

　　第四种正反馈是甲烷的排放，当温度升高时，多半发生在高纬度地区的甲烷的释放——来自于湿地和以水合物形式（在压力作用下与水分子结合）密封在沉积物中的很大的甲烷库。甲烷的生成就是来自这些已有几百万年历史的沉积物中的有机物的分解。由于沉积物的深度，后一种反馈不大可能在将来起重要作用。但是，如果全球变暖不受任何抑制地继续增加几十年，估计水合物的释放可能变成向大气释放甲烷的最大来源，同时成为对气候有影响的最主要的正反馈过程。

其他温室气体

甲烷

甲烷是天然气的主要成分，它的俗名是沼气，因为可以看到它从有机物正在分解的沼泽地区以气泡的形式冒出来。冰芯资料表明，在1800年以前的至少两千年内，它在大气中的浓度大约是700 ppb（10^{-9}体积比）。自那以后，它的浓度翻了一番多，这至少是过去65万年的最高值（图3.6a）。1980年代甲烷浓度每年增加10 ppb，而在1990年代平均增长率下降为每年5 ppb[11]，从1999到2005年几乎接近于0。虽然甲烷在大气中的浓度远小于二氧化碳（与380 ppm左右的二氧化碳相比，2005年甲烷的浓度只有1.775 ppm），但温室效应却绝不可忽略不计。这是因为一个甲烷分子增强的温室效应大约是一个二氧化碳分子的8倍[12]。

甲烷的主要天然源是湿地。各种其他的源都直接或间接来自人类活动，诸如天然气管道和油井的泄漏、稻田释放、牛和其他家畜的肠发酵（反刍打嗝）、掩埋场地垃圾废物的分解、木材和泥炭的燃烧。对这些释放源大小的详细估计，详见表3.2。许多数据都有很大的不确定性。比如，全世界稻田平均所产生的甲烷量就很难估计。在水稻生长季节，甲烷量变化极大，不同的区域变化也很大。当试图估计动物所产生的甲烷量时，也会出现类似问题。大气甲烷中不同碳同位素比（见40页注释窗）的测量结果，对确定诸如矿井和天然气管道泄漏等化石燃料来源的甲烷比例有极大的帮助。

甲烷从大气中消失的主要过程是通过化学破坏。它与羟基（OH）反应，羟基之所以存在大气中是因为这些过程涉及太阳光、氧、臭氧和水蒸气。甲烷在大气中的平均寿命取决于这一消失过程的速率，大约是12年[13]，比二氧化碳的寿命要短得多。

虽然不能很精确地解释清楚甲烷的源，但除了天然湿地以外，其主要的源都与人类活动密切相关。注意到这样一个事实是很有意思的：大气甲烷十分紧密地随工业革命以来人口的增长而增长（图3.6a）。然而，即使没有审慎的措施来控制对气候变化有影响的与人类有关的甲烷源，甲烷与人口之间这种简单的关系也是不可能继续成立下去的。第6章IPCC关于排放的特别报告（SRES）中包括了许多对21世纪与人类有关的甲烷排放源的估计——在本世纪约翻一番，再减少25%。在第10章提出了减少大气中甲烷排放与稳定甲烷浓

由于稻田产生大量的甲烷，因此稻田对环境产生不利的影响。全世界每年由于稻田产生的甲烷量估计为3000万～9000万吨

度的许多方法。44—45页注释窗是关于甲烷水合物中甲烷排放的可能不稳定，这种现象在高纬度地区更突出。

氧化亚氮

　　氧化亚氮，通常用作麻醉剂，也被称作笑气，是另一种微量温室气体。它在大气中的浓度大约是0.3 ppm，每年增加0.25%左右，比工业化前大约增加了16%（图3.6b）。大气中氧化亚氮的最大排放与自然和农业生态系统有关。那些与人类活动有联系的排放很可能是由于化肥使用的增加。生物燃烧和化学

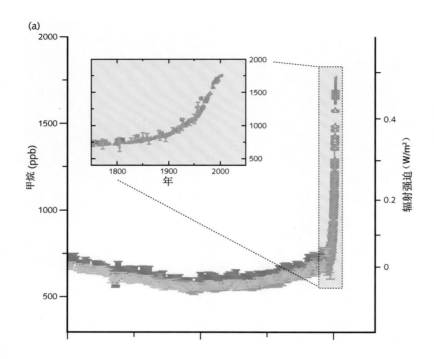

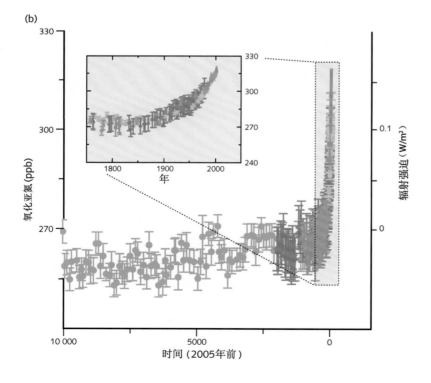

图3.6　大气甲烷（a）和氧化亚氮（b）浓度在最近10000年（大图）和公元1750年（嵌入图）以来的变化。图中所示测量值分别源于冰芯（不同颜色的符号表示不同的研究结果）和大气样本（红线），所对应的辐射强迫值见大图右侧纵坐标。

表3.2　甲烷源汇的估计（单位：10^6 t/a）

源

		最佳估计值	估计值范围
自然源			
	湿地	150	（90～240）
	白蚁	20	（10～50）
	海洋	15	（5～50）
	其他（含水合物）	15	（10～40）
人为源			
	煤矿、天然气、石油工业	100	（75～100）
	稻田	60	（30～90）
	肠发酵	90	（70～115）
	废物处理	25	（15～70）
	（垃圾）填埋	40	（30～70）
	生物质燃烧	40	（20～60）
汇			
	大气清除	545	（450～550）
	土壤清除	30	（15～45）
	大气增加	22	（35～400）

一些最近的估计见表7.7（引自 Denman, K. L., Brasseur, G. et al., 气候变化2007：自然科学基础，第7章，Solomon等主编）。大气增加的图是1990年代的平均；注意到1990—2005年的增加几乎接近于0。

工业（例如，尼龙生产）也起着部分作用。氧化亚氮的汇是平流层中的光分解作用以及与电子激发态氧原子的反应，这导致其在大气中有120年的寿命。

氯氟烃（CFCs）和臭氧

　　CFCs是人造化学物质。由于它们恰好在室温以下就可以汽化，而且由于它们是无毒和不可燃的，似乎用于冰箱、保温和喷雾罐的生产很理想。因为它们在化学上是很不活泼的，一旦释放到大气中，在它们被破坏之前会在大气中滞留很长时间（100年或200年）。由于在1980年代它们的使用量快速增长，所以它们在大气中的浓度已经升高，目前约为1 ppb（各种不同的CFCs全部加在一起）。这似乎并不怎么大，但是已足以引起两个严重的环境问题。

第一个问题是它们破坏臭氧[14]。臭氧（O_3）是由三个氧原子构成的分子，是一种在平流层（距地表大约10~50 km之间的大气层）少量存在的极为活泼的气体。臭氧分子是通过太阳紫外辐射作用到氧分子上而形成的。当它们吸收稍长波长的紫外辐射（否则这种辐射将对我们和地球表面上的其他形式的生命造成损害）时，它们又被这一自然过程所破坏。平流层中的臭氧量取决于臭氧形成和破坏这两个过程之间的平衡。当CFCs分子转移到平流层时所发生的事情是：它们含有的某些氯原子也被紫外线的反应所分离。这些氯原子易于与臭氧反应，将其还原为氧并加快臭氧的破坏速率。这一过程以一种催化循环的方式出现——一个氯原子可以破坏许多臭氧分子。

臭氧层破坏问题在1985年引起了世界的关注，当时Joe Farman，Brian Gardiner 和Jonathan Shanklin在英国南极考察中发现，在南半球的春天，南极上空有一个大气区域，大约一半的臭氧从头顶上消失了。"臭氧洞"的存在使科学家们大吃一惊，并从而开始了对其成因的深入研究。结果证明，"臭氧洞"形成的化学和动力学过程是十分复杂的。现在已经阐明，至少就它们的主要特征而言，毫无疑问基本上是由人类活动向大气排放的氯原子造成的。臭氧的减少不但出现在春季南极上空（北极上空减少程度较轻），而且南北半球中纬度地区的臭氧（气柱）总量也有5%左右的明显减少，臭氧（气柱）总量指的是地球表面上某一给定地点1 m^2面积上空的臭氧量。

由于使用CFCs造成的这些严重后果，我们已经采取了国际行动。许多国家已经签署了1987年形成的《蒙特利尔议定书》，它与1991年的《伦敦修正案》和1992年的《哥本哈根修正案》一起，要求工业化国家在1996年、发展中国家在2006年完全停止CFCs的生产。由于这一行动，大气中CFCs浓度现已不再增加。但是，由于它们具有很长的大气寿命，所以在未来一段时间内将会看到其浓度降低不大，在从现在开始的上百年内，仍会有数量相当可观的CFCs存在于大气中。

臭氧破坏的问题说到这里。我们所关心的与CFCs和臭氧有关的另一个问题是，它们都是温室气体[15]。它们在很少有其他气体吸收的长波大气窗区有吸收带（图2.5）。像我们已经看到的那样，由于CFCs破坏一部分臭氧，所以

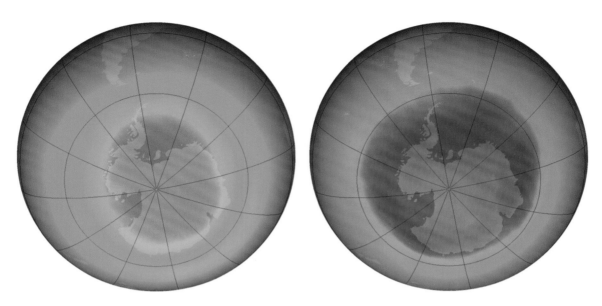

对比1980年9月和2008年9月臭氧层的水平可以看出臭氧的破坏。深蓝和紫色区表示臭氧层最薄

CFCs的温室效应将部分地被大气臭氧温室效应的减少所补偿。

首先考虑CFCs本身。释放到大气中的一个CFCs分子所具有的温室效应比一个二氧化碳分子大5000～10000倍。因此，尽管CFCs的浓度与其他温室气体比（如二氧化碳）是很低的，但它们却具有显著的温室效应。据估计，目前大气中存在的CFCs所产生的辐射强迫大约是0.3 W/m²，或者说是所有温室气体总辐射强迫的12%左右，这种强迫只有在21世纪才会缓慢减少。

现在转过来讨论臭氧。臭氧减少带来的影响是复杂的，因为臭氧温室增暖效应减少的大小，关键取决于它在哪一个大气高度上被破坏。更进一步地说，臭氧减少集中在高纬度地区，而CFCs的温室效应却是全球均匀分布的。在热带地区，实际上不存在臭氧的减少，因而臭氧的温室效应没有变化。在中纬度地区，很近似地说，臭氧减少对温室效应的影响与CFCs的温室效应是互相补偿的。在极地地区，臭氧温室效应的减少要大于CFCs对温室效应的补偿[16]。

当CFCs被淘汰时，它们在一定程度上正在被其他卤代烃（氢氯氟烃（HCFCs）和氢氟烃（HFCs））取代。在1992年的《哥本哈根修正案》中，国际社会决定HCFCs也将在2030年以前被淘汰。与CFCs相比，尽管HFCs对臭氧的破坏性较小，但它们仍然是温室气体。HFCs不含有氯和溴，所以它们不破坏臭氧，因而不包括在《蒙特利尔议定书》中。由于它们的寿命较短，一般是几十年而不是几百年，所以HCFCs 和HFCs在大气中的浓度以及它们在给定释放速率条件下对全球增暖的贡献都将小于CFCs 。 但是，它们的产量可能增加很快，所以它们对温室增暖的潜在贡献也与其他温室气体一起被包括在内（第10章 268页）。

最近，人们的关注还延伸到其他一些温室气体化合物，即全氟化碳（如 CF_4，C_2F_6）和六氟化硫（SF_6），它们是在某些工业过程中产生的。由于它们具有可能超过1000年的很长的大气寿命，所以，所有这些气体的排放积聚在大气中，将持续影响气候达数千年。因此这些气体也被当作潜在的重要温室气体。

臭氧也存在于低层大气或对流层中，其中一部分来自于平流层的向下输送，一部分是通过化学反应产生的，特别是通过阳光对氮氧化物的作用。在近地面的污染大气中，臭氧特别值得关注；如果其浓度足够高，则可能有害于健康。北半球现有的数量不多的观测资料以及生成臭氧的化学反应的模式模拟结果表明：工业革命以来，对流层的臭氧浓度已经增加了一倍，据估计这导致全球辐射强迫增加了大约0.35 W/m^2（图3.11）。飞机尾气中的氮氧化物也会在对流层上层产生臭氧。与地面的等量排放相比，飞机排放的氮氧化物对对流层高层臭氧的增加更有效。据估计，在北半球中纬度地区由于飞机排放造成的臭氧增加[17]对辐射强迫的影响与航空燃料燃烧（约占目前全球化石燃料消耗的3%）释放的二氧化碳的辐射强迫类似。

具有间接温室效应的气体

至此已经描述了大气中具有直接温室效应的所有气体。大气中还有一些气体，它们通过对温室气体的化学作用（例如对甲烷和低层大气臭氧的作用）影响温室增暖的整体规模。例如，机动车排放的一氧化碳（CO）和氧化氮（NO和NO_2）就是这样一些气体。一氧化碳本身不具有直接的温室效应，但是由于化学反应，它形成二氧化碳。这些反应还影响到羟基（OH）的量，OH又影响甲烷的浓度。例如，氮氧化物的排放导致大气中甲烷的小幅减少，减少的甲烷部分补偿了前面提到的由于飞行造成的臭氧的增加。目前已经对导致温室气体这些间接影响的大气化学过程进行了研究。虽然进行这种研究并把它们作适当的考虑是重要的，但认识到下面这一点也是重要的：它们的综合效应远小于人类活动产生的主要温室气体，即二氧化碳和甲烷。

大气中的颗粒物

悬浮在大气中的小粒子（经常被称作气溶胶，见术语表）会影响大气的能量平衡，原因是它们既吸收太阳辐射又把太阳辐射散射回外层空间。在微风轻拂的晴朗夏天，在工业区的下风方向可以很容易地看到这种影响：虽然没有云，但太阳却模糊不清。我们把它叫做"工业霾"。在这些条件下，入射到大气顶的相当一部分太阳光被霾中的无数小粒子（直径一般在0.001～0.01 mm之间）散射而离开大气返回外空。当在工业区或人口密集地区的上空飞行时，例如在亚洲，总是能观测到这些粒子的影响——即使目前没有云，但由于太模糊也看不清地面[18]。

大气中的粒子有多种来源。其中一部分是由自然原因产生的：或是从陆地表面被风吹起来，特别是在沙漠地区；或是来自于森林火灾或海水浪花；火山爆发也不时将大量粒子喷发到高层大气中去，1991年的皮纳图博火山爆发就是一个很好的例子（见第5章）。另外，大气本身也形成某些粒子，例如火山爆发释放的含硫气体形成的硫酸盐粒子。另一些粒子来自人类活动。在过去的10年中，大量观测特别是卫星观测已经提供了许多我们需要的自然和人为气溶胶源时空分布的信息（图3.7a）。

人为气溶胶源中最重要的是硫酸盐粒子，它们是由二氧化硫经化学作用而形成的，发电厂以及其他烧煤和石油（二者都含有不同含量的硫）的工业都产生大量的二氧化硫气体。由于这些粒子在大气中平均只能存留5天左右，因此，它们的影响基本上局限于粒子的排放源附近，即北半球的主要工业区（图3.7b）。硫酸盐粒子散射太阳光，产生一种负强迫，全球平均约为0.4 W/m²±0.2 W/m²。在北半球的某些地区，从大小上来说，目前这些粒子的辐射效应可以与人类活动产生的温室气体的效应相当，但其效应与温室气体相反。图3.8给出了2000年去除所有硫酸盐气溶胶后模式估计的对全球平均温度的影响。

影响未来硫酸盐粒子（特别是二氧化硫）浓度的一个重要因子是由二氧化硫排放引起的"酸雨"污染。酸雨污染会造成森林和湖泊中鱼类的退化，特别是在主要工业区的下风地带。因此，已经制定了认真的计划（特别是在欧洲和北美），去严格控制二氧化硫的排放。尽管世界上其他地区（例如亚洲）燃烧的富硫煤炭量正在快速增加，但硫污染所带来的破坏性后果可能使得这些地区也将对硫排放实行严格控制。所以，就全球而言，硫排放量的上升速度可能远低于二氧化碳。事实上21世纪硫排放量可能低于2000年的水平（图6.1），

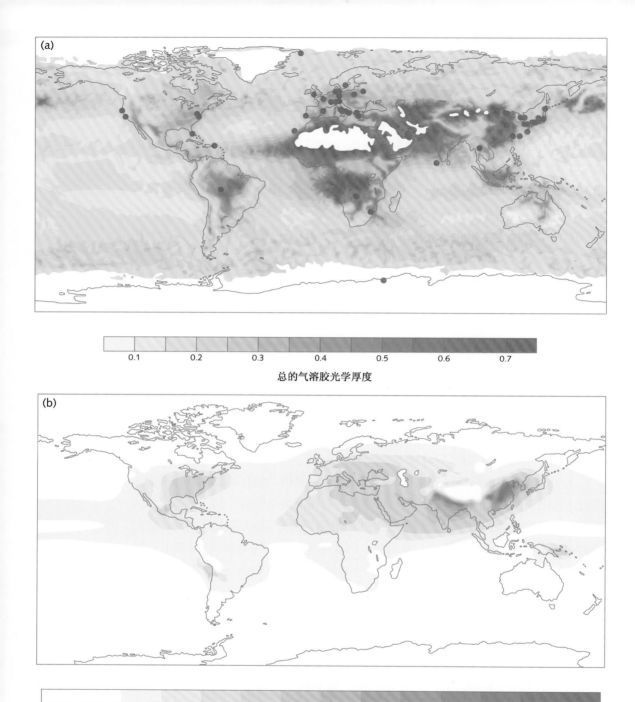

图3.7 大气气溶胶的分布。（a）2001年1—8月由MODIS观测得到的由于自然和人为气溶胶引起的在可见光中段波长（定义见术语表）范围内的总的气溶胶光学厚度。图中也给出了气溶胶激光雷达观测网的位置（红色圆圈）。（b）由哈得来中心模式HadGEM1计算的1990年代10年平均的由于人类活动造成的硫酸盐气溶胶总量，（mg[SO$_4$]/m^2）"背景"为没有火山爆发和来自海洋浮游生物的自然二甲基硫酸盐（DMS）

因此会减少抵制温室气体引起的辐射强迫增加的部分抵消作用。

　　根据粒子的性质，粒子的辐射强迫可正可负。例如，由于矿物燃料燃烧引起的烟尘粒子（也叫黑碳）吸收太阳光，引起全球平均约为0.2 ± 0.15 W/m^2 的正辐射强迫。其他较小的人为气溶胶辐射强迫贡献来自生物质的燃烧（例如，森林燃烧）、矿物燃料产生的有机碳粒子以及硝酸盐与矿物粉尘粒子。由于不同来源的粒子与云之间的相互作用，对粒子的辐射强迫简单地进行相加来获得总的辐射强迫是不适当的。这就是为什么图3.11给出气溶胶粒子的总辐射强迫以及相关的不确定性的原因。

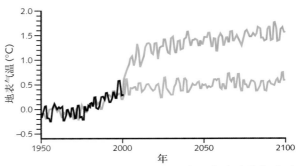

图3.8　模型模拟的2000年去除所有硫酸盐气溶胶（红线）以及包含2000年水平下硫酸盐气溶胶（蓝线）两种情形下对全球平均地表气温的影响

　　上面所讲的是直接辐射强迫。大气中的粒子还可以以另外一种方式影响气候，即通过对成云过程的影响，我们称之为间接辐射强迫。最好理解的间接辐射强迫的形成机制是由粒子数和粒子大小对云辐射特性的影响产生的（图3.9）。如果在云形成时有大量的粒子存在，那么，与在云形成时没有大量粒子存在的情况相比，这时所形成的云将由大量较小的云滴所构成（这类似于城市污染雾形成时所发生的情况）。与由大粒子所构成的云相比，这种云将更多地反射太阳光，从而进一步增加因粒子存在而导致的能量损失。同时，小云滴大小和数目影响降水效率、云的生命期，从而影响云量的地理分布范围。图3.10说明了船舶航行尾迹的情况，在这个尾流区所形成的云，其云滴大小比临近其他云层要小得多，由于反射较强，看起来很亮。现在已有大量的观测事实说明这些机理，但这种过程不易在模型中描述，并且因具体情况不同而差异很大，因而在估计它们的量值中有很大的不确定性（见图3.11[19]）。为了改进这种估算，需要更多的研究，尤其是对适当的云层进行仔细的测量。

　　可以把图3.11所示的大气粒子的这种辐射效应与温室气体增加所产生的全球平均辐射强迫（大约2.6 W/m^2）进行一下比较。但是，只进行全球平均辐射强迫的比较，并不能解决所有的问题。虽然利用全球平均辐射强迫估计值可以很好地表明大气粒子对全球气候的影响，但是对区域气候的影响以及它们的区域分布信息（图3.7）也应包含在内（见第6章）。

　　一个对云量的特殊的影响来自对流层上部飞行的飞机，通过水汽以及可

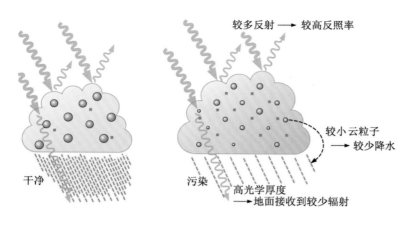

图3.9　表示云反照率和生命期对辐射强迫间接效应的概念图。大量被污染的云导致云顶更多的太阳辐射反射、地面接收较少的辐射，从而导致降水减少，云的生命期变长

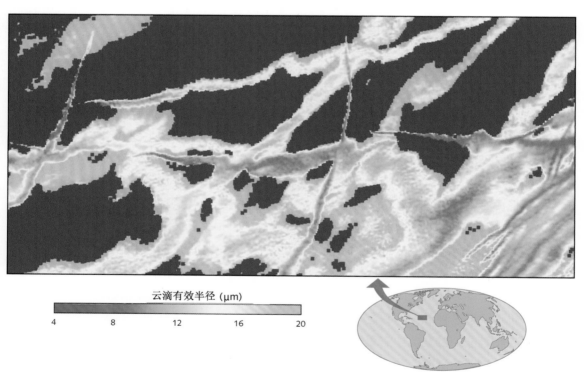

图3.10　同一地区船舶航迹云和背景水云的云滴半径，表明在污染的船舶航线上的云中有更小的云滴存在。（资料来自NASA Aqua卫星 MODIS 测量仪）

　　作为凝结核的粒子的排放影响高云层。正如我们将在第5章（第102页）看到的，高云为地球表面提供了一个类似于温室气体那样的"被毯"效应，因此产

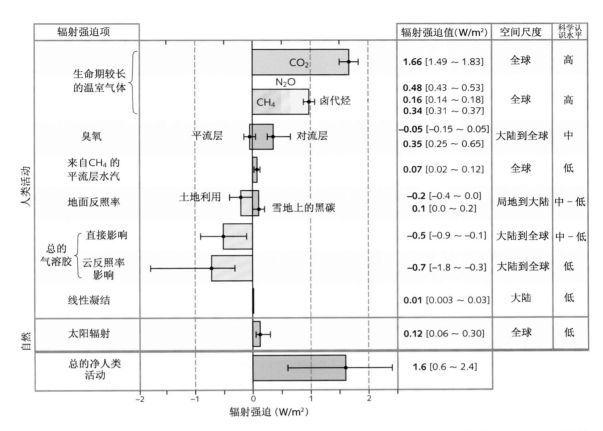

图3.11　1750—2005年全球平均辐射强迫（RF）估计值及范围，矩形条表示最佳估计值，水平线表示估值不确定性（190%置信度），并给出各种强迫的典型地理范围（空间尺度）和科学认识水平的评估结果。科学认识水平（LOSU）代表强迫估算可靠性的判据，它涉及评估强迫所需的假设、决定强迫机制的认知程度和定量估算强迫的不确定性等诸因子。

生正的辐射强迫。对流层上部经常出现大量的飞机飞行凝结尾迹，由此产生的辐射强迫估值包含在图3.11中。持续的凝结尾迹往往会导致其形成区域云量的增加。这就是所谓的航空诱导云量，很难量化。由于飞机的这些影响以及第52页提及的臭氧增加（减少甲烷减排）的影响，飞机的整体温室效应可能两倍甚至四倍于其二氧化碳排放的影响[20]。

全球增暖潜势

　　能够对不同温室气体产生的辐射强迫进行比较是很有用的。由于其不同的生命期，不同温室气体排放引起的未来辐射强迫状况各不相同。已经定义了一个温室气体全球增暖潜势（GWP）[21]指数，这个指数是用1 kg给定的气体排放与1 kg二氧化碳排放的时间积分的辐射强迫比率来表示。时间积分的时段也是统一规定的。表10.2列出了《京都议定书》中所包括的六种温室气体的全球增暖潜势值。运用混合温室气体排放的全球增暖潜势值可以将混合气体换算成二氧化碳当量。然而，因为不同时间段的全球增暖潜势值不同，因此在使用时有一定的局限性，一定要谨慎对待。

2003年11月30日国际空间站工作人员拍摄的芝加哥和密歇根湖全景，从图中可以清楚地看到飞机飞行凝结尾迹

辐射强迫的估算

本章概述了目前对主要温室气体和气溶胶粒子的源和汇、不同成分之间维持自然平衡以及人类排放干扰这些平衡的方式等科学知识。

用这些信息以及在不同波段辐射的不同气体的吸收信息来计算气体和粒子增加对进入到大气的净辐射和净热力辐射散失的影响。图3.11给出了1750—2005年不同温室气体和不同来源的对流层气溶胶的辐射强迫估算，同时还给出了各自的不确定性估计值。

总结

从图3.11可以看到:

- 过去两个世纪以来气候变化的主要强迫是长生命期温室气体特别是二氧化碳的增加。

- 20世纪中期以来，由于气溶胶特别是硫酸盐气溶胶引起的负辐射强迫对由温室气体引起的正辐射强迫的抵消作用一直在增强。

- 其他比较小的辐射强迫是由于臭氧（平流层和对流层）、平流层水汽和地表反照率（关于定义见术语表，图3.12）以及持久性飞行凝结尾迹的变化引起的。

- 关于太阳辐射强度的估计比在2001 IPCC评估报告中要小（见第6章，153页）。

- 尽管存在很大的不确定性，但是从2001 IPCC评估报告以来对于间接气溶胶强迫的认识和估算已经取得了重大的进步。

今后，根据对未来温室气体和气溶胶排放的不同假设确定出了排放情景。从这些情景出发，对未来温室气体浓度的可能增加进行了估算（例如使用碳循环计算模型估算二氧化碳）。第6章（132页）给出了对21世纪辐射强迫预估的详细情况。第5章和第6章解释了辐射强迫的计算是如何输入到气候模型从而对未来可能由于人类活动引起的气候变化进行预测。但是，在考虑未来气候变化预估前，对过去已经发生的气候变化进行研究将有助于获得对未来气候变化的认识。

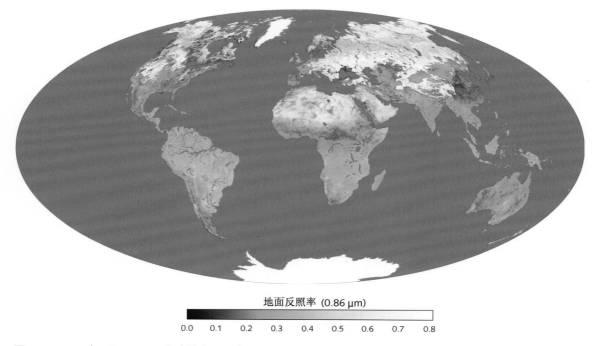

地面反照率 (0.86 μm)

0.0　0.1　0.2　0.3　0.4　0.5　0.6　0.7　0.8

图3.12　2002年1月1—16日全球地表反照率，显示出以0.86 μm波长从地表反射的入射太阳辐射比率（资料来自NASA Terra卫星MODIS测量仪，由RS 信息系统公司Eric Moddy进行可视化处理）

思考题

1. 在与海洋发生交换以前，大气中一个二氧化碳分子的寿命通常不到一年，而矿物燃料燃烧造成的二氧化碳浓度增加若要有明显的降低却需要很多年的时间，试解释这种差异的原因。

2. 请估计一下，你通过呼吸每年要向大气中排放多少二氧化碳。

3. 估计一下，在矿物燃料燃烧排放的二氧化碳中，你分担多少。

4. 在发达国家，一个100万左右人口的典型城市，每年产生约50万吨城市垃圾。假定这些垃圾填埋后由于分解、腐烂而产生等量的二氧化碳和甲烷。先对垃圾中可能的碳含量以及最终腐烂的比例作出假定，然后估计甲烷的年产量。如果所有的甲烷都逸出到大气中，利用注释[12]中信息，请将垃圾填埋场产生的二氧化碳和甲烷的温室效应，与焚化这些垃圾产生的二氧化碳的温室效应作一个比较。进一步讨论废弃物是"可再生"能源。

5. 一个新林场种植有100万棵树，成熟期为40年。请估算一下该林场每年封存的二氧化碳量。

6. 找出一架典型飞机的年燃料量以及世界所有民航和军队的飞机总数，估计全世界的飞机每年排放的二氧化碳量。

7. 寻找有关臭氧洞的信息并解释为什么臭氧洞主要出现在南极。

8. CFCs的主要用途是什么？提出一些可以更迅速地减少向大气中释放CFCs的方法。

9. 有时有迹象表明，过去一百年或更长时间内的全球温度变化可完全由太阳能量输出的变化来解释，因此，与温室气体的增加毫无关系。这种说法有什么错误？

10. 利用文中公式，计算大气二氧化碳浓度分别为150 ppm、280 ppm、450 ppm、560 ppm和1000 ppm时的辐射强迫。

11. 假定粒子的大小和分布特性，估计图3.7b中与25 mg[SO_4]/m^2相当的大气光学厚度。然后估计由硫酸盐气溶胶引起的全球平均辐射强迫。

▶ **扩展阅读**

Solomon, S., Qin, D., Manning, M., Chen, Z., Marquis, M., Averyt, K. B., Tignor, M., Miller, H. L. (eds.) 2007. Climate Change 2007: The Physical Science Basis. Contribution of Working Group I to the Fourth Assessment Report of the Intergovernmental Panel on Climate Change. Cambridge: Cambridge University Press.
    Technical Summary (summarises basic information about greenhouse gases, carbon cycle and aerosols)
    Chapter 2 Changes in atmospheric constituents and radiative forcing
    Chapter 7 Couplings between changes in the climate system and biogeochemistry
World Resources Institute www.wri.org – valuable for its catalogue of climate data (e.g. greenhouse gas emissions).

注释

[1] 将辐射强迫定义为对流层顶而不是整个大气层顶的辐射不平衡要方便得多。IPCC评估报告中关于辐射强迫的正式定义为：在考虑平流层温度对辐射平衡的再重新调整后对流层顶净（向下–向上）辐射强度（太阳光加长波）的变化，但是地面和对流层的温度和状态保持在没有受到干扰的状态。

[2] 见Denman, K.L., Brasseur, G.et al. 2007. Solomon et al.（主编）Climate Change 2007: The Physical Science Basis. 第7章，7.3.12节

[3] 见Jansen, E., Overpeck, J.et al. 2007., Solomon et al.（主编）Climate Change 2007: The Physical Science Basis. 第6章（特别是注释框6.2）

[4] 这一过程被称作浮游生物繁殖过程，见Woods, J., Barkmann, W. 1993. The plankton multiplier: positive

feedback in the greenhouse. Journal of Plankton Research,15,1053-74.

[5]　详见 House,J.I.et al.2003. Reconciling apparent inconsistencies in estimates of terrestrial CO_2 sources and sinks.Tellus,55B,345-63.

[6]　见Jones,C.D.,Cox,P.M.2001. Atmopseric science letters. doi.1006/asle.2001.0041;the respiration rate varies appro mately with a factor 2T-10/10 .

[7]　Cox,P.M.,Betts,R.A.,Collins,M.,Harris,P., Huntingford,C.,Jones,C.D.2004.Amazon dieback under climate-carbon cycle projections for the 21st century. Theoretical and Applied Climatology,78,137-56.

[8]　最近一些文献指出要加强对气候/碳循环反馈的研究，例如，研究联系生态系统化学和动力学（包括水和氮影响）的重要性。见Heimann,M.,Reichstein, M.2008.Nature,451,289-92;Gruber,N.,Galloway,J. N.2008.Nature,451,2293-6;and Friedlingstein,P.2008. Nature,451,297-8.

[9]　不考虑气候反馈时，哈得来模式与其他模式是相似的，只是该模式模拟的结果略高于平均的陆地碳吸收，却略低于平均的海洋吸收。

[10]　据估计，1997—1998年印度尼西亚及其附近地区发生的大范围的持续时间很长的森林大火导致大约0.8亿~2.6亿吨碳排放到大气中，这也许是1998年大气二氧化碳特别快地增长的原因之一。

[11]　1990年代增长率大幅减慢，尽管不知道其原因是什么，但一种说法是由于俄罗斯经济的崩溃，来自西伯利亚天然气管道的泄漏减少很多。

[12]　一个甲烷分子与一个二氧化碳分子的增强温室效应之比，称为其全球增暖潜能（GWP），关于GWP的定义在以后的章节中给出。这里，给出的甲烷GWP为7.5，该数字是就100年的时间范围计算而得到的（参见J.Lelieveld and P.J.Crutzon,Nature,355,1992,pp339-341,也可参见 D.Schimel et al.,[文献5，第2章]。甲烷对温室效应贡献的大约一半是由于它对射出热辐射的直接影响。其他一半来自于它对整个大气化学的影响。甲烷的增加最终将造成高层大气中水蒸气、对流层臭氧和二氧化碳的少量增加，而这些都将增加温室效应。

[13]　考虑到与对流层中OH基反应而造成的损失过程，化学反应和土壤损失导致大约10年的生命期。然而相对于对大气浓度的扰动，大气中甲烷的有效生命期是复杂的，主要是因为它依赖于甲烷的浓度。由于化学反应过程，OH基（甲烷破坏的主要原因）浓度本身依赖于甲烷浓度的变化。

[14]　详见Scientific Assessment of Ozone Depletion:2003. Geneva:World Meteorological Organization。

[15]　见Houghton et al. (eds) "Climate Change 2001:The Scientific Basis" 第4章。

[16]　关于它与痕量气体以及粒子的辐射效应见Houghton et al. (eds) "Climate Change 2001:The Scientific Basis" 中第6章 。

[17]　详见Penner,J.E. et al.(eds.),1999.Aviation and the Global Atmosphere.An IPCC Special Report.Cambridge:Cambridge University Press.

[18]　见Ramanathan,V.et al.2007,Warming trends in Asia amplified by brown cloud solar absorption.Nature,448,575-8.

[19]　1880—2004年期间不同强迫因子的辐射强迫变化，见James Hansen et al.,Science 308,1431.

[20]　详见Penner et al.(eds).Aviation and the Global Atmopshere.

[21]　关于GWPs见Ramaswamy et al., Houghton et al.(eds）Climate Change 2001:The Scientific Basis 第6章。

过去的气候

位于不丹的喜马拉雅山脉正在退缩的冰川的卫星图像

为了预测未来的气候，回顾一下过去曾发生过的气候变化很有帮助。这一章将简要回顾三个时间尺度的气候资料和气候变化：过去100年，过去1000年和过去100万年。在本章最后，还将讨论近10万～20万年中与气候突变有关的一些新证据。

过去100年的气候变化

把地球看作一个整体，20世纪80年代、90年代和21世纪初的几年出现了很多异常的暖年。图4.1显示了1850年以来的全球平均温度，这段时间有准确且覆盖面完整的器测资料。图4.1a中全球温度增长约$0.76 \pm 0.19℃$。这一时期的两个最暖年分别是1998年和2005年，1998年在某一种排序中排名第一，而2005年在另外两种排序中排名最高。从1995年到2007年的13年间，有12年位列有记录以来的13个最暖年份之中。另一个令人震惊的统计事实是：1998年前八个月中的任何一个月都"很可能"[1]成为有记录以来的那个月中最暖的，尽管记录中的变暖趋势是很明显的，但变暖肯定是不均匀的。事实上，各地的变暖、变冷时期并不一致，年与年、年代与年代之间的变率特征也不尽相同。

值得注意的是，2001到2006年间，全球温度几乎没有增长。有些人因此质疑全球变暖是否已经停止。然而，正如图中所示，七年时间的记录对于评价这一趋势是否改变过于短暂。尽管2007年比2006年有轻微的变冷，21世纪初的七年仍然比20世纪最后七年的平均温度高近$0.2℃$，纵使1998年是目前为止最暖的年份。进一步讲，对年际尺度气象记录的研究表明，最强的影响来自于厄尔尼诺，因此到2009年前后，年际变率有可能继续抵消人类活动引起的全球变暖[2]。

图4.1b也显示了全球地表变暖和整个对流层变暖。事实上，大气的整体变暖比地表变暖在空间上更均匀，特别是陆地上的大气变暖还略高于海洋上的大气变暖（见图4.2）。

一些怀疑论者可能想知道图4.1的绘制过程及其可信度。不可否认，日与日之间、季与季之间以及不同地点之间的温度差别确有几十摄氏度之巨。但我们并不考虑局地温度的变化，这里所说的变化则是全球作为一个整体的平均温度，其零点几摄氏度的变化都是非常大的变化。

首先，我们需要知道整合陆地近地表气温和海表气温估算的全球平均温度是如何得到的。为了获得陆地气温，气象站通常建在可长期稳定观测的地点，有的已观测140年以上，这些地点覆盖地球陆地的绝大部分。为了获得海表气温，我们使用了近140年来超过6000万个船舶的观测记录，其中绝大部分是商船。所有这些实际观测数据，不论来自陆地观测还是海洋观测，都被归并到邻近的网格中，比如1个经度乘以1个纬度的网格，而网格完整地覆盖地球。每一个网格内的观测资料先被平均，全球平均则是全球每一个网格平均的加权（以网格面积为权重）平均。

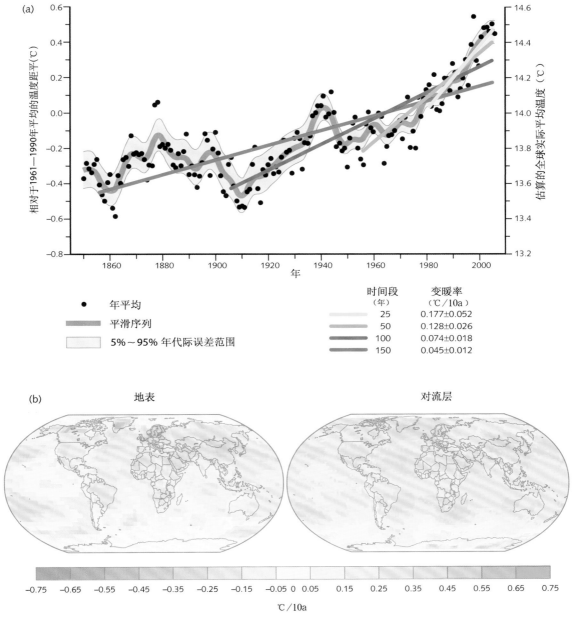

图4.1　（a）1850—2006年全球平均地表温度（综合了陆地温度和海表温度）变化，相对于1961—1990年平均值。黑点为年平均值，右侧坐标轴为实际温度值。线性趋势线拟合了过去的25年、50年、100年和150年，呈加速趋势。（b）1979—2005年全球温度线性趋势，左侧为地表温度，右侧为卫星观测的对流层（从地表至10 km范围内）温度。灰色区域为资料不完整区域。

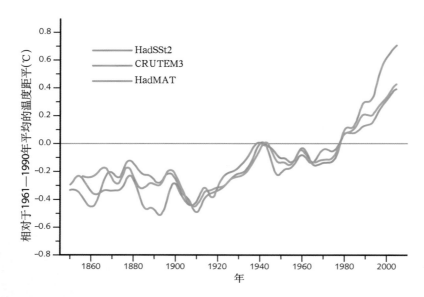

图4.2　全球平均海表温度（蓝色）、夜间海温（绿色）和陆地气温（红色）的年代际距平，相对于1961—1990年平均值

卫星观测的大气温度

　　1979年以来，NOAA（美国海洋大气管理局）发射的气象卫星就带有微波仪器——MSU（微波探测仪），用于对大气低层直到7 km高度的大气温度进行遥测感。

　　图4.3b显示了由MSU探测的全球低层大气平均温度及其和气球探空资料的对比，两者非常一致。图4.3c显示了同一时期的地表器测资料。这三种不同来源的资料显示了高度的相似性，且地表变化与低层大气变化也很相似。从中也可以看出，对变率显著地区仅依据短期记录来估算趋势会有很大的困难。据MSU的数据计算，1979年以来的变暖速度为每10年0.12～0.19℃，地表观测计算的变暖速度为每10年0.16～0.18℃，两者一致性很好。

　　平流层温度变化趋势与对流层相反。平流层下层降温速度为每10年0.5℃；上层降温速度为每10年2.5℃。

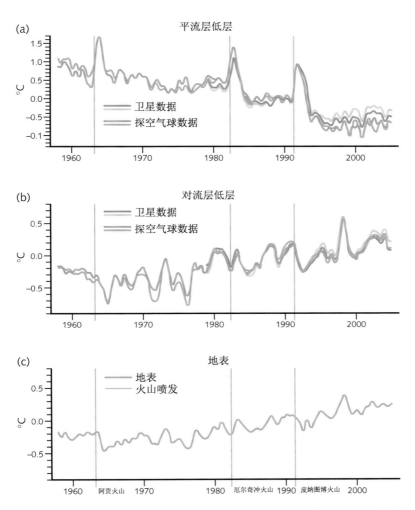

图4.3　全球平均温度时间序列（相对于1979—1997年平均）。(a)平流层低层（13～20 km）探空气球数据（蓝色和红色）和1979年之后卫星MSU数据（紫色和棕色）；(b)对流层低层（7 km以下）探空气球数据（蓝色和红色）和1979年之后卫星的MSU数据（紫色和棕色）；(c)地表。所有数据为月平均距平，相对于1979—1997年的7个月的滑动平均滤波。主要的火山喷发用竖线标记

　　不同国家的很多研究小组对这些观测资料进行了认真而独立的分析。由于处理方法不同，一些小组以略微不同的方法消除了资料中人为误差可能引入的一些因素。比如，某些陆地台站的记录可能因其周围的城市化进程而受到影响。至于船舶，过去标准的测温方法是将一只温度计插入刚打上来的一桶海水中。在此过程中，温度已发生了微小的变化，这种变化的大小随昼、夜而变化，甚至还取决于其他更多的因素，诸如桶的材质，多年来木制桶、帆布桶和金属桶被广泛使用。而现在，绝大部分这类观测都通过直接测量进入引擎制冷系统的海水来进行。可见，只有仔细分析陆地、海洋的观测记录的细节，才能对它们做正确的修正，最终才有可能使各个不同研究小组的分析结果趋于一致。

　　我们对所观测到的变化有信心的原因是，越来越多样的观测记录都表明了相似的变化和趋势。例如，对地表和海表气温的独立观测（见图4.1b和图4.2）与南、北半球的整体观测都高度一致。甚至一些间接证据也表明了同样的趋势，例如北极温度的显著升高、次表层海温的显著升高、雪盖面积的缩小和冰川的消退等，都提供了彼此独立的证据来证明全球变暖（见表4.1）。

　　在过去的30年间，围绕地球各种轨道的卫星也带来了新的观测证据。它们巨大的优势就是能自动提供覆盖全球的数据，而这种广阔的空间覆盖正是其他资料所欠缺的。然而，卫星资料的长度不过30年，对气候研究而言相对短暂。2001年的IPCC评估报告指出，1979年以来卫星观测的低层大气温度所表现的全球变暖趋势显著地弱于地表观测。然而，通过对2001年以来卫星资料更加详细的分析表明，两种资料测得的变暖趋势在各自的误差范围内趋于一致（见66页注释窗）。

　　如图4.1所示，气候数据所反映的最显著的特性，并不是年与年之间的变化，而是年代与年代之间（简称"年代际"）的变化。这种变率主要由除大气和海洋之外的其他因素引起，例如1883年印度尼西亚喀拉喀托（Krakatoa）火山爆发以及1991年菲律宾皮纳图博（Pinatubo）火山爆发（1992—1993年全球温度的降低主要是由皮纳图博火山喷发引起的）。但是也不能用火山或其他外部因子来解释气候变化的全部，气候变化的原因很多也是来自气候系统内部，比如不同海域间的差异（见第5章详述）。

　　20世纪的全球变暖在全球分布并不均匀。例如，最近的变暖主要集中于北半球中高纬度。但也有一些围绕北大西洋的地区由于受到洋流变化的影响而变冷（参见第5章）。还有一些地区的温度变化与海—气耦合振荡的相位有关，比如ENSO（厄尔尼诺—南方涛动）和NAO（北大西洋涛动）。在NAO正

表4.1　20世纪地球大气、气候和生态系统的变化

指标	观测事实
浓度指标	
大气CO_2浓度	1000—1750年稳定在280 ppm；2000年升至368 ppm（增加31%±4%）；2006年升至380 ppm
陆地生物圈CO_2交换	1800—2000年累计源排放30 Gt碳；但90年代净汇为10±6 Gt碳
大气CH_4浓度	1000—1750年稳定在700 ppb；2000年升至1750 ppb（增加151%±25%）；2005年升值到1775 ppb
大气N_2O浓度	1000—1750年稳定在270 ppb；2000年升至316 ppb（增加17%±5%）；2005年升值到319 ppb
对流层O_3浓度	1750—2000年增长了35%±15%，不同地区略有区别
平流层O_3浓度	1970年后开始减少，随纬度和高度有变化
大气HFCs, PFCs, SF_6浓度	过去50年全球性增加
天气指标	
全球地表平均温度	20世纪温度上升0.6±0.2℃；1906—2005年的100年间温度上升0.74±0.18℃；陆地变暖大于海洋变暖（非常可能）
北半球地表平均温度	20世纪的变暖大于1000年来任何100年；90年代是近千年来最暖的10年（可能）
温度日较差	1950—2000年陆地日较差减小；夜间最低温的增长两倍于白天最高温的增长（可能）
高温日数/热指数	增加（可能）
寒冷/霜冻日数	20世纪几乎所有陆地地区都在减少（非常可能）
大陆性降水	20世纪北半球增加5%～10%（非常可能），尽管有些地区在减少（例如北非、西非及地中海部分地区）
强降水事件	北半球中—高纬度在增加（可能）
干旱	在一些地区夏季干燥及相关的干旱发生率在增加（可能）。1970年以来，全球很多地区受此影响的总面积在不断增加（可能）
热带气旋与强副热带风暴	1970年以来，有朝着生命周期更长、强度更强的趋势发展，但是频率没有变化（可能）

（续表）

指标	观测事实
	1950年以来，频率和强度都在增加，风暴路径向极地移动（可能）
生物和物理指标	
全球平均海平面高度	20世纪上升速度为每年1~2 mm；1993—2003年上升速度增至每年约3 mm
河流和湖泊的冰封时间	20世纪北半球中高纬度地区减少了约2周时间（非常可能）
北极海冰范围和厚度	在最近几十年中，晚夏至早秋时节（可能）的海冰厚度变薄了40%；1950年以来春夏季海冰面积减少了10%~15%
非极地冰川	20世纪大范围消退
雪盖	从有卫星观测的1960年以来，全球雪盖面积减少了10%（非常可能）
永冻土	在极地、副极地和山地地区，永冻土正在融化、变暖或消退
厄尔尼诺事件	相比于前100年，过去30年间变得更频繁、持续时间更长、强度更强
植物生长季节	北半球过去50年间植物生长季每10年延长1~4天，特别是高纬度地区
植被和动物分布	植物、昆虫、鸟类和鱼的分布向极地和高海拔地区扩展
繁殖、花期和迁徙	北半球植物开花期、鸟类回归时间、繁殖季节及昆虫出来活动的时间提前
珊瑚礁白化	频率增加，特别是在厄尔尼诺事件期间
经济指标	
与天气相关的经济损失	过去50年间全球通货膨胀因素调整后的损失上升了一个量级。部分经济损失的上涨与社会经济因素有关，部分与气候因素有关。

注：这张表格提供了主要的观测证据，但并不是完整列表。其中既包含了纯粹的人类活动引起的气候变化，也包含了或自然或人类引起的气候变化。信度水平（参见注释[1]）与IPCC工作组定义的信度水平一致。

位相时，副热带大西洋地区和南欧被高压控制，而欧洲西北部则会经历暖冬，这种位相已经从1980年代中期开始占主导直至今天。

　　过去几十年间温度的增加有一个有趣的特点，即在温度的日变化中，日最低温度的增幅两倍于日最高温度的增幅。对此一种可能的解释是，除了增强的温室效应外，还由于广大地区的云量增加，这阻碍了白天向下的太阳辐射和夜晚向上的地球辐射，因而使温度日较差减小。

　　正如期望的那样，平均而言，全球温度的增加也导致了降水的增加，尽管降水往往比温度表现出更大的时空变率。降水的增加，特别是强降水事件的增加，在北半球中高纬度表现得最为显著（见表4.1）。

　　温度和降水变化的种种特点基本符合人们对温室气体增加的预测（见第5章），尽管也有一些记录表明不少变化可能与人类活动无关。例如，从1910—1940年的温度上升（图4.1a）速度快得可能无法用温室气体的微弱增长来解释。这其中的原因将在下一章讨论，下一章给出了对20世纪观测温度和气候模式模拟温度的比较，不只是对全球平均温度的比较，也有对区域温度的比较。总之，我们可以作出结论：尽管期望的信号仍然以自然变率的噪声形式出现，但过去50年间绝大部分的变暖仍然"非常可能"是由于温室气体浓度的增加造成的。

　　在过去20年间，人们在平流层低层（约$10\sim30$ km的高度）观测到显著的变冷（图4.3a）。这被认为主要是由于臭氧（主要吸收太阳辐射）浓度减少和二氧化碳浓度增加的结果（见第2章）。由于温室气体增加导致的对流层变暖和平流层变冷，对流层顶的高度——对流层和平流层之间的边界——也会因此而增高。现在已有观测证据证明对流层顶确实在增高。

　　还有一种气候变化的证据来自于对海平面高度的观测（图4.4）。整个20世纪全球海平面高度升高了17 ± 5 cm。这种上升的速度在1993—2003年已加快至3.1 ± 0.7 cm/10a，其中由于

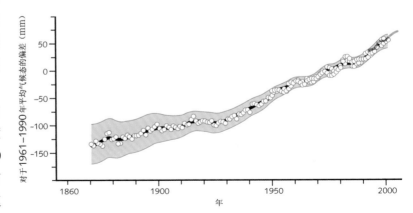

图4.4　相对于1961—1990年平均值的全球平均海平面高度变化。数据源自潮汐测站（蓝色）和卫星观测（红色）

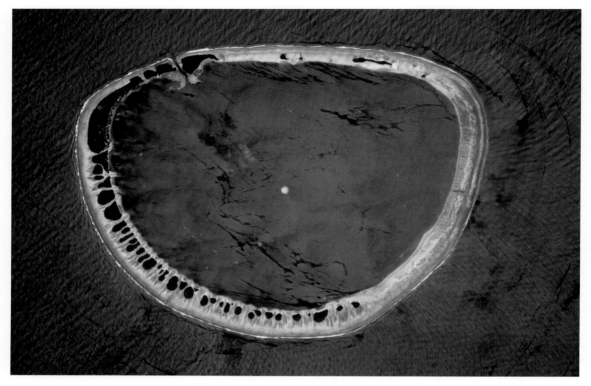

密克罗尼西亚联邦的努库罗（Nukuro）环礁，围绕着一个6 km宽的泻湖，居住着近900人。它是西太平洋地区巴布亚新几内亚东北部一连串岛屿中的一个。2005年11月宣布其不再适合人类居住，因为2015年这里将被全部淹没。风暴潮和高的潮汐不断冲刷这里的家园，摧毁农田，污染淡水供应。此图拍摄于国际空间站

平均温度升高引发海水热膨胀导致的上升约占1.6 ± 0.5 cm，而在20世纪已普遍消退的冰川融化导致的上升约占1.2 ± 0.4 cm。格陵兰岛和南极冰盖融化的贡献有很大不确定性，但一般认为贡献很小。

　　第1章中，我们提到了人类对极端气候的脆弱性正在增加，表现为人们越来越关注洪水、干旱、热带气旋及风暴等极端事件。因此，寻找这些极端气候事件是否在频率和强度上有所加强的证据就显得十分重要。表4.1总结了20世纪中与这些极端气候事件有关的观测证据，其中又分成如下几个指标：温室气体浓度；温度、降水及与风暴有关的指标；生物和物理指标。这些指标在21世纪将会如何演变，是否会像预期中的那样不断加强，将在第6章进一步讨论。

过去1000年的气候变化

对诸如温度、降水、云量等气象变量系统的观测，在过去140年中覆盖了全球大部分地区，但再往前则非常不足。另外，早期的观测资料过于稀疏，所用仪器的一致性也较差。例如，200年之前的绝大部分温度计都没有经过认真校准或考究地放置。然而，很多习惯写日记的人或作家保留了不同时期的记录，这些不同来源的天气和气候信息可以被整合起来。还有很多间接数据源，比如冰芯、树木年轮、湖泊水位、冰川进退和孢粉分布（例如在湖泊沉积中）等，也可以用来重建完整的气候历史。例如，通过应用多种资料，中国已可以把天气型系统图集前推至500年前。

类似的，通过整合直接资料和间接资料，人们已可以重建过去1000年的北半球平均温度（图4.5），南半球由于缺少足够的资料而无法进行这样的重建。由于对资料确切解释的不确定性，以及资料稀疏特别是早期覆盖面不够广，如图4.5所示的重建温度有很大的不确定性，这从图中分成10级的阴影就能看出来。然而即使这样，我们也仍然可以分辨出11—14世纪有所谓的"中世

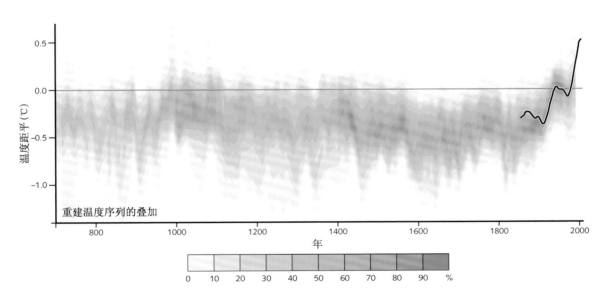

图4.5　近1300年来的北半球温度距平（相对于1961—1990年平均），数据源自10个已经发表的重建序列，诸如树木年轮、珊瑚、冰芯和史料（都由阴影表示），1860年以来的器测资料（黑线）。温度在±1倍标准差之内只有1条重建序列，就为10%的阴影；若在±1倍标准差之内有10条重建序列，则为100%的阴影。

纪暖期（Medieval Warm Period）”和15—19世纪相对寒冷的所谓“小冰期（Little Ice Age）”。对此，尽管有很多争论质疑它们只影响了北半球的部分地区，因此只在一些局地的观测数据中表现显著，比如英格兰中部，但从图中仍可以看出，20世纪的温度上升是十分惊人的，并且1990年代很可能是北半球近千年来最暖的10年。

　　尽管对公元1000—1900年间的温度变化尚没有完整的解释，但很显然温室气体（如二氧化碳和甲烷），并不是变化的首因。在1800年之前的一千多年中，大气中温室气体的浓度十分稳定，例如二氧化碳的浓度只变化了不到3%。但火山活动变化的影响与图4.3中温度下降点却对应得很好。例如，1815年4月印度尼西亚坦博拉（Tambora）火山爆发是这一时期最强的火山活动之一，这导致很多地方在这之后的两年内异常寒冷，1816年甚至被美国新英格兰地区（美国东北部）和加拿大称为“没有夏天的一年”。尽管像坦博拉量级的火山爆发也只能影响气候几年时间，但“平均”的火山活动变化却有更长远的影响。另外一种解释来自于太阳辐射的变化[3]。尽管缺少准确的对太阳辐射的直接观测（只

科学家们在南极用手钻取出一根10米长的冰芯。对冰芯进行化学分析，可以揭示大气成分和气候的变化

有最近20年卫星才提供了这类数据），其他证据表明太阳辐射在过去可能发生了显著的变化。例如，和现在相比，太阳辐射在17世纪的蒙德极小期（Maunder Mimimum）（几乎没有太阳黑子的一段时期，另见153页注释窗）时明显偏低（每平方米零点几瓦）。但是，我们不能把火山活动和太阳辐射变化作为引起近千年气候变化的全部原因，因为对于前述较短时期的气候变化，气候系统内部（即大气和海洋内）的自然变化也是原因之一，海—气之间具有"双向"或称为"耦合"的关系。

图4.5所示的千年温度记录十分重要，因为它提供了一个自然原因引起的气候变率范围和特点的指示和参考。就像我们将在下一章所能看到的那样，气候模式也会提供一些气候变率的信息。谨慎地评估观测和模拟的结果，可以确认自然变率（包括气候系统内部变率和外界强迫因子，诸如火山活动和太阳辐射）"几乎不可能"解释20世纪后半段的全球变暖。

过去100万年的气候变化

为了追溯到人类历史以前，科学家们不得不依靠除人类记录之外的间接的方法来揭开古气候的面纱。其中非常重要的信息源之一就是保存在格陵兰岛和南极大陆冰盖中的冰芯记录。这些冰盖有几千米的厚度，冰表面的积雪随着新雪的不断覆盖而被压实并最终变成冰。冰缓慢下移，最终会在冰原底部被挤出。上层的冰是最近形成的，底部的冰则是几万～几十万年前形成的。因此，通过分析不同层次的冰，可以得到过去不同时期的大气状况信息。

人们在格陵兰岛和南极大陆的不同地点都钻取过冰芯。例如，在南极洲东部的俄罗斯东方站，已经持续钻取了25年以上。世界上最长、最新的冰芯已钻到深至3.5 km，冰芯从底到顶覆盖了过去50多万年的气候变化信息（图4.6b）。

冰芯中封住了很多小气泡，通过分析小气泡中空气的成分，可反映冰形成时诸如二氧化碳和甲烷的大气组成状况。冰中还包含了一些来自火山或海表的灰尘颗粒。更详细的信息还可以通过分析冰本身获得。冰中还包含很少量的氧同位素和重氢同位素（氘）。这些同位素在今天的大气中，特别是在不断发生蒸发和凝结的云中，所占比例对温度异常敏感（参见第77页注释窗），而这些又依赖于地球地表的平均温度。因此，冰芯可以提供极地的一种温度记录，而全球平均温度的变化据估计是极区变化的一半左右。

(a)

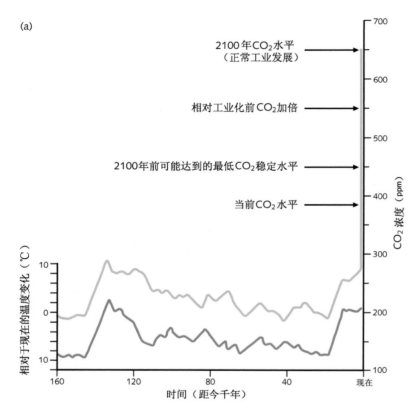

2100年CO₂水平
（正常工业发展）

相对工业化前CO₂加倍

2100年前可能达到的最低CO₂稳定水平

当前CO₂水平

图4.6　(a)南极东方站冰芯中过去16万年极区温度和二氧化碳浓度变化。据估计，全球平均温度的变化是极区温度变化的一半。图中还标识了当前的二氧化碳浓度水平（380 ppm），以及21世纪若干种排放情景下的预期浓度。(b)代表温度的同位素氘（δD），代表全球冰量波动的δ¹⁸O，和大气中二氧化碳、甲烷浓度的变化。资料源自南极冰芯。阴影部分为间冰期

(b)

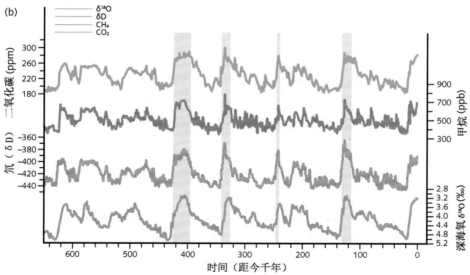

利用同位素数据进行古气候重建

在自然状态下的氧气中，同位素^{18}O与更丰富的^{16}O的比例为1∶500。当水蒸发时，含有更轻的^{16}O的水更易蒸发，所以大气中的^{18}O含量远少于海洋中的^{18}O含量。相似的分离过程也发生于云中冰晶形成的凝结过程。这类过程中两种氧同位素的分离量取决于蒸发和凝结时的温度。不同地区的降雪量测量可用于校正这种方法。研究发现，地表每1℃的温度变化会使^{18}O的浓度变化0.07%。因此，有关极区大气温度变化的信息，就可以从冰盖下冰芯中测得。

由于极地冰盖由积雪形成，其中包含的^{18}O远少于海水中的^{18}O，因此海水中的^{18}O浓度也是对冰盖总冰量的一种很好的测量，它在冰期—间冰期旋回中变化约1/1000。海水中的^{18}O含量信息主要保存在珊瑚和深海沉积中，其中包括几百年至几百万年间的浮游生物骨骼和海洋微生物化石。通过对^{14}C的测量和对重大事件的标定，可以完成对整个珊瑚或沉积的定年。因为这些生物遗骸形成时，氧同位素的分离也依赖于海水温度（尽管依赖关系很弱），所以人们也就可以得到过去不同时期海表温度的分布信息。

图4.6a显示了利用东方站冰芯重建的过去16万年以来的温度和二氧化碳浓度，这覆盖了从开始于12万年前到结束于2万年前的最后一个大冰期的全部时期。图4.6b将时间范围扩展到65万年前，从中可以看出温度、二氧化碳和甲烷之间的密切联系。值得注意的是，图4.6告诉我们，21世纪的二氧化碳的增长，已到了过去2千万年内都"不可能"达到的程度。

更多的关于过去100万年的气候信息可通过分析海洋沉积物的成分获得。浮游生物的骨骼以及其他海洋生物沉积也包含了不同的氧同位素信息。特别是较重的^{18}O与大量的^{16}O的比值，对化石形成时的温度和全球总冰量（决定了全球海平面高度）很敏感。例如，从现有的资料可以看出：在2万年前的末次盛冰期（Last Glacial Maximum），海平面高度比现在低约120米；在12.5万年前的末次间冰期，海平面高度比现在高4~6m，这主要是由于格陵兰岛和南极大陆等地的极地冰盖融化所导致的。

利用各种可用的古气候资料，人们可以重建两极冰盖在过去100万年间绝大部分时段的冰量变化（图4.6b中下面一条曲线和图4.7c）。其中6~7次的大冰期被其间的暖期所分隔，大冰期之间相隔约10万年。还可以看到其他一些周

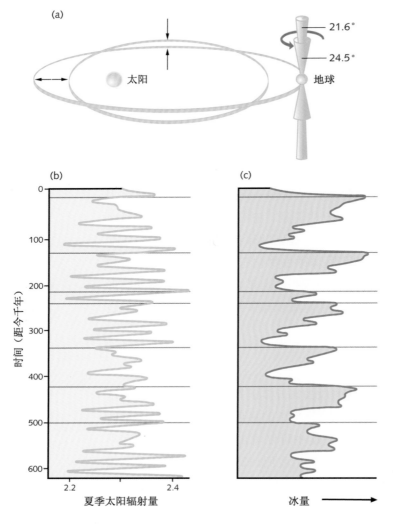

图4.7　(a)地球轨道要素变化示意图，包括偏心率、地轴倾角（在21.6°–24.5°之间摆动）和近日点的位置（地球在一年中最接近太阳的时间，另见图5.19）。(b)这些地球轨道参数引起的极区夏季太阳辐射（单位：$10^6J/cm^2.d$）的变化。(c)冰盖中总冰量在气候记录中的周期性变化。

期的存在。

气候有规则地循环的原因主要是因为太阳辐射的变化。这是由于太阳辐射本身一直周期性地变化吗？到目前为止，人们已知太阳本身的辐射量在过去的100万年间并没有很大幅度的变化。但是由于地球轨道的变化，太阳辐射在地球上的分布在这一时期确实或多或少地规律地变化着。

地球围绕太阳运动，有三种轨道参数规律地变化着（图4.7a）。地球公转轨道尽管近乎圆形，但实际是个椭圆，椭圆的偏心率（长半径和短半径之比）以10万年为周期进行变化，这是变化最慢的轨道参数。地球围绕地轴自转，地轴与地球的公转平面有一个倾角，这个倾角在21.6°到24.5°度之间（当前是23.5°）以4.1万年为周期进行变化。第三个轨道参数是地球近日点的时间，地球近日点以2.3万为周期逐月循环（见图5.19），现在地球的近日点时间是1月。

随着地球轨道参数的循环，尽管太阳总辐射几乎没有变化，但到达地球的辐射量随纬度和季节的分布却变化巨大。这种变化在极地尤其明显，那里太阳辐射的变化幅度可达10%（图4.7b）。英国科学家克罗尔（J. Croll）于1867

年首先指出，地球过去的冰期旋回很可能与到达地球的太阳辐射的规律性季节分布变化有关。该理念于1920年被南斯拉夫（现塞尔维亚）气候学家米兰科维奇（M. Milankovitch）所继承和发扬，现在常以他的名字命名这个理论。用肉眼看图4.7中极地夏季太阳辐射与全球冰量的变化，也能发现两者之间的密切联系。更严谨的对两条曲线的研究表明，全球冰量变化60%的方差可以归结为由地球轨道三要素的规律变化引起，这就支持了米兰科维奇的理论[4]。

更深入地研究冰期旋回与地球轨道要素间的关系表明，气候变化的实际幅度大于仅仅考虑辐射强迫本身所能产生的变化范围，因而存在着其他一些过程可能加强了辐射变化的影响（或者说正反馈过程），这些正反馈过程因此也必须考虑进来。这样的一种反馈产生于通过温室效应影响大气温度的二氧化碳的变化，如图4.6所示的平均大气温度与二氧化碳浓度的高度相关就说明了这个问题。当然，这种相关并不直接证明有所谓"温室效应"反馈的存在，事实上，这种高相关部分是由于二氧化碳浓度通过生物反馈（见第3章）受到与全球平均温度有关的因素的影响[5]。更进一步说，由于在冰期末期南极大陆的温度升高领先于二氧化碳变化达几个世纪之久，很显然二氧化碳变化并不是冰期结束的触发机制。但是，正如我们将在第5章看到的那样，对古气候的模拟若不考虑温室效应反馈则是很难成功的[6]。

一个显而易见的问题是，根据米兰科维奇理论，下一个冰期何时到来呢？事实上，我们恰巧处在一个太阳辐射变化很小的时期，对未来最好的预估是，我们正在经历一个比一般间冰期长得多的间冰期，下一次冰期可能于5万年后来临[7]。

过去的气候有多稳定

本章考虑的都是比较缓慢的气候变化过程。例如极地大冰盖的扩张和退缩，都是在冰期—间冰期旋回中的长达数千年之久的时间尺度上发生的。然而，如图4.6和4.8所示，冰芯记录还显示了很多大幅度的相对快速的气候波动。格陵兰岛的冰芯比南极大陆的冰芯在这个问题上表现得更明显，这是由于格陵兰冰冠顶点的雪积累速度比南极高。对于相同的时间段，格陵兰冰芯更长，因此在相对较短的时间内提供了地球气候更详细的变化信息。

数据表明，过去的8000年相对于更早的时期而言异常稳定。事实上，从东方站冰芯（图4.6）和格陵兰冰芯（图4.8）资料看，全新世中这一段较长的稳定时期是42万年以来非常特殊的，被认为对人类文明的发展具有深远的意

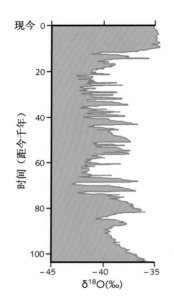

图4.8　格陵兰岛"Summit"冰芯中氧同位素（δ¹⁸O）揭示的近10万年来北极温度变化。在图4.6和图4.7中的（δ¹⁸O）数量是¹⁸O/¹⁶O的比值与实验室标准比值的差。总的来说这里的图形和南极冰芯（图4.6）的数据相似，但"Summit"冰芯展现了更多细节，特别是在过去8000年以来的气候稳定期。冰核中δ¹⁸O值变化5‰相当于温度变化7℃

义[8]。模式模拟（见第5章）表明全新世的长期变化细节与轨道要素的影响一致（图4.7）。例如，一些北半球冰川在11000至5000年前消退，并且在这段时期的后期甚至比现在还严重。现在的冰川消退不能归因于同样的自然原因，因为最近几千年来由于轨道要素的变化，夏季太阳入射在持续减少，而这应该导致冰川增长才对。

　　另一个有趣的审视角度是拿2万年前末次盛冰期之后的回暖期温度变化速率与近代温度变化相比。数据表明，格陵兰岛从2万年前至1万年前的平均回暖速度是每100年上升0.2℃，其他地区可能略低于这个数字。这和20世纪全球变暖速度——每100年上升0.6℃——相比，甚至和未来21世纪人类活动导致的每100年上升几摄氏度相比（见第6章），还是相对缓和的。

　　冰芯数据（图4.8）还表明在末次冰期中存在一系列快速的冷、暖振荡，也称为D/O（Dansgaard-Oeschger）振荡。通过对格陵兰岛不同位置钻取的冰芯进行对比，人们已可以了解上至10万年以来的细节。再通过和南极大陆的冰芯进行对比，人们发现格陵兰岛的温度波动（可能高达16℃）比南极大很多。类似的快速温度变化在北大西洋深海沉积物中也同样可以找到。

　　另一个特别有趣的气候时期是比较近的新仙女木事件（Younger Dryas Event，源于一种极地花*Dryas octopetala*的广泛分布），发生于距今12000年至10700年间，共持续约1500年。在这一事件之前的6000多年间，地球已经走出冰期，全球温度缓慢回升。但到了仙女木时期，气候突然变冷到和末次冰期结束时差不多的状况（图4.9），这在很多不同来源的古气候资料中都有所反应。约10700年前新仙女木事件结束时，冰芯数据反映出北极气候在50年间又升高了7℃，并伴随风暴的明显减少（表现为冰芯中沙尘颗粒数量的明显减少）和约50%的降水增加。

　　我们认为有两种原因导致了过去这些快速变化。第一种被认为在冰期条件下特别有效：随着格陵兰和加拿大东部大冰盖的扩展和碎裂，一次次地将大

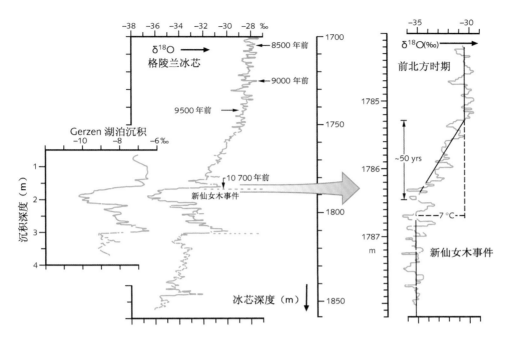

图4.9　瑞士Gerzen湖的湖泊沉积和格陵兰"Dye 3"冰芯所揭示的新仙女木时期及其结束时（约10700年前）氧同位素 δ ^{18}O 的变化。冰芯通过从表面往下一层层数进行定年；湖泊沉积物通过 ^{14}C 定年。冰芯中 δ ^{18}O 值变化5‰对应约7℃的温度变化

量的冰山倾泻到北大西洋中，也称为海因里希事件（简称H事件）。第二种则是认为北大西洋地区海洋经向翻转流受到周围融冰的淡水注入而显著减弱。现在，该区域的洋流由于受高盐度冷盐水的影响可以下沉至深海，这条下沉支是所谓"传送带（Conveyor Belt）"的一部分，传送带是全球深海环流的主要特性（见图5.18）。大量融冰产生的淡水会使得这一地区的海水盐度下降，阻止其下沉，因此可改变整个大西洋深层环流。

　　这种融冰淡水和海洋环流之间的联系，是W．Broecker教授提出的关于新仙女木事件解释的最关键要点[9]。随着末次冰期结束时北美大冰盖开始融化，融水首先通过密西西比河注入墨西哥湾。最终，冰盖的退缩开辟了一条通往圣劳伦斯河的淡水通道，淡水因此得以注入北大西洋，降低了海水盐度。W．Broecker认为这就是切断"传送带"北支深水形成的机制[10]。深水形成受阻的结果是暖水被阻止不能向北流动，最终导致北部极冷气候条件的形成。如果将以上过程反过来说，从大西洋"传送带"建立开始，也可以导致一个突然的暖事件发生。

尽管对于新仙女木事件的许多细节仍有争论，但有很多强有力的古气候证据，特别是深海沉积的证据，能够证明W．Broecker关于深海环流假说中主要观点的正确性。很显然，这些古气候资料能够证明在过去的不同时间尺度上，深海环流和深水形成确实发生了很大的变化。在第3章中，我们讨论了在温室气体浓度增加导致的全球变暖背景下这种变化发生的可能性。因此我们的观点是，在讨论未来气候变化时，也应该兼顾考虑类似的气候突变的可能。

总结

本章我们认识到：

- 格陵兰岛和南极大陆的冰芯、海洋和湖泊沉积岩芯及其他代用资料，提供了过去100万年来丰富的诸如温度、大气组分和海平面高度等气候信息。

- 当前大气中的二氧化碳和甲烷浓度以及它们的增长速度，在过去50万年甚至可能在更长的时间范围内也从未达到过。

- 20世纪后半段的50年"可能"是过去1300年间北半球最热的50年。

- 18000年前末次冰期结束时，温度上升了4~7℃，当时变暖的速度"很可能"只有20世纪变暖速度的十分之一。

- 过去100万年间的冰期—间冰期旋回的主要触发机制是太阳辐射空间分布的规律性变化，特别是被称为米兰科维奇循环的地球轨道要素导致的极地地区辐射变化。温室气体的变化对此强迫增加了正反馈机制。人们对轨道要素的变化已经相当了解，下一个冰期在至少3万年内不会到来。

- 在末次间冰期的前半段（约13万—12.3万年前），由于轨道要素的强迫导致夏季太阳辐射增加，当时极地温度比今天高3~5℃，极区融水导致海平面高度比现在高4~6 m。

- 过去10万年间发生了很多次气候突变，在冰芯和其他很多资料中都可以找到证据。这和大冰盖消融引起大量淡水注入海洋有关，最终导致大尺度海洋环流的改变。

　　我们已经通过前几章的介绍，描述了包括全球变暖、温室气体及其起源、古气候等基本科学问题。我们将在下一章介绍气候模式如何预测未来的气候变化。

思考题

1. 假设末次盛冰期时海平面高度比现在低120 m，估计覆盖在北美北部和欧亚大陆上的冰盖的总冰量。

2. 需要多少能量才能融化你在第1题中计算的冰量？根据图4.7中的数据，比较你需要的能量和18000～6000年前60° N以北的夏季太阳辐射盈余。你的答案支持米兰科维奇理论吗？

3. 有人建议地球上巨大的化石燃料库应该封存，直到下一次冰期来临再行使用，从而延缓冰期的影响。从你对温室效应以及对大气、海洋中二氧化碳特性的认识出发，考虑人类使用完已探明储量化石燃料（见图11.2）对下一次冰期暴发的影响。

▶ 扩展阅读

James Hansen et al., Climate Change and Trace Gases, Phil. Trans. R. Soc.A (2007),365, 1925–1954. Summarisesinfluence of greenhouse gases on paleoclimates ofdifferent epochs.

Solomon, S., Qin, D., Manning, M., Chen, Z., Marquis, M.,Averyt, R. B.,Tignor, M.,Miller, H. L. (eds.) 2007. Climate Change 2007: The Physical Science Basis.Contribution of Working Group I to the Fourth Assessment Report of theIntergovernmental Panel on Climate Change. Cambridge : Cambridge University Press.

Technical Summary (summarises basic information about greenhouse gases andobservations of the present and past climates)

Chapter 3 Observations: Surface and atmospheric climate change

Chapter 4 Observations: Changes in snow, ice and frozen ground

Chapter 5 Observations: Oceanic climate change and sea level

Chapter 6 Palaeoclimate

注释

[1]　在Solomon主编的Climate Change 2007: The Physical Science Basis中表述了对确定性的分级描述和量化统计信度的对应关系，如下："几乎可以肯定"表示>99%的出现概率；"极端可能">95%；"很可能"表示>90%；"可能">66%；"更有可能">50%；"不太可能"<33%；"非常不可能"表示<10%；"极不可能"表示<5%。

[2]　Smith, D. M. et al., 2007. Science, 317, 796-799.

[3]　例如参见Crowley, T. J. 2000. Causes of climate change over the past 1000 years. Science, 289, 270-277.

[4]　Raymo, M. E., Huybers, P. 2008. Nature, 451, 284-285.

[5]　关于冰期时为什么二氧化碳浓度偏低请看第6章的注释窗6.2。另见Solomon等，Climate Change 2007: The Physical Science Basis.

[6]　例如参见James Hansen, Bjerknes Lecture at American Geophysical Union, 17 December 2008，www.columbia.edu/njeh1/2008/AGUBjerknes_2008/217.pdf

[7]　Berger, A., Loutre, M. F. 2002. Science, 297, 1287-1288. IPCC 2007报告说到"地球在至少3万年内'非常不可能'自然地进入另一个新冰期"。（Chapter 6 Summary, in Solomon et al. (eds.) Climate Change 2007: The Physical Science Basis）。

[8]　Petit, J. R. et al. 1999. Nature, 399, 429-436.

[9]　Broecker, W. S., Denton, G. H. 1990. What drives glacial cycles? Scientific American, 262, 43-50.

[10]　更多信息请参考第5章，特别是参见图5.18。

气候模拟

2006年6月，这个超级雷暴（最大和最严重等级雷暴）使科罗拉多西北部遭受广泛破坏

第2章从简单的辐射平衡的观点考察了温室效应问题。它估算了随着温室气体增加，地球表面平均温度上升的状况。但是气候的任何变化并不是到处均匀分布的，实际的气候系统要比这种状态复杂得多。更详细的气候变化的预测要用计算机做更精确的计算。由于所要求解的问题十分巨大，必须使用当今最快、最大的计算机。但是在使用计算机计算之前，必须先发展气候模式。我们将用目前天气预报所使用的天气模式来解释计算机上所用的数值模式是什么状况，然后说明增加模式的复杂程度以便将所有气候系统的组成部分包含于模式之中。

天气模式

英国数学家L. F. Richardson（理查森）建立了第一个天气数值模式。第一次世界大战期间，他在法国为教友派的野战医院工作（他是教友派信徒），他利用业余时间进行了第一次数值天气预报。他使用计算尺进行了大量艰苦的计算，求解了适合的方程并给出了6小时预报。这一工作花了他6个月时间，而结果并不是很好。但是他的基本方法（在他1922年发表的书中曾有所描述[1]）是正确的。要将他的方法应用于实际预报，Richardson设想有一个很大的装满了人的音乐厅，每个人进行一部分计算，这样这个数值模式的积分才能跟上实际天气的演变。但是他比他的时代超前了很多年！大约40年之后，实质上应用Richardson方法的第一个业务天气预报才在一架电子计算机上产生。现在，速度比第一次预报时使用的计算机快1万亿倍的计算机正在运行各种数值模式，这些模式是所有天气预报的基础（图5.1）。

L. F. Richardson（1881年10月11日—1953年9月30日）

天气和气候的数值模式是建立在描述发生在大气、海洋、冰川和陆地上的各种运动和过程的物理学和动力学的基本数学方程基础上。虽然它们也包括经验性信息，但与很多其他系统的数学模型如社会科学的模型不同，它们在很大程度上并不依赖于经验关系。

建立一个用于天气预报的大气模式（见图5.2），要求对来自太阳的能量如何进入大气作出数学描述。来自太阳的能量从上部进入大气，其中一部分被地表或云反射，另一部分被地表或大气所吸收（见图2.7）。大气与地表之间的能量和水汽交换也需要进行描述。

水汽之所以重要，是因为它与潜热相联系（换句话说，当它凝结时会释放出热量），同时也因为在水汽凝结时会导致云的形成，而这又会大大地改变大气与来自太阳的能量的相互作用。这些入射能量的变化会改变大气的温度结

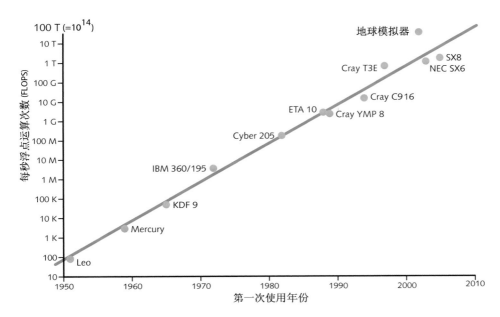

图5.1　主要预报中心所应用的计算机运算能力增长情况。英国气象局用于数值天气预报研究的那些计算机自1965年起用于业务天气预报最近气候预报研究。Richardson梦想的计算机，即在本章开始时提到的大"人群"计算机，也只拥有大约500 FLOPS的性能。2007年运行气象或气候模式的最大计算机是日本的"地球模拟器"。图中直线显示计算机性能每5年增长10倍

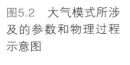

图5.2　大气模式所涉及的参数和物理过程示意图

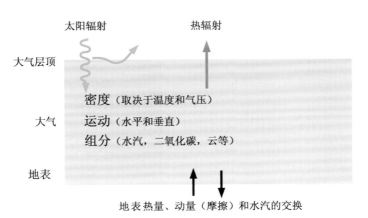

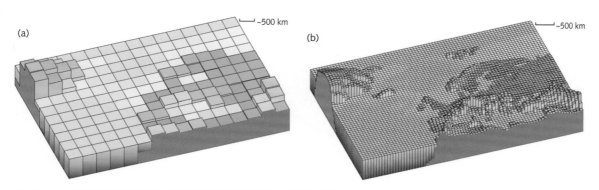

图5.3　一个典型全球气候模式中使用的欧洲地区水平网格变化。(a)应用于1990年IPCC第一次评估报告，(b)应用于2007年IPCC第四次评估报告。注意：从1990年的粗网格到2007年有很大改进

构，引起大气密度的变化（因为变暖的气体要膨胀并减小密度）。正是这些密度变化驱动大气的运动，例如风和气流等，而它们又反过来对大气密度及其组成起改变和反馈作用。关于模式方程的更详细介绍在下面的注释窗中给出。

要提前几天进行天气预报，需要有一个全球范围的模式。例如，今天南半球的环流将在几天内影响北半球的天气，反之也一样。在一个全球预报模式中，描写动力学过程和物理过程（列在以下注释窗）的那些参数（例如气压、温度、湿度、风速等）要在覆盖全球的每个格点上给出（图5.3）。在水平方向上这些格点的间隔一般为100 km，而在垂直方向上则约为1 km，在典型情况下，模式垂直方向上应有20或30层左右，格距的精细程度是受目前所使用的计算机的能力限制的。

现在模式已经建立，要从现在进行预报，首先从大气的当前状态开始，对方程组按时间向前进行积分（见以下注释窗），以便能提前6天或更长的时间提供对大气环流和结构的新的描述。为了描述大气的当前状态，必须把各种各样来源（见以下注释窗）广泛的资料收集到一起并放入模式中。

自从计算机模式最初被引入天气预报以来，预报技术的发展和改进已经超出了早期模式研制人员所能想象的程度。由于在模式方程方面的改进，以及用于初始化（见注释窗）的资料覆盖率或精确度以及模式分辨率（格点间的距离）的改进，使得预报技术有了很大增长。例如，对大不列颠群岛来说，今天的3天地面气压预报水平平均来讲相当于10年前2天预报水平，这一点可由图5.5看出。

建立数值大气模式

大气数值模式，主要是以适合于计算机的形式及必要的近似来描述大气不同组成部分的基本动力学和物理学过程及它们的相互作用[2]。当某个物理过程用一种算法（一步一步计算的过程）和简单的参数（即数学方程中所包含的量）来描述时，这一物理过程就可被称为已经被参数化了。

动力方程是：

- 水平动量方程（牛顿第二运动定律）。在这些方程中，某一气柱的水平加速度与水平气压梯度和摩擦作用相平衡。因为地球是旋转的，这个加速度包括科氏加速度。模式中的"摩擦"主要是由尺度小于网格距的运动引起的，必须对它进行参数化。

- 流体静力学方程。某点的气压由这点以上的大气质量所确定，垂直加速度被忽略。

- 连续方程。这个方程保证质量守恒。

模式的物理过程包括：

- 状态方程。这一方程把大气气压、体积和温度联系起来。

- 热力学方程（能量守恒定律）。

- 水汽过程的参数化（如蒸发、凝结、云的形成和消散）。

- 太阳辐射和热辐射的吸收、发射和反射过程的参数化。

- 对流过程的参数化。

- 动量（即摩擦）、热量和水汽在地表交换的参数化。

模式中的多数方程是微分方程，这意味着这些方程描述变量（如气压、风速等量）随时间及空间变化的方式。如果一个量，如风速，其变化速率及其在给定时间的值是已知的，那么它在以后某一时刻的值就可以计算出来，不断重复这一过程就称为积分。由此，方程组的积分过程就是所需的全部量在稍后时间的新值被计算出来的过程，这就使得模式有了预报能力。

模式资料初始化

　　在一个重要的全球天气预报中心，收集各种来源的资料，然后把它们输入模式中，这个过程叫做初始化。图5.4给出2008年5月20日世界时00时开始做

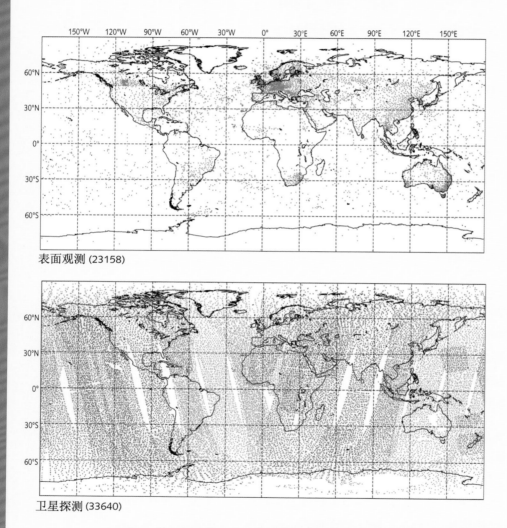

表面观测 (23158)

卫星探测 (33640)

图5.4　英国气象局全球天气预报模式一个典型工作日的输入资料来源。表面观测来自陆地观测站（有人的和无人的）、船舶及浮标。从陆地及船载观测站上施放，无线电探空气球可探测到30 km的高度。卫星探测不同大气层中温度和湿度，是根据对红外或微波辐射测量反演出来的。卫星云迹风是由准静止卫星对云的运动进行观测反演出来的。每种类型观测数在括号内给出。

预报时的一些数据来源。为了确保及时接收到世界各地的资料，已经建立了专用的通讯来达到这一目的。在把资料同化到模式中去时，需要十分注意所用的方法，同时也要特别注意资料的质量和精度。

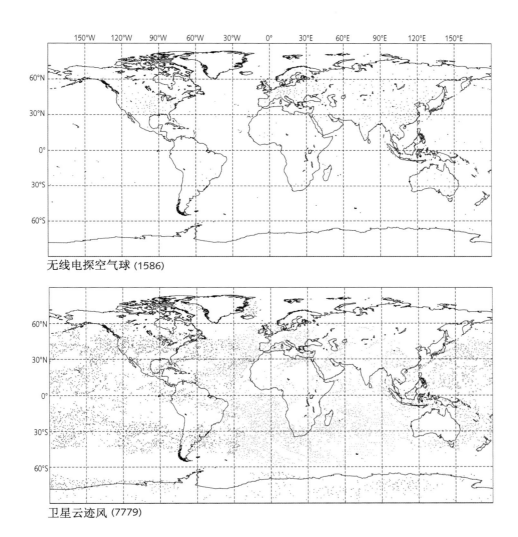

无线电探空气球 (1586)

卫星云迹风 (7779)

图5.4（续）

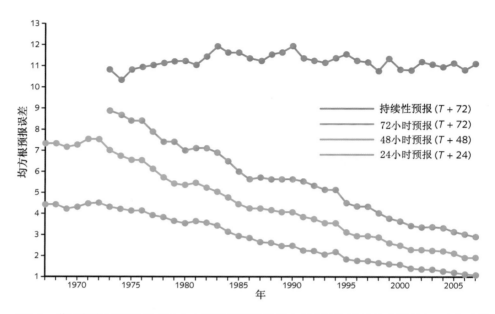

图5.5　英国气象局预报模式对北大西洋和西欧地区自1996年以来24h（蓝色）、48h（绿色）和72h（红色）预报与假定没有变化的持续性预报（紫色）相比较的误差（地面气压预报值与分析值的均方根差值，单位：hPa）

　　看到图5.5中所示的连续的预报改进时，会很明显地提出一个问题，即这种改进是否会继续下去，或者是否存在着一个我们所预期的可预报性的界限。因为大气是一个部分混沌系统（见以下注释窗），即使我们能够提供完美的大气状态及环流状况，在未来一段时间内预报大气详细状况的能力也是有限的。图5.6给出现有的预报技巧与采用完美的模式和接近完美的资料所做的对不列颠群

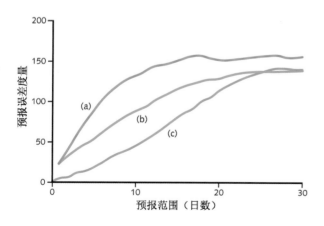

图5.6　在有更好资料或一个更好模式的情况下，预报技巧改进潜力的说明。纵坐标是模式预报误差的度量（500 hPa高度场预报值与分析值均方根之差）。曲线(a)是1990年英国气象局预报误差随预报长度变化的函数关系；曲线(b)是采用完善的模式和相同的初始资料时预报误差将会怎样减小的一个估算；曲线(c)估计了如果有接近完善的资料作为初始状态，预报将进一步改进。经过一个足够长的时段后，所有的曲线趋向于一个饱和值，即随机选择的任何预报之间的均方根差的平均值

岛（对任何其他中纬度情况应该得到类似的结果）预报技术极限最佳估计的比较。根据这一估计，未来有意义的预报极限约为提前20天。

在不同的天气条件或天气型之间预报技术明显不同。换句话说，一些天气条件比另一些是更"混沌的"（使用该词的技术含义，见以下注释窗）。在一种给定的天气条件下可能得到的技巧是应用集合预报，在集合预报中运行一群初始状态，这可以由附加到初始状态下的多个小扰动产生，但这种小扰动是在观测或分析误差范围内。这种集合方法提供的预报与单个预报比较，显示了明显的改进。进一步可知，集合预报中的扩展是低的，因而比集合中扩展较高的单个预报的技巧要好（图5.8）[3]。

季节预报

到目前为止，主要考虑的是详细天气状况的短期预报，大约20天以后就完全没有预报技巧可言了。再长久一些的将来会怎么样呢？虽然我们不指望能预报详细的天气状况，但是否能预报未来几个月平均的天气状况呢？正如本节所表明的那样，由于海表温度分布对大气行为的影响，对于世界的某些部分这是可能的，对于季节预报来说并不需要知道大气初始状态的详细情况，而更需要知道地球表层的状况以及它将怎样变化。

天气预报与混沌

自20世纪60年代以来，混沌科学随着电子计算机的发展而迅速发展（当时的一位气象学家E. Lorenz是先驱者之一）。在这方面，混沌[4]一词是一个具有特殊含义的术语（见术语表）。一个混沌系统是对其开始演变时的初始状态高度敏感的一种系统，以致从该初始状态开始是不可能做出精确的未来预报的。即使是很简单的系统，在某种条件下也会表现出混沌现象。例如，一个简单的单摆运动（图5.7），在某种环境下也可能是混沌性质的，并且由于它对小扰动的极端敏感性，其运动细节是不可预报的。

混沌行为的一个条件是，控制运动系统的各种量之间的关系是非线性的；换句话说，描述这种关系的图形是曲线而不是直线[5]。由于大气的各种参数之间的关系是非线性的，可以预

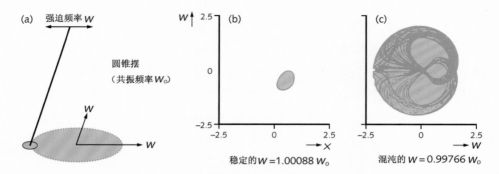

图5.7 （a）一根长10 cm的线和其末端的摆锤组成一个单摆系于一个悬挂点上，它按照接近钟摆共振频率w_0的频率做线性振荡强迫运动。（b）当强迫频率正好高于w_0时，摆锤的运动处在一个简单的规则形状。（c）当强迫频率正好低于w_0时，摆锤做混沌状态的运动（尽管运动处于给定区域内），这种运动是随机变化的、不连续的，它是初始状态的函数。（b）和（c）表明摆锤在水平面上运动的状况，标度是cm

料它的行为将表现出混沌性质。这一性质可以用图5.6来说明。该图表明，如果描述初始状态的资料有所改进的话，可预报性也会有所提高。然而，即使有很完善的初始资料，以提前天数来衡量的可预报性也只能从6天提高到20天，这是因为大气是一个混沌系统。

对于简单的单摆来说，并不是所有的情况都是混沌性的（图5.7）。因此，毫不奇怪，像大气这样的一个复杂系统，某些情况可能比另一些情况更容易预报一些。一个很好的可以说明模式对初始资料及同化方法特殊敏感性的例子是1999年12月穿过法国北部的一次严重的风暴"落萨"（Lothar）。它刮倒了数亿棵树，经济损失估计超过50亿欧元。图5.8给出欧洲中期预报中心(ECMWF)进行的一次集合预报，该预报采用一组42小时前略有差异的初条件[6]。大量成员的集合预报提供的最佳确定性预报只是预报出地面气压场上的一个弱槽。但是，少量集合预报成员预测出一个类似于实际发生的强涡漩出现在法国上空。由此证明了在严重事件风险预报中集合预报的价值，即使精确的确定性预报是不可能的。有趣的是，最近用改善的模式做的确定性预报仍然没有预报出这个风暴。

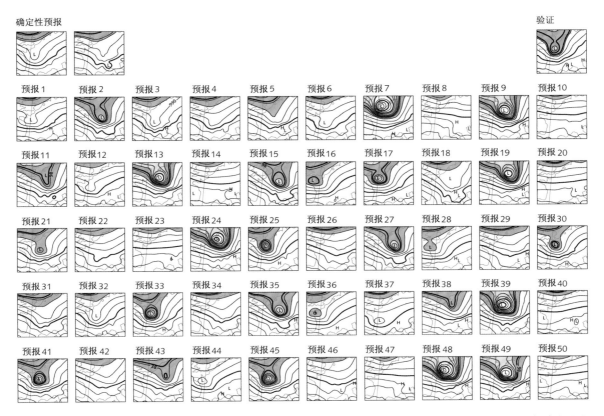

图5.8 欧洲中期预报中心(ECMWF)51个成员集合预报地面气压等值线分布，建立在1999年12月26日穿过法国北部的风暴"洛萨"（Lothar）发生前42小时的初始条件基础上，等压线5 hPa间隔，粗线是1000 hPa等值线。左上部给出用初始条件最佳估计做的预报，并没有预报出一个严重的风暴的出现。许多集合成员也没有预报出来。然而，有些集合成员预报出一个强涡漩并且指出它发生的严重风险。右上部给出在预报时段结束时的状态

在热带，大气对海表温度特别敏感。这毫不奇怪，因为大气中最大的热量来自于海洋表面水汽的蒸发及其随后发生的凝结作用，这种作用会释放出大量的潜热。因为饱和水汽压随着温度的升高而很快增加（在温度较高时可以有更多的水汽蒸发到未饱和的大气中去），来自海表的蒸发作用及由此引起的热量向大气的输入在热带是特别大的。

大气和海洋环流之间相互作用的最显著的例子与厄尔尼诺—南方涛动(ENSO)[7]有关，ENSO首次发现于19世纪后期，是南美洲和印度尼西亚之间像

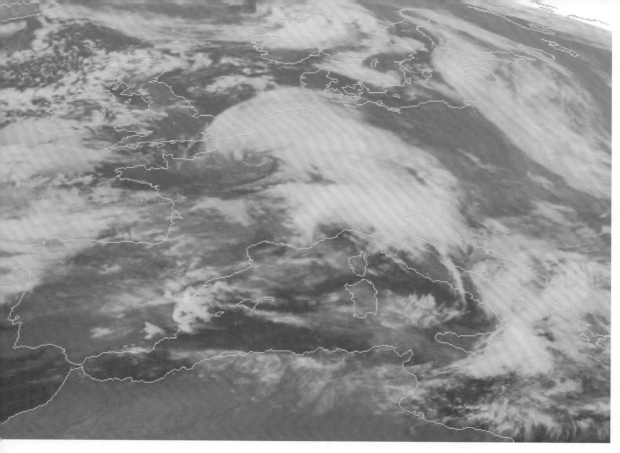

1999年圣诞节前后，风暴"洛萨"（Lothar）的前锋急速穿过法国、瑞士和德国，造成100人死亡（见图5.8）

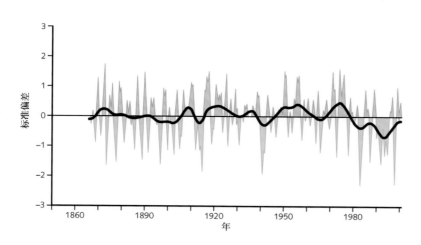

图5.9 由塔希提与达尔文两地标准化海平面气压差得出的南方涛动指数(SOI)每月演变。11点低通滤波有效去除了小于8个月的波动。粗黑线表示10年滤波。负值表示达尔文正海面气压距平并且对应El Nino状态

　　"跷跷板"式的海表气压变化（见注释窗）。发现在热带东太平洋与ENSO有联系的厄尔尼诺事件期间，海洋温度变化最大（见图5.9）。

厄尔尼诺事件的简单模式

厄尔尼诺现象是发生在大气环流和海洋环流之间的强耦合事件的很好例子。大气环流（风）施加于海洋的应力是海洋环流的主要驱动力，同时，正如我们所看到的那样，来自海洋进入到大气的热量，特别是蒸发作用对大气环流又有极大的影响。

图5.10给出了一个厄尔尼诺事件的简化模型，它表明了能在海洋中传播的

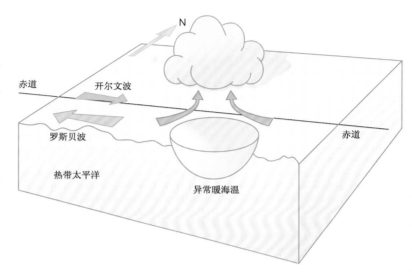

图5.10　厄尔尼诺振荡示意图

不同波动的作用。在这个简化模型中，海洋中的被称为罗斯贝波的波动，从赤道附近异常暖的海面向西传播。当它达到海洋的西边界时会被反射成一种不同的波，称为开尔文波，这种波向东传，它起着抵消或者改变原来暖海温距平符号的作用，并引发冷的事件出现。整个厄尔尼诺事件中这半个循环所需时间是由这些波在海洋中的传播速度决定的，它大约需要2年。这一现象本质上由海洋动力学驱动，与之相应的大气变化是由海表温度的分布型确定的（反过来大气的变化会加强海洋温度分布型），而海表温度分布是由海洋动力学决定的。根据这个简单模式的表述，厄尔尼诺过程的某些特征似乎本质上是可预报的。

所有热带地区的环流和降水异常及中纬度地区程度较轻的异常及中纬度地区程度较轻的差异都与厄尔尼诺事件相联系（见图1.4）。检验上述大气模式的一个很好的方法，就是在海面温度的厄尔尼诺系列状态下运行这些模式，看它们是否能模拟出气候的异常。现在已经有大量不同的大气模式都做了这种模拟，结果表明，在模拟很多观测到的异常，尤其是发生在热带和副热带的异常，这些模式都表现出了相当的技巧。

由于海洋有较大的热容量，海表温度异常通常可持续几个月。因此，对于那些天气与海表温度分布型有较强相关的地区来说，就存在着提前数周或

数月来制作气候（或平均天气）预报的可能性。已经尝试进行了这样的季节预报，特别是在少雨地区，例如巴西东北部及撒哈拉以南非洲的萨赫勒地区，这一地区人类的生存很大程度上依赖于那里的勉强维持人们生活的降水（见注释窗）。制作季节预报取决于预报洋面温度变化的能力。为了做到这一点，就需要了解海洋环流及其与大气环流模式耦合模式，以及模式的能力。因为洋面温度的最大变化发生在热带，又有足够的理由支持海洋在热带比其他任何地区更具可预报性，因此洋面温度预报的最多关注被放在热带地区，特别是对厄尔尼诺事件本身的预测。

　　本章的后面将叙述大气与海洋耦合模式。目前已有足够的理由来说明，利用大气海洋耦合模式使用太平洋地区大气和海洋详细观测资料，提前数月直到1年来预报厄尔尼诺事件已经具有相当的预报技巧（图5.12）（参见第7章）。

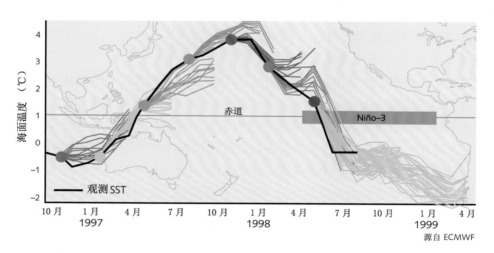

源自 ECMWF

图5.12　从不同起始时间制作的预测NINO-3区海面厄尔尼诺事件预测图。1997—1998年为强厄尔尼诺年。同种颜色的不同曲线表示不同的集合成员。图中背景表示Nino-3区位置

气候系统

到目前为止，已经介绍了几天时间的较详细天气预报及大约一个月直到一个季度的平均天气状况预报。这样做的目的是为了介绍有关气候模拟的科学知识和技术，同时也是因为更精确的气候模式的科学信心来自它描述和预报逐

非洲萨赫勒地区的预报

非洲萨赫勒地区位于沿撒哈拉沙漠南缘大约500 km宽的地带，该地区的降水绝大部分在北半球的夏季（特别是7—9月）。自20世纪60年代以来，该地区降水一直在减少。特别明显的干旱期发生在20世纪70和80年代（图5.12）。萨赫勒的降水变化与海面温度(SST)分布型的脉动有关，这种关系已经作为自20世纪80年代以来制作萨赫勒地区降水季节预报的基础[8]。气候模式的出现（见下一节）已经给这类预报带来实质性的改善（图5.12），现在受到海面温度模式预报准确性的限制，有可能提前数月做预报，还不可能提前数年做预报[9]。这样的预报还得益于模式中影响局地降水的地表植被和土壤特征的变化[10]。

图5.11 萨赫勒7—9月降水观测值（橙色）与海面温度强迫下气候模式（GFDLCM2.0）集合平均（红色）的对比。模式和观测值相对于1950—2000年单位平均标准化。粉色区表示集合成员之间变率的±1标准偏差

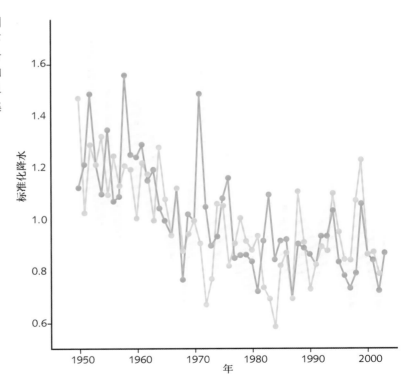

日天气过程的能力。

　　气候实质上与较长的时间段有关，从几年到10年或者更长的时间。描述一个时期的气候涉及适当的天气要素在该时段内的平均值（例如温度和降水），同时还要考虑这些要素的统计变化。在考虑人类活动，例如化石燃料燃烧等对气候的影响时，必须对几十年乃至1～2个世纪时段内的气候提前做出预测。

　　由于我们生活在大气中，因此通常用于描述气候的变量主要是与大气有关的量。但是气候不能只用大气变量来描述。大气过程与海洋是紧密相关的（见前述），同时它也与陆面相关。大气还同地球的其他部分耦合在一起，例如被冰覆盖的部分（冰雪圈）、植被及陆地和海洋中的其他生物系统（生物圈），大气、海洋、陆地、冰雪圈和生物圈这五个分量一起组成了气候系统（图5.13）。

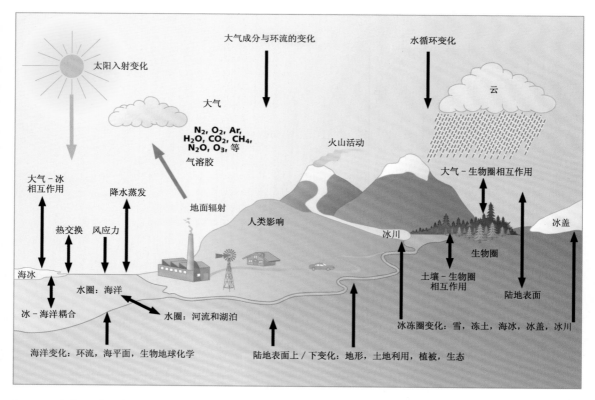

图5.13　气候系统示意图

2006年6月6日源自马里的一次撒哈拉沙尘暴吹过非洲西海岸。虽然部分被沙尘暴所遮挡,下垫面景观的差异还是很明显:撒哈拉的沙尘掩盖了南部的植被。萨赫勒是对沙漠化特别脆弱的地区。沙漠化是由于气候变化和/或人类活动造成的土地退化现象,即把一个地区变成沙漠

气候系统中的反馈[11]

第2章考虑了由大气中二氧化碳浓度加倍引起的全球平均温度上升,这里假设除了较低层大气和地表温度增加之外,没有其他变化发生。温度上升约1.2℃,是由温度反馈作用(见下面注释窗)造成的。但是现已确认,由于与温度增高相联系的其他反馈的作用(可能是正的或负的),实际的全球平均温度升高可能要比加倍情况还要大,约为3.0℃,本节列出最重要的一些反馈过程。

水汽反馈

　　这是最重要的一种反馈[12]。较温暖的大气会使海洋和湿的陆面产生更多的蒸发。因此，平均来说，较暖的大气也是较湿润的，具有较高的水汽含量。由于水汽是一种很强的温室气体，因此对它的潜在的反馈作用已经有很详尽的研究。结果发现，水汽平均具有一个数量级的正反馈作用，根据模式估算，与水汽固定不变情况相比，水汽反馈大约使全球平均温度增加一倍[13]。

云辐射反馈

　　由于涉及几种过程，因此这是更加复杂的一种反馈。云对大气中的辐射传输的影响有两种方式（图5.14）。首先云将一部分太阳辐射反射回空间，这样就减少了地气系统获得的总能量。其次，对于来自地球表面的热辐射，与温室气体相类似云起到被毯一样的作用，通过吸收其下地球表面发出的热辐射，同时云自身也放射出热辐射，从而减少地面向空间的热量损失。

　　对于任何一种云，究竟哪种作用占主导地位，取决于云的温度（因而也取决于云的高度）及其详细的光学性质（主要是指决定其对太阳辐射反照率及云与热辐射相互作用的那些特性）。后者取决于云是由水还是冰晶组成，取决于它的液态水或固态水的含量（云厚或云薄程度），同时也取决于云滴的平均大小。一般来说，低云的反射作用占上风，所以它常使地气系统降温；而高云则与之相反，"被毯"效应占主导地位，它常使地气系统增暖。因此云的总体反馈效应既可能是正也可能是负的（见下面注释窗）。

　　气候对云量或云的结构的可能变化非常敏感，这一点可在以后几章中讨论模式结果时更清楚地看出来。为了说明这一点，表5.1给出当云量有百分之几的变化时对气候的假设影响，可以看出这种影响与二氧化碳浓度加倍所造成的影响相近。

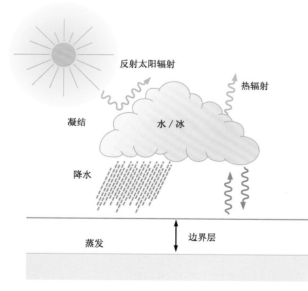

图5.14　与云有关的物理过程示意图

表5.1　不同温室气体和云假设条件下全球平均温度变化的估计

温室气体	云	与现在的平均全球表面温度15℃相比的变化（℃）
同现在	同现在	0
无	同现在	−32
无	无	−21
同现在	无	4
同现在	同现在但有+3%高云	0.3
同现在	同现在但有+3%低云	−1.0
二氧化碳浓度加倍，其他方面同现在	同现在（没有附加的云反馈作用）	1.2
二氧化碳浓度加倍+反馈的最佳估值	包括云反馈作用	3

云辐射强迫

　　有助于区分文中提到的云的两种效应的区别的一个概念是云辐射反馈（CRF）。假设云上大气顶部射出辐射的值是R。现在设想云被取消，其他则保持同样不变；假设现在大气顶部的射出辐射是R'。差值$R'-R$即是云辐射强迫。它可以被分成太阳辐射和热辐射两个分量，一般来说它们起相反作用，其值为50～100 W/m^2之间。平均而言，可以发现云会导致地球—大气系统有轻微变冷。

　　从卫星观测反演得到的云辐射强迫分布图（图5.15a）表明，CRF在全球有很大的变率，有些地区是正值，有些地区是负值。该图还有助于分别研究大气辐射平衡中的短波和长波分量（图5.15b），CRF的变化主要由云量和云型的变化决定。模式模拟能捕捉到这些变化的整体格局，但要足够详细、精确地模拟其变化规律是一个很大的挑战（见问题8）。通过模拟与观测的仔细对比，将获得对云反馈理解方面的进展。

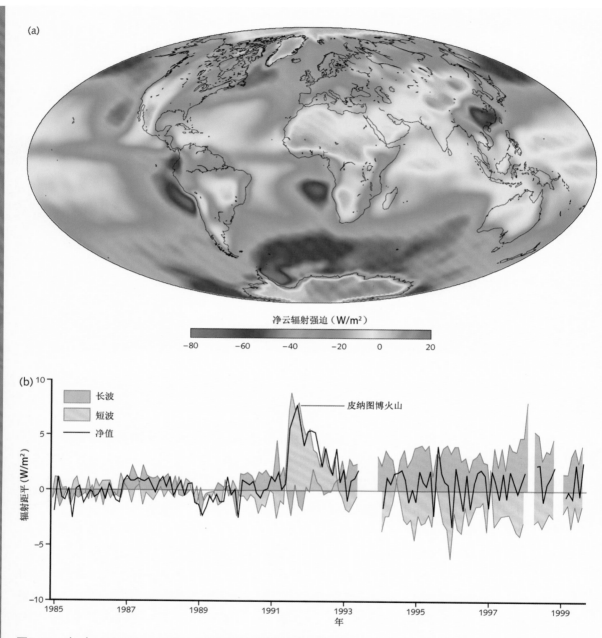

图5.15　（a）NASA Terra卫星上CERES仪器观测的2000年3月—2001年2月年平均净云辐射强迫（CRF），（b）热带（20°N—20°S）大气顶部观测的长波（粉色/红色）与短波（橙色）净辐射（相对于1985—1990年平均值）；资料来自ERBS卫星上的ERBE仪器和TRMM卫星上的CERES仪器。注意皮纳图博火山爆发的影响

海洋环流反馈

海洋在决定现在地球气候方面起着相当大的作用，因此它也可能对人类活动产生的气候变化有重要的影响。

海洋对气候的作用有三个重要的途径：第一，海洋和大气之间有紧密的相互作用，它们表现为一对强的耦合系统。正像我们已经注意到的那样，来自海洋的蒸发提供给大气水汽的主要来源，而大气水汽通过云中凝结作用释放的潜热为大气提供了最大的单一热源。反过来大气通过作用于洋面上的风应力成为海洋环流的主要驱动者。

第二，与大气相比，海洋拥有很大的热容；换句话说，要想使海洋温度稍有提高，需要大量的热能。相比起来，整个大气的热容只相当于不到3 m深的水的热容。这意味着在一个正在变暖的世界中，海洋变暖要比大气慢得多。我们能够体验到海洋的这种作用，因为它们常常减小大气的极端温度。例如，无论温度的日变化还是季节变化，近海岸地区都比内陆地区要小得多。因此，海洋对大气变化的速率起着决定性的控制作用。

第三，通过海洋内部循环重新分配整个气候系统的热量。海洋从赤道向极区输送的热量与大气传输的热量相似，但是输送的区域分布很不相同（图5.16）。海洋即使在区域热输送方面有很小的变化，也可能对气候变化有重要的意义。例如，北大西洋输送的热量要超过1000 TW（1 TW=10^{12}W，万亿瓦）。为了说明这个量有多大，我们提供一个数据：一个大的电站可以输出约1000 MW（10^9 W）的能量，而全球生产的商品用电总量大约为12 TW。为了进一步说明这一点，以西北欧与冰岛之间的北大西洋地区为例，由海洋环流输入的热量

图5.16　海洋输送的热量估计，单位是TW（1 TW=10^{12} W）。注意海洋之间的联系以及北大西洋输出的一部分热量来源于太平洋

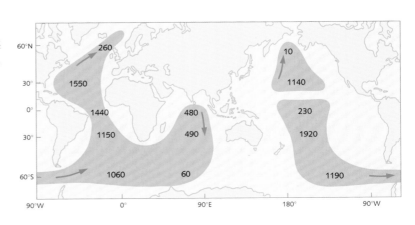

（图5.16）与太阳入射到那里海表的辐射有相似的量级。因此，对任何可能的气候变化的精确模拟，特别是区域变化的模拟，必须包括对海洋结构及其动力学的描述。

气候反馈比较

气候反馈影响气候的敏感性，它是根据表面温度变化$\triangle T_s$以及一个给定的对流层顶部净辐射量变化$\triangle Q$来计算的（被称为辐射强迫[14]）。$\triangle T_s$和$\triangle Q$与反馈参数f^*有关（单位：W/（$m^2 \cdot K$））：

$$\triangle Q = f \triangle T_s$$

假设除了温度外没有其他的任何变化（见图2.8），f就是基本的温度反馈参数f_0=3.2W/（$m^2 \cdot K$）（即导致地表1℃变化的对流层顶部辐射的变化）。

然而正像我们已经看到的，其他的变化造成了多种反馈。总反馈参数f允许所有的反馈相加：

$$f = f_0 + f_1 + f_2 + f_3 + \cdots$$

式中f_1, f_2, f_3等是反馈参数，即前面叙述的水汽、云、冰的反照率反馈等。

总反馈参数f造成的温度变化$\triangle T_s$的放大因子a是基本温度反馈f_0与总反馈参数f的比值，即

$$a = f_0/f$$

从不同的气候模式计算的几种主要反馈过程的反馈参数分别是[15]：

水汽（包括递减率反馈[15]）	$-1.2 \pm 0.5^{**}$
云	-0.6 ± 0.7
冰反照率	-0.3 ± 0.3
总反馈参数（f_0和上述3值之和[16]）	-1.1 ± 0.5

注意，这个总的反馈参数的放大因子大约是2.9，由产生的对二氧化碳加倍的气候敏感性略超过3℃。

---

*f应为灵敏性参数（λ），反馈参数f应为$\lambda = \dfrac{\partial T_s/\partial Q}{1-f}$，放大因子$a = \dfrac{1}{1-f}$——译者注

** 原文符号可能有误，总反馈参数应为$+1.1 \pm 0.5$——译者注

冰反照率的反馈作用

　　冰和雪的表面是太阳辐射的强烈的反射体（反照率是其反射能力的度量）。因此，在较温暖的表面，由于冰的融化，原来要被冰雪反射回空间的太阳辐射就被吸收了，这就导致进一步变暖。这是又一种正反馈作用，仅这种作用就会使二氧化碳加倍引起的全球平均温度的上升再增加约20%。

　　除了基本的温度反馈之外，四种反馈机制已经被确认，这些反馈尤其是其区域分布都在气候变化测定中起重要作用。因此必须把它们引入气候模式中。因为全球模式允许有区域变化，同时在其公式中也包括非线性过程，因此模式能够完全描述这些反馈过程的影响（见图5.17）。实际上，它们是具有这种潜在能力的唯一可用的工具。现在我们转向气候预测模式的描述。

气候预测模式

　　模式要想成功，必须包括我们上面所列的多种反馈过程的适当描述。水汽的反馈及其区域分布依赖于水汽的蒸发、凝结和平流（由空气水平流动造成的热量输送）等过程的详情，同时也依赖于对流过程（它是造成阵雨和雷暴的原因）受地面较高温度影响的方式。天气预报模式中已经包括了所有这些过程，同时水汽反馈过程也被研究得较彻底。其他反馈过程中最重要的是云辐射反馈和海洋环流反馈。如何把它们体现在模式中呢？

　　为了模式的需要，云分成两种类型：层云，它的空间尺度比模式网格距要大；对流云，一般是在比一个格距要小的尺度上。为了引入层云，早期的天气预报和气候模式使用比较简单的方案。一个典型的方案设定：只要相对湿度超过一个临界值，在模式给定的层中就生成云。临界值的选择是根据模式产生的云量和气候记录中观测云量之间的一致性来确定。近期的模式参数化凝结、冻结、降水和云形成的过程使之更加完善。云的参数化还考虑详细的云的性质（例如，水滴或冰晶以及水滴的数量和大小）和相应的辐射性质（例如云的反射率和透射率），这使云对大气的整个能量平衡方面的影响有足够好的描述。最复杂的模式还包括气溶胶对云性质影响的一些量（图3.9），图3.11给出间接的气溶胶效应。对流云的影响作为对流参数化方案中的一部分包括在模式中。

如北极和南极的冰雪覆盖面反射到达它们表面上的70%的太阳辐射，但是极区对地球整体反照率并没有大的影响，因为高纬度开始时几乎没有获得什么太阳辐射。随着太阳完全回到北半球，北美和欧亚大陆春季的雪盖开始对气候具有非常大的影响

　　在一个具体的气候模式中平均的云辐射反馈的数值和符号（正或负）取决于模式中公式的很多方面，同时也取决于描述云形成过程所用的具体方案。因此，不同的气候模式可以给出平均云辐射反馈，该反馈可以是正的，也可以是负的（见注释窗）；这种反馈可以进一步给出实际的区域差异。例如，各个模式在低云处理方面是不同的，因此，在一些模式中低云量随温室气体增加而增加，但是在另一些模式中则是减少的。近些年虽然在云的观测和云在模式中的代表性已经有了较大的进展，但是涉及云辐射反馈的不确定性仍然是被称作气候敏感性（见第6章）或由二氧化碳浓度加倍引起的全球平均表面温度变化的不确定性中的主要原因。

　　余下的非常重要的反馈是由于海洋环流的影响的反馈。与用于天气预报的全球大气模式相比，气候模式的最重要的精心改进之处在于它包括了海洋的影响。早期气候模式只以非常粗糙的方式将海洋包括进来，它只用一个约50 m

或100 m深的简单的平板来表示海洋，这个深度是海洋"混合层"的大致深度，它对地球表面季节性加热或冷却作用能很快响应。在这样的模式中，必须进行调整以便允许由洋流造成的热量输送。但是当在诸如增加二氧化碳之类的扰动的条件下运行这样的模式时，不可能考虑可能发生的这种输送过程的任何变化，因此这种模式有严重的局限性。

　　要充分描述海洋的影响，必须模拟海洋环流并把它与大气环流相耦合。图5.17给出这种模式的主要构成，对于这种模式的大气部分，为能长时间地在现在可用的计

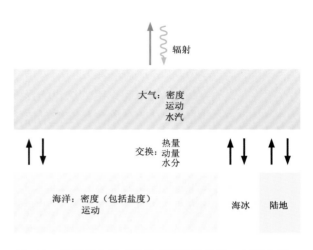

图5.17　海气耦合模式的组成要素和参数，包括大气—海洋交界面上的交换过程

算机上运行，格距必须相当大，水平方向的典型值约100～300 km，其他方面基本与前面所述的天气预报的全球模式一样。模式的海洋部分的动力学和物理学与其大气部分是相似的。水汽的影响当然只限于大气，但是海洋的盐度（盐的含量）必须作为一个参数包括在海洋模式中，并一起考虑其对水的密度的重大影响。由于动力系统，如海洋中的大尺度涡漩，比起模式的大气部分的涡旋尺度要小，因此海洋分量的水平格距一般是大气分量的一半。另一方面，由于海洋的变化比较缓慢，因此模式积分的时间步长对于海洋分量可以更大。

　　在海洋—大气交界面上，存在着两种流体间的热量、水分和动量的交换（动量交换导致摩擦）。大气中的水分在控制其环流方面的重要性已经说过了，来自大气的降水，如雨或雪形成的淡水的分布对海洋环流也有很大的影响，因为它影响海洋中盐分的分布，从而影响海洋的密度。因此，这种模式所描述的"气候"对界面上水分交换的大小和分布是相当敏感的。

　　模式用于预报之前必须要运行相当长时间，直到达到一种稳定的"气候"状况。在未被二氧化碳增加所扰动的条件下，运行模式所得的模式"气候"应该尽可能地与当前的实际气候接近。如果上述的交换未能正确描述，就不可能做到这一点。已经做了许多努力把这些交换加入到模式的描述。直到大约2000年，许多耦合模式引入人为对界面热量、水分和动量通量的调整，以便确保模式的"气候"尽可能接近实际的气候。然而，从那以后，模式的海洋分量已经进行了改进，特别是通过引入较高的分辨率（100 km或更小格距），因

此现在的模式有可能提供对气候的适当描述，以致不用进行这样的人为调整。

在结束海洋问题之前，还有一种特别的反馈过程应该提出来，就是水循环过程和深海环流之间的反馈（见注释窗）。降水的变化通过改变海洋盐度与海洋环流相互作用，这也能影响气候，特别是北大西洋区域的气候，它也可能是过去某些急剧气候变化的原因（见第4章）。

最重要的反馈作用当属模式中的大气和海洋分量，它们是最大的分量，因为它们都是流体，必须从动力学上耦合起来，因此把它们包括在模式中是一个要求很高的任务。然而，另一需要模拟的反馈过程是冰反照率的反馈过程，它是由于海冰和雪的变化引起的。

冬季海冰覆盖了极区的很大部分，它可以被海表风和海洋环流所驱动。因此，海冰的增长、衰减及其动力过程必须包括在模式中，这样才能恰当地描述冰反照率的反馈作用。陆冰也需要包括在模式中，特别是作为一个边界条件（一个固定的量），因为冰覆盖量的年际变化很小。然而，尽管冰体积的变化很小，模式应该能表示出在冰的体积方面是否有变化，这样才能发现它对海平面的影响（第7章考虑海平面变化的影响）。

和陆面的相互作用也必须给予充分的描述。对模式来说，其重要的特性是陆面湿度，或者更精确地说，是土壤水分的含量（它将决定蒸发量）和它的反照率（它对太阳辐射的反射能力）。模式通过蒸发和降水的计算来保持对土壤湿度变化的跟踪，而反照率则取决于土壤类型、植被、雪盖以及地表湿度。

模式的验证

在讨论模拟的各个方面的问题时，我们已经指出了对气候模式分量如何进行验证的问题[17]。天气预报模式所作的成功天气预报验证了大气分量的重要方面，正像在本章前面提到的模拟世界一些地区海表温度距平和降水分布型之间的联系也是如此。对气候模式的海洋分量也进行了各种验证，例如对化学示踪物的观测和模拟结果的比较（见注释窗）。

一个复杂的气候模式被研制出来以后可以用三种方法来验证。首先运行该模式若干年，将模式生成的气候与当前的气候进行详细的比较。对一个模式来说，一些合适的参数，例如地面气压、温度、降水等的平均分布和季节变化要能与观测值很好地一致，才能认为这个模式是合理的。同样的，模式变量的

海洋的深层环流

对于时间尺度最长为10年的气候变化，只有海洋上层与大气有大的相互作用。然而，更长时间的气候变化同深层海洋的联系就变得重要了，深层海洋环流变化的影响具有特殊的重要性。

应用化学示踪物进行的试验，例如图5.20（见下一个注释窗）中所示的试验，对于指出与深层海洋发生强耦合的地区很有帮助。为要下沉到深海，海水密度需特别大，即海水应既冷又多盐分。这种密度大的海水可在两个主要地区下沉入深海，即北大西洋（在斯堪的纳维亚半岛和格陵兰岛之间的格陵兰海以及格陵兰岛以西的拉布拉多海）和南极洲地区。这种方式形成的富含盐分的深水引起了深海环流，它涉及全部海洋（图5.18）并被称作温盐环流（THC）。

在第4章我们提到，在THC和冰融化之间有联系。冰融化的增加导致海表水的盐度变得更低从而密度减小。海水下沉将不再那么容易，深水的形成将受到抑制，同时THC变弱。在第6章，将提及THC和大气水循环之间的联系。例如，北大西洋降水增加可导致THC变弱。

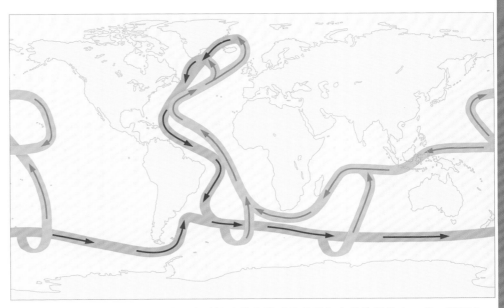

图5.18　深层水的形成和环流（有时被称作海洋"传送带"）将海洋连在一起。深层含盐的洋流（蓝色）大部分源自北欧海洋和拉布拉多海，在那里近表层向北流动的含盐异常多的海水（红色）更冷，并且由于蒸发，盐分含量更大，从而使密度增加引起下沉。南大洋的上翻区流入了暖的表面洋流（红色）

变率也必须与观测结果相似。目前用于气候预测的气候模式能够很好地经得起上述这种比较。

最近模式性能的进展是明显的。表现在改进大尺度气候变率模态及从季节内到年代际时间尺度的模拟。这是特别重要的，因为如北半球和南半球环状模态（NAM和SAM）以及厄尔尼诺—南方涛动（ENSO）与大气温室气体增长的模态变化之间可能有联系[18]。本章前面已经提到ENSO事件的预测和与之有关的气候异常方面的进展。

第二，模式可以与过去气候的模拟结果比较，那时的一些关键变量分布与现在有很大的不同。例如，在大约9000年之前，地球围绕太阳运行轨道的状况就与现在不同（见图5.19）。那时近日点（日地最小距离）是在7月，而不是像现在在1月。此外，地轴的倾角也与现在有小的差别（24°而不是23.5°），由于这些轨道参数的不同（见第4章），全年的太阳辐射分布就有很显著的差异，北半球的平均入射太阳辐射能在7月份要多7%，而在1月份则相应少7%。

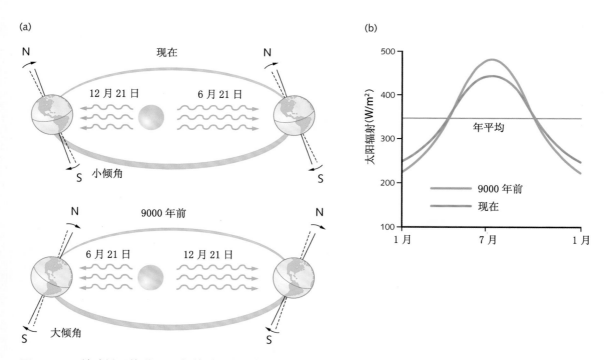

图5.19　(a)地球椭圆轨道9000年前到现在的变化，(b)北半球一年中平均太阳辐射的变化

　　当将这些改变的参数加入到模式中去，就会产生不同的气候。例如，北半球大陆夏季更暖而冬季更冷。在夏季，由于海陆温度差异的增大，在北非和南亚发展起一个相当大范围的低压区，这些地区的夏季风增强，降水也增加。这些模拟出来的变化与古气候资料在定性方面是一致的。又如，这些古气候资料提供的证据表明，那个时期（约9000年以前）在南撒哈拉地区存在着湖泊和植被，约在目前的植被界限以北1000 km。

　　现有的过去时期的资料的精度和范围都是有限的，但上面所述的对9000年前气候的模拟以及对过去其他时段的模拟证明了这些研究在验证气候模式方面的价值[19]。

　　第三种能够验证模式的方式是用它们来预测发生的重大扰动对气候的影响，例如，在第1章已经提到的火山爆发的影响。已经运行了几个气候模式，其中入射的太阳辐射量做了修改，以便反映1991年爆发的皮纳图博火山的火山

1991年6月12日皮纳图博火山爆发柱状体（拍摄于美国克拉克空军基地东部）

灰的影响（图5.20）。这些模式成功地模拟了该火山喷发后的一些区域气候异常事件，如中东出现的严冬和西欧出现的暖冬[20]。

用这三种涵盖了相当大时间尺度范围的方式，我们有信心认为模式能够预测出人类活动引起的气候变化。

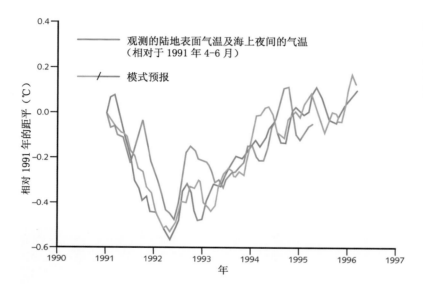

图5.20 皮纳图博火山爆发后，从1991年4-6月到1995年3-5月全球陆地和海洋表面气温的三个月滑动平均的预报值及观测值的变化

海洋中示踪物的模拟

验证模式的海洋部分，可用比较某种化学示踪物分布的观测结果和模拟结果的方法。20世纪50年代，重大的原子弹试验中放射性氚（一种氢的同位素）被释放进入海洋，它通过海洋环流和混合作用在海中进行分布。

图5.21显示了在重大的原子弹试验后10年观测到的沿北大西洋西部一个剖面上氚的分布，它与一个12层海洋模式模拟的分布具有很好的一致性。类似的，最近也将观测的氟利昂CFC-11的吸收与模式模拟的吸收进行了比较。这种物质自20世纪50年代以来在大气中的释放增长得很快。

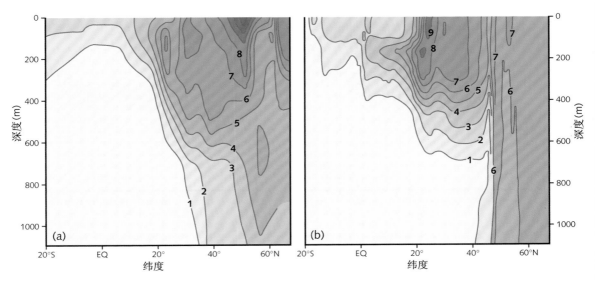

图5.21　在重大原子弹试验之后约10年北大西洋西部一个剖面上氚的分布。（a）GEOSECS项目观测结果，（b）模拟结果

模拟与观测的对比

现在世界上十余个国家的20多个中心正在运行我所描述的这种大气和海洋环流完全耦合在一起的气候模式。这些模式中有一些还被用来模拟过去150年的气候，模拟时允许自然强迫（例如太阳辐射变化和火山活动）与人为强迫（也就是温室气体和气溶胶的浓度增加）状况变化。

图5.22给出这种模拟的一个例子。这里观测的全球平均表面气温与模式模拟结果进行了比较，这个例子中既考虑了只有自然强迫本身的情况，也有自然和人为强迫共同作用的情况。

可以注意到在图5.22中有三个有意思的特征。第一，考虑自然和人为共同强迫可以合理解释20世纪观测的温度变化的大部分特征，考虑人为因子基本上解释了过去40年温度的迅速增加。此外，太阳辐射的变化和比较少的火山活动可能是20世纪前期自然强迫因子的最重要的变化。第二，模式模拟表明，在几年到几十年的时间范围内存在着0.1℃或更大一些的变率。这一变率是模式中气候系统各部分之间的内部交换产生的，它与观测记录所表现的变率没有什

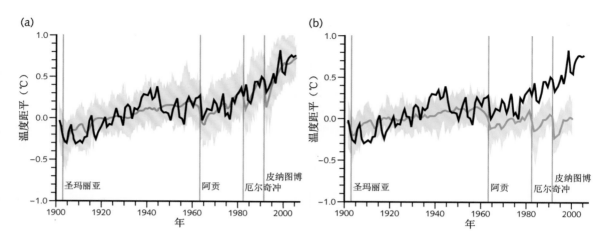

图5.22　观测的（黑色）和14个模式58个试验集成模拟的（细线）全球平均温度距平（相对于1901—1950年）。(a)人为和自然强迫共同作用，(b)只有自然强迫，多模式集成平均在(a)中是红色，在(b)中是蓝色，图中垂直线表示重大火山事件发生的时间

么不同的地方。第三，由于海洋对气候变化的减缓作用，迄今观测或模拟的变暖，比气候系统处于平衡态时由于温室气体和气溶胶增加所产生的辐射强迫条件下预期的增暖要小。

　　由于在观测和模拟中有很大的自然变率，因此过去20年的许多争论在于，气候记录中实际观测到的由温室气体增加造成的全球变暖的证据是否足够有力。换句话说，是否归因于全球变暖的"信号"足以超越自然变率的"噪声"了呢？政府间气候变化专门委员会（IPCC）已经深陷在这个争论中。

　　1990年出版的IPCC第一次评估报告[21]对此做了措辞谨慎的陈述，虽然观测到的增暖大小和气候模式预测的结果大体一致，但它还是与自然气候变率具有相似的量级。在那个时候还没有给出人类活动造成的气候变化已经被检测到了的明确陈述。到1995年提供了更多的证据，IPCC 1995报告[22]得出以下谨慎的结论：

　　　　我们目前量化人类对全球气候影响的能力是有限的，这是因为期望的信号仍处于从自然气候变率的噪声中显现出来的过程中，同时也是因为某些关键因子存在许多不确定性。这包括长期自然变率的量级和类型；温室气体和气溶胶浓度变化所产生的强迫作用及其响应的时间演变的形态；以及陆面变化。尽管如此，各种证据显示，人类活动对全球气候变化具有明显的影响。

自1995年以来大量的研究已经涉及气候变化的检测和归因[23]的问题。特别是利用模式比较好地估算了自然变率，得到的结论是，过去100年的变暖很不可能是单纯由自然变率造成的。除了利用全球平均参数的研究之外，已经利用建立在最佳检测技术基础上的分型相关进行了详细的统计研究，将其应用到模拟结果和观测中。在IPCC 2001报告[24]中得到的结论：

> 根据新的证据并考虑尚存的一些不确定性，在过去50年观测到的变暖的大部分可能是由于温室气体浓度增加引起的。

IPCC 2007报告[25]强化了上述结论，其结论总结如下：

> 很可能是人为温室气体增加引起自20世纪中期以来观测到的全球平均温度的大部分增加。现在可分辨的人类影响扩展到气候的其他方面，包括大陆尺度平均温度、大气环流型和一些极端事件类型。

IPCC2007报告进一步总结了以下四点：

- 可能温室气体单独引起的增暖比观测到的要更暖，这是因为火山活动和人为气溶胶已经抵消了温室气体造成的部分增暖。
- 广泛观测到的大气和海洋变暖，伴随着冰层的损失，都支持以下的结论，即过去50年的全球气候变化极不可能是由非强迫变率单独引起的。
- 气候系统的变暖已经被检测到并且归因于表面自由大气温度、海洋上层几百米的温度和海平面上升的人为强迫。观测到的对流层变暖和平流层变冷的分布型可能很大程度上归因于温室气体增加和平流层臭氧减少的共同影响。
- 除南极洲以外，可能在过去50年平均每个大陆已经有显著的人为增暖。观测到的变暖分布型，包括陆地上比海洋上更暖及其随时间变化，是考虑人为强迫的模拟结果。

在上两节我们已经概述了一些方法，使我们建立了对气候模式的信心，现在这些模式能用来对未来由于人类活动可能产生的气候变化作预估，这种预估的细节将在下一章给出。

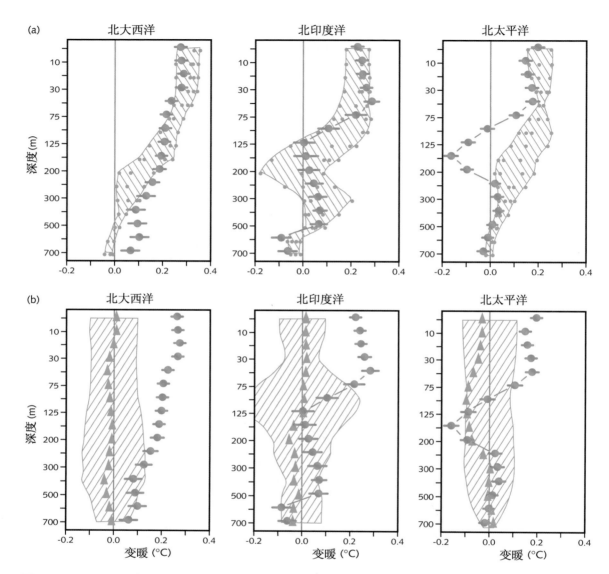

图5.23　1961—2003年三个洋区700 m深度由表面自然强迫（太阳变化和火山爆发）和人为强迫（温室气体和气溶胶）造成的变暖。观测的增暖（红点）和考虑自然和人为共同强迫（(a)中的斜线区）以及只考虑自然强迫（(b)中的绿三角）的模式模拟变化进行了比较。(b)中的斜线区表示自然内部变率的90%信度水平。(a)中模式估计的范围取自英国哈得来中心HadCM3模式4次试验（绿点）

在结束模拟与观测对比之前，我应该提到海洋变暖的观测状况，进一步确认已经展示的图像。在第2章中，温室气体增加的效应被表示在辐射强迫项中，换言之，热能净输入到大气—海洋系统。这种增加的能量的大部分被储存在海洋。通过不同海区和深至3 km的大量的增温测量，1961—2003年时段海洋从地球表面以全球平均 ± 0.04 W/m² 的速率吸收能量[26]。这种能量的三分之二被储存在海洋上层700 m。在不确定性的范围之内，观测结果与模式计算的海洋热吸收吻合[27]。

图5.23[28]给出更详细的观测与模拟热量渗透进入海洋的研究结果，从图中看到，太阳变化和火山爆发引起的自然强迫不能解释观测的变暖，但加入人类引起的温室气体强迫使模拟与观测在三个洋区都有很好的一致性。

气候是混沌的吗

本章从头到尾有一个隐含的假设，那就是气候变化是可预测的，并且模式能被用来预测由人类活动引起的气候变化。在本章结束前我想要考虑一下这一假设是否是正确的。

就天气预报而言，模式本身的能力已经被证明了。它还具有一定的季节性的预报技巧，能提供对当前气候和季节变化的较好的描述，而且它们提供的预报在总体上讲是可复制的，同时不同模式之间也有合理的一致性（虽然可能有争议）的，即这种一致性是模式的特性而不是气候本身的特征。更进一步，最近几十年模拟与观测的对比表明是有可能做预测的，它与观测具有好的一致性。但是还有什么别的证据支持气候是可预测的观点吗？特别是对更长期的预测。

从第4章所提到的过去的气候记录中可寻找进一步的证据。地球轨道参数的米兰柯维奇周期和过去50万年之间气候变化周期（见图4.7和图5.19）之间的相关，为证明地球轨道变化是触发气候变化的主要因素提供了强有力的证据，虽然控制三种轨道参数变化不同振幅响应的反馈过程的性质仍需进一步了解。在来源于古生物的过去100万年全球平均温度记录中，约60%±10%的方差发生在米兰柯维奇理论所确认的频率附近。这种数量惊人的规律性的存在表明，到目前为止，就这些大的变化而言，气候系统不是强的混沌系统，但在很大程度上以一种可预见的方法响应米兰柯维奇强迫。

米兰柯维奇强迫是由于地球轨道变化造成地球上太阳辐射分布变化而产

生的。温室气体增加而造成的气候变化也是由大气层顶辐射状况变化驱动的，这些变化在种类上（虽然在分布上不同）与造成米兰柯维奇强迫的变化没什么不同。因此，可以认为温室气体增加也将会引起一种大致可预测的响应。

区域气候模拟

到目前为止我们在这一章介绍了用全球环流模式（GCM）进行模拟，这类模式水平分辨率（格距）一般为200～300 km，格距的大小主要受到计算机能力的限制。模式对尺度比格距大的天气和气候的描述相当，而对系统尺度与格距相当的情况（如区域尺度）[29]从全球模式得到的结果有很大的局限性。区域尺度上存在的强迫的影响需要进行适当的描述。例如，降水分布型关键取决于这个尺度上的地形和表面特征的主要变化（见图5.24）。因此，一个全球模式产生的分布型再现实际发生在区域尺度的分布型其代表性较差。

为了克服这些局限性，已经发展了区域模拟技术[30]。最容易适用于气候模拟和预测的是区域气候模式(RCM)。一个区域模式覆盖了相应的地区，其水平分辨率一般来说是25 km或50 km，可以被"嵌套"到一个全球模式中。全球模式为区域模式提供有关全球环流对大尺度强迫的响应信息以及边界场随时间演变的信息。在该区域内，例如有关强迫的物理信息被加入到区域网格尺度上，详细的环流演变在RCM中得到发展。RCM有能力计算比GCM中更小尺度的强迫（如由于地形或陆地覆盖不均引起的，见图5.24），并且还可以在较小尺度上模拟大气环流和气候变量。

我们已经描述的区域模拟技术的局限性在于，虽然全球模式为RCM提供了边界场，但是RCM没有提供对全球模式的相互作用。当更大型的计算机投入应用，那将有可能运行大幅增加分辨率的全球模式，这种局限性将变得次要了；同时，RCM将获得处理更小尺度上细节的能力。区域模式模拟的一些例子在图6.13和图7.9中给出。

另一种技术是统计降尺度，这种方法被广泛应用在天气预报中。这种方法使用的是统计方法，利用大尺度气候变量（或"预报因子"）与区域或局地的变量之间的关系来进行模拟和预报。来自全球环流气候模式的预报因子可

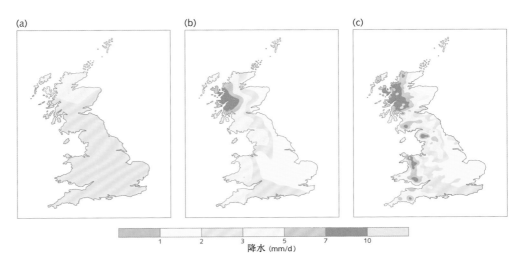

图5.24　英国目前的冬季降水量分布型。（a）分辨率为300 km的全球模式模拟结果，（b）分辨率为50 km的区域模式模拟结果，（c）分辨率为10 km的观测结果

以输入统计模型，以便计算相应的区域气候特征。这种技术的优点是，便于应用，其缺点是从模拟气候变化的角度来看，不可能确保所建立的统计相关应用到气候变化情况中是否可信。

气候模拟的未来

本章基本未谈到关于生物圈的问题。第3章谈到了比较简单的带有碳循环的模式，它包括了化学和生物学过程以及大气过程和海洋输送的简单的非相互作用描述。本章所述的大型三维全球环流气候模式包含大量的动力学和物理学，但是没有相互作用的化学和生物学过程。由于计算机性能已得到提高了，现在把一些生物和化学过程加入到物理学和动力学模式中已成为可能，由此可以考虑加入碳循环和其他气体的化学过程。把这些方面加入到研究中，从而可以考虑发生在整个气候系统中的详细过程和相互作用。

气候模拟仍然是一门快速成长的科学。虽然使用早期的计算机对简单的气候模式进行了有用的尝试，但只是到最近20年左右，计算机才强到足以使海气耦合模式能被用于气候预测，其结果十分全面和可信，并为制定政策者所重视；已经发展起来的气候模式大概是在任何自然科学领域中发展最精细、最复杂的计算机模式。此外，描述自然气候科学的气候模式目前正与综合评估模型中社会—经济信息耦合（见254页第9章注释窗）。

由于计算机性能增强，通过运行各种集合，包括不同的初始条件、模式参数和公式，使研究模式的敏感性成为可能。一个特别有意义的项目[31]是利用世界上数千个计算机用户在他们的家里、学校或工作站运行使用最先进技术的气候预测模式。利用来自几千个模式的对比资料，建立了世界最大的气候模拟预测试验。

本章主要集中在模拟在响应人为强迫到未来一个世纪左右同时考虑"快速反馈"的气候响应建模。然而，这样的问题也越来越被问及：现在人类活动对气候变化可能产生的结果是什么样的。很多改变气候系统的三个组成部分——海洋、冰盖和陆地表面（如植被）——的响应发生在比一个世纪更长的时间尺度（参见表7.5）。与这些相联系的是"缓慢反馈"[32]，趋势是非线性的。即使大气分量是稳定的，深层海洋的增暖将延续至少1000年，极地冰盖的主要变化可能持续几千年。由于这些变化的量级、它们的非线性和即使在短期内的巨大的影响，例如海平面上升，都必须很好地认识这些影响。将来对过去气候、模拟和观测的大量研究将涉及气候系统内部快速和缓慢响应的特征。

总结

本章已经叙述了大气和气候的计算机数值模拟的基础、假定、方法和发展。过去30年依靠计算机性能和速度方面的迅速发展，大气—海洋环流耦合气候模式的复杂问题、技术和运算都有了巨大的发展。至关重要的问题是模式中已细致地包含有多种正负反馈过程。模式提供未来气候有用的预估能力的信心是建立在已验证的模式模拟基础上：

- 当前和近代海洋、大气气候的详细观测信息；
- 特殊的气候周期如厄尔尼诺事件的详细观测信息；
- 从特殊的事件如火山爆发得到的扰动的观测信息；
- 来自过去气候具有不同轨道强迫的古气候信息。

为减少模式预测的不确定性，尚有大量的工作需要做。云反馈过程的模拟仍然是最大的不确定性来源。其他的重点是改进海洋过程和海气相互作用的模型。为解决这些问题和改善区域模式的分辨率，需要更大型和更快速的计算机。此外，对气候系统的所有组成部分进行更深入的观测也是必需的，以便更精确地评估模式方程。重大的、国家的和国际的计划正在解决所有这些问题。

思考题

1. 请对Richardson（理查森）"人工"计算机每秒操作速度做一个估计，它应落在图5.1的什么位置？

2. 如果格点的距离是100 km并且有20个垂直层次，那么这个全球模式的总格点数是多少？如果格点的水平距离变成50 km，那么在计算机上做一个预报会用多长时间？

3. 用你所在地方的一周天气预报的结果来描述一下12小时预报、24小时预报及48小时预报的准确率。

4. 估计一下某一方形海洋区域所收到的太阳平均能量，这一区域的一个边是在北欧到冰岛之间的线上。将其与由北大西洋传输到这区域的能量（图5.16）作一对比。

5. 假设，一个完全吸收的行星表面温度为280 K，它被不吸收、不放射的大气所覆盖。如果有一块云存在于这一表面上，它在可见光部分完全不吸收，而在热红外部分完全吸收，请说明它的平衡态的温度将是235 K$(=280/2^{0.25}K)^{[33]}$。再证明如果云反射掉50%的太阳辐射，剩下的部分被透射，则行星表面将收到与云不存在时同样的能量。你能证明"低云的存在往往使地球降温，而高云则倾向于使之变暖"这一命题吗？

6. 海冰融化导致海表蒸发增加，从而出现额外的低云，这如何影响冰—反射率反馈？它或多或少使之倾向于正反馈吗？

7. 利用第3章的信息估算从1960年到2003年平均净辐射强迫。将此结果与从海洋吸收的能量推导出来的地球表面平均加热率（参见117页）进行比较，评论你的结果。

8. 在大气顶部辐射强迫大约3 W/m²的一个变化，在没有其他变化的情况下，导致表面温度大约1℃的变化。参考图5.15b，皮纳图博火山爆发后表面温度预期有什么变化？与图5.20的信息比较并且评论你的结果。通过对图5.15a和b的分析，可以研究到云—辐射反馈的量级和符号。如果要得到有关云—辐射反馈的有意义的结论，在空间与时间的范围方面精确度（用W/m^2表示）和详细地说明测量计划的必备条件。

9. 天气和气候模式有时被认为是自然科学中最复杂的具有坚实基础的模式，将它们与你熟悉的无论是自然科学还是社会科学（例如经济学模式）的其他计算机模式做一个比较（从它们的假设、它们的科学基础、它们的潜在精确性方面比较）。

▶ 扩展阅读

Solomon, S., Qin, D., Manning M., Chen, Z., Marquis, M.,Averyt, K. B.,Tigor, M.,Miller, H. L. (eds.) 2007. Climate Change 2007: The Physical Science Basis. Contributionof Working Group I to the Fourth Assessment Report of the IntergovernmentalPanel on Climate Change.Cambridge : Cambridge University Press.

　　Technical Summary (summarises basic information about modelling and itsapplications)

　　Chapter 1 Historical overview of climate change science

　　Chapter 8 Climate models and their evaluation

　　Chapter 9 Understanding and attributing climate change

　　Chapter 10 Global climate projections

　　Chapter 11 Regional climate projections

McGuffie, K., Henderson–Sellers, A. 2005. A Climate Modeling Primer, third edition.New York: Wiley.

Houghton, J.T. 2002.The Physics of Atmospheres, third edition. Cambridge: CambridgeUniversity Press.

Palmer, T.,Hagedorn, R.(eds.) 2006.Predictability of Weather and Climate. Cambridge:Cambridge University Press.

注释

[1] Richardson, L.F., 1922, Weather Prediction by Numerical Processes, Cambridge University Press, Dover, New York, 1965

[2] 详情可见，例如，J.T.Houghton, The Physics of Atmosphere

[3] 参见Palmer,T.N. 2006, Chapter 1 in Palmer, T., Hagedorn, R. (eds) 2006 Predictability of weather and climate, Cambridge: Cambridge University Press

[4] 详情可见：Palmer,T.N., 1993, A inonlinear perspective on climate change, Weather, 48, 314-326; Palmer and Hagedorn (eds.), Predictability of Weather and Climate

[5] 像$y = ax+b$这样的公式是线性的，y对x的图形是一条直线。非线性方程的例子是 $y = ax^2 + b$ 或$y +xy = ax+ b$，这些方程中y对x的图形不是直线。在单摆的例子中，描述动力的方程只在与垂直方向的交角很小时是近似线性的，这时角的正弦近似地等于角本身。在角度较大时这个近似是很不准确的，方程是非线性的。

[6] Palmer, T.N., Chapter 1 in Palmer and Hagedorn (eds.), Predictability of Weather and Climate

[7] 被Sir Gilbert Walker1928年命名为 "南方涛动"

[8] Folland, C.K., Owen, J., Ward, M.N., Colman, A. 1991, Prediction of seasonal rainfall in the Sahel region

using empirical and dynamical methods, Journal of Forecasting, 10, 21-56

[9] 例如看: Shukla,J., Kinter III, J.L., Chapter 12 in Palmer and Hagedorn (eds.), Predictability of Weather and Climate

[10] Xue Y., 1997, Biospheric feedback on regional climate in tropicalinorth Africa, Quarterly Journal of the Royal Meteorological Society, 123, 1483-515

[11] 对于气候反馈过程的回顾，可以参见Bony,S. et al., 2006, How well do we understand and evaluate climate change feedback processes? Journal of Climate, 19, 3445-82

[12] 与水汽反馈相联系是温度垂直递减率，由于对流层大气中温度和水汽含量的变化而产生温度垂直递减率（温度随高度下降的速率）的变化，这种变化导致进一步的反馈，一般地说这种反馈的量级比水汽反馈要小，但其符号相反，即是负号而不是正号。通常意义上，当提到水汽反馈时也包括了垂直温度递减率的反馈在内。更详细内容见Houghton,The Physics of Atmospheres

[13] Lindzen, R.S., 1990, Some coolness concerning global warming, Bulletin of the American Meteorological Society, 71, 288-99, 在这篇文章中Linzen质疑由于水汽反馈的量级和符号，特别是在较上层的对流层，并且建议可能比模式预报的要少得多，甚至可能是微弱的负值。自此以来通过大量的观测和模拟研究，已经得到大量的证据，研究了水汽反馈的可能的量级。更详细的见: Stocker,T.F., et al., Physical climate processes and feedbacks, Chapter 7 in Houghton et al., (eds.), Climate Change 2001: The Science Basis. 包括Linzen为作者的这章的结论是，'证据的权衡有利于一种正的晴空水汽反馈，其数量级与许多模拟所发现的是可比较的。'

[14] 看图2.8以及在第3章开始部分的辐射强迫的定义。

[15] 来自Randall, D., Wood, R.A. et al. Climate Models and their Evaluation, Chapter 8 in Solomon et al. (eds.) Climate Change 2007: The Physical Science Basis中的图8.14

[16] 注意总方差小于3个参数的方差的总和。把个别模式积分运行的参数值第一次相加就得到总和。

[17] 对于一个近期的模式的描述以及如何运行模式，见Pope,V. et al. 2007, The Met. Office Hadley Centre climate modeling capability: the competing requirements for mproved resolution, complexity and dealing with uncertainty, Philosophical Transactions of the Royal Society A, 365, 2635-2657

[18] Randall et al., Chapter 8, in Solomon et al. (eds.) Climate Change 2007: The Physical Science Basis

[19] 一个最近的评论，见Cane M.A. et al. 2006. Progress in Paleoclimate modeling, Journal of Climate 19, 5031-57

[20] Graf, H.-E. et al. 1993. Pinatubo Eruption winter climate effects : model versus observations, Climate Dynamics, 9, 61-73

[21] 见决策者总结, Houghton, J.T., Jenkins, G.J., Ephraums, J.J. (eds.) 1990, Climate Change: The IPCC Scientific Assessment, Cambridge: Cambridge University Press

[22] 见决策者总结, Houghton, J.T., Meira Filho, L.G., Callander, B.A., Harris, N., Kattenberg, A., Maskell, K. (eds.) 1996, Climate Change 1995: The Science of Climate Change, Cambridge: Cambridge University Press

[23] 检测是论证观测的变化显著地不同于（在一个统计的信度水平）可能被自然变率解释的过程。归因以某种信度水平确定因果关系的过程，包括对一些有争议的假定的评估。有关检测和归因研究的进一步信息见: Mitchell, J.F.B., Karoly, D.J. et al. 2001, Detection of climate change and attributing climate change, Chapter 12 in Houghton et al. (eds.), Climate Change 2001: The Scientific Basis, and Hegerl, G.C., Zwiers, F.W. et al. Chapter 9, in Solomon et al. (eds.) Climate Change 2007: The Physical Science Basis

[24] 决策者总结, in Houghton et al. (eds.) Climate Change 2001: The Scientific Basis

[25] 决策者总结, in Solomon et al. (eds.) Climate Change 2007: The Physical Science Basis, 在第4章注释[1]给出定义"可能"、"很可能"等。

[26] Bindoff, N. Willebrand, J. et al. 2007, Observations: Oceanic climate change and sea level, Chapter 5, in Solomon et al. (eds.) Climate Change 2007: The Physical Science Basis

[27] 见Gregory, J. e tal., 2002, Journal of Climate, 15, 3117-21

[28] 来自Barnett, T.P. et al., 2005, Science 309, 284-287; 英国哈得来中心模式的模拟

[29] 区域尺度被定义为描述$10^4 \sim 10^7$ km^{2}的范围。 范围的上限（10^7km^2）经常被表示成一个典型的次大陆尺度。比次大陆尺度更大的环流是行星尺度。

[30] 为获得更多的信息，见Giorge, F., Hewitson, B. et al., 2001, Regional climate in formation – evaluation and projections, Chapter 10, in Houghton et al. (eds.), Climate Change 2001; The Scientific Basis

[31] 见www.climateprediction.net

[32] 快速和缓慢反馈的术语已经被James Hansen引入，见他在美国地球物理学会Bjerknes纪念会的演讲，2008年12月17日，www.columbia.edu/~jeh1/2008/AGUBjerknes_20081217.pdf

[33] 提示: 回忆Stefan的黑体辐射定律，即能量放射是与温度的四次方成比例。

21世纪及以后的气候变化

6

2006年 NASA CloudSat卫星（艺术家描绘）研究云和气溶胶在调节地球天气、气候和空气质量中的作用

上一章表明，气候模式是我们所拥有的最有效的预测人类活动引起未来气候变化的工具。这一章将描述模式所预测的21世纪可能出现的气候变化，还将考虑可能导致气候变化的其他因素，并评价其相对于温室气体作用的重要性。

排放情景

　　发展气候模式的一个主要原因就是要想知道本世纪和更远的将来可能发生的气候变化的细节。因为气候模式的模拟取决于未来温室气体人为排放的假设，而这反过来又取决于很多与人类行为有关因素的假设。因此，把目前对未来气候的模拟叫作"预测"（predictions）是不合适的，并且可能引起误导。一般把这种模拟称作"预估"（projections），以便强调现在所做的是揭示可能的未来气候，而这些未来的气候是从一系列涉及人类活动的假设而产生的。

　　进行未来气候变化任何预估的出发点，是一组未来可能出现的全球温室气体排放的描述。这些取决于涉及人类行为和活动的多种假设，包括人口、经济增长、能源利用和能源生产的来源。正像在第3章提到的，对这样未来排放的描述被称作情景。IPCC在为IPCC 2001报告准备的一个排放情景特别报告（SRES）[1]中开发了各种各样的情景（见下页注释窗）。正是这些情景已经被用于本章展示的未来气候变化预估中。此外，由于排放情景已经被广泛应用在模拟研究中，所以，本章也给出利用1992年IPCC开发的一种情景（IS 92a）得到的结果，它被广泛当作"照常排放"[2]的代表。这些情景的细节在图6.1中给出。

　　SRES情景的建立综合了多种不同的假设，涉及人口、经济增长、技术创新及对社会和环境的可持续性的态度。然而，它们没有考虑应对气候变化和减少温室气体的行动。包含这样行动的情景将在第10章和第11章说明，那时会考虑大气中二氧化碳浓度稳定的可能性。

　　SRES情景涵盖了来自所有的源，包括土地利用变化产生的温室气体排放的估算结果。在不同的情景中估算是从目前的值开始，土地利用变化包括砍伐森林（见表3.1）。对于土地利用变化，不同情景中的假设是不同的，从持续的砍伐森林（虽然可以被砍伐的森林越来越少），到大规模造林增加碳汇。进行气候变化预估的下一步是把温室气体的排放廊线，转变成温室气体浓度（图6.2）并且进一步给出辐射强迫（表6.1）。有关方法已经在第3章叙述了，并且也提到了不确定性的主要来源。二氧化碳浓度情景下这些不确定性，特别是那些涉及陆地生物圈产生的气候反馈（见44—45页的注释窗）的量级，到2100年每一个廊线其不确定性范围大约在-10%～+30%[3]。

　　对于绝大多数情景，主要温室气体的排放和浓度在21世纪期间是增加的。但是，尽管预期的化石燃料燃烧增加（在某些情况增加非常大），二氧

有关排放情景特别报告(SRES)的排放情景

SRES情景基于在一组4种不同的情节，在每个情节中又构建了一族情景，所以总共有35个情景[4]。

A1情节

A1情节和情景族描述了这样一个未来世界：非常快速的经济增长，全球人口峰值出现在21世纪中期并于其后下降，以及快速引入新的和更有效的技术。不同区域的发展主题和能力建设开始的趋同，增进文化和社会交流，人均收入区域差距大幅减小。A1情景族发展成三组，描述了在能源系统中技术变化的可选择的方向。三组的区别在于它们的技术侧重点：高强度使用化石燃料（A1F1），非化石燃料能源（A1T）或所有能源平衡使用（A1B）—— 此处平衡被定义成不太强调取决于某一种特别的能源，而是取决于假设应用于所有能源供应和终端用户的技术具有相似的改进速度。

A2情节

A2情节和情景族描述了一个非常不均衡的世界。基本主旨是依靠自力更生和保留本地特性。不同区域出生率各不相同，造成人口继续增加。经济发展主要以区域性为导向，人均经济增长以及技术变化更为分散并且比其他各情节缓慢。

B1情节

B1情节和情景族描述了一个更为趋同的世界，具有与A1情节同样的人口，即峰值出现在21世纪中期并在其后下降，但是经济结构迅速，向服务型和信息经济发展，材料强度降低，引进清洁和有效利用资源的技术。重点是对经济、社会和环境的可持续发展提供全球解决方案，包括改善公平性，但没有额外的与气候有关的行动计划。

B2情节

B2情节和情景族描述了这样一个世界，强调地区在解决经济、社会和环境可持续发展中的重要作用。这个世界全球人口以低于A2的速度继续增长，经济发展处于中等水平，比B1和A1情节低速和更多样的技术变化。该情节注重环境保护和社会公平，但是侧重于地方和区域层面。

35个情景集中，对6个情景组（A1B, A1FI, A1T, A2, B1, B2）的每一个都选取一个解说性情景，它们同样重要。本章资料主要是为这6个解读性情景提供的。

SRES情景不包括额外的气候主动行动计划，这意味着所有这些情景中没有一个明确执行《联合国气候变化框架公约》或履行《京都议定书》的排放目标。

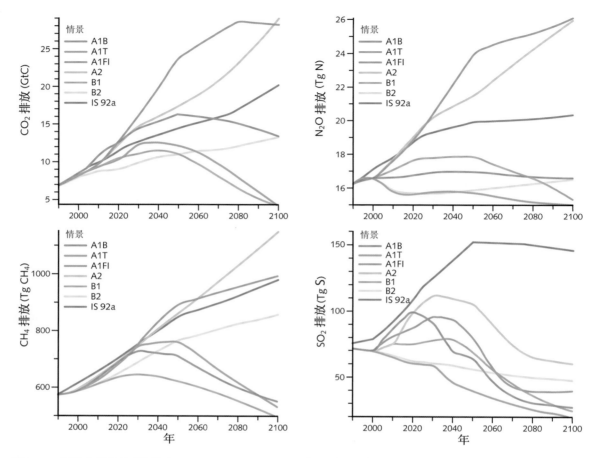

图6.1　6种设定的SRES情景（A1B, A1T, A1FI, A2, B1和B2）下二氧化碳、甲烷、氧化亚氮和二氧化硫的人为排放，给出IS 92a做比较

化硫排放及硫酸盐颗粒物浓度预期将大幅下降，因为以减少空气污染和"酸雨"沉降对人类和生态系统损害为目的的政策已广泛地实行[5]。硫酸盐颗粒物减少减缓了由温室气体增加造成的增暖，因而，现在的预估大大低于20世纪90年代的预估（见图6.1中IS 92a情景二氧化硫）[6]。事实上，21世纪硫酸盐颗粒物可能将减少到远低于1990年的水平[7]。包括在图3.11中的其他的在大气中的人为颗粒源也将在21世纪期间只有小的正或负辐射强迫贡献[8]。表6.1包括2005年计算的来自所有的气溶胶源未来总的辐射强迫值。

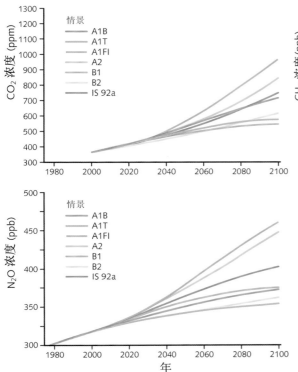

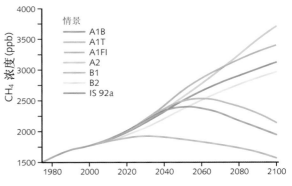

图6.2　据6种解说性的SRES情景和IS 92a情景计算的二氧化碳、甲烷和氧化亚氮的大气浓度。每个廓线的不确定性，特别是由可能的碳反馈产生的不确定性，估计到2100年大约为−10% ~ +30%

模式预估

　　上一章所描述的最先进的大气—海洋耦合模式所得的结果，提供了气候预估所依据的基本信息。然而，由于这类模式预估对计算机机时的要求非常巨大，因此只有有限的结果来自这类模式。还有很多研究是用简化的模式进行的，其中有些模式对大气过程描述得很充分，但对海洋的描写却很简化。这些模式对探索区域气候的变化很有用处。另外一些模式，有时叫作能量平衡模式（见133页注释窗），在大气和海洋动力学及物理学方面都进行了重大的简化，它们对探索大气对各种排放情景的全球平均响应是很有用的。来自简化模式的结果需要仔细地和那些最佳大气—海洋耦合模式的结果相比较，并且简化模式采用的某些参数要进行"调整"，使之尽可能接近更完整模式。下一节所给的预估都是基于这些模式的结果。

　　为了有助于模式之间的比较，许多模式都取大气中二氧化碳浓度为工业化前的浓度280 ppm水平加倍的条件下进行试验。在二氧化碳浓度加倍的稳定

表6.1　1750—2005年以及SRES情景分别到2050和2100年的温室气体和气溶胶全球平均辐射强迫一览表

温室气体	年	辐射强迫（W/m²）	A1B	A1T	A1FI	A2	B1	B2	IS 92a
CO_2	2005	1.66							
	2050		3.36	3.08	3.70	3.36	2.92	2.83	3.12
	2100		4.94	3.85	6.61	5.88	3.52	4.19	4.94
CH_4	2005	0.48							
	2050		0.70	0.73	0.78	0.75	0.52	0.68	0.73
	2100		0.56	0.62	0.99	1.07	0.41	0.87	0.91
N_2O	2005	0.16							
	2050		0.25	0.23	0.33	0.32	0.27	0.23	0.29
	2100		0.31	0.26	0.55	0.51	0.32	0.29	0.40
$O_3(trop)$	2005	0.35							
	2050		0.59	0.72	1.01	0.78	0.39	0.63	0.67
	2100		0.50	0.46	1.24	1.22	0.19	0.78	0.90
卤烃物	2005	0.34							
总气溶胶	2005	−1.2[a]							

[a]包括直接和间接效应

状态下，全球平均温度的上升量值被称为气候敏感性[9]。IPCC在其1990年报告中给出了气候敏感性的范围是1.5~4.5℃，"最佳估值"为2.5℃，IPCC 1995和2001报告进一步确认了这些值。2007报告陈述："气候敏感性的最佳估值可能是3℃，其范围是2~4.5℃，并且不可能低于1.5℃。云反馈（见第5章）一直是最大的不确定性来源[10]。"本章给出的预估基于IPCC 2007评估报告[11]。

　　气候敏感性的估值还可以从过去百万年古气候信息得到（见第4章），把全球平均温度变化与由冰盖、植被和温室气体浓度变化造成的气候强迫的变化联系起来（第4章图4.6和4.7）。James Hansen[12]用这种方法得到的3±0.5℃的估值与上述模式估值非常吻合。

简单气候模式

第5章给出了大气环流模式和海洋环流模式（GCMs)的详细描述，同时也给出了它们耦合（即AOGCMs）的方法，并提供了它们对当前气候及被人为温室气体排放扰动之后的气候状况的模拟。这些模式提供了我们对未来气候细节预估的基础。但是由于它们是如此复杂，需要大量的机时，因此这种大型耦合模式只能进行少数模拟。

为了进行不同未来温室气体或气溶胶排放情景下的模拟，或者探索气候变化对不同参数（例如描述大气中各种反馈过程的参数，他们在很大程度上决定气候敏感性）的敏感性，简单模式得到了广泛的应用[13]。这些简单模式经过"调试"使其结果与更复杂的AOGCMs模式结果相比较时很接近。对简化模式所作的最根本的简化是去掉其一个或两个维数，这样人们感兴趣的量就是对纬圈（在二维模式中）的平均或是对整个地球（在一维模式中）的平均。当然这种模式只能模拟随纬度变化的状况或全球平均值，不能提供区域信息。

图6.3说明了这种模式的各个分量。在这种模式中，大气被置于一个具有适当的辐射输入和输出的"盒子"中。热量交换发生在陆面（另一个"盒子"）和洋面。海洋中只允许有垂直扩散和垂直环流。这种模式适合于模拟全球表面温度在温室气体或气溶胶增加条件下的变化。当模式包括了二氧化碳在大气与陆面及洋面的交换过程时，它可以用来模拟碳循环。

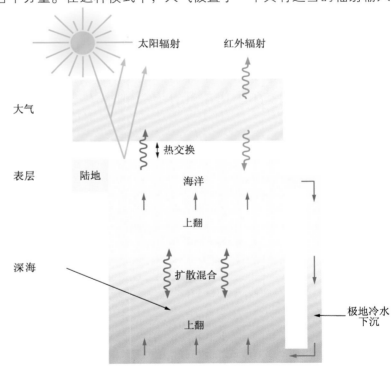

图6.3　一个简化的"上翻扩散"气候模式

全球平均温度的预估

　　当把图6.1和6.2所给的辐射强迫信息输入到简单或复杂的模式中，就可以制作气候变化的预估。正像我们在前面几章已经看到的，一个有用的、被广泛应用的气候变化代用量是全球平均温度。

　　图6.4a给出了6种标记性SRES情景假设的温室气体和气溶胶增加导致的21世纪全球平均表面温度增温预估。由图可以看出，到2100年对于不同的情景全球温度都是上升的，最佳估值范围是2~4℃。当增加考虑不确定性后，整体的可能范围是从1℃到超过6℃，如此大的范围是由于未来排放有很大的不确定性，与对不断变化的大气成分的气候响应相关的反馈作用也具有不确定性（第5章所述）。

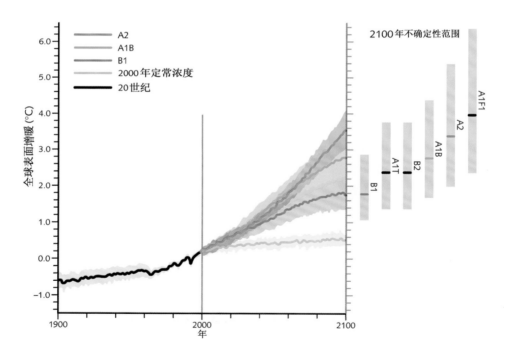

图6.4　（a）SRES A2，A1B，B1情景下，预估全球平均表面变暖（相对于1980—1999年），表示成20世纪模拟值的延续。每条曲线是多个AOGCMs模式的平均（一般大约20个模式）；图中阴影表示各个模式年平均值的1个标准差范围。还有一条曲线表示的是温室气体浓度保持在2000年水平的情景。图右边灰色柱表示2100年对于6种SRES标记情景最佳估值可能的范围，考虑到AOGCM结果的发散以及与反馈的描述有关的不确定性两个方面（见第5章），要得到工业化之前开始的增温，需要再增加0.6℃

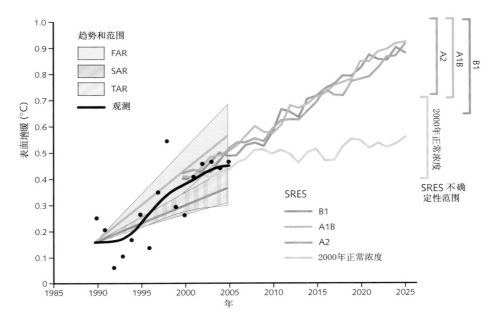

图6.4　（b）模式预估全球平均增暖与观测的增暖的对比。观测的温度距平（相对于1960–1990年平均）表示成年的（黑点）和10年的平均值（黑线）。分别从IPCC 1990年第一次(FAR)和1995年第二次(SAR)评估报告预估的趋势和范围用绿色和紫红色实线以及阴影区表示，来自2001年第三次评估报告（TAR）预估的范围用垂直的蓝条表示（所有的都调整到从1990年开始观测的10年平均值）。2007年IPCC第四次评估报告（AR4）SRES B1，A1B和A2情景对2025年的多模式平均预估值分别表示成蓝色、绿色和红色曲线。橙色曲线表示如果温室气体和气溶胶浓度保持在2000年不变水平上模式预估的变暖

　　与日常的日际和年际的温度变化相比，1℃和6℃之间的变化可能似乎并不算很大。但是，正如第1章所指出的那样，考虑到它是全球平均温度，实际上这个值还是很大的。将其与冰期中和冰期间温暖期（图4.6）之间发生的5℃或6℃的全球平均温度差相比，预估的21世纪温度变化相当于1/3到整个冰期的气候变化的度数！

　　图6.4b比较了观测的1990—2006年全球平均变暖和IPCC前三次评估报告的模式预估的1990—2025年变暖值及其范围。图6.4c描述了SRES A1B情景下21个模式的预估结果（如同图6.4a计算的平均值）。

　　自1990年IPCC第一次评估报告开始，IPCC始终如一地预估全球平均温度的增加，从1990年到2005年其增加范围是0.15~0.3℃/10a。这与观测值（大约

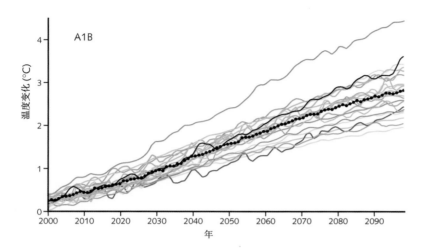

0.2℃/10a）相近，并且所有SRES情景预估接下来的20或30年大约都是这个值（很大程度上取决于其情景）（图6.4b）。再次指出，这些值可能看上去像是很小的变率；多数人可能很难察觉到零点几度的温度变化。但是再一次说明，这些是全球平均，因此这样的变率就是很大的值了。的确，这些值非常大，它比至少过去1万年从古气候资料推测的全球

图6.4 （c）全球多个模式中心的21个模式在SRES A1B情景下预估的21世纪全球年平均表面温度变化（相对于1980—1999年平均）。多模式平均以黑点表示

气候变率都要大。正像我们将在下一章看到的，人类和生态系统适应气候变化的能力关键取决于这一变率。

图6.4表明IPCC 2007报告与类似2001报告的全球平均温度的变化大大超过IPCC 1995报告给出的值。出现这种差别的主要原因是，在SRES情景中气溶胶排放与IS 92a情景相比要小很多。例如，2100年IS 92a情景全球平均温度对于类似于SRES B2情景，虽然那时IS 92a情景二氧化碳排放量比B2情景要大50%。

为使这一节关于21世纪可能的温度变化更完整，图6.5给出1990年到2065年和到2099年A1B情景下多模式预估的对流层各层和海洋不同深度的平均温度变化。图中表明在平流层变冷，大的变暖是在对流层尤其在热带地区，海洋变暖逐渐从海表向下渗透。

二氧化碳当量（CO_2e）

在大量的气候变化模拟研究中，经常把工业化前大气二氧化碳加倍作为一种基准，这特别有助于在不同模式及其可能影响之间进行比较。由于工业化前的浓度是约为280 ppm，因此二氧化碳加倍大约是560 ppm。从图6.2的曲线

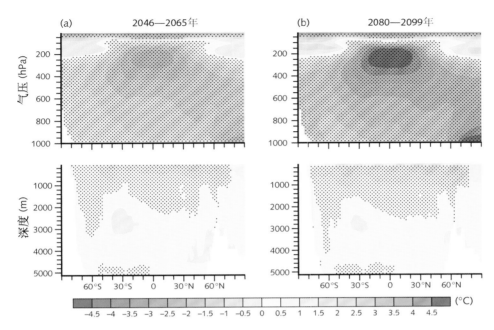

图6.5 A1B情景多模式平均预估的相对于1990年纬向平均大气（上图）和海洋（下图）温度变化剖面图（a）2046—2065年，（b）2080—2099年。点区表示多模式集合平均除以多模式标准差超过1.0（量级）的地区

可以看到，根据排放情景这个值可能出现在21世纪后50年的某个时间。但是其他的温室气体也在增加并且产生辐射强迫。出于整体考虑，把其他温室气体转换成等量的二氧化碳方便可行，换句话说，转换成的二氧化碳量应该给出同样的辐射强迫[14]。这种相当于二氧化碳的量被表示成二氧化碳当量（CO_2e）。表6.1的信息可以完成这种转换[15]。例如，至今除了CO_2以外的其他温室气体（包括臭氧）的增加，其产生的辐射强迫相当于今天二氧化碳辐射强迫的值的3/4（见图3.11）。未来几十年当二氧化碳增长在几乎所有的情景中变得更占优势时，这种比例将大幅地下降。

　　二氧化碳当量（CO_2e）的计算往往只包括来自其他温室气体的贡献，有时只计算长寿命的温室气体（也就是不包括臭氧）。然而，正像图3.11和表6.1所指出的，大气中的气溶胶对辐射强迫有明显的贡献，主要是负反馈。除非另有说明，本书中CO_2e的计算包括气溶胶贡献。

　　注意：二氧化碳加倍产生的辐射强迫大约为3.7 W/m^2。从表6.1可以看到，相对于工业化前CO_2e总量的加倍，对于SRES标记情景将出现在大约2050年或以前。对于A1B情景，假设卤烃类和气溶胶的冷却效应维持2005年水平到2050年（表6.1），2050年辐射强迫大约相当于CO_2e加倍的值（也就是3.7 W/m^2），相比工业化前温度上升大约2.2℃。这只是预期在稳定状态下二氧化碳当量加倍时升温3℃（气候敏感性最佳估值，图6.4的结果是用这些模式提供的）的75%左右。正像在第5章说明的，出现这种差异是因为海洋对温度上升的减缓效果。这意味着，随着二氧化碳当量浓度继续上升，在任何一个给定的时间，存在一个当时没有表现出来而未来温度会显著上升的潜势。这可用温度廓线描述（见图6.4a和b），即对于这样一种情景，让所有温室气体和气溶胶浓度维持在2000年的水平上。对于这种分布，在本世纪开始的几十年，温度以大约0.1℃/10a的速率继续增暖。

　　现在CO_2e的值大约是多少呢？如果把2005年来自所有温室气体和气溶胶对辐射强迫的贡献（图3.11）相加并转化成CO_2e[16]，该值大约是375 ppm（注意，如果没有气溶胶和臭氧的贡献，这个值应该是大约455 ppm）。这个值与二氧化碳本身目前的浓度相差不大，因为气溶胶的负强迫在全球平均项中已经近似地补偿了来自非二氧化碳温室气体贡献增加的正强迫。注意这个计算只是近似值，围绕气溶胶强迫的量级确实存在不确定性（图3.11）。这种气溶胶的补偿将继续应用到未来的计算吗？在21世纪如果减少气溶胶的贡献，所有的情景会继续包括这些重要部分[17]。这些考虑在第10章将再次出现，那时我们将考虑CO_2e稳定性的可能性。

气候变化的区域分布

　　到目前为止，我们根据全球平均表面温度可能的增加提出了全球气候变化，由此提供了一个有用的气候变化幅度总体指标。然而，在区域影响方面，全球平均几乎不能给出什么信息。我们所需要的是区域性的细节，全球气候变化的作用和影响只有通过区域或局地变化才能被感受到。

　　关于区域气候变化需要认识到的重要一点是，由于大气环流运行的方式和控制整个气候系统运行的相互作用，气候变化在全球各地不会是完全均一的，例如我们可以预料在广大陆地和海洋上存在重大差异。陆地具有很小的热容，因此它的响应比较快。以下列出的是大陆尺度上表征预估的温度变化的一些主要特征，它更详细的分布在图6.6中说明。参考第4章表明，这些特征的大部分已经在过去几十年的观测记录中被证实了。

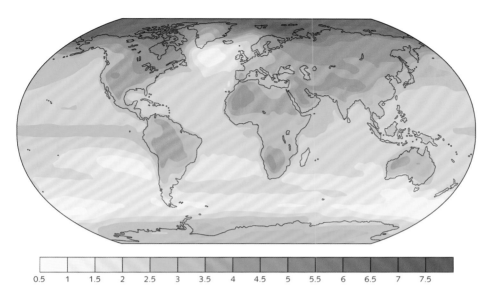

图6.6　多个AOGCM模式平均的SRES A1B情景下预估的2090—2099年表面温度变化分布（相对于1980—1999年平均）（单位：℃）

- 一般来说陆上表面气温的增暖要比海洋上大，通常比全球平均变暖高40%，特别是在北半球高纬度冬季更明显（这与海冰和雪盖减少有关），还有南欧的夏季；在南亚和东南亚的夏季以及南半球南部的冬季变暖值比全球平均变暖低40%。

- 增温的最小值出现在南极洲附近和北大西洋北部，这与在这些区域海洋深层混合作用相联系。

- 低纬地区或环南极圈周围的洋区增暖几乎没有季节变化。

- 陆地上大部分季节大多数区域的温度日较差减小；夜晚最低温度比白天最高温度增温更大。

　　到目前为止，我们已经单独描述了大气温度变化的结果。气候变化的一个更重要的指标是降水。随着地球表面变暖，海洋和许多陆地区域蒸发增加，平均来讲导致大气水汽含量增加，因而降水量也随之增加。由于大气中的持水能力大约以6.5%/℃增加[18]，当表面温度增加，可以预期降水也明显增加。事实上，模式预估表明，响应于表面温度增加，降水增加大约为3%/℃[19]。此外，由于输入到大气环流的能量的最大分量来自水汽凝结潜热的释放，大气环

世界各地的暴雨和洪涝增加，近几年像这样发生在加拿大的强降水已经很平常了

流的能量将随大气水分含量而成比例增加。因而，温室气体增加导致的人为气候变化的一个特征将是一个更强的水循环。这种对降水极值的可能影响将在下一节讨论。

　　图6.7中给出全球变暖增加时预估的降水分布的变化。降水的三个总的特征如下[20]：

- 除了整体的全球平均降水量增加之外，还存在大的区域性变化、地区平均降水减少的季节分布变化，以及降水空间变率的普遍增加，结果是造成副热带地区降水量减少，而在高纬度和热带部分地区降水量增加。

- 副热带高压区向极地方向扩展，伴随着副热带降水减小的总趋势，这导致副热带到极区边缘区降水减少的可靠预估。大多数区域预估降水在21世纪减少与邻近这些副热带高压区域有关。例如，南欧、中美、南非和澳大利亚可能出现变干的夏季，由此干旱的风险增加。

- 由于水汽辐合加强，季风环流导致降水增加趋势，尽管季风气流本身有减弱的趋势。但是，热带气候响应的许多方面仍有不确定性。

由于持续性的气候型或状况的变化或振荡，产生很多自然的气候变率。太平洋—北大西洋异常[*]（PNA，高气压控制东太平洋和北美西部，而这种形势常导致美国东部的严冬），北大西洋涛动（NAO，对西北欧冬季的特征有强烈的影响）以及在第5章提到的厄尔尼诺事件（El Nino）都是这些气候型的例子。可以预料，气候变化对于温室气体增加造成的强迫的响应，可能表现为这些状态所体现的气候型出现的强度或频率的变化[21]。目前许多模式对这些气候型的预估很少有一致性。然而，最近热带太平洋表面温度趋向于变得更像厄尔尼诺（见表4.1），在热带东太平洋比热带西太平洋变暖幅度要大，伴随降水带相应向东移动，许多模式预估这种特征将继续维持[22]。温室气体增加对这些主要气候型与状态的影响，特别是厄尔尼诺，是一个重要和紧迫的研究领域。

气候分布型的解释是一个复杂的问题，因为与温室气体相比，大气气溶胶有不同的影响。虽然，根据SRES情景的预估，气溶胶的影响比在IPCC 1995报告的IS 92a情景的影响要小，但其预估的辐射强迫还是重要的。例如，当考虑全球平均温度和其对海平面上升的影响时（见第7章），相应的预估是采用全球平均辐射强迫。例如，来自硫酸盐气溶胶的负的辐射强迫，其后变成抵消温室气体增加产生的正的辐射强迫。然而，由于气溶胶强迫的效应在全球是非常不一致的（图3.7），因此气溶胶增加产生的效应不能只认为是对温室气体增加的效应的。一种简单的抵消由于气溶胶的区域强迫中的大的变化，产生了气候响应中的真实的区域变化。来自最好的气候模式的详细区域信息正在被应用到评估不同假设下有关温室气体和气溶胶都增加的气候变化。

---

[*] 此处PNA应为太平洋—北美型（Pacifict— North American Pattern）——校者

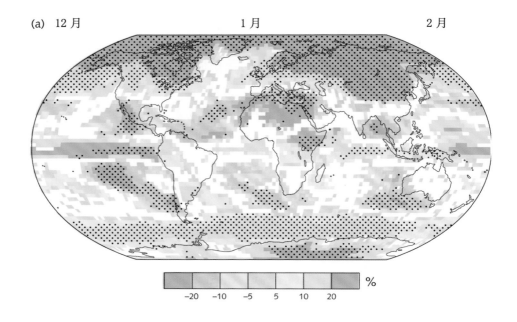

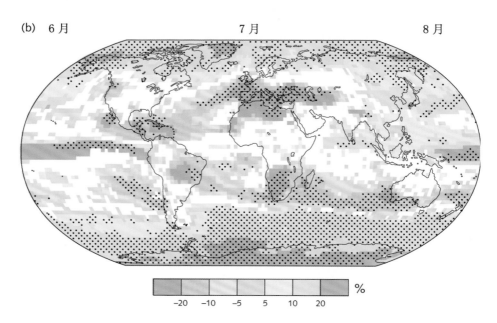

图6.7　多个AOGCM模式在SRES A1B情景预估2090—2099年降水的相对变化（相对于1980—1999年平均）（单位：%）。（a）12—2月，（b）6—8月。白色区表示模式符号变化一致性低于66%，点区表示模式符号变化一致性超过90%

极端气候的变化

上节考察了气候变化可能的区域分布型，那么，对于未来极端气候出现的频率和强度的可能变化有什么值得注意的呢？毕竟，人们关注的不是平均气候，而是极端气候——干旱、洪涝、风暴以及很冷和很暖时期的极端温度等——它们对我们的生活造成了最大的影响（见第1章）[23]。

我们能够预料到的极端事件最明显的变化是极端温暖日数和热浪的大幅增加（图6.8），同时伴随着极端寒冷日数的减少。许多大陆陆地区域正在经历着最高温度大幅增加和更多的热浪。一个突出的例子是2003年在中欧的热浪（见197页注释窗）。正像图6.8c所示，模式预估表明，在整个21世纪这样的事件其频率和强度将大大增加。

但是更多影响的是那些与水分循环有关的极端变化。在上一节我们解释了在伴随温室气体增加的全球变暖下，平均降水量增加，水分循环将变得更强[24]。考虑在降水增加的区域可能发生什么。在较强的水循环下，较大的降雨量是由于对流活动增加引起的：出现更多的强阵雨和更强的雷暴天气。图6.9很好地描述了在二氧化碳浓度加倍时大雨（大于25 mm/d）日数变为原来的2倍。就说明了这样一个所有气候模式确认的结果：随着全球变暖增强，21世纪预计将出现更多的强降水事件和更多的干旱日数。一个气候模式图6.10描述了模式一致性的可靠程度，给出9个不同的模式对降水强度预估结果的分析。与极端事件有关的其他指标的类似信息例如热浪、霜冻日数、干旱日数等在被引的图6.10所在的文章内有介绍[25]。

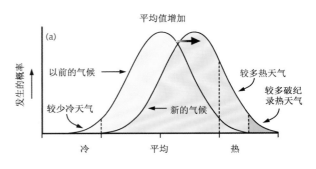

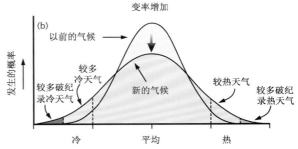

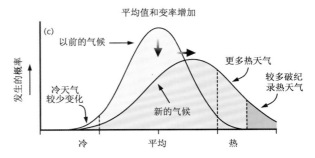

图6.8　极端温度影响示意图。(a)平均值增加导致较多破纪录的热天气，(b)变率增加，(c)平均值和变率都增加导致更多的破纪录热天气

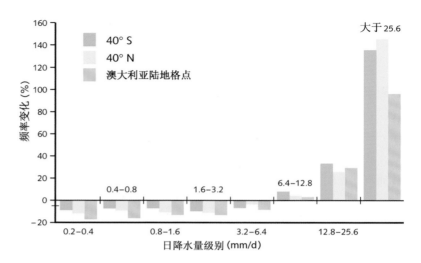

图6.9　澳大利亚CSIRO模式估算的二氧化碳加倍条件下不同日降水量发生频率的变化

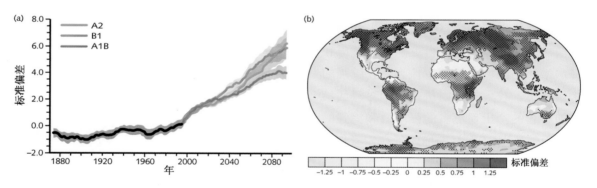

图6.10　建立在多模式模拟基础上的9个全球耦合气候模式预估的极端事件变化（取自Tebaldi等，2002）。(a)对于低(SRES B1)、中(SRES A1B)和高(SRES A2)情景，降水强度的全球平均变化（定义成年总降水量除以降水日数），(b)两个20年平均（2080—2099年减1980—1999年）模拟A1B情景降水强度空间分布的变化，(a)中实线是10年滑动多模式集合平均，块状表示集合平均标准偏差；(b)中点区表示9个模式中至少有5个同时发生，即符合统计信度。该极端值只是在陆地上计算并且是按照Frich等2002年的定义所计算的。由于研究集中在分析模式内部的一致性程度和变化的方向和显著性，因此绘制的单位表示成标准偏差而不是绝对值量级。每个模式的时间序列取相对于1980—1999年的平均，并且用其标准偏差计算1960—2099年时段的标准化值（去掉趋势后），然后模式被集成作为一个集合平均，既有全球平均，又有网格分布

干旱

在洪涝和干旱方面这意味着什么呢？比较强的降水意味着更可能发生洪涝。图6.11是一个模式的研究结果，表明如果大气二氧化碳浓度相对于工业化前的值加倍，冬季极端季节降水的概率在中欧和北欧大部分地区很可能是增加的。如果中欧一些地区降水如上所述增加，那么相应极端降雨事件的再现周期将缩短到五分之一（也就是从50年一遇减少到10年一遇）。一个涉及世界主要江河流域的研究已经得到类似的结果[26]。

从图6.9还注意到，在全球变暖的世界中，小雨事件（小于6 mm/d）的日数预期要减少。这是因为随着更强的水循环，降水的大部分将降在比较强的降水事件中，并且在对流区中，下沉气流区会变得更干，而上升气流区变得更湿润和更强。在许多相对低雨量地区，雨量往往会越来越少。例如，一些地区夏季平均降雨量下降了，就像是发生在南欧的情况（图6.7）。这样一种降雨量下降的可能结果，并不是由于雨日数保持不变而每次降雨量更少，更可能是雨日

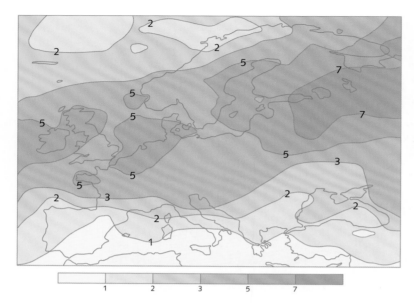

图6.11 初始条件略有不同的19个气候模式集合估算的欧洲冬季季节极端降水量的变化概率。图中是80年运行中的第61年到第80年计算的极端降水事件概率的比率，假定二氧化碳浓度每年增加1%（其后在大约70年加倍）并与二氧化碳没有变化的控制试验比较

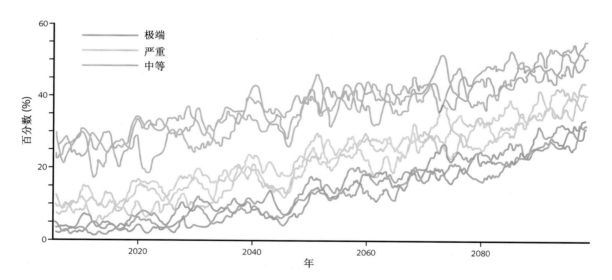

图6.12 哈得来中心气候模式预估的21世纪逐月世界陆地表面干旱（极端、严重和中等）比例，每种干旱情况在A2情景下作3个模拟试验

大幅减少而且长时间根本没有降雨的情况相当多。进一步，比较高的温度将导致蒸发增加，减少地表水分含量，这又加剧了干旱状况。干旱可能性比例的增幅远远高于平均降雨量的比例减少。

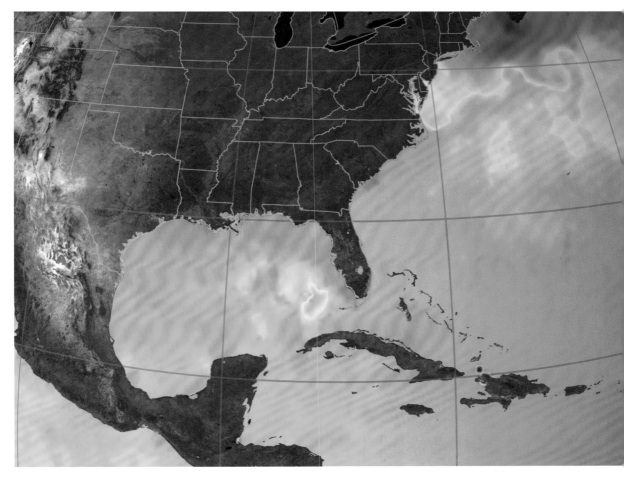

2005年8月海面温度。橙色和红色描述适合于飓风形成的区域（28℃或更高）。飓风的风由海洋热能所维持，2005年飓风"卡特里娜"对佛罗里达州到得克萨斯州墨西哥湾沿岸，特别是路易斯安娜州新奥尔良造成灾难性破坏

　　最近一个针对干旱发生的研究[27]是利用哈得来中心气候模式模拟所有大陆的干旱，首先考查20世纪后50年，通过比较模拟与观测的干旱，可以建立对模式的信心。干旱被分成三个等级：极端、严重和中等[28]。对于1952—1998年期间的平均情况，出现极端、严重和中等干旱的全球陆地面积的比例分别是1%、5%和20%。21世纪开始，这一比例已经上升为3%、10%和28%。预估21世纪在SRES A2情景下（图6.12），极端干旱陆地面积比例到2050年上升到10%，到2100年为30%。极端干旱发生增加不是因为干旱出现更加频繁，而是其持续时间

更长了。他们的研究表明，最易受干旱的地区大致与表示在图6.7中的降雨减少区域一致。

因此，在由温室气体增加所造成的全球变暖下，不同的地方将发生更频繁的干旱或洪涝。我们在第1章注意到，极端气候事件造成的影响最大，这将在下一章作更详细地考虑。

其他气候极端事件例如强风暴的情况如何呢？在热带海洋上出现的飓风、台风和强烈旋转的气旋等登陆时造成巨大破坏的系统又将如何呢？这些风暴的能量大部分来自水汽的潜热。水分在温暖的海洋表面被蒸发，然后在这些风暴的云中凝结并释放出能量来。可以预料，较暖的海洋意味着有更多的能量释放，导致更频繁和更强烈的风暴。然而海洋温度并不是控制热带风暴产生的唯一参数。整体大气气流性质也很重要。更进一步，虽然建立在有限资料的基础上，20世纪后50年观测的热带气旋的强度和频率没有明显变化趋势。AOGCMs模式可以考虑所有有关的因子，但是由于格距较大，因而不能很好地模拟像热带气旋这样相对较小的扰动的细节。这些预测模型缺乏热带气旋发生频率或形成区域变化的一致性证据。然而过去几年一些系用区域模式和AOGCMs大尺度变量更合适分辨率的研究（见下部分有关区域模拟）一致预估热带气旋的峰值风速的强度增加，并且平均和最大降水强度也增加。一个研究表明，最大表面风强度增加6%并且降水增加20%[29]。

在中纬度，控制风暴发生的各种因子是复杂的，有两个因子倾向于增加风暴的强度。第一个因子是高温（和热带风暴的情形相同），尤其是在洋面上的高温，它往往导致有更多的能量可用。第二个因子是海洋和陆地间的比较大的温差，特别是在北半球，它往往会产生强烈的温度梯度，而这又反过来产生更强的气流和更大的不稳定可能性。欧洲大西洋沿岸就是这样一个风暴多发地区，模式的模拟结果也正好证实这一点。但是，上述图像可能太简单，其他一些模式表明风暴路径的变化在某些地区可能导致不同的结果。

对于其他的极端事件如很小尺度的现象（例如，龙卷风、雷暴、冰雹和闪电）在全球模式中不可能被模拟，虽然它们可能有重要的影响，目前尚未有足够的信息来评估最近的趋势，尚不足以制作严格的预估。

表6.2总结了未来可能的极端事件发生的状况。虽然许多趋势是清楚的，但是需要更多的研究对区域尺度极端事件的频率或强度或气候变率的可能变化提供定量化的评估。

表6.2　观测和预估极端天气和气候事件变化的可信度估算

观测变化的可信度 （20世纪后50年）	现象的变化	预估变化的可信度 （在21世纪）
很可能[a]	在几乎所有的陆地区域出现更高的最高温度和较多的酷热日数	很可能
很可能	在几乎所有的陆地区域出现更高的最低温度和较少的寒冷日数和霜冻日数	很可能
很可能	绝大部分陆地区域温度日较差减小	很可能
可能，在大部分区域	陆地区域热指数[b]增加	很可能，在大部分区域
可能，在许多北半球中高纬度陆地区域	更强的降水事件	很可能，在大部分区域
可能，许多陆地区域受影响的总面积增加	夏季大陆变干趋势增加并且相应干旱风险增加	可能，在大部分副热带区域和许多中纬度大陆区域（很可能，在地中海、澳大利亚南部和新西兰）
可能，趋向于较大的风暴强度，频率没有趋势	热带气旋	可能，最大风速和降水强度增加
可能，在许多北半球陆地区域强度增强，路径向极地移动	温带气旋	可能，在许多区域强度增强（例如北大西洋、中欧和新西兰南部）

[a] 见第4章注释[1]对"可能"、"很可能"等的解释

[b] 热指数是温度和湿度的一种组合，以此度量对人的舒适程度

区域气候模式

　　我们已经说明的绝大多数可能的气候变化是发生在洲际尺度。有关更小尺度上的气候变化可以提供更多的具体信息吗？在第5章我们谈到，全球环流模式(GCMs)由于其水平格点分辨率粗——典型的是300 km或更大，在模拟区域尺度气候变化方面存在局限性[30]。在第5章我们还介绍了区域气候模式，它们一般具有50 km的分辨率，并且可以被"嵌套"到全球环流模式中。图6.13和图7.9中的例子说明，由区域气候模式（RCMs）模拟的极端事件有所改善，并且提供了区域的详细气候变化信息，而在许多情况下（特别是降水），区域模式模拟与GCM提供的平均值确实有不一致性。

区域模式为研究气候变化分布的详细情况提供了一种强有力的工具。在下一章中，这些细节的重要性将在评估气候变化的影响研究中显现出来。然而，重要的是要认识到，与洲际或更大尺度上平均的气候相比，由于在局地气候方面显现出更大的自然变率，因此即使模式是完善的，在局地和区域尺度上预估气候变化比在较大尺度上要存在更大的不确定性。

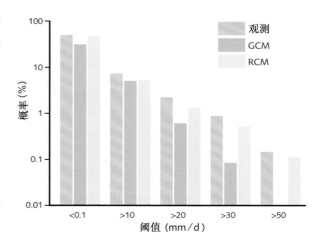

图6.13　阿尔卑斯山具有不同日降水量阈值的冬季日数概率模拟示例。观测值用红柱表示，具有300 km分辨率的GCM模拟值用绿柱表示，50 km分辨率的RCM模拟值用蓝柱表示。与观测对比，RCM具有更好的一致性，特别是对于较高阈值

长期气候变化

已发表的大多数对未来气候的预估涵盖了整个21世纪。例如，图6.1—图6.6绘制的曲线就延伸到2100年，这些曲线表明，如果化石燃料在这一时段继续提供世界上能量需求的大部分的话，将可能会发生什么情况。

从工业革命开始到2000年，由于燃烧化石燃料，已经以二氧化碳的形式释放出大约300 Gt碳到大气中去。在SRES A1B情景下进行预估，到2100年将有1500 Gt碳释放出来。正如第11章将表明的那样，化石燃料的总储备足以使其使用率继续增长到2100年以后。如果这种情况发生，全球平均温度将继续上升，在22世纪将达到一个很高的水平，甚至可能比现在高10℃（见第9章）。与之相联系的气候变化将是相当大的，并且几乎确定是不可逆转的。

在本世纪可能变得重要的一个长远影响是由于气候变化对碳循环的正反馈。这在第3章已经提到了（见44—45页的注释窗），并且在图6.2中给出二氧化碳的大气浓度到2100年具有+30%的不确定性，这是允许引入的范围。类似于图6.4a右侧不确定性柱的上面部分，各种SRES标志性情景允许这种不确定性。对于2100年的A2情景，不确定性范围大约是1℃。这种反馈的进一步影响

将在第10章281页考虑。

特别是当考虑长期变化时，有可能出现令人吃惊的情况——气候系统出现"意外"变化。"臭氧洞"的发现就是人类活动在大气中引起变化的一个例子，这是一个科学"惊喜"。当然，从其性质来说，这类"惊喜"是不能被事先预见的，但是在系统中有很多部分还没有得到很好的了解，会去寻找这些可能性，例如，在深海环流（见第5章111页注释窗[31]）或在主要冰盖的稳定性方面（见第5章122页有关气候响应那一段）。下一节我们将首先更详细分析这些可能性中的第一个（深海环流的意外事件），然后在下一章"海平面将上升多少？"部分讨论第二个可能性（冰盖的意外事件）。

海洋温盐环流的变化

在第5章111页注释窗中介绍了海洋温盐环流（THC），图5.18描述了在世界所有海洋之间深海洋流输送热量和淡水的情况。在那个注释窗还提到过去时期来自冰融化的大量淡水流入到北大西洋的格陵兰和斯堪的纳维亚之间北大西洋地区对THC的影响，这个地区是THC的主要源区。

我们已经看到，由于温室气体增加引起的气候变化，温度和降水都将可能增加，特别是在高纬度（图6.6和图6.7），导致比较暖的地表水和更多的淡水流入海洋。格陵兰冰盖的加速融化将增加更多的淡水。在北大西洋THC源区中冷的和浓度大的盐水将变得不太冷和不太咸，从而密度减小。其结果，THC将变弱并且将只有较少的热量从热带地区向北流向大西洋北部。所有耦合海洋大气环流模式（GCMs）表明，在21世纪这种现象会发生，尽管变化范围从一个小量到超过50%不等。一个典型的例子表示在图6.14中，图中给出到2100年THC减弱大约20%，所有模式预估在温室气体增加的情况下，温度变化的分布在大西洋北部地区变暖较小（图6.6），但是没有一个模式预估21世纪期间这个区域将发生真正降冷的情况。

经常提出的问题是，在THC中是否可能发生一个突然的转变？或者THC是否可能会出现以前发生过的关闭（见第4章81页）？从模式的预估，到目前为止，认为不可能在21世纪期间发生THC的一个突然的转变。然而，进一步到更远的将来，THC的稳定性是否会发生突变，如果全球变暖继续加重，并且格陵兰冰盖的融化率加速，THC的稳定性势必受到特别关注。为了进一步阐明THC可能的变化及其可能的影响，正在从观测和模拟两个方面进行深一步研究。

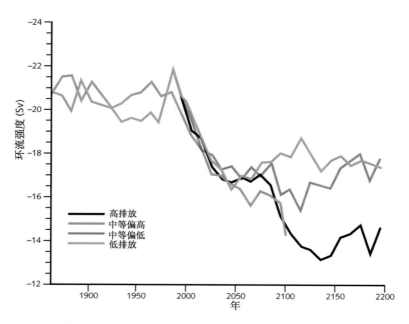

图6.14　哈得来中心气候模式在SRES 4个情景下（A1F1,A2, B2和B1）模拟的大西洋北部温盐环流（THC）强度变化，环流单位是流量单位Sv（$10^6 m^3/s$）

其他可能影响气候变化的因素

　　到目前为止，我们考虑了由于人类活动引起的气候变化。那么，是否有气候系统外部的因子能引起气候变化呢？第4章表明，由于地球轨道变化而引起的入射太阳能的变化引发了冰期和过去的重大气候变化。这些变化当然在进行着，那么它们现在有什么样影响呢？

　　在过去的1万年中，由于这些轨道变化，7月份60°N处的太阳入射辐射减少了35 W/m^2，这是一个相当大的量，但是在过去100年中这种变化只零点几瓦每平方米，远远小于因温室气体增加所引起的变化（记住，由二氧化碳加倍而改变的热辐射大约是4 W/m^2，见第2章）。展望未来地球轨道变化的影响，至少在未来5万年，夏季太阳辐射在北极区将是异常的稳定，因此，目前的间冰期预计将持续一个非常长的时期[32]。因此，"目前温室气体的增加可能会推迟下一次冰期的发生"这一说法是不无道理的。

　　这些轨道变化只能改变地球表面入射太阳能量的分布，它很难影响到地球的能量总量。更为直接关注的是太阳实际的能量输出可能随时间变化。正像

太阳的能量输出是变化的吗

　　一些科学家试图用太阳能量输出的实际变化来解释所有的气候变化，即使是短期的变化。这种想法注定是值得怀疑的，因为太阳输出的准确测量只是从1978年以后才有的，这种测量是在地球大气之外由卫星来进行的。这些测量指出太阳辐射量是定常的，在由太阳黑子数表示的太阳磁活动周期中，太阳输出量的变化只有其最大值与最小值差值的0.1%。

　　由天文记录和大气中放射性碳的测量可知，太阳黑子的活动在过去数千年中随时间有过很大的变化。特别有意思的是17世纪的蒙德尔极小期，当时太阳黑子数是很少的[33]。在IPCC 2001 第三次评估报告（TAR）发布时，将最近与太阳活动指数相关的太阳输出测量研究外推到这一较早的时期，结果显示17世纪太阳的亮度有点不太亮，入射到地球表面的平均太阳能量约减小0.4%。太阳能量的这一减少可能是当时被称为"小冰期"的较冷时期的主要原因[34]。最近，这项工作中的一些假设受到了质疑，估计在过去两个世纪地球表面太阳能量的变化不可能比大约0.1%更大（图6.15）[35]。这一变化只与温室气体在2到3年内以目前的速率增加引起的地球表面能量状况的变化相同。

图6.15　重建的从1600年到目前总太阳辐照度。给出从11年太阳活动周期得到的辐照度变化范围的估计（蓝色）以及17世纪没有太阳黑子被记录到的时期，下面的封闭区是J.Lean重建的，是从太阳的恒星的亮度变化推算出来的。Wang等人最近的重建（紫色）是在单独考虑太阳的基础上估算的

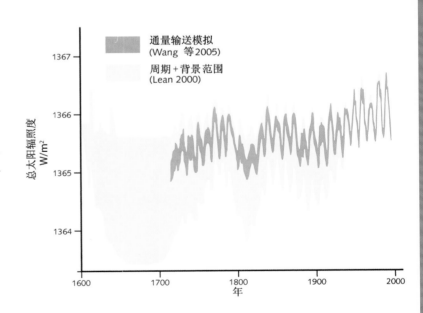

我在第3章所提到的（见图3.11）及注释窗所描述的，即使这种变化发生，它也可能远远小于由于温室气体增加引起的地球能量收支的变化。

还有人提出一些间接的机制说明太阳的作用可能影响地球气候。太阳紫外线辐射的变化将影响大气臭氧，因此可能对气候有一些影响。被变化的太阳磁场所影响的银河宇宙射线通量，可能影响云量并且影响气候。虽然已经对这种联系进行了许多研究，但它们的影响仍然是推测性的。到目前为止的最近几十年所关心的是，从观测和理论研究两个方面都有可靠的证据，即这些机制中没有一个可能明显地引起已经观测到的迅速的全球温度上升[36]。

另一个影响气候的因子是火山爆发。它们的影响在典型情况下约持续几年，与温室气体增加这种长期作用相比，它的作用是短期的。1991年6月菲律宾皮纳图博火山爆发已在前面提过（图5.21），由于这一喷发作用造成的大气顶部净辐射量（太阳辐射和热辐射）的变化估计为0.5 W/m²。这一扰动持续大约2或3年，大部分火山灰都由大气沉降下来，在平流层长时间存在的微小尘粒所造成的长期强迫作用是很小的。

总结

- 到目前为止，温室气体的增加很显然是导致21世纪气候变化的最大的因子。
- 在一系列温室气体排放情景下，从全球平均温度、区域温度和降水变化以及极端事件发生状况等方面描述了气候的可能变化。
- 变化的速度可能比过去1万年间所见的地球的任何变化都要大。
- 有最大影响的一些变化可能是气候极端事件特别是干旱和洪涝的频率、强度及发生地点的变化。
- 现在有足够的化石燃料储存使化石燃料中的二氧化碳排放持续增长到22世纪。如果这种情况发生，气候的变化将是很大的，并具有难以预料的特点或"令人意外"的结果。

下一章将考察这些变化对海平面、水和食物供应以及对人类健康的影响。本书以后一些章节将提出建议，应采取什么行动以便减缓并逐渐终止这种变化速度。

思考题

1. 对图6.8及一个你了解的地方提出一个合适的温度尺度。确定什么叫酷暑日，并估计酷暑日数在平均温度增加1℃、2℃和4℃时其概率增加的可能性。

2. 陈述书内描述的极端事件，在对流区，随着全球变暖，其上升气流变得更潮湿，而下沉气流倾向于更干。这是为什么？

3. 看看IPCC 2007报告中所有SRES排放情景的假设。你想要讨论有些情景可能比另一些情景更可能发生吗？哪一个是你所设想的最可能的情景？

4. 人们有时说西北欧将来可能变冷，而世界其余地方将变暖，什么原因造成这种状况，你认为它发生的可能性如何？

5. 当提出未来可能的气候变化推测时，你认为强调"令人意外"的事件的可能性如何重要？

6. 估算一下在图3.5中的碳循环气候反馈（注意：在图3.5中首先把累计大气碳转换成大气的浓度）作用对下述预估量值的影响：在图6.2给出的2100年预估二氧化碳浓度，在图6.1给出的2100年预估的辐射强迫数值，和在图6.4a给出的2100年预估的温度。

7. 从报纸或网络看到的文章声称不存在人类引起的气候变化或者即使有也不重要。用本章和其他章的观点来评价这些看法。你认为他们的论据是可信的吗？

▶ 扩展阅读

Solomon, S., Qin, D., Manning, M., Chen, Z., Marquis, M., Averyt, K. B., Tignor, M.,Miller, H.L. (eds.) 2007. Climate Change 2007: The Physical Science Basis.Contribution of Working Group I to the Fourth Assessment Report of theIntergovernmental Panel on Climate Change. Cambridge: Cambridge UniversityPress.
　　Technical Summary (summarises basic information about future climate projections)
　　Chapter 10 Global Climate Projections
　　Chapter 11 Regional Climate Projections
Nakicenovic, N. et al. (eds.) 2000. IPCC Special Report on Emissions ScenariosCambridge: Cambrige University Press.
WMO/UNEP, 2007. Climate Change 2007, IPCC Synthesis Report, www.ipcc.ch
McGuffie, K., Henderson-Sellers, A. 2005. A Climate Modeling Primer, third edition.New York: Wiley.

Palmer, T. Hagedorn, R. (eds.) 2006. Predictability of Weather and Climate. Cambridge:Cambridge University Press.

Schnellnhuber, H.J. et al. (eds.) 2006. Avoiding Dangerous Climate Change. Cambridge:Cambridge University Press.

注释

[1]　Nakicenovic, N., et al., eds., 2000, 排放情景特别报告 (SRES)，IPCC特别报告, 剑桥: 剑桥大学出版社

[2]　IS 92a详情见Leggett, J., Pepper, W.J., Swart, R.J., 1992, IPCC排放情景: 更新结果, 在Houghton, J., T.Callender, B.A.Varney, S.K., 主编, 气候变化1992: IPCC评估的补充报告中, 剑桥: 剑桥大学出版社, 69-95页, 对于IS92a情景已经做了小的调整, 以便把蒙特利尔议定书的发展考虑进去。

[3]　二氧化碳浓度在2100年增加量+30%, 其量值是在200和300 ppm之间（见44页有关碳反馈的注释窗）。

[4]　这个总结是建立在SRES总结的基础上, 为政策制定者的总结。在Houghton等主编的气候变化2001: 科学基础18页上。还可以看Solomon等主编, 气候变化2007: 物理科学基础报告中的为政策制定者的总结。

[5]　世界能源协会报告, 1995, 到2050年和更远的将来全球能量远景, 伦敦, 世界能源协会预估2050年全球硫酸盐排放将比1990年水平的一半稍多些。还见联合国环境开发署, 2007, 全球环境展望GEO4, 内罗毕, 肯尼亚, UNEP, 第9章435-445页。

[6]　见图3.11

[7]　Metz, B., David, O., Bosch, P., R.Meyer, L.,主编, 2007, 气候变化, 2007: 气候变化的减缓, 第3工作组贡献于IPCC第四次评估报告, 剑桥: 剑桥大学出版社, 第3章图3.12。

[8]　详细的数值列在Ramaswamy,V.等2001第6章, 在Houghton等主编气候变化2001: 科学基础中。还见Meehl,G.A., Stocker, T.F.等, 2007, 第10章, 在Solomon等主编气候变化2007: 物理科学基础报告中。

[9]　注意, 由于全球平均温度对二氧化碳增加的响应是对数关系（在二氧化碳浓度方面）, 对于二氧化碳浓度加倍全球平均温度的增加是同样的, 即不管达到这个浓度加倍的基础是相对于280 ppm或是相对于360 ppm, 会产生同样的全球温度上升值。对于"气候敏感性"讨论, 见Cubasch,U., Meehl, G.A.等, 2001, 第9章, 在Houghton等主编气候变化2001, 科学基础中; 还见Meehl等, 第10章, 在Solomon等主编气候变化2007: 物理科学基础中。

[10]　为政策制定者总结, 同前, 9页。

[11]　同前。

[12]　在美国地球物理学会Bjerknes纪念会上James Hansen的演讲, 2008年12月17日, 在www.columbia.edu/~jeh1/2008/AGUBjerknes_20081217.pdf网上。

[13]　见IPCC技术论文2, Harvey, D.D., 1997, IPCC第二次科学评估报告中所使用的简单模式介绍, IPCC, 日内瓦。

[14]　温室气体可能被处理成彼此相当的假设, 是一个为多种目的应用的很好的假设。然而, 由于它们的辐射性质不同, 要想精确地模拟它们的效应, 应该分别处理。这个问题比较详细的介绍被给在Gates,W.L.,等, 1992, 气候模拟, 气候预测和模式评估, 在Houghton等主编, 气候变化1992: 补充报告, 171-175页, 还见Forster,P., Ramaswamy, V.,等, 第2章的2.9节, 在Solomon等主编气候变化2007: 物理科学基础。

[15]　非二氧化碳的其他气体利用它们的全球增暖潜势可能被转换成二氧化碳的相当量（见第3章和表10.2）。

[16]　在辐射强迫R和二氧化碳CO_2浓度C之间的关系是$R=5.3\ln(C/C_0)$, 其中C_0=工业革命前浓度280 ppm。

[17]　例如见Metz等主编气候变化2007: 减缓, 第3章图3.12。有关对于21世纪气溶胶假设的更多信息以及多少气溶胶强迫在模式中被处理, 见Johns,T.C.等, 2003, 气候动力学, 20, 583-612

[18]　通过Clausius-Clapeyron方程关系, $e^{-1}de/dT=L/RT^2$, 其中e是在温度T时的饱和水气压, L是蒸发潜热通量, R是气体常数。

[19]　Allen, M.R., Ingram, W.J., 2002, 自然, 419, 224-232

[20]　Christensen, J.H., Hewitson, B.,等, 2007, 区域气候预估, 第11章, 执行概要, 在Solomon等主编气候变化2007: 物理科学基础中。

[21]　要了解更多, 见Palmer,T.N., 1993, 天气, 48, 314-325; 和Palmer,T.N., 1999, 气候杂志, 12, 575-591页

[22] 见Meehl等，第10章图10.16，在Solomon等主编气候变化2007：物理科学基础中。

[23] 对极端事件的科学评论见Mitchell,J.F.B.等，2006，皇家科学院哲学学报A，364，2117-2133；还见Meehl等，第10章，在Solomon等主编气候变化2007：物理科学基础中。

[24] 有关全球变暖对水循环的影响的更详细的讨论见Allen,M.R., Ingram, W.J.2002

[25] Tebaldi, C.等，2002，气候变化杂志，79，185-211页。

[26] Milly, P.C.D.等，2002，在一个变化的气候中巨大洪水增加风险，自然，415，514-517页；还见Meehl等，第10章，在Solomon等主编气候变化2007：物理科学基础中。

[27] Burke, E.J., Brown, S.J.Christidis, N.，2006，利用哈得来中心的气候模式模拟全球干旱的近期演变和21世纪预估，水文气象杂志，7，1113-1125页

[28] 用Palmer干旱严重程度指数来定义。

[29] Knutson, T.R., Tuleya, R.E.，2004，气候杂志，17，3477-3495页；还见Meehl等，第10章，在Solomon等主编气候变化2007：物理科学基础中。

[30] 对于洲际和区域尺度的定义见第5章注释[28]。

[31] 见表7.4

[32] Berger, A., Loutre, M.F.，2002，科学杂志，297，1287-1288

[33] 提供其他星球的研究的进一步信息：见Nesme-Ribes,E.等，1996，美洲科学杂志，8月，31-36页

[34] Lean, J.,2000，从蒙德尔极小值以来太阳光谱辐照度的演变，地球物理研究短论杂志，27，2425-2428页

[35] Wang, Y., 等，2005，模拟自1713年以来太阳磁场和辐照度，天文物理杂志，625，522-538页

[36] Lockwood M., Frohlich, C.，2007，太阳气候强迫与全球平均表面气温最近的相反方向的趋势，皇家学会文集A，doi :10.1098/rspa.2007.1880

7 气候变化的影响

非洲马萨伊地区[*]的干旱

前面两章已经从温度和降水两方面详细描述了由于人类活动预计将在21世纪发生的气候变化。为了使这些信息对人类社会有用，必须把它们转化为气候变化对人类资源和活动影响的描述。我们想回答的问题是：海平面将升高多少，海平面升高将产生什么影响，水资源将受到多大影响，对农业和粮食供应的影响是什么，自然生态系统是否会受到破坏，人类健康将如何受到影响，是否能估算出可能的损害成本。本章将考虑所有这些问题[1]。

———————————

<small>*肯尼亚和坦桑尼亚游牧民族马萨伊人的居住区——校者注</small>

复杂的变化网络

上一章在概括世界上不同地区可能出现的气候变化特征时指出，不同地区的气候变化可能差异极大。例如，一些地区的降水将增加，而其他地区的降水则减少。不仅是气候变化特征存在较大差异，而且不同系统对气候变化的敏感性（定义见下面的注释窗）也存在差异。例如，不同的生态系统对于温度或降水变化的响应会非常不同。

对于人类来说，气候变化的一些影响将是有利的。例如，在西伯利亚、斯堪的纳维亚或加拿大北部的一些地区，增温将使生长季延长，因而有可能在这些地区种植更多种类的作物。此外，冬季人口死亡率将下降，供暖需求也将减少。而且，在一些地方，二氧化碳的增加将有助于某些类型植物的生长，从而提高作物产量。

然而，由于在过去数百年里人类社会已经适应了目前他们的生活和气候活动，所以，大多数气候变化往往会产生不利影响。如果气候迅速变化，那么受到影响的社区就必须快速但可能代价高昂地适应新的气候。另一种可能是受到影响的社区迁移到需要较少适应的地区。但在现代人口稠密的世界里，这种解决办法已经变得愈来愈困难，在某些情况下，甚至完全不可行。

敏感性、适应能力和脆弱性：一些定义[2]

敏感性是指某个系统受到气候相关刺激因素影响的程度，包括不利的和有利的影响。这些气候刺激因素涵盖了气候变化的所有要素，包括平均气候特征、气候变率、极端事件的频率和大小。这些影响可能是直接的（例如，因响应温度平均值、范围或变率的变化，作物产量发生变化）或间接的（例如，由于海平面上升引起的沿海地区洪水频率增加所造成的破坏）。

适应能力是指某个系统适应气候变化（包括气候变率和极端事件）、减轻潜在损害、利用机遇或应付后果的能力。

脆弱性是指某个系统容易受到或不能应对气候变化（包括气候变率和极端事件）不利影响的程度。脆弱性随气候变化的特征、大小和速率而变，并且也取决于系统受影响的程度及其敏感性和适应能力。

气候变化的大小和速率对于确定一个系统的敏感性、适应能力和脆弱性都很重要。

当我们考虑本章开头所提出的问题时，很清楚答案远非那么简单。相对容易的是，假设其他条件不变，只考虑某一特定变化（比如海平面或水资源）的影响。但其他因子也将发生变化。对于生态系统和人类社会来说，有些适应可能相对容易实现，其他一些适应则可能很困难、代价昂贵乃至完全不可能。在评估全球变暖的影响及其严重性时，必须把响应和适应考虑进去。在估算全球变暖造成的损失或影响成本时，也要考虑适应的可能成本。

敏感性、适应能力和脆弱性（见上面的注释窗）随地点和国家的不同而存在很大差异。特别是，发展中国家尤其是最不发达国家的适应能力弱于发达国家，这使得发展中国家对于气候变化的破坏性影响具有较高的脆弱性。

由于全球变暖不是人类引起的唯一环境问题，因此，对于全球变暖的影响评估也就更为复杂。例如，土壤的损失及其贫瘠化（由于落后的农业措施）、地下水的过度开采以及酸雨危害等，都是目前局地或区域尺度上正产生重大影响的环境退化的例子[3]。如果不制止这种退化，它们往往会加重全球变暖可能产生的不利影响。由于这些原因，我们必须在可能减缓或加重气候变化影响的其他因子的背景之下，来考虑气候变化对人类社会及其活动的各种影响。

气候变化影响、适应和脆弱性的评估借鉴了广泛的物理、生物和社会学科，因而采用了种类繁多的方法和工具。因此，有必要整合来自这些不同学科的信息和知识，这一过程被称为综合评估（见第9章第254页注释窗）。

表7.1总结了21世纪可能发生的与全球平均温度不同升幅相关的一些预期影响。以下各段将依次详细讨论各种影响，然后再把它们汇集在一起考虑气候变化的总体影响。

海平面将升高多少

大量证据表明，在地球历史上海平面曾发生很大变化。例如，在上次冰期开始之前的温暖期（约120000年以前），全球平均温度稍高于现在（图4.6），那时的平均海平面比现在高5～6 m。当冰期末期（约18000年以前）冰盖达到最大面积时，海平面比现在低100 m以上，例如，那时的英国能够和欧洲大陆相连。

造成海平面这种大变化的主要原因是极地大冰盖的消长。18000年以前的海平面下降是由于大量的海水被固定在大范围的极地冰盖中。在北半球，这些冰盖在欧洲向南延伸至英格兰南部，在北美洲则延伸至五大湖区以南。而在上

表7.1　预估的21世纪全球平均地表温度不同升幅下相关气候变化的全球影响实例。为了获得相对于工业化前的增温，另加上0.6℃。还显示了如图6.4所示的SRES情景下预估的增温。气候变化适应未包含在这些估算值中

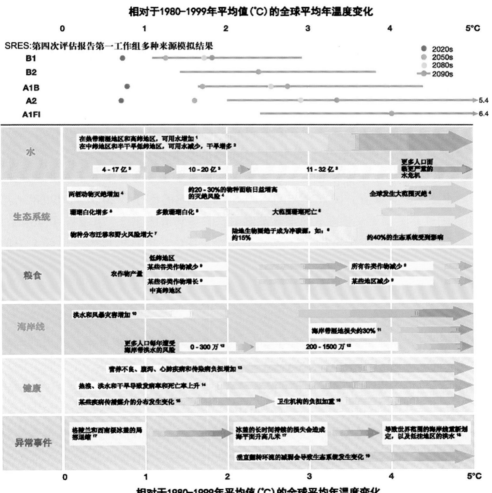

次温暖的间冰期，海平面升高5～6 m也是由于南极和格陵兰冰盖的减少。但是，较短时期内的海平面变化则主要取决于其他因子，这些因子结合起来对平均海平面产生了显著影响。

20世纪的观测结果表明，平均海平面上升了大约20 cm[4]。海水热膨胀对这一上升有最大的贡献。随着海洋变暖，海水膨胀，海平面上升（见下面的注释窗）。其他重要的贡献来自冰川融化，以及上次冰期结束后由于主要冰盖迁移而仍在发生的长期调整。来自格陵兰和南极冰盖的贡献相对较小。对海平面变化的另一个小的贡献来自陆地水储量的变化，例如水库或灌溉的增多。

自1990年左右以来，通过星载高度计有可能大大改进对全球海平面变化的观测，这种仪器可以非常准确地测量任何位置的海平面高度。图7.1显示了根据气候模式估算的对1961—2003年以及1993—2003年期间海平面上升的最大贡献，由图可见，这些贡献的总和显示出与观测结果很好的一致性，从而提供了对模拟方法的一些信心。这个数字还显示，特别是由于热膨胀的缘故，最近十年即1993—2003年经历了海平面上升速率的大幅增加。

用估算20世纪海平面变化趋势的相同方法和模式，作出了对21世纪海平面上升的估算值。图7.2给出了SRES情景A1B的例子，2090—2099年十年相对于1980—1999年的不确定性范围（5%～95%的概率）为0.21～0.48 m。除了较小的不确定性范围，还显示出相对于IPCC 2001年报告给出的A1B情

海洋热膨胀

大部分的海平面上升是由于海洋的热膨胀引起的。膨胀量的准确计算很复杂，因为它主要取决于水温。对冷水而言，相对于一个特定的温度变化，膨胀很小。当温度接近0℃时，海水的密度最大。因此，对于温度在0℃附近的小的升温，膨胀可忽略不计。当温度为5℃（典型的高纬度海水温度）时，每升温1℃可使海水体积增加0.01%；当温度为25℃（典型的热带海水温度）时，相同的升温则能使海水体积增加0.03%。例如，如果海洋上层100 m（近似于混合层的深度）的海水温度是25℃，那么当温度升高到26℃时，将使海水深度增加3 cm。

更为复杂的是，并非整个海洋都以相同的速率改变温度。混合层能够较快地与大气变化引起的温度变化达到平衡，而海洋的其余部分变化则相当缓慢（例如，海洋上层1000 m可能要花数十年时间才能变暖），某些部分可能完全不发生变化。因此，为了计算热膨胀引起的海平面上升（包括其全球平均和区域变化），必须应用第5章所描述的海洋气候模式的结果[5]。

图7.1　对1961—2003年（蓝色）以及1993—2003年（粉色）期间全球平均海平面变化的贡献的估算值（上图四项），这些贡献的总和以及观测到的上升速率（中图两项），以及观测值和估算速率之差（下图一项）。短线表示90%概率的不确定性范围。不同项的误差按求积法组合在一起以获得总和的误差

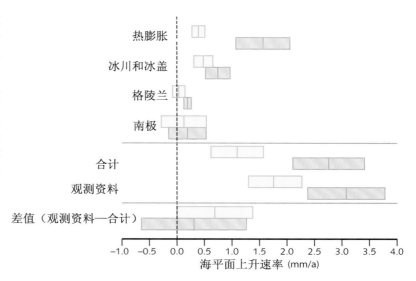

景0.12～0.7 m范围更小的变化。涵盖六种SRES标志性情景的总的范围是0.18～0.59 m。根据气候模式海洋分量的详细计算，对海平面上升的最大贡献（对于A1B为0.13～0.32 m）预计继续来自海水的热膨胀。第二大贡献（对于A1B为0.08～0.16 m）预计来自除格陵兰和南极以外的冰川和冰盖融化。这是根据其质量平衡即降雪量（主要是冬季）和融雪量（主要是夏季）之差推算出来的。冬季降雪和夏季平均温度都是关键因子，必须使用气候模式仔细地进行估算。

　　第三大贡献预计来自南极和格陵兰冰盖的变化。或许令人惊讶的是，20世纪来自它们的贡献很小，目前仍然不大（图7.1）。对于这两个冰盖，存在两种抵消效应。在一个变暖的世界里，大气中有更多的水汽，从而导致更多的降雪。但是，随着地表温度上升，特别是在高纬度地区，冰盖边界附近的冰更多的是减少（由于融化而侵蚀）。在那里，夏季发生冰的融化和冰山的崩解。在过去几十年里，这两个冰盖都接近平衡（图7.1）。对于21世纪，2007年的IPCC AR4预估南极冰盖将继续接近平衡，而对于格陵兰冰盖，冰的减少将大于积累，从而导致到21世纪末冰的净损失累计小于0.1 m。

　　过去的一年，公布了许多格陵兰冰盖的冰快速融化和流失的照片。对此表示关注的原因在于，随着变暖的进行，融化速率可能大大加快。IPCC AR4承认了这种可能性，该报告指出，如果来自格陵兰的冰流随着温度上升而线

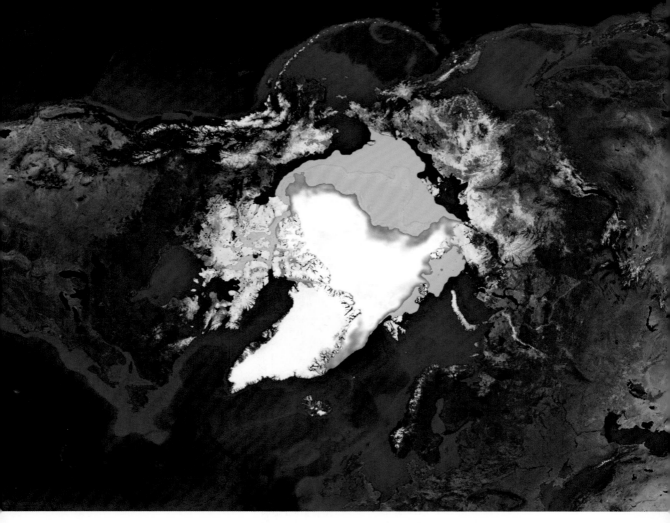

　海冰是飘浮在海洋表面的冻结的海水。一些海冰是半永久性的，每年都存留；一些海冰则是季节性的，因季节不同而融化和重新冻结。在每个夏季结束时，海冰覆盖达到最小范围，剩余的海冰被称为常年冰盖。2007年北极夏季海冰（白色）达到有史以来常年冰盖的最小范围，大约25%，少于2005年的最低值（橙色）。1979年至2007年的平均最少海冰用绿色显示。自1979年卫星记录开始以来，常年冰盖的面积一直在以每10年大约10%的速率稳定地减少。这种大幅减少对于生态、气候和工业产生了影响。2008年海冰范围甚至少于2007年。随着这一日益增长的快速变化率，到2020年，北极夏季海冰有可能减少为零

　　性增加，那么2100年海平面升高的上限（图7.2）将增加0.1～0.2 m。然而，增幅可能加速更迅速。这一结论的四个证据（前两个由P. Christoffersen和M. J. Hambrey[6]提出，后两个由J. Hansen及其合作者[7]提出）是：

（1）　卫星雷达测高仪的观测结果表明，来自格陵兰冰盖总的冰质量损失从1996年的90 km³增加到2000年的140 km³和2005年的220 km³。在西南极冰盖也观测到类似的损失。每年400 km³的损失转换为每年大约1 mm或

图7.2　过去的和预估的未来全球平均海平面高度。从1870年开始，是根据验潮站资料重建的全球平均海平面，绿线是根据卫星测高仪观测到的全球平均海平面。2004年以后，是模式针对SRES A1B情景预估的相对于根据各种不同贡献（主要贡献已在图7.1中标出）估算值总和得到的1980—1999年平均值的21世纪海平面上升的范围（5%～95%的不确定性范围）

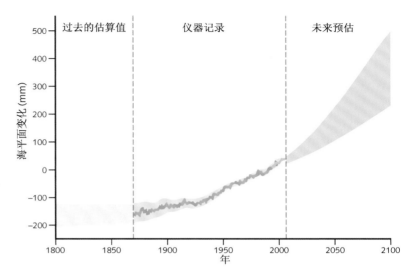

（1）　每百年0.1 m的全球海平面上升。

（2）　目前观测的沿海出口冰川的加速度是每年10 km以上。南极西部冰盖正在发生类似的损失和运动。

（3）　观测资料表明，由于冰反照率反馈造成的融水增加（见第5章第107页）已深入到冰盖的内部，并通过其润滑作用加强了冰的运动和冰盖底部附近的不稳定性。

（4）　与每百年全球海平面上升多达数米（例如，发生在约1.4万年前末次冰期后回复时期）的快速融化期相关的古证据。

　　IPCC AR4认可了这些非线性过程加快海平面上升的可能性，尽管它们尚不能提供任何有关其可能大小的定量数据。即将发表在《科学》上的一项谨慎评估[8]得出的最佳估计是，包括冰加速融化的条件在内，到2100年海平面总共上升0.8 m。它还推断，到2100年升高2 m"有可能在自然的冰川条件下发生，但只发生在所有变量都迅速加快到极高的极限情况下"。随着新的卫星资料（如来自GRACE卫星的重力测量）的获得和解读，应该有可能改进其定量化结果[9]。

　　如果我们展望21世纪之后的未来，当格陵兰附近的温度比工业化之前升高约3℃时，模式研究表明冰盖将开始融化，其全部融化将使海平面上升约7 m。发生融化所需要的时间将取决于增温的幅度，据估算，冰盖融化50%所需的时间大约从几个世纪到一千年以上。

　　南极冰盖最受到关注的部分是在南极西部（大约90°W），它的崩塌会导致海平面上升约5 m。因为它的很大一部分远低于海平面，所以有人认为，如果周围的冰架受到削弱，它可能会迅速融化。根据冰动力学和流量研究，虽然就冰盖是否会快速解体未达成一致意见，但与格陵兰冰盖一样，人们承认这种可能性是存在的。

　　图7.2中的预估结果适用于未来100年。在此期间，由于大部分海洋发生的缓慢混合，只有一小部分海洋明显升温。因此，全球变暖引起的海平面上升将滞后于地表的温度变化。在其后的数个世纪内，随着其余部分海洋的进一步变暖，海平面将继续以相同速率上升，即使地表平均温度已经达到稳定。

　　图7.2中平均海平面上升的估算值提供了有关21世纪预期状况的一般性概况。然而，全球范围的海平面上升将不会是一致的[10]。海洋的热膨胀效应随地点变化相当大。此外，由于自然原因（例如地壳构造运动）产生的陆地运动或人类活动（例如地下水的开采）可能对全球变暖引起的海平面上升速率产生相当大的影响。在任何特定的地点，为了确定未来海平面上升的可能数值，必须考虑所有这些因子。

对沿海地区的影响

　　到2030年平均海平面上升10～20 cm，到20世纪末上升达1 m，这些变化似乎并不大。许多人生活在海平面以上足够高的地区，不会受到直接影响。可是，全世界约有一半人口居住在沿海地区[11]。其中，最低洼的是一些土地最肥沃、人口密度最大的地区。对于生活在这些地区的人们，即使半米的海平面上升也可能大大增加他们的问题。其脆弱性随着风暴潮（由更猛烈的热带气旋或中纬度风暴引起）以及其他问题（如局地土地下沉和盐水对地下水侵入的增加）而增大。

　　特别脆弱的地区是大河三角洲地区，其中世界上40个最大的三角洲地区居住了3亿人口，正日益受到即使没有气候变化也在发生的海平面上升速率的影响（图7.3）。自1980年以来，由于热带气旋或风暴潮，大约有25万人失去了生命。当我在2008年5月撰写这一段时，超过10万人死于缅甸伊洛瓦底江三角洲的一次气旋和风暴潮。到2080年，即使半米的海平面上升，如果没有进一步的洪水防御措施，这些三角洲地区将有超过1亿人遭受洪涝灾害[12]。作为三角洲地区的例子，我将首先考虑孟加拉国；然后，作为一个非常接近海平面但

图7.3　根据目前到2050年海平面上升趋势估算的可能需要转移的人口（极端：100万人以上；高：5万到100万人；中等：5千到5万人）来说明沿海三角洲的相对脆弱性

图7.4　受到不同海平面上升幅度影响的孟加拉国土地。图中显示了1 m、2 m、3 m和5 m等高线

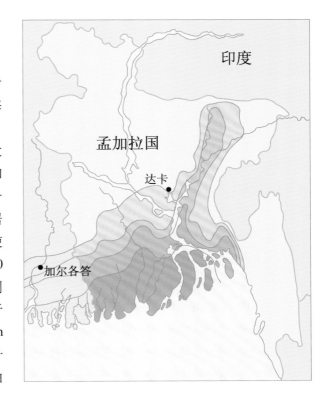

已建立了沿海防御的地区的例子，我将考虑荷兰；第三，我将考虑太平洋和其他海洋中地势低洼的小岛屿国家的困境。

　　孟加拉国是一个人口密集的国家，大约1.5亿人居住在恒河、布拉马普特拉河和梅克纳河的复杂三角洲地区[13]。海平面上升半米将使全国约10%的可居住土地（大约居住了600万人口）丧失，海平面上升1 m将使全国约20%的可居住土地（大约居住了1500万人口）丧失（图7.4）[14]。据估算，到2050年海平面上升约1 m（其中70 cm是由于陆地运动和地下水开采造成的下沉，30 cm是全球变暖的影响），到2100年海平面上升近2 m（其中1.2 m是由于下沉，70 cm是由

洪水使得孟加拉国的可耕种土地更加肥沃，这有助于该国的农业部门。但是，特强的洪涝被视为灾难。海水水位的升高、伸到孟加拉湾的狭窄北端、风速达到225 km/h并使海浪达到26英尺（8 m）高的撞击沿海地区的热带风暴、较浅的海床、在水位升高和季风期间从恒河和布拉马普特拉河流下的河水无法排泄的事实，所有这些都促成了孟加拉国海岸线的严重洪涝

于全球变暖）[15]，但这些估算值存在很大的不确定性。

考虑完全保护孟加拉国长而复杂的海岸线免受海平面上升的影响是相当不切实际的。因此，最显著的影响就是将丧失大量优良的农业用地。这是一个严重的问题，因为全国一半的经济收入来自农业，83%的全国人口依赖于农业维持生活，其中许多人正处在生存的边缘。

但是，丧失土地并不是海平面上升的唯一影响。孟加拉国极易受到风暴潮的危害。平均而言，每年至少有一次较大的气旋袭击孟加拉国。在过去25年里，曾发生过两次非常大的灾害，伴随着大范围的洪涝和人员伤亡。1970年11月发生的风暴潮可能是近代全球最大的自然灾害，据估计约有25万人丧生。在1991年4月一次类似的风暴中，超过10万人丧失。即使海平面的微小上升也将增大该地区对这种风暴的脆弱性。

海平面上升还将通过咸水侵入地下淡水资源，进一步影响到农业用地的生产力。据估计，目前在孟加拉国部分地区，咸水向内陆的季节性延伸已超过

150 km。当海平面上升1 m时，受到咸水侵入影响的面积可能会大大增加，尽管气候变化也可能会带来更多的季风降水，从而减轻咸水侵入的部分影响[16]。

对于这些未来可能出现的问题，孟加拉国会作出什么样的反应呢？在目前可以预计的变化的时间尺度内，捕鱼业应该寻找新的地点，以便灵活适应正在变化的捕捞区域和条件。受到影响的农业地区的人口则很难采取什么措施去寻找新的地点或适应变化。既不可能在孟加拉国的其他地区得到大片的农业用地来取代所丧失的土地，也不可能找到适合三角洲地区人口居住的任何其他地方。显然，需要对问题的所有方面进行非常仔细的研究和管理。由河流带入三角洲地区的沉积物特别重要。沉积物的数量及其利用可能对受海平面上升影响的陆地高度具有很大影响。因此，需要仔细管理上游地区以及三角洲地区；并且，如果想要减轻海平面上升的影响，还必须精心管理地下水，并建立沿海防御。

在埃及的尼罗河三角洲地区存在类似的情况。本世纪海平面的可能上升由局地下沉和全球变暖造成，这和孟加拉国十分相似。到2050年海平面约上升1 m，到2100年上升2 m，全国约有12%的耕地和700万以上的人口将受到海平面上升1 m带来的影响[17]。采取一些可以负担得起的保护措施（利用大面积的沙丘）也只能对付0.5 m左右的海平面上升[18]。

还可以给出许多其他脆弱三角洲地区的例子，尤其是在东南亚和非洲，那里的问题类似于孟加拉和埃及。例如，在中国东部沿海地区，分布着几个大而低洼的冲积平原。0.5 m的海平面上升将会淹没大约4万km²的面积（相当于荷兰的面积）[19]，那里目前居住着3000万以上的人口。我们已经对北美洲的密西西比河三角洲进行了广泛的研究。这些研究的着眼点是，人类活动和工业正在加剧全球变暖引起的海平面上升的问题。由于进行河流管理，几乎没有沉积物从河流进入三角洲来抵消由于长期地壳运动产生的下沉。此外，运河和堤坝的建造阻止了海洋沉积物的进入[20]。这类研究强调了对影响这些地区的所有活动进行精心管理的重要性，以及最大限度利用自然资源确保其持续生存能力的必要性。

现在让我们转向荷兰，这是一个50%以上国土由沿海低地（大部分低于当前海平面）组成的国家。它是世界上人口最密集的地区之一，在该地区的1400万居民中，有800万人居住在如鹿特丹、海牙和阿姆斯特丹一样的大城市中。在许多年里建造起来的大约400 km长的堤坝和沿海沙丘的完善系统，保护着荷兰免受海洋的影响。最新的保护方法不是建造固体的防波堤，而是利用各种外力（潮汐、洋流、波浪、风和重力）对沙滩和沉积物的作用，形

2008年9月，由政府任命的三角洲委员会的一份报告得出结论说，荷兰必须花费数十亿欧元来更新堤坝和扩大沿海区域，以避免未来数十年全球变暖引起的海平面上升的破坏

成一道防御海洋的稳定屏障—— 在英格兰东部，为了保护诺福克海岸，采取了类似的方法[21]。防御本世纪的海平面上升并不需要新的技术，只要加高堤坝和沙丘，并增加水泵排灌来对抗咸水对淡水层的侵入。据估算[22]，为了免受海平面上升1 m的影响，大约需要120亿美元的费用。

　　第三类特别脆弱的地区是地势低洼的小岛屿国家[23]。有50万人口居住在由小岛屿和珊瑚环礁组成的群岛上，如印度洋中的马尔代夫群岛（由1190个独立岛屿组成）和太平洋中的马绍尔群岛（几乎完全位于海拔3 m以内）。0.5 m或更高的海平面上升将会大大减少这些群岛的面积（一些岛屿将不得不被放弃），并带走多达50%的地下水。保护这些群岛免受海洋影响的费用远远超过其财力范围。对于珊瑚环礁来说，如果其生长不受到人类干扰，也不受到1～2℃以上最高海温增加的影响，那么珊瑚的生长将能适应海平面以每世纪升高0.5 m的速率[24]。

以上列举了一些对海平面上升特别脆弱的地区。世界上其他许多地区将受到类似的影响，虽然方式可能不太激烈。全世界有许多城市都接近海平面，并且由于地下水的抽取，这些城市正受到日益严重的陆地下沉的影响。全球变暖引起的海平面上升将使这一问题更加严重。对于大多数城市来说，解决这些问题并不存在技术方面的困难，但是在计算全球变暖的总体影响时，必须考虑这样做的代价。

到目前为止，我们在考虑海平面上升的影响时，主要考虑了那些对人们影响较大的人口密集地区。还有一些人口稀少的重要的地区。目前，全球湿地和红树林沼泽的面积约为100万km²（该数字并不十分准确），大约相当于法国面积的两倍。它们包含了大量的生物多样性，其生物生产力等于或超过任何其他自然或农业系统。人类所捕获供消耗的鱼类的三分之二，以及许多鸟类和动物，都依赖沿海湿地和沼泽作为其生命周期的一部分，所以湿地和沼泽对于全球经济至关重要。这些地区能够适应缓慢的海平面上升，但尚无证据表明它们能够适应每年大于2 mm（每世纪20 cm）的上升速率。因此，将会发生湿地区域向内陆延伸，有时候会丧失优良的农业用地。然而，由于在许多地方这种延伸受到现有防洪堤坝和其他人类建筑的阻碍，所以，湿地临海边界的侵蚀通常将会导致更多湿地面积的损失。目前，由于各种人类活动（如海岸线保护、减少沉积物来源、开垦土地、发展水产养殖以及开采石油、天然气和水提取），沿海湿地正以每年0.5%～1.5%的速率减少。气候变化引起的海平面上升将进一步加剧湿地的减少[25]。

将在21世纪发生的全球变暖会引起0.5 m或更高的海平面上升，其影响可概括为：全球变暖不是海平面上升的唯一原因，但它可能加剧其他环境问题的影响。认真管理受影响地区的人类活动可以大大减缓这些可能影响，但是仍将存在显著的不利影响。在特别脆弱的三角洲地区，海平面上升将造成大量的农业用地损失以及盐分对淡水资源的侵入。例如，在孟加拉国，1000万以上的人口可能受到这种影响。在孟加拉国和其他地势低洼的热带地区，更严重的问题是风暴潮引起的灾害的强度和频率都在不断增加。据估计，目前每年全世界由于风暴潮而受到洪水影响的人数大约为4000万人。如果到21世纪80年代海平面上升40 cm，这一人数将增加4倍；如果按国内生产总值（GDP）增长的比例来加强海岸保护，这一人数可能将减少一半[26]。地势低洼的小岛屿国家也将遭受土地的损失和淡水供应的不足。像荷兰那样的国家以及沿海地区的许多城市，将必须花费巨额资金来保护自己免受海洋的影响。在世界重要的湿地区域附近也将损失大量的土地。本章稍后将讨论投入财力和人力来应对这些影响的各种尝试。

在本节中，我们已经考虑了21世纪海平面上升的影响。正如我们所看到的，由于海洋对表面增温的适应需要数百年时间，因此，还必须强调更长时期海平面上升的影响。即使大气中的温室气体浓度达到稳定以至于人为的气候变化停止，随着海洋调整到新的气候海平面将继续升高许多个世纪。

日益增长的人类对淡水资源的利用

全球水循环是气候系统的一个基本组成部分。水在海洋、大气和陆地表面之间循环（图7.5）。通过蒸发和凝结，水循环提供了向大气输送能量以及大气内部传递能量的主要途径。水对于所有形式的生命都是必不可少的，地球上存在各种生命形式（包括植物和动物）的主要原因就是可利用水的各种变化。在热带雨林，丛林中充满了各种各样的生命。在较干燥的地区，只有那种在长期缺水状态下也能维持生命的稀疏植被才能生存，那里的动物也能很好地适应干旱条件。

对于人类，水也是一种重要的物质。我们需要饮水，需要水用于粮食生产、健康卫生以及工业和运输。人类已经学会了各种生活方式来适应不同的供水环境（也许除了完全干旱的沙漠）。不同国家的人均生活、工业和农业年用水量在100 m^3到超过10万m^3之间变化[27]，尽管所引用的此类平均数字可能掩盖了极端贫穷地区（那里的人们每天可能要步行许多小时来取几加仑的水）与许多发达地区（那里的人们只要打开水龙头就能得到实际上是无限的水供应）之间的巨大差异。

对淡水利用的增长主要是由于人口、生活方式、经济和技术的变化，特别是对粮食的需求促进了灌溉农业的发展。在过去50年里，世界范围内的用水量增长了三倍以上（图7.6），目前已达到从陆地流向海洋的全球河流和地下水总估算量的10%（图7.5）。当前，人类用水量的三分之二用于农业，其中大部分用于灌溉，大约四分之一用于工业，只有10%左右为生活用水。在一些流域，例如格兰德河（巴西南部的一条河流）和科罗拉多河，需求是如此之大，以至于几乎没有水从这些流域流到海洋。过去千百万年来贮存在地下水层里的

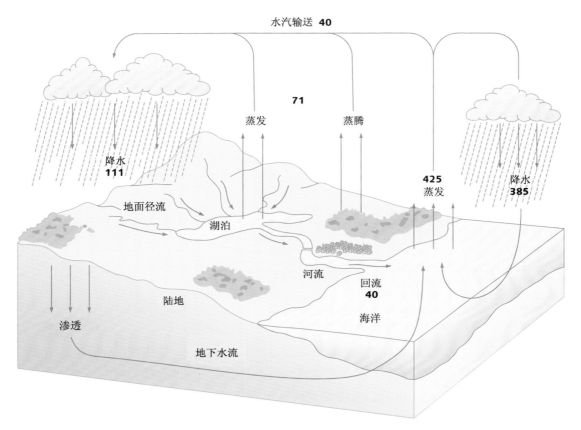

图7.5 全球水循环（单位：1000 km³/a），主要过程是蒸发、降水、通过大气运动的水汽输送以及通过径流或地下水流从陆地向海洋的水分输送

水也正在被愈来愈多地开采利用，并且在世界许多地方，地下水被利用的速度超过其被补充的速度。每年，水都被从更深的地下抽取上来。例如，在美国一半以上的陆地地区，超过四分之一的地下水抽取得不到补充；在中国北京附近，随着地下水的抽取，每年水位下降2 m*。随着需求的迅速增长，水分供给的脆弱性也大大增加。

一个国家水分短缺的程度与可用的淡水供应量有关。在全球评估中，水分短缺流域被定义为人均可用水量低于每年1000 m³（基于长期平均的径流量），或用水量与长期平均的年径流量之比大于0.4[28]。根据这一定义，大约

---
* 这个数字来源未说明。平均而言，可能过高。

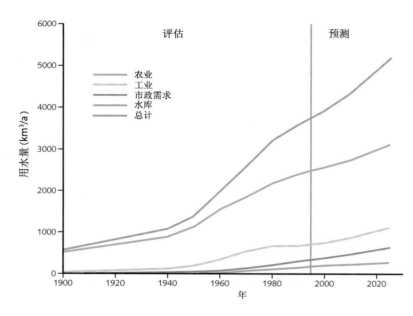

图7.6 1900—1995年并预估到2025年的全球用于不同目的的用水量（单位：km³/a）。由于一些水的重复利用，所以，总耗水量大约相当于总用水量的60%

15亿～20亿人（即世界人口的四分之一至三分之一）居住在水分短缺的国家，包括非洲部分地区、地中海地区、近东、南亚、中国北部、澳大利亚、美国、墨西哥、巴西北部以及南美洲西海岸地区。图7.7给出了当前淡水资源的脆弱性及其管理的一些例子。在未来数十年里，即使不考虑气候变化对水分供应的任何影响，居住在水分短缺国家的人数预计也将急剧增长。

由于世界上许多主要水源是共享的，因而产生了更进一步的脆弱性。全球约有一半的陆地面积处于那些流经两个或更多国家的流域范围内。有44个国家至少80%的陆地面积位于这种国际性流域的范围内。例如，多瑙河流经12个国家，这些国家都使用多瑙河的水。尼罗河流经9个国家，恒河—布拉马普特拉河流经5个国家。其他水分稀缺的国家主要依赖于分享诸如幼发底河和约旦河的河流资源。达成共享水源的协议常常促使它们更有效地利用水分和更好地管理水源；不能达成协议则增加了紧张和冲突的可能性。前联合国秘书长布特罗斯·加利曾说过："中东的下一场战争将为水而战，而不是为政治而战[29]。"

气候变化对淡水资源的影响

　　当全球变暖时，淡水供应将大大改变。尽管对降水的预估仍存在不确定性，特别是在区域甚或流域尺度上，但是有可能确定许多地区降水将可能大大增加或减少（图6.7）。例如，预计在高纬度和热带部分地区降水将会增加，而在中纬度许多地区和副热带地区降水将会减少，尤其是在夏季。此外，温度增加意味着降落到地表的水分将更多地被蒸发。在降水增多的地区，由于蒸发带来的部分或全部水分损失可能会得到补充。但在降水不变或减少的地区，可利用的地表水将大大减少。降水减少和蒸发增加的综合效应意味着作物生长可利用的土壤水分减少以及径流的减少。在降水勉强够用的地区，这种土壤水分

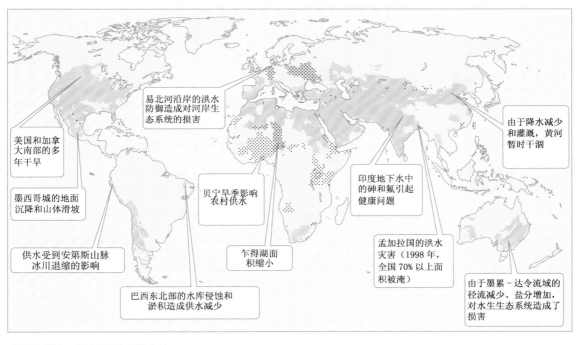

水胁迫指数：水减少与占有量之比

水减少：用于灌溉、牧业家庭和工业的水（2000）

水占有量：根据30年（1961—1990）得到的年平均水占有量

图7.7　当前淡水资源脆弱性及其管理的例子，背景是基于Alcamo et al.（2003a）的水分胁迫图。与气候变化的关系请参阅文字

乍得湖的干涸：（a）1973年；（b）2007年。乍得湖非常浅，对平均深度的很小变化以及季节变化特别敏感。当地人口对湖水需求的不断增加可能加快了它在过去40年里的缩小。此外，湖泊周围地区的过度放牧导致了沙漠化和植被的减少

的损失至关重要。虽然，二氧化碳增加往往会减少植物蒸腾，并减少作物对水分的消耗，但这需要进一步研究[30]。

进入河流的径流是落到地面上的降水被蒸发和植物蒸腾后剩余下来的水分，它是人类可利用水的主体。径流量对气候变化高度敏感，即使降水量或温度（影响蒸发量）的很小变化也能对径流量产生巨大影响。为了说明这一点，图7.8给出了在SRES A1B情景下1980—2000年与2081—2100年之间年径流量平均变化的估算值。在许多地方，变化高达+50%或者-50%。随着本世纪的推进，许多地区和流域的水分供应将发生很大变化。注意，图7.8描述的是年平均状况。叠加在图7.7变化之上的将是气候变率，特别是气候极端事件的发生频率和强度可能会增加。图7.8中的文字框阐释了预期变化的一些特别影响。特别关注的八种变化如下[31]：

（1）　本章前面提到，随着变暖速率增加，多达一半的山地冰川和极地地区以外的小冰盖可能会在未来100年里融化。事实上，如果保持目前的变暖速率，预计到21世纪30年代喜马拉雅冰川面积可能会缩减80%。融雪是径流的一个重要来源，流域将受到冰川和积雪减少的严重影响。随着气温上升，冬季径流最初将增加，而春季的高水位以及夏季和秋季的流量将减少。尤其受到严重影响的将是依赖于亚洲兴都库什—喜马拉雅冰川地区的河流流域（如印度河、恒河、布拉马普特拉河和长江），那里目

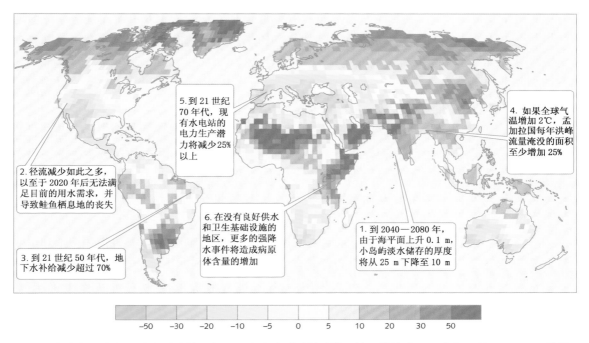

5. 到21世纪70年代，现有水电站的电力生产潜力将减少25%以上

4. 如果全球气温增加2℃，孟加拉国每年洪峰流量淹没的面积至少增加25%

2. 径流减少如此之多，以至于2020年后无法满足目前的用水需求，并导致鲑鱼栖息地的丧失

6. 在没有良好供水和卫生基础设施的地区，更多的强降水事件将造成病原体含量的增加

3. 到21世纪50年代，地下水补给减少超过70%

1. 到2040—2080年，由于海平面上升0.1 m，小岛屿淡水储存的厚度将从25 m下降至10 m

−50　−30　−20　−10　−5　　0　　5　　10　　20　　30　　50

图7.8　未来气候变化对淡水影响的示意图，这威胁到受影响地区的可持续发展。背景图是SRES A1B情景下1981—2000年与2081—2100年之间年径流量的集合平均变化（%）

前居住着世界1/6以上的人口，以及依赖于南美安第斯山脉冰川的河流流域。在许多地区，用于水利发电和农业的河流流量和水分供应的季节性分布可能会发生巨大变化。例如在欧洲，预计到21世纪70年代，水电潜力将减少约10%。

（2）　许多半干旱地区（如地中海流域、美国西部、非洲南部、巴西东北部和澳大利亚部分地区）将遭受气候变化引起的水资源的严重减少。在半干旱和干旱的低收入国家，这些问题将特别严重，那里降水和径流集中在几个月里，降水变率可能会随着气候变化而增加。

（3）　除气候变化外，由于人口增长，预计在SRES B2情景下，居住在严重缺水流域的人数将从1995年的15亿人增加到2050年的30亿～50亿人。

（4）　正如我们在第6章所解释的那样，与全球变暖有关的更强烈的水循环将导致洪水和干旱的频率和强度增加。我们在第1章提到，与所有其他自然灾害相比，洪水和干旱影响到全球更多的人口，并且在最近数十年里，其影响日益严重。我们在第6章提到，到2050年，在全球许多地区，洪水和干旱的频率和强度将增加大约5倍，这将对水利用及其管理产生极大的影响。

(5) 在一些水分已经短缺的地区，地下水补给将大大减少，人口及其水需求的增长可能会加重这些地区的脆弱性。

(6) 海平面升高以及更多地利用地下水将会扩大地下水和河口地区盐渍化的面积，从而导致沿海地区人类和生态系统可利用淡水的减少。

(7) 更高的水温、更大的降水强度以及更长的低流量时期加重了各种形式的水污染，从而对生态系统、人类健康以及供水系统的可靠性和运行成本产生影响。

(8) 水分供应脆弱性的另一个原因与全球变暖无关，而是降雨和土地利用变化之间的联系。过度森林砍伐可能会导致降雨量的很大变化（见190页的注释框）。如果半干旱地区植被大面积减少的话，可以预期会发生类似的降雨量减少的趋势。这种变化具有破坏性和广泛的影响，并有助于荒漠化进程。对于覆盖全球约1/4陆地面积的旱地来说，这是一种潜在的威胁（见180页的注释框）。

东南亚季风区是对洪水和干旱都极其敏感的区域的例子。图7.9给出了在类似于SRES A1B的情景下，用区域气候模式（RCM）模拟的2050年印度次大陆的夏季降水变化。注意，与全球模式（GCM）相比，区域气候模式分辨率的增加改进了降水分布的细节，例如，在西高止山脉（从印度西海岸陡峭升起的山脉），全球模式的模拟结果并未出现大的降水增加。用区域模式模拟的可利用用水量的严重减少出现在印度西北部和巴基斯坦的干旱地区，那里的平均降水减少到少于1 mm/d，与增温相结合，这将导致土壤水分减少60%。预计在印度东部和洪水多发的孟加拉国，平均降水将大幅度增加，预计那里的降水将增加20%。在世界这一地区以及其他地区，迫切需要把平均参数的变化与极端事件频率、强度和地点的可能变化联系起来的更完善的信息。

根据上面列举的可能影响，显然，将不得不采取强有力的行动以减轻可利用水量或水分供应变化的影响，并适应这些变化。可以采取的一些行动如下[32]。

首先是提高水分利用率。全球有大约1/6的农田进行灌溉，这些农田生长着全球约1/3的作物，灌溉约占全球用水量的2/3，因而可以使灌溉变得更有效

图7.9　用300 km分辨率的GCM和50 km分辨率的RCM预测的印度目前与21世纪中叶的季风降水变化（mm/d）。在某些方面，RCM模拟的降水分布非常不同于较粗分辨率的GCM模拟的降水分布

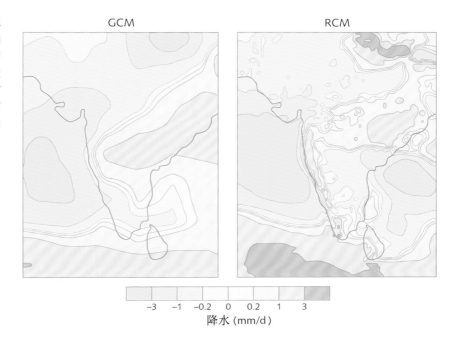

率。大多数灌溉是通过明沟，这种方式非常浪费，蒸发和渗漏损失了60%以上的水。滴灌技术通过多孔管道直接把水分输送给植物，为节约用水提供了巨大的机遇，即使不建造新的水坝，也有可能扩大灌溉面积。此外，还可以利用许多其他提高水分利用率的措施，例如，尽可能循环用水，促进水资源可持续利用的本土做法（如当地的雨水储存），通过避免森林砍伐或增加森林面积来保护水资源（和土壤），以及利用经济手段鼓励节约用水。

其次是寻找新的水源。例如，增加水库或水坝中的水储存、海水淡化、从水源更丰富的地区引水或在适当地区勘探和开采地下水。

第三是通过引进更明智的管理。例如，与俄罗斯西部和美国西部那些具有大规模规范的水资源系统的地区相比，依赖于未受管理的河流系统的一些地区如东南亚对气候变化更加敏感。许多感兴趣的专家和机构正在促进水资源的综合管理，这涉及与现有基础设施和新的基础设施计划相关的所有部门——农业、生活和工业部门。此外，最重要的是包括为灾害如特大洪水和干旱做好准备。

与试图发展较大的新设施相比，尽管许多行动可能对于应付水资源的未来变化要有效得多且成本低廉，但是采取这些行动仍然需要花钱[31]。

荒漠化

旱地（定义为降水量低且降水通常由雨量小、不稳定、时间短、高强度的风暴所造成的那些地区）覆盖了全球大约40%的陆地面积，供养着世界上1/5以上的人口。图7.10给出了这些干旱地区在各大陆的分布情况。

这些旱地的荒漠化是由于导致植被和可利用水减少、作物产量下降和土壤侵蚀的气候变化或人类活动引起的土地退化。建立于1996年的《联合国防治荒漠化公约》（UNCCD）估计，70%以上的旱地（覆盖了全球25%以上的陆地面积）已经退化[34]，因而受到荒漠化的影响。过度的土地利用或人类需求的增加（通常由于人口增长）或政治、经济压力（例如需要种植经济作物来增加外汇）可能会加剧这种退化。自然发生的干旱往往会触发或加剧土地退化。

在一些干旱地区，21世纪期间可能由气候变化引起的更频繁或更严重的干旱将会加快荒漠化进程。

最近的研究表明，气候变化对干旱地区生态系统及其所包含的物种之间以及这些物种与居住在干旱地区的当地人类社会之间相互作用的影响都很复杂。需要对此有更多的了解，以便评估可能会发生什么，以及如何尽量减少不利影响[35]。

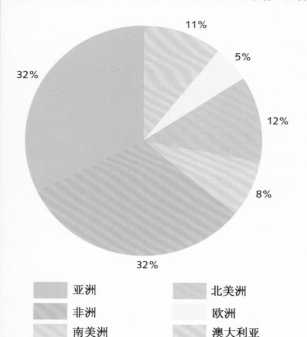

图7.10　世界各大陆的旱地。旱地总面积约6000万km^2（约占40%的陆地面积），其中1000万km^{2}是极度干旱的沙漠

11%
5%
32%
12%
8%
32%

亚洲　　北美洲
非洲　　欧洲
南美洲　澳大利亚

对农业和粮食供应的影响

每个农民都知道，必须种植或饲养适应当地气候的作物或牲畜。一年中温度和降水的分布是决定种植何种作物的关键因素。当受到全球变暖的影响时，这些分布将发生变化。因此，作物的种植布局也将改变。但是，这些变化很复杂，经济因素和其他因素将与气候变化一起在决策过程中发挥作用。

在种植粮食作物的过程中存在着巨大的适应能力，从20世纪60年代的绿色革命可以看到这一点，当时许多作物物种新品系的开发导致了产量的大幅增加。从20世纪60年代中期至80年代中期，全球粮食生产年平均增长2.4%（高于全球人口的增长速率），在30年间产量翻了一番以上。谷物生产增长更快，年增长率达到2.9%[36]。自20世纪80年代中期以来，粮食生产继续以每年约2%的速率增长。有人担心一些因素将降低未来农业生产增长的潜力，如世界上许多地区由于侵蚀造成土壤退化，以及由于可用淡水变少放慢了扩大灌溉面积的速率。然而，随着人口增长速率的下降（SRES情景A1、B1、B2）和持续的经济发展，仍可乐观地认为，在不发生重大气候变化的情况下，世界粮食供应的增长可能会继续至少满足需求的增长，并且，世界上营养不足的人数将大幅下降[37]。

气候变化将对农业和粮食供应产生什么样的影响呢？随着对不同物种所需条件以及育种技术和当今基因控制专业知识的详尽了解，使作物与世界上大部分地区新的气候条件相适应几乎不存在什么困难。至少，对于一或两年内成熟的作物是这样。森林在较长的时期内（数十年到上百年甚至更长时间）才能达到成熟，在此时期内，预估的气候变化速率可能使树木处于它们完全不能适应的气候中。温度或降水型可能将显著改变，从而阻碍树木生长或使它们对病虫害和森林火灾更加敏感。下一节将详细考虑气候变化对森林的影响。

适应气候变化的一个例子是秘鲁农民根据每年的气候预测来调整他们的作物种植[38]。秘鲁的气候受到第1章和第5章所描述的厄尔尼诺事件的强烈影响。在秘鲁种植的两种主要作物是水稻和棉花，它们对于降水的多少和时段非常敏感。水稻需要大量的水分，而棉花根系较深，在降水少的年份也能获得较高的产量。1983年，在1982—1983年厄尔尼诺事件之后，农业生产下降了14%。到1987年，预测厄尔尼诺事件的发生已经比较准确，从而使得秘鲁农民能够在他们的计划中考虑这一因素。1987年，在1986—1987年厄尔尼诺事件之后，由于有效的预测，农业生产实际上增加了3%。

在考虑气候变化对农业和粮食生产的影响时，有四个因素特别重要，水的供应是其中最重要的因素。水分供给对气候变化的脆弱性转变成作物种植和粮食生产的脆弱性。因而，干旱或半干旱地区（大多数位于发展中国家）的风险最大。第二个因素实际上能够提高生产，即由于气候变化，大气中二氧化碳的增加加速了某些作物的生长（见下面的注释窗）。第三个因素是温度变化的效应，随着温度升高，某些作物的产量会大幅下降[39]。第四个因素是严重干扰粮食生产的极端气候、热浪、洪水和干旱的影响。

人们已对占世界粮食供应很大比例的主要作物对于21世纪期间气候变化的敏感性进行了详细研究（见下面的注释窗）。这些研究应用气候模式结果来估算温度和降水变化，其中许多研究包括了二氧化碳施肥效应，一些研究还模拟了气候变率以及气候平均值变化的效应。有一些研究还包括了经济因素和采取中等水平适应的可能影响。这些研究通常表明：二氧化碳浓度增加对于作物生长和产量的贡献并不总是能够抵消高温和干旱的影响。对于中纬度地区的粮食作物而言，当温度增加较小（2～3℃）时，预计其潜在产量将增加；但当温度增加较大时，其潜在产量将下降（图7.11）[43]。在大多数热带和副热带地

二氧化碳"施肥"效应

大气中二氧化碳浓度增加的一个重要正效应是能够加速植物的生长。较高的二氧化碳浓度能够促进光合作用，从而使植物具有更高的固碳速率。这就是温室中人为增加二氧化碳来提高产量的原因。这一效应尤其适用于C3植物（如小麦、水稻和大豆），但对C4植物（如玉米、高粱、甘蔗、小米以及许多牧草和饲草）效果不太明显。在理想条件下，二氧化碳浓度增加可能产生很大的施肥效应。对于C3作物，二氧化碳浓度加倍的平均效应达到+30%[40]，而谷物和饲草的质量往往随着二氧化碳浓度的增加和温度的升高而下降。然而，在大范围的现实条件下，由于可利用的水分和养分也是影响植物生长的重要因素，因此，实验结果表明，在无胁迫的情况下，C3作物增长10%～25%，C4作物增长0～10%。已经观测到幼林生长的增加，但没有观测到成熟林的显著反应。臭氧会限制作物和森林对二氧化碳的反应[41]。需要进行更多的研究，尤其是对许多热带作物品种以及生长在次优条件（低营养、杂草和病虫害）下的作物。还需要更多有关二氧化碳施肥对作物营养价值可能产生的影响的信息[42]。

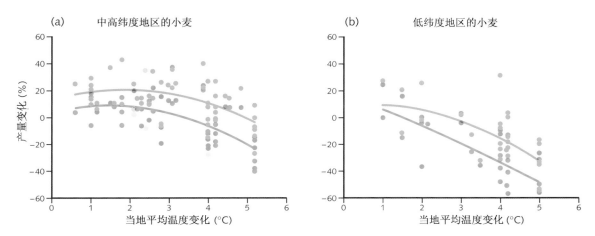

图7.11　中高纬度地区（a）和低纬度地区（b）小麦产量对气候变化的敏感性。包括没有适应的情况（红色）和采取适应的情况（绿色）。源自已经发表的69个在多个模拟地点的研究结果

区，对于大多数的增温，预计潜在产量将下降，这是因为这些作物已接近它们能够忍受的最高温度。在降水大幅度减少的地区，热带作物产量将受到更加不利的影响。

　　从整体上考虑世界粮食供应，这些研究往往表明：只要采取适当的适应措施，气候变化对世界粮食总供给的影响可能并不太大。然而，这些研究尚未适当地考虑气候极端事件（尤其是干旱的发生）对粮食生产的可能影响，也没有考虑有限水资源的不断减少或其他因素如全球土壤的完整性（目前正以惊人的速度发生退化）对粮食生产的可能影响[44]。这些研究所暴露出来的一个严重问题是，气候变化对不同国家的影响差异极大。在人口相对稳定的发达国家，其粮食生产可能增加；而在许多发展中国家（那里人口正在迅速增长），其粮食生产由于气候变化可能下降。发达国家和发展中国家之间的差异将变得更大，处于饥饿危险的人数也将变得更多。发达国家的粮食过剩可能增加，而发展中国家将面临越来越严重的粮食匮乏，因为不断减少的粮食供应将不能满足其不断增长的人口需求。这种状况将引起极大的问题，其中一个问题就是就业。农业是发展中国家主要的就业来源，人们需要就业以便能够购买粮食。随着气候变化，一些农业区发生改变，人们将试图迁移到那些他们仍然能够务农的地方。由于人口增长的压力，这种迁移可能会变得愈来愈困难，可以预计将出现大批的环境难民。

模拟气候变化对世界粮食供应的影响

图7.12给出一个例子来说明详细研究气候变化对世界粮食供应影响的关键要素[45]。

首先，用第5章描述的气候模式建立一个气候变化情景。包括温度、降水和二氧化碳效应在内的不同作物模式被用于18个国家的124个不同地点来预估作物产量，以便与不发生气候变化情况下的作物产量进行比较。还包括采取农场水平的适应措施，例如种植日期的改变、更适应气候的品种、灌溉和施肥的应用。然后，把这些产量估计值集合起来，以提供不同作物和国家或地区的产量变化估计值。

其次，用这些产量变化作为世界粮食贸易模式（包括有关全球参数如人口增长和经济变化的假设）的输入，并通过贸易、世界市场价格和资金流量把国家和区域农业部门的经济模式联系在一起。世界粮食贸易模式可以探讨诸如增加农业投资、根据经济回报重新分配农业资源（包括改变作物）、为应对较高的谷物价格开垦额外耕地等调节措施的效果。全过程的输出结果提供了直到21世纪80年代有关粮食生产、粮食价格和面临饥饿风险人数（定义为收入不足以生产或获得其粮食需求的人口）的预估信息。

针对SRES情景A1、B1或B2，这种模式关于21世纪80年代气候变化影响的主要结果是，预计中高纬度地区的产量将增加，而低纬度地区（尤其是干旱和半湿润热带地区）的产量将减少。随着时间的推移，这种格局将变得更加明显。由于气候变化，非洲大陆特别有可能经历产量的显著下降，生产减少，处于饥饿风险的人数增多。

作者强调，尽管他们所用的模式和方法都相当复杂，但仍有许多因素未被考虑。例如，他们没有适当地考虑气候极端事件变化的影响、灌溉用水的可利用状况或未来技术变化对农业生产力的影响。此外（参见第6章），科学家们尚不太信任区域气候变化的细节。因此，尽管研究结果给出了可能会发生的变化的一般性指标，但不应把它们看作详细的预测。他们强调这类研究的重要性在于可作为未来行动指南的重要性。

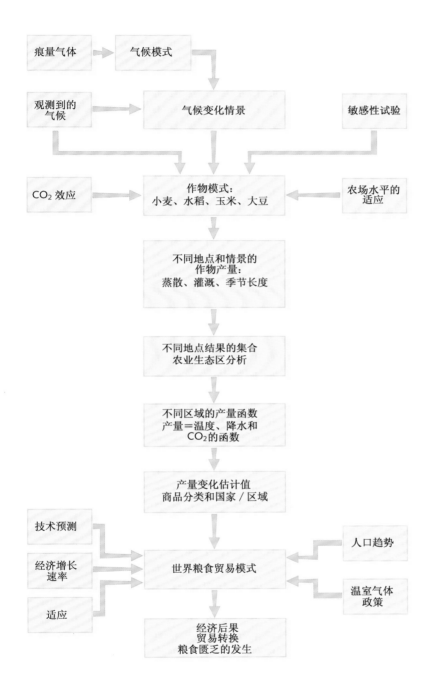

图7.12　气候变化背景下作物产量和粮食贸易研究的关键要素

在展望未来需求时，目前可以开展的两项活动特别重要。第一，发展中国家对农业技术进步存在相当大的需求，需要进行投资和广泛的本地培训。尤其是，必须继续发展作物育种和管理计划，特别是在炎热和干旱的条件下，这对于提高当前低水平环境下的生产能力可以有立竿见影的效果。第二，正如前面考虑淡水供应时所看到的，必须改进灌溉用水的可利用性及其管理，尤其是在世界上的干旱或半干旱地区。

对生态系统的影响

全球10%以上的陆地是耕地，其余部分在或多或少的程度上是人类难以控制的。图7.13给出了世界主要生态系统（或生物群落）的全球分布，并显示了它们如何被土地利用所改变。

生态系统对于人类社会非常重要。它们为人类社会提供了食物、水、燃料、木材和生物多样性。特别是，它们还为水文循环提供重要的调节作用。此外，它们拥有广泛的重要文化价值。所有这些加在一起通常被称为生态系统服务。

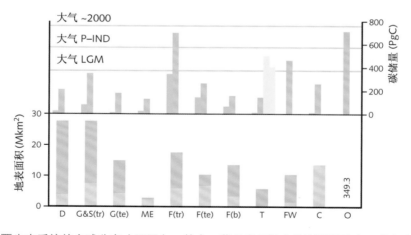

图7.13 世界主要生态系统的全球分布（下图），其中，黄色表示被土地利用所改变，紫色表示未被改变；植物生物量（绿色）、土壤（棕色）和永久冻土（淡蓝色）中的碳储藏总量（上图）。D表示沙漠；G&S (tr)表示热带草原和稀树草原；G (te)表示温带草原；ME表示地中海生态系统；F (tr)表示热带森林；F (te)表示温带森林；F (b)表示北方森林；T表示苔原；FW表示淡水湖和湿地；C表示农田；O表示海洋。给出了末次盛冰期（LGM）、工业革命前（P-IND）和当前（大约2000年）大气中大致的碳含量

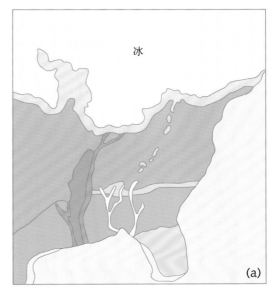
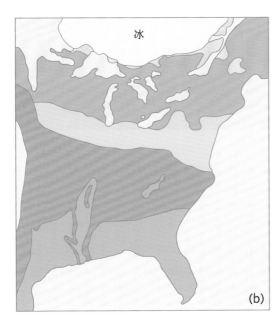
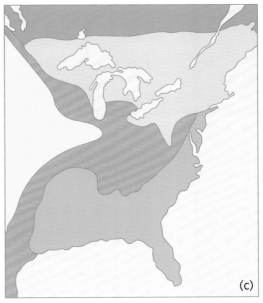

苔原

北方云杉／云杉针叶林

草原

针阔混交林—北方阔叶林

泰加林

寒温带落叶阔叶林

暖温带东南部常绿阔叶林

沙丘灌木丛

图7.14　过去气候状况下美国东南部的植被图：（a）18000年以前，即末次冰期冰盛期；（b）1万年以前；（c）5000年以前，当时的气候条件类似于现在。200年以前的植被图类似于图（c）

受到"酸雨"损害的针叶林树木。影响未来硫酸盐粒子浓度的一个重要因素是"酸雨"污染，它主要由二氧化硫排放造成。这会导致森林和湖泊鱼类的退化，尤其是在主要工业区的下风向地区

　　构成局地生态系统的动植物种类对于气候、土壤类型以及水供给很敏感。生态学家把世界划分成以各具特色的植被为特征的地区。这可以通过过去气候时期全球植被分布的资料（如图7.14所示的北美洲部分地区）来很好地加以说明，这些资料指出了在各种不同气候状况下生长最茂盛的生态系统。气候变化能改变一个地区对不同物种的适宜性（图7.15），并能改变生态系统内部不同种群的竞争力，所以随着时间的推移，即使气候的微小变化也能导致生态系统组成的巨大变化。

　　然而，如图7.14所示的变化是在数千年里发生的。随着全球变暖，类似的气候变化将在几十年里发生。大多数生态系统不可能如此快地响应或迁移。化石记录表明，过去大多数植物物种迁移的最大速率是每年不到1 km。由扩散过

图7.15　与年平均温度和降水相关的全球生物群落型。其他因素（尤其是温度和降水的季节变化）影响详细的分布型（仿照Gates）

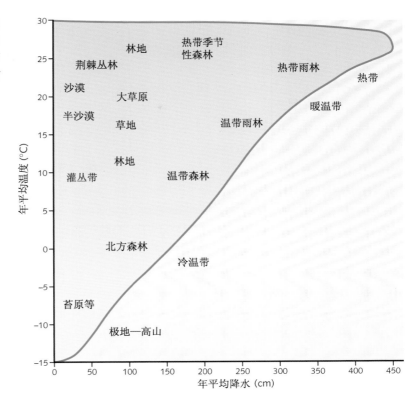

程（如种子萌芽和生产之间的平均周期，以及单粒种子能够旅行的平均距离）施加的已知限制表明，如果没有人工干预，许多物种将无法跟上所预估的21世纪它们更能适应的气候生态位的移动速度，即使没有土地利用对它们的迁移施加障碍[46]。因此，自然生态系统将越来越不能与其环境相适应。这种影响的程度将因物种而异，一些物种对于平均气候或气候极值的变化要比另外一些物种更为脆弱。但是，所有物种都将变得易于患病以及遭受害虫袭击。由于二氧化碳增加而产生的"施肥"正效应可能要被来自其他因素的负效应大大超过。

　　森林覆盖了全球大约30%的陆地面积，是最具有生产力的陆地生态系统。森林意味着大量碳的储存。在陆地碳中，80%的地上碳和40%的地下碳都储存在森林中，总共储存了大约两倍于大气碳储量的碳（图3.1）。在气候变化背景下，森林尤其重要。目前，在每年因人类活动排放到大气的二氧化碳中，大约有20%是砍伐森林造成的。气候变化将会对全球森林产生怎样的后果？反过来，这些后果又将如何影响气候？

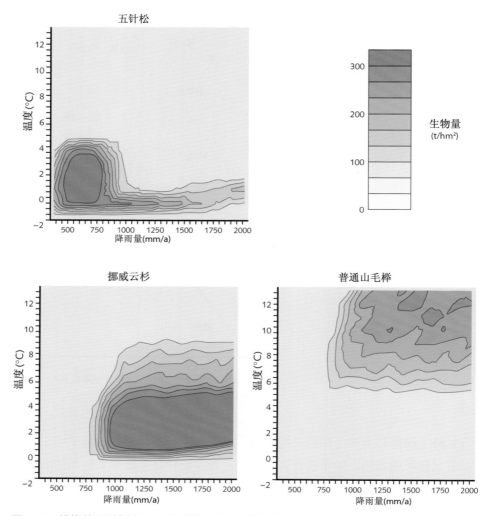

图7.16　模拟的三种树木——五针松、挪威云杉和普通山毛榉的实际生态位（指已经发现该物种存在于其中的条件）。图中曲线表示在年平均温度和降水条件下每年所产生的生物量。五针松的生态位特别狭窄。生态位愈狭窄，对气候变化的潜在敏感性就愈大

　　树木的寿命很长，并且需要花费较长时间来繁殖，所以不能很快地响应气候变化。此外，许多树木对其生长的平均气候惊人地敏感。一个物种能够生存和繁殖的环境条件（如温度和降水）被称作生态位。一些典型树种的气候生态位如图7.16所示。在某些条件下，年平均温度1℃的微小变化可以大大改变树木的生产力。对于21世纪可能发生的气候变化，相当多的现有树种将面临不适宜的气候条件。尤其是北半球的北方森林更是如此，因为那里的树木不太苗

壮，因而更易遭受虫害、顶梢枯死和森林大火的影响。据估计，在加倍CO_2情景下，目前北方森林面积的65%将受到影响[47]。

近年来，许多森林正常生长状况的衰退已引起相当的注意，尤其是在欧洲和北美洲，那里大多数森林的衰退可归因于酸雨以及其他源于重工业、发电站和汽车尾气的污染。然而，并非所有对树木的危害都源于此。例如，对加拿大几个地区的研究表明，那里树木的枯萎与气候条件的改变有关，尤其是与连续的暖冬和干夏有关[48]。在某些情况下，树木的枯萎可能是由于污染和气候胁迫的双重效应。由于污染的影响，已经衰弱的树木不能应付来临的气候胁迫。气候变化对全球森林的影响（见192页的注释窗）将与其他相关问题同时发生，特别是持续的热带森林砍伐以及由于人口迅速增长（尤其是在发展中国家）导致的对木材和木制品需求的增加。

如果最终重建一个稳定的气候，那么在适当长的时间（可能是数百年）内，不同的树木将能在某些地点重新发现它们特定的气候生态位。正是在气候发生迅速变化的时期，大多数树木将难以找到气候适宜的地点。由于气候变化的速率，如果北方森林和热带森林受到较大影响并发生枯萎（见下页注释窗），那么将会释放碳。第3章曾提到过这种正反馈（见44—45页的注释窗）。释放的数量有多大尚不确定，但是据估计，在21世纪仅地上部分释放的碳就可高达240 Gt[50]。

上述讨论与气候变化对天然林的影响有关，而这些可能的影响主要是负面的。对人工林的影响则得到比较正面的研究结果[51]。研究结果表明，如果采取适当的适应措施以及土地和产品管理，即使没有增加碳捕获和存储的林业工程（见第10章），微小的气候变化可能会增加全球木材供应，并提高发展中国家市场份额上升趋势。

预计极地地区的海冰覆盖和植被也将发生很大变化（图7.17），这些变化将对陆地和海洋区域的人工和自然生态系统产生很大影响。旱地植被范围或性质的变化也受到高度关注（见180页的注释窗）。

对自然生态系统的进一步关注，与其所包含的物种多样性以及气候变化影响导致的物种和生物多样性的损失有关。各种干扰如大火、干旱、虫灾、物种入侵、风暴以及珊瑚礁白化事件对生态系统的重大破坏预计都将增加。气候变化造成的影响，再加上对生态系统的其他影响（如土地转化、土地退化、森林砍伐、捕捞和污染等），严重危害到一些独特的生态系统，或使其完全丧失，并使一些濒危物种灭绝。珊瑚礁和环礁、红树林、北方和热带森林、极地

森林—气候相互作用和反馈

在森林与气候之间存在各种相互作用和反馈。由于森林砍伐引起的森林面积的广泛变化会严重影响该地区的气候。与气候变化相关的二氧化碳、温度或降水的变化可能对森林的正常生长或结构产生重大影响；反过来，这又会对气候产生反馈。我们依次考虑其中的一些影响。

诸如森林砍伐引起的土地利用变化可能对降水量产生影响。主要原因有三：首先，与草地或裸露土壤相比，森林上空产生更多的水分蒸发（通过树叶燕腾），因此空气中将饱含更多的水汽。其次，森林反射12%～15%的阳光，而草地反射20%，沙漠更高达40%。第三，则是由于植被存在时的表面粗糙度能激起对流及其他动力活动。

1975年，美国气象学家Jules Charney教授认为，在萨赫勒干旱地区中，植被变化与降水变化之间可能存在着重要联系。早期包括这些物理过程的数值模式试验证实了这种影响，并且模拟结果表明，当大面积的森林被草地取代时，降水将大幅度减少。在最极端的情况下，降水减少如此之多，以至于不再能维持草地生长，土地将变成半干旱地区。

然而，即使没有因人类活动引起的植被变化，在气候与森林之间也会存在可以产生重大变化的相互作用。三种导致降水减少的重要反馈是：

- 二氧化碳增加引起树叶气孔关闭，从而减少蒸腾；
- 温度升高往往造成森林枯萎，从而导致蒸腾减少；
- 温度升高引起土壤二氧化碳呼吸作用增加，因而导致进一步的全球变暖，即第3章提到过的气候/碳循环反馈。

对于亚马孙河流域，当这三种反馈叠加到可能因全球环流变化引起的局地气候变化对森林的影响上时，在二氧化碳排放持续增加的情景下，模拟结果表明，在21世纪，覆盖亚马孙河流域的森林将大幅度减少。大面积的森林将被灌木和草地取代，亚马孙河流域的部分地区可能变成半沙漠地区[49]。这类结果仍存在相当大的不确定性（例如在气候变化条件下与厄尔尼诺事件模式模拟有关的不确定性，以及这些事件与亚马孙河流域气候之间的联系），但它们能够说明可能发生的影响的类型，并强调了认识气候与植被之间相互作用的重要性。

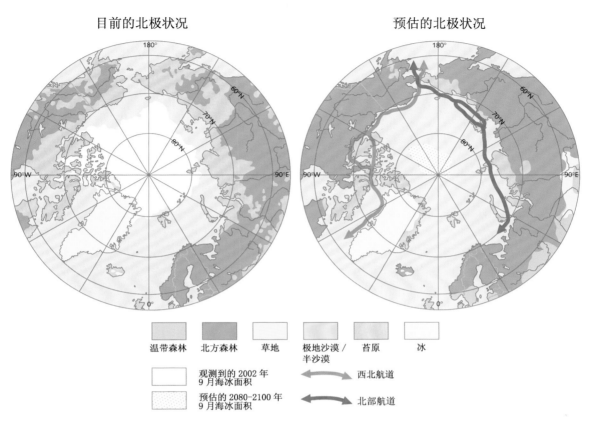

图7.17 目前观测的以及在IS 92a情景下模拟的2080—2100年北极和邻近地区的冰盖和植被。最新预估结果是，北极海冰可能到2020年夏末将完全消失

和高山生态系统、草原湿地、残余的天然草地都是受到气候变化威胁的生态系统的例子。在某些情况下，受到威胁的生态系统是指那些可以减轻一些气候变化影响的系统（如减轻风暴影响的沿海系统）。减少生物多样性损失的可能适应方法包括建立带走廊的庇护所、公园和保护区，使物种可以迁移，还包括利用人工繁殖和物种转移[52]。

到目前为止，我们已经考虑了陆地上的生态系统。海洋中的生态系统会怎么样呢？它们将如何受到气候变化的影响？虽然我们对于海洋生态系统了解甚少，但有相当多的证据表明，海洋中的生物活动随着冰期循环而改变。第3章指出（见39页的注释窗），正是海洋生物活动的这些变化，可能控制了过去100万年里大气的二氧化碳浓度（见图4.6）。海水温度变化以及某些洋流型的

珊瑚白化是珊瑚响应各种胁迫的一种鲜明标志，这些胁迫可能是由于水温升高或降低、太阳辐射增加、海水化学变化、过度捕捞产生的浮游动物数量下降引起的饥饿以及沉积物增加造成的

可能变化将导致涌升流发生区和鱼类聚集地的变化。某些渔场可能会倒闭，而另外一些渔场则可能扩大。届时，渔业不能很好地适应上述较大的变化[53]。

　　在热带和亚热带许多地方的珊瑚礁里，发现了一些最重要的海洋生态系统。它们具有特别丰富的生物多样性，因而尤其受到全球变暖的威胁。其中，物种多样性包含了比热带雨林更多的生物种类，并且它们庇护着25%以上的已知海洋鱼类[54]。对于许多沿海居民而言，这意味着重要的食物来源。珊瑚对于海表温度特别敏感，甚至1℃的持续增暖也能造成珊瑚白化（颜色变白），3℃或3℃以上的持续温度异常则能造成大范围的珊瑚死亡。最近的白化，如1998年的白化，则与厄尔尼诺事件有关[55]。

　　气候变化造成的其他影响还包括由于海水中二氧化碳增加导致的海洋酸

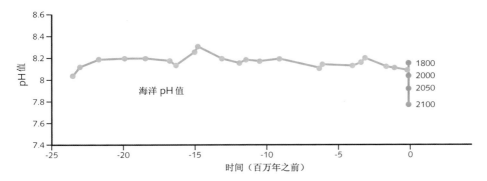

图7.18　大气中CO_2浓度升高导致溶解于海洋的CO_2增加，从而使海洋酸度（较低的pH值）迅速增加到过去数百万年来没有达到的水平。过去（蓝点，资料源自Pearson and Palmer, 2000）和当代海洋pH值的变化（紫点，附有时间）。未来预测是根据模式推算的，假设2050年大气CO_2浓度为500 ppm，2100年大气CO_2浓度为700 ppm

化增加的后果（图7.18）。这些增加的胁迫将对各种浮游海洋生物和浅底栖海洋生物产生最严重的影响，这些海洋生物使用霰石制造其外壳或骨骼，如珊瑚和海洋蜗牛（翼足类动物）。应积极开展研究，以确定这些影响的严重程度[56]。

　　总结全球平均温度比工业化前升高2℃或2℃以上的气候变化对生态系统的影响，有五个需要特别关注的领域[57]。

(1)　气候变化、有关干扰（如洪涝、干旱、火灾、虫害、海洋酸化）以及其他驱动因子（如土地利用变化、污染和资源过度开采）的空前叠加可能会超过许多生态系统的恢复力（它们的适应能力）。

(2)　目前，陆地生物圈是一个净的碳汇（见表3.1）。正如第3章所提到的，在21世纪，它可能会变成一个净的碳源，从而增强气候变化。

(3)　到目前为止所评估的20%~30%的动植物物种（不带偏见的样本）可能面临越来越高的灭绝风险。

(4)　陆地生态系统的结构和功能很可能发生重大变化，二氧化碳施肥效应会带来一些正面影响，但在中高纬度和热带地区，由于干扰体系的改变（如通过火灾和虫害），森林和林地将大幅度减少。

(5)　海洋和其他水生生态系统的结构和功能很可能发生重大变化。特别是，气候变化和海洋酸化的叠加将对珊瑚产生严重影响。

对人类健康的影响

人类健康取决于良好的环境。造成环境恶化的许多因素也能导致身体不健康。大气污染、水污染或水分供给不足以及贫瘠的土壤（造成作物生长缓慢和营养不良）都对人类健康造成威胁，并且有助于疾病的传播。正如在考虑全球变暖影响时已经看到的那样，全球变暖引起的气候变化将加剧上述的许多不利因素。出现极端气候如干旱和洪水的可能性增大，也将增大因营养不良增加以及各种原因引起的疾病传播流行而带来的健康风险。

气候变化本身对人类健康的直接影响是什么呢？人类能够调整自己及其住所，以便在非常不同的条件下舒适地生活，对各种气候的适应能力很强。评估气候变化对健康影响的主要困难在于，不能从影响健康的许多其他因素（包括其他环境因素）中分离出气候的影响。

气候变化对人类主要的直接影响是，极端高温产生的热胁迫将变得更加频繁、更加普遍，尤其是在城市人口中（见下页注释窗和图6.6）。在通常发生热浪的大城市，当出现异常高温时，死亡率可能增加一到两倍[58]。虽然这一事件之后可能接着是一段死亡低发期，说明某些死亡在任何情况下总会在那段时间里发生，但是死亡率增加的大部分似乎与过高的温度直接相关，尤其是老年人，他们特别难以适应高温。从积极的方面说，冬季严寒期间的死亡率将下降。关于冬季死亡率减少是否大于或小于夏季死亡率增加的研究结果是模棱两可的。这些研究在很大程度上局限于发达国家的人口，未能对夏季和冬季死亡率进行更为普遍的比较。

气候变化对健康的另一个可能影响是，全球变暖增加了疾病的传播。许多疾病的昆虫载体在暖湿条件下生长得更好。例如，已知由蚊子传播的脑炎等传染病与出现在澳大利亚、美洲和非洲大陆的异常潮湿条件有关，而后者又与厄尔尼诺周期的不同阶段有关[60]。目前主要发生在热带地区的某些疾病可能随着气候变暖向中纬度地区传播。疟疾就是其中的一个例子，它在最适温度15~32℃、最适湿度50%~60%的条件下通过蚊子传播。它是当前严重的全球性公共健康问题，每年可造成大约3亿人感染，100多万人死亡。在气候变化情景下，大多数预测模式研究表明，疟疾和登革热潜在传播的地理范围（以及处于风险的人口）将会增加，目前这些疾病只影响到全球40%~50%的人口。可能由于同样原因传播的其他疾病是黄热病和某种病毒性脑炎。然而，在所有情况下，疾病的实际发生将受到当地环境条件、社会经济状况、治疗或预防进展

2003年欧洲和印度的热浪

2003年6月、7月和8月期间，欧洲出现了创纪录的极端高温。在许多地方，温度超过40℃。在法国、意大利、荷兰、葡萄牙和西班牙，酷热造成2万多人死亡（可能多达3.5万人）。西班牙、葡萄牙、法国以及中东欧国家遭受了强烈的森林火灾[59]。图7.19说明了这一事件的罕见性，显示它完全超出正常的气候变率。研究表明，该事件的大部分风险是由人类活动引起的温室气体增加造成的。研究还表明，到2050年，这一温度将意味着是正常年份；而到2100年，就代表凉爽年份了。

2003年，世界其他地方也出现了酷热天气。例如，在印度安得拉邦，在异乎寻常地连续27天出现超过45℃的极端高温期间，有1万多人死亡。

图7.19 2003年欧洲夏季热浪的特点。（a）相对于1961—1990年的6—8月（JJA）温度异常；（b）至（d）瑞士的JJA温度。（b）为1864—2003年的观测值；（c）为区域模式模拟的1961—1990年的温度；（d）为SRES A2情景下模拟的2071—2100年的温度。（b）至（d）中的竖线表示所考虑时期每年夏季平均地表温度，黑色表示拟合的高斯分布

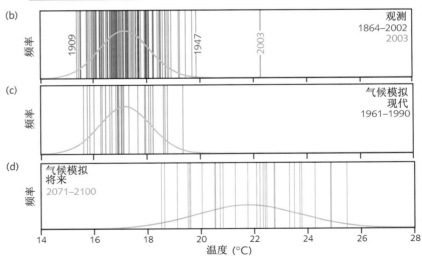

对非洲的影响

　　非洲是对气候变化和气候变率最脆弱的大陆之一，现有的发展挑战，如普遍的贫穷、复杂的管理和体制、有限的资本获取（包括市场、基础设施和技术）、生态系统退化以及复杂的灾害和冲突使其状况更加恶化。所有这些都使得非洲适应气候变化的能力薄弱[61]。预估的一些气候变化对非洲的影响总结如下[62]：

- 气候变化对非洲的影响可能最大。在非洲，气候变化与一系列其他压力（如获取资源的不平等、不断增强的粮食不安全、不完善的卫生管理体系）共同发生。气候变率和变化加重了这些压力，而这些压力又使非洲许多人民的脆弱性进一步增加。**

- 到21世纪80年代，在一系列气候变化情景下，预计非洲干旱和半干旱土地将增加5%～8%（6000万～9000万公顷）。**

- 农业产量可能因干旱和土地退化而减少，尤其是在边远地区。已注意到在各种情景下生长期长度的变化。SRES A1F1情景强调全球一体化的经济增长，在此情景下，发生主要变化的地区包括非洲南部和东部的沿海生态系统。在A1和B1情景下，雨养和半干旱生态系统的混合系统受到萨赫勒地区气候变化的严重影响。东非大湖地区和其他地区的雨养和高原多年生的混合生态系统也受到严重影响。不过，B1情景假设发展在环境保护框架下进行，在此情景下，影响一般较小，但边远地区（如半干旱生态系统）变得更加边缘化，而对沿海生态系统的影响则变得温和。**

- 气候变率和变化可能加重非洲许多地区的供水压力。预计到21世纪50年代，东非的径流增加（可能发生洪水），其他地区的径流减少且干旱的风险可能增加（如南部非洲）。目前的供水压力不仅仅与气候变化有关，未来对非洲水资源进行评估时还必须考虑水资源治理和流域管理的问题。**

- 大型湖泊初级生产力的任何变化都可能对当地的粮食供应产生重要的影响。例如，目前坦噶尼喀湖为周边国家的人口提供25%～40%的动物蛋白摄入量，而气候变化可能将初级生产力和潜在鱼产量减少大约30%。人类管理决策的相互作用（包括过度捕捞）可能进一步冲击湖泊的捕鱼量。**

- 非洲生态系统的物种范围可能经历重大的变迁和变化，并有可能灭绝（如南部非洲的高山硬叶灌木群落和多汁的灌木草原群落）。*

- 预估红树林和珊瑚礁将进一步退化，这将给渔业和旅游业带来额外的影响。**

- 到21世纪末，预估的海平面上升将影响人口众多的沿海低洼地区。适应的成本将超过GDP的5%～10%。**

以及公共卫生基础设施的强烈影响。

　　气候变化对人类健康的潜在影响可能很大。然而，所涉及的因素非常复杂，任何定量结果都需要就气候对人类的直接影响，以及特别受到影响的疾病的流行病学进行仔细研究。下一节给出了有关极端事件和灾害对健康的影响可能会减少的论述。

适应气候变化

　　正如我们所看到的，有些气候变化影响已经非常明显。因此，某种程度的适应[63]已经成为一种必然。已经确定了许多应对气候变化的可能适应措施，这些实例在表7.2中给出。由于海洋变暖需要几十年时间，所以，即使二氧化碳排放停止，也还会继续出现大幅度的气候变化。因此，有必要采取紧急行动，以考虑进一步的实质性适应。

　　这些适应措施可以减轻气候变化的不利影响，增强其有利影响，也可以立刻产生附加效益，但不能防止所有损害。列出的许多选择方案都是目前用于应对当前的气候变化和极端事件，扩大对这些措施的采用可以提高当前和未来的应对能力。但是，随着气候变化幅度和速率的增加，在未来采取这类行动未必同样有效。列出一份可能的适应措施选择方案清单是比较容易的。但要有效地实施这些措施，还需要在各种情况下采用这些措施有关的细节和成本的更多信息。

　　尤其重要的是，需要适应极端事件和灾害如洪水、干旱和强风暴[64]。更充分的准备可以大幅度减少对这些事件的脆弱性[65]。例如，在"乔治"和"米奇"飓风之后，泛美卫生组织（PAHO）确定了一系列政策，以减少此类事件的影响[66]：

- 开展对现有供水和卫生系统的脆弱性研究，确保建造新的系统以减少脆弱性；
- 发展和完善有关应急管理的国家计划和国际合作的培训计划及信息系统；
- 开发和测试早期预警系统，该系统应由一个单独的国家机构进行协调，并使弱势群体参与。还需要提供和评估心理护理，特别是那些对灾害的不利心理影响特别脆弱的人群（如儿童、老人和死者家属）。

表7.2　按行业划分的有计划的适应措施选择实例

行业	适应措施选择方案/战略	基础政策框架	实施的关键限制因素和机遇（正常字体表示限制因素；斜体字表示机遇）
水	扩大雨水收集；蓄水和保护技术；水的再利用；海水淡化；用水和灌溉效率	国家水政策和水资源综合管理；与水相关的灾害管理	财政资源、人力资源和物质上的障碍；*水资源综合管理；与其他行业的协同作用*
农业	调整种植日期和作物品种；作物迁移；改善土地管理，如通过植树控制水土流失和土壤保护	研发政策；体制改革，土地使用权和土地改革；培训；能力建设；作物保险；金融激励措施，如补贴和税收优惠	技术和财政限制；对新品种的获取；市场；*高纬度较长的生长季；来自"新"产品的收入*
基础设施/人居环境（包括海岸带）	搬迁；海堤及风暴潮屏障；沙丘加固；征用土地，建设沼泽地/湿地作为对海平面上升和洪水的缓冲带；保护现有天然屏障	将气候变化因素纳入设计的标准和法规；土地使用政策；建筑法规；保险	财政和技术障碍；有无搬迁的空间；*综合政策和管理；与可持续发展目标的协同作用*
人类健康	与热相关的健康行动计划；医疗急诊服务；改善对气候敏感的疾病监测和控制；安全饮用水和改善卫生条件	认识到气候风险的公共卫生政策；加强卫生服务；区域和国际合作	人的忍耐极限（弱势群体）；知识的局限性；财务能力；*提升卫生服务；提高生活质量*
旅游	旅游景点及收入的多样化；滑雪坡道移向更高的海拔高度和冰川；人工造雪	综合规划（如承载能力；与其他行业的联系）；金融激励措施，如补贴和税收优惠	新景点的吸引力/市场开发；财政和后勤的挑战；对其他行业潜在的不利影响（如人工造雪可能会增加能源消费）；*来自"新"景点的收入；更广泛的利益相关方参与*
交通运输	调整/搬迁；制定公路、铁路和其他基础设施的设计标准和规划以应对气候变暖以及排水	将气候变化因素纳入国家运输政策；针对特殊情况如多年冻土区的研发投入	财政和技术障碍；有无低脆弱性的途径；*改良技术，并与重点行业（如能源）相结合*
能源	加强架空输配电基础设施；公用事业的地下电缆；提高能效；使用可再生能源；降低对单一能源的依赖性	国家能源政策、法规、财政以及金融激励措施，以鼓励使用替代能源；将气候变化因素纳入设计标准	获取可行的替代能源；财政和技术障碍；对新技术的接受程度；*促进新的技术；利用当地资源*

注：许多行业的其他实例包括早期预警系统。

估算影响的成本：极端事件

在前面的章节里，从各种角度描述了气候变化的影响，例如，受影响的人数（如死亡、生病或迁移的人数），农业或森林生产力的收益或损失，生物多样性的丧失，荒漠化的增加等。然而，许多决策者所寻找的最普遍的衡量方法是货币成本或效益。但是，在到目前为止就估算总的影响成本已经做的事情之前，我们需要考虑极端事件（如洪水、干旱、风暴和热带气旋）所造成的成本损失的大小。正如在本章中一直强调的那样，这些损失可能构成了气候变化影响的最重要的部分。

由于最近几十年来这类极端事件的发生已经大幅度增加，所以保险公司已经掌握了它们所造成的损害成本的资料。他们把收集到的资料分为保险损失和迄今为止他们能够估算的总的经济损失，后者从20世纪50年代到90年代几乎增长了10倍（见图1.2和下面的注释窗）。尽管除气候变化以外的其他因素也对这一增长作出了贡献，但气候变化可能是最重要的因素。估算的20世纪90年代气象灾害所造成的年经济损失约为世界生产总值（GWP）的0.2%，从北美洲、中美洲和亚洲地区累计GDP的0.3%到非洲地区的低于0.1%（表7.3）。这些平均数字隐藏了很大的区域变化和时间变化。例如，从1989年到1996年自然灾害给中国造成的年损失估计为GDP的3%～6%，平均约4%[67]，超过世界平均值的10倍。非洲百分比如此之低的原因并不是因为那里没有灾害（在整个非洲发生的灾害已超过其相应的部分，见198页的注释窗），而是因为非洲灾害所造成的大部分损失既无法用经济成本来衡量，也无法出现在经济学的统计数据中。此外，这类平均数字隐藏了灾害对个别国家或地区的严重影响，正如我们下面提到的"米奇"飓风的例子，其影响的确非常大。即便对于美国，2005年袭击新奥尔良的"卡特尼娜"飓风所造成的总的经济损失估计约为美国GDP的1%。

我们所引用的百分比是很保守的，因为它们并不代表所有相关的成本。它们只与直接经济成本有关，并不包括灾害的相关成本或连带成本。例如，这意味着严重低估了干旱所造成的损害。干旱往往缓慢地发生，许多损失可能没有记录下来，或没有被那些未受到直接影响的人们所承担。

谨慎对待注释窗中资料的另一个原因是，世界不同地区和国家在人均福利、生活标准和保险覆盖程度上存在很大的差异。例如，1998年袭击中美洲的"米奇"飓风可能是最具破坏性的飓风，但没有出现在表7.4中，因为总的保险损失少于10亿美元。在那次风暴中，48小时降雨量为600 mm，造成9000

表7.3 保险公司估算的1985—1999年不同地区灾害所造成的死亡人数、经济损失和保险损失（都以1999年美元计算）。在每种情况下，指出了源于气象灾害（包括风暴、洪水、干旱、野火、滑坡、土地沉陷、雪崩、极端温度事件、闪电、霜冻、冰/雪灾害）的百分比。总的损失要高于图1.2中所概述的损失，因为图1.2局限于大的灾难事件的损失

	非洲	南美洲	北美洲、中美洲、加勒比海	亚洲	澳大利亚	欧洲	全球
事件数量	810	610	2260	2730	600	1810	8820
与气象灾害相关百分比	91%	79%	87%	78%	87%	90%	85%
死亡人数	22990	56080	37910	429920	4400	8210	559510
与气象灾害相关百分比	88%	50%	72%	70%	95%	96%	70%
经济损失（10亿美元）	7	16	345	433	16	130	947
与气象灾害相关百分比	81%	73%	84%	63%	84%	89%	75%
保险损失（10亿美元）	0.8	0.8	119	22	5	40	187
与气象灾害相关百分比	100%	69%	86%	78%	74%	98%	87%

人死亡，经济损失估计超过60亿美元。洪都拉斯和尼加拉瓜的损失分别约为其年国民生产总值（GNP）的70%和45%。由于同样原因没有出现在表7.4中的另一个例子是1997年发生在中欧的洪水，造成16.2万人撤离，经济损失超过50亿美元。

　　未来极端事件的可能成本有多大呢？为了估算这些成本，我们需要更多有关其未来可能频率和强度的定量资料。在第6章我们估计，到21世纪中叶洪水的风险可能增加5倍（图6.11）。以下是对未来全球平均数字的保守计算，虽然只是一种推测，但有很大的可能性。从保险公司对当前气象极端事件平均成本为GDP的0.2%或0.3%的估算开始；然后乘以2，以考虑上述因素（如相关成本或连带成本）；再乘以4，以考虑极端事件的可能增加；那么，到21世纪中叶，我们可以得到成本约为GDP的2%。这可与2006年关于气候变化经济学的《斯特恩报告》[68]中0.5%~1%的估计值相比，该报告假设极端事件的风险只有很小的增加。然而，《斯特恩报告》强调，随着全球平均温度的升高，由于极端事件的发生频率会急剧增加，所以在本世纪后期，极端事件的风险也会急剧增加。此外，我这里的估算和《斯特恩报告》中的估算都是在发达国家经

保险业和气候变化

气候对保险业的影响主要是通过极端天气事件。在发展中国家，由于较低的保险渗透率，极端事件可能造成非常高的死亡率，但对保险业只带来相对小的成本。在发达国家，生命损失可能要少得多，但保险业的成本却可能很大。图1.2说明，自20世纪50年代以来，气象灾害以及相关的经济损失和保险损失有较大增长。表7.3给出了1985—1999年各洲灾害分布、死亡人数和经济损失，表7.4则收集了一些造成最大经济损失的灾害类型。

表7.4　纳入表7.3总量中的造成50亿美元以上经济损失和10亿美元以上保险损失的单个事件

年份	事件	区域	经济损失（10亿美元）	比率：保险损失/经济损失
1995	地震	日本	112.1	0.03
1994	北岭地震	美国	50.6	0.35
1992	"安德鲁"飓风	美国	36.6	0.57
1998	洪水	中国	30.9	0.03
1993	洪水	美国	18.6	0.06
1991	"米雷"台风	日本	12.7	0.54
1989	"雨果"飓风	加勒比海，美国	12.7	0.50
1999	冬季风暴"洛萨"	欧洲	11.1	0.53
1998	"乔治"飓风	加勒比海，美国	10.3	0.34
1990	冬季风暴"达里亚"	欧洲	9.1	0.75
1993	暴风雪	美国	5.8	0.34
1996	"弗兰"飓风	美国	5.7	0.32
1987	冬季风暴	西欧	5.6	0.84
1999	"巴特"台风	日本	5.0	0.60

观测到的历史灾害损失的上升趋势，部分与社会经济因素相关联，诸如人口增长、财富增加以及脆弱地区的城市化；部分则与气候因素相关联，诸如降水、洪涝和干旱事件的变化。按照区域和事件类型，在各种因素的平衡方面存在差异。由于在描述社会经济因素和气候因素方面所涉及的复杂性，所以无法肯定地确定人为气候变化的贡献比例，虽然有趣的

是，我们注意到，1960—1999年期间，气象事件损害成本的增长率是非气象事件损害成本增长率的3倍。

最近的历史已经表明，与天气有关的损失可以使保险公司承受破产的压力。1992年的"安德鲁"飓风突破了保险损失200亿美元的界限，从而唤醒了整个行业。2005年的"卡特尼娜"飓风（5级风暴，但在登陆前减弱为3级），在新奥尔良市引发了风暴潮，风浪达到海平面以上5 m左右。有1000多人死亡，私人保险索赔超过400亿美元，总的经济损失估计超过1000亿美元或美国年GDP的1%[69]。从经济损失的角度来说，"卡特尼娜"是有史以来损失最大的飓风。2005年还打破了大西洋飓风的其他纪录[70]：最多的飓风（13个），最强的飓风"威尔玛"，总损失最大的飓风（超过2000亿美元）。

由于这些事件，在许多洪水易发地区，保险费用大幅增长，并且对于许多地产，已取消了对洪水的保险。为了制定其未来的业务政策，保险业正在积极研究气候变化引起的灾害发生率的未来可能趋势，以及发达国家和发展中国家未来相关的社会经济发展趋势。

济学的背景下所作的以金钱来表示的估算。正如《斯特恩报告》也指出的那样，在发展中国家，考虑所有损失（包括那些无法以货币来表示的损失）的极端事件的总的真实成本可能要大得多。

估算总体影响的成本

现在，我们转向考虑人为气候变化的所有影响。为了以货币来表示气候变化的成本以及所采用方法的有效性，也曾经试图这样做过。1995年的IPCC报告评述了四个气候变化影响的成本研究[71]（大气二氧化碳浓度相对于工业革命前加倍[72]），这是对美国所开展的最详细的研究。对于那些可以给出某些损失价值的影响，估计为1990年美国GDP的1.0%～1.5%。对于其他发达国家，按照GDP百分比所估算的影响成本是类似的。对于发展中国家，估算的年成本通常约为GDP的5%（范围是GDP的2%～9%）。这些研究从经济学角度提供了有关规模问题的初步说明。然而，正如这些经济学研究人员所解释的那样，他们的估算比较粗糙，只是基于非常宽泛的假设，主要是根据对目前而不是对未来经济的影响来计算的，不应被当作精确的估算值。

"卡特尼娜"飓风重创密西西比海岸线之后，只有曾经支撑横跨比洛克西湾的90号高速公路桥的矩形支柱仍然矗立。图像显示沿着海岸线受到了大范围的破坏，只在一些地方留下曾经矗立建筑物和住宅的白色地基。这是"卡特里娜"飓风登陆四天以后，Ikonos卫星于2005年9月2日拍摄的图像

　　模拟以货币表示的气候变化影响需要进行与环境、经济和社会问题相关的定量分析。开展此类研究的主要工具是综合评估模式（IAM）（见第253页第9章的注释窗），其中包括了图1.5阐述的所有要素。《斯特恩报告》[73]综述了近期采用这种模式所开展的工作，指出了成本估算需要包括的要素，特别是适应（提供了减轻灾害损失的巨大潜力，但必须考虑适应成本）、极端事件的损失（在大多数研究中省略）以及非市场影响（如在许多研究中省略的疾病死亡率、热和冷胁迫等）。

"卡特尼娜"飓风之后，一名美国海岸警卫队士兵在新奥尔良搜寻幸存者。

适应在农业部门特别重要[74]。在该部门，如果全球平均温度变化小于3℃，当考虑适应时，估算的全球总的经济影响成本介于很小的负值（即稍微有利）到中等的正值，这取决于基本的假设（见第181—186页"对农业和粮食安全的影响"一节）。然而，这些研究大都忽略了气候极端事件增加的影响，并且尚未充分考虑一些重要的因素，如水的供应，这主要是因为缺乏与此相关的详细资料。

此外，总量还隐藏了很大的地区差异。预计在发达国家中高纬度地区有显著的有利影响，那里的温度增加可能带来更长的生长季。预计对低纬度地区的人口将产生严重的负面影响，那里平均温度或干燥度的任何增加都会造成产量减少，并且那里的适应能力低下（如由于缺乏基础设施、资本或教育），或者那里与区域和全球贸易系统的联系不畅。总的来说，气候变化将趋于为营养充足的富国的农业生产锦上添花，而使营养不良的穷国受到损害。

《斯特恩报告》在"照常排放"（BAU）情景下估算的影响成本

使用PAGE 2002综合评估模式（IAM）[75]，《斯特恩报告》估算了未来两个世纪的全球经济成本。假设温室气体继续沿着"照常排放"（BAU）路径排放，到2100年全球平均温度可能增加4℃（参考图6.4），到2200年增加8℃。报告指出，对数十年不同地区和可能结果的模拟，要求作出系统、明确的分布判断和伦理判断，并且必须适当谨慎地对待模式结果。斯特恩表示，从未来消费角度预计的气候变化引起的未来福利损失与没有气候变化时可能会发生什么进行了比较。报告解释说，"以这种方式计算的成本就像对现在和未来消费征收的税费，其收益只是被简单地倒掉了"。

斯特恩介绍了他的模拟研究结果[76]。

- 根据一项基本计算，估算的BAU气候变化总成本相当于全球人均消费从现在起将永远减少至少5%。然而这一计算省略了下面三个重要因素。

- 第一，当包括对环境和人类健康的直接影响（非市场影响）时，BAU气候变化总成本将从5%上升到11%，尽管这里的评估提出了复杂的伦理和计量问题。但是，这并未完全包括"社会"影响，如社会和政治的不稳定，这些是很难用金钱来衡量的。

- 第二，如果考虑气候反馈，预估的全球平均温度增加将趋于范围的较高值（见第6章第134—137页），如果包括非市场影响的话，估算的BAU气候变化成本可能从5%增加到7%，或者从11%增加到14%。

- 第三，气候变化影响的负担不成比例地落到世界上的贫穷地区。给予这一负担相对较高的权重，BAU气候变化成本则可能会增加1/4以上。

把所有这些因素放在一起，BAU气候变化总成本相当于当前的人均消费从现在起将永远减少20%左右。关注GDP所反映要素以外的生活水平的分配判断和现代不确定性方法都表明，损失的适当估算值可能位于5%～20%这一范围的上限部分。强有力的减缓政策可以避免很多损失，但不是所有损失。在后面的章节中，《斯特恩报告》认为这可以通过较低的成本来实现。

对于预计将在21世纪下半叶早期出现的全球平均温度与工业革命前相比增加2～3℃（即二氧化碳浓度加倍的情景），《斯特恩报告》重新评估了近期的估算值，并得出结论：气候变化成本可能相当于没有气候变化时可以实现的全球GDP的0%～3%[77]。《斯特恩报告》由此指出，穷国将承担更高的成本。此外，正如我们在上一节所看到的，我认为《斯特恩报告》或许对极端事件的可能成本低估了两倍。考虑所有这些因素，将会得出结论，即发达国家的成本的全球GDP的1%～4%，而在许多发展中国家则超过全球GDP的5%乃至10%或更多。

刚刚引用的数字忽略了两个重要因素。第一个因素是，影响不能只用货币成本来量化。例如，生命损失（见思考题7）、人类的舒适性、自然的宜人性或物种损失不能简单地用货币来表示。这可以通过侧重于那些可能特别受到全球变暖损害的方面来说明。其中，大多数方面是在处于维持生存水平的发展中国家。他们将发现自己的土地不再能够维持生活，因为这些土地由于海平面上升或干旱扩大而丧失。因此，他们将希望迁移，从而成为环境难民。据估算，在照常排放情景下，到2050年，由于全球变暖影响而搬迁的人口总数可能达到1.5亿人（或平均每年约300万人）。其中，大约1亿人是由于海平面上升和沿海洪涝，5000万人主要是由于干旱发生率和干旱区地点引起的农业生产的错位[78]。根据估算，每年重新安置300万搬迁人口（假设这可能发生）的成本为每人1000～5000美元，即每年大约100亿美元[79]。然而，估算的重新安置成本并未包括（正如研究人员本身所强调的）与搬迁相关的人力成本，同样也没有包括当大量人口因失去其谋生手段而受到严重扰乱所引发的社会和政治不稳定。这些影响可能非常之大。

在上面的总成本估算中没有考虑的第二个因素是长期影响，它们只是针对到21世纪中叶等效二氧化碳浓度加倍情景下的气候变化影响。在21世纪末之后不久，在更高的二氧化碳排放情景下（换言之，如果未采取强有力的措施来减少排放），等效二氧化碳浓度将出现再一次加倍，并将继续增加。随着二氧化碳浓度第二次有效加倍发生的气候变化，其影响的严重程度将远远高于第一次加倍的影响[80]。《斯特恩报告》考虑了这些情况（见注释窗），并估算出照常排放（BAU）情景下气候变化的总成本相当于当前全球人均消费从现在起将永远减少5%～20%，并且很可能是在这一范围的上限部分，而且更多的损失将由穷国来承担。

可能在一个世纪以后发生的影响不太容易引起我们的注意。可是，由于某些温室气体的存留时间很长，由于气候系统具有长久的记忆，由于某些影响可转变成不可逆的，并且由于人类活动和生态系统需要花时间来响应和改变进程，因此，我们必须考虑更长的时期。关注长期影响还要考虑具有重大或未知影响的通常被称为"奇异事件"[*]或不可逆事件发生的可能性。本章或前几章曾提到过其中的一些事件。表7.5 给出了这些事件的例子。显然，很难提供有关这类事件发生概率的定量估算。不过，重要的是不要忽略它们。一个最新研究[81]为这些事件指定了一个潜在的损害成本，对于2.5℃的增暖，约为GWP的1%；对于6℃的增暖，约为GWP的7%。这些计算结果自然是基于高度推测性的假设，但是在这个特别的研究中，"奇异事件"意味着对整体成本贡献最大。

表7.5　奇异非线性事件及其影响的实例[a]

单独事件	因果过程	影响
温盐环流（THC）的非线性响应	热力和淡水强迫的变化可能导致北大西洋THC完全关闭或在拉布拉多和格陵兰海域部分关闭。在南部海洋，南极底层水的形成可能关闭。这类事件可以由模式来模拟，也可在古气候记录中发现。	对海洋生态系统和渔业可能产生严重的后果。完全关闭将导致深海停滞，从而降低深海含氧量和碳摄入量，影响海洋生态系统。它还意味着西北欧的热平衡和气候将发生重大变化。
西南极冰盖（WAIS）的解体	由于位于海底，WAIS可能对气候变化很脆弱。它的解体可能使全球海平面上升4～6 m。21世纪不可能发生由这种原因引起的海平面大幅上升。	迅速的海平面大幅上升将超过大多数沿海地区结构和生态系统的适应能力。
碳循环的正反馈	气候变化可能降低当前海洋和生物碳汇的效率。在一些情况下，生物圈可能成为一个碳源[b]。 天然气水合物储藏也可能变得不稳定，从而向大气释放出大量的甲烷。	大气二氧化碳浓度迅速且无法控制的增加，以及由此引起的气候变化将会加大所有影响的程度，从而强烈地限制了适应的可能性。
由于气候变化多重影响造成的环境难民和冲突引发的国际秩序不稳定	气候变化本身或者与其他环境压力相结合可能会使发展中国家的资源匮乏更加恶化。这些影响是极端非线性的，具有超过因果链上每个环节的关键阈值的潜力。	这可能产生严重的社会影响，反过来又可能引发一些冲突，包括国家之间的资源稀缺纠纷，种族群体之间的冲突，以及内乱和暴动，这些冲突都会对发达国家的安全利益产生潜在的严重影响。

---

[*] 这包括第六章中讲到的意外事件——校者注

[a] 最近的评论见Soloman et al. (eds.) Climate Change 2007: the Physical Science Basis中常问的问题10.2，第818-819页。

[b] 见第44—45页第3章关于气候碳循环反馈的注释窗。

表7.6　极端天气气候事件变化所引起的影响实例[b]

现象和变化趋势	基于SRES情景预估的21世纪可能的未来趋势	按行业/部门预估的主要影响实例			
		农业、林业和生态系统	水资源	人类健康	工业、人居环境和社会
多数大陆地区冷昼、冷夜偏暖、偏少，热昼、热夜偏暖、偏多	几乎可以肯定[a]	偏冷环境下产量增高；偏暖环境下产量降低；病虫害多发	影响依赖于融雪的水资源；影响某些水供应	因寒冷环境减少导致死亡率降低	供暖能源需求降低；制冷能源需求增高；城市空气质量下降；由冰雪造成的运输中断减少；影响冬季旅游
暖期/热浪：在多数大陆地区发生频率增加	很可能	热胁迫造成偏暖地区产量下降；发生野火危险增大	水需求增长；水质问题，如藻类大量繁殖	与热有关的死亡风险增大，特别是老年人、慢性病人、幼童和独居者	温暖地区无适当住宅者生活质量下降；影响老年人、幼童和穷人
强降水事件：多数地区发生频率增加	很可能	农作物受损；土壤侵蚀，土壤涝渍导致无法耕种	对地表水和地下水水质有不利影响；供水受到污染；水短缺或许得到缓解	死亡、受伤、传染病、呼吸疾病和皮肤病、创伤后压抑症候群的风险增大	洪水破坏人居环境、商业、运输和社会；对城乡基础设施造成压力；财产损失
受干旱影响的地区增加	可能	土地退化，产量降低/农作物受损和歉收；牲畜死亡增加；野火风险增大	更大范围的缺水压力	粮食和水短缺的风险增大；营养不良的风险增大；水源性和食源性疾病的风险增大	人居环境、工业和社会的水分供应短缺；水力发电潜力降低；潜在的人口迁移
强热带气旋活动增强	可能	农作物受损；树木风倒（连根拔起）；珊瑚礁受损	断电造成公共供水中断	死亡、受伤、水源性和食源性疾病、创伤后压抑症候群的风险增大	遭受洪水和强风的破坏；在脆弱地区，私营保险公司撤出保险覆盖；潜在的人口迁移；财产损失
由极高海平面所引发的事件增多(不含海啸)[c]	可能[d]	灌溉用水、江河入海口和淡水系统盐碱化	海水倒灌导致可用淡水减少	洪水致死、致伤的风险增大与迁移有关的健康影响	海岸带保护的成本对土地利用重新安置的成本；潜在的人口与基础设施的迁移；另参见上述热带气旋一栏

---

[a] 见第4章注释[1]的详细说明。
[b] 这些实例没有考虑适应能力的发展。
[c] 极端高海平面取决于平均海平面和区域天气系统，定义为给定基准期某站观测到的海平面小时值最高1%的值。
[d] 在所有情景下，预计2100年全球平均海平面高于基准期。未评估区域天气系统变化对极端海平面的影响。

总结

- 气候变化的主要影响是由于海平面上升、增温和热浪以及平均来说更强烈的水文循环所导致的更加频繁和严重的洪水、干旱和风暴引起的（见表7.6，极端事件的影响概述）。

- 目前，环境正以许多方式发生退化，如地下水的过度抽取、土壤流失或荒漠化。全球变暖将加速这些退化。

- 为了应对气候变化影响，必须采取适应措施。在许多情形下，这将涉及基础设施的变化，如新的海洋防御设施或水分供给系统。气候变化的许多影响都将是不利的，即使在长时期内这些影响能转变成有利的，但在短时期内，适应过程将主要产生负面影响，并且需要费用。

- 通过对不同作物和农业措施的适应，初步表明，全球粮食生产总量可能不会受到气候变化的严重影响。当然，这些研究并未考虑气候极端事件的可能影响。然而，人口增长和气候变化的结合意味着发达国家和发展中国家人均粮食供给的差异将变得更大。

- 气候变化的可能速率也将对自然生态系统产生严重影响，尤其是在中、高纬度地区。特别是，森林将受到气候强迫增加的影响，造成大面积的枯萎和生产力的减少，与之相关的是额外二氧化碳排放的正反馈。在一个变暖的地球上，较长时间的热胁迫将影响人类健康，较高的温度也将有助于某些热带疾病如疟疾向新的地区传播。

- 经济学家尝试以货币来估算大气二氧化碳浓度加倍引起的气候变化影响的年平均成本。如果允许的话，加上极端事件的影响，对于发达国家，估算值通常约为其GDP的1%～4%；而对于许多发展中国家，估算值则为GDP的5%～10%甚至更多。后面的章节将把影响成本与采取行动以减缓全球变暖或降低变暖幅度的成本相比较。然而，货币成本估算方面的这些尝试仅仅代表了必须包括人力成本的总体影响的一部分，例如，一些影响将带来重大的社会和政治破坏。尤其是，据估算每年将新增多达300万的环境难民，到21世纪中叶将超过1.5亿人。迫切需要对这些估算值及其所基于的假设进行改进。

- 对总体影响的估算需要考虑更长的时期。《斯特恩报告》估算的继续照常排放（BAU）的成本相当于人均消费从现在起将永远减少5%～20%，并且很可能是在这一范围的上限部分，而且更多的损失将由穷国来承担。

然而，许多人会问：为什么我们应该关心未来的地球状态？我们不能把它留给后人解决下一章将就关心未来以及现在地球上会发生什么这一问题，给出我个人的一些主要想法。

思考题

1. 查明你所在地区的水分供应和利用（如生活、农业、工业用水等）。未来50年由于人口变化或农业和工业变化导致的水分利用趋势是什么？增加水分供给的可能性是什么？它们将如何受到气候变化的影响？

2. 找出你所在地区当前面临的环境问题，例如沉积引起的海平面上升、地下水的过度利用、影响森林的空气污染等。气候变化有可能使其中哪些环境问题更加恶化？尝试评估这种影响的程度。

3. 确定未来100年里气候变化对你所在地区可能产生的影响，并尽可能使这些影响定量化。尝试对每种影响所造成的损失成本进行估算。适应能在多大程度上减少每种影响造成的损失？

4. 根据第6章的资料，对21世纪中叶典型的北半球北部森林地区的可能气候变化进行估算；然后根据图7.16估算每种树木生产力的可能损失。

5. 估算格陵兰和南极冰帽中冰的总体积。在末次间冰期海平面升高6 m时，有多少冰可能发生了融化？

6. 过去，人类社会已经适应了许多变化，包括气候的一些变化。因此，有时候人们辩解说，由于没有充分考虑人类的适应性，所以可能高估了未来气候变化影响所造成的损失。你同意吗？

7. 在经济学成本—效益分析中，往往需要给"统计生命"[81]附加一个价值。这并不是对人类生命本身进行估价，而是人类某个群体平均的死亡风险的变化。尝试进行这种估价的一种方法是，考虑一个人作为一个经济主体能够生产的经济产出。然而，首选的方法是，在个人愿意为死亡风险变化支付或接受多少的基础上，对统计生命进行估价。这种方法往往在发达国家和发展中国家之间产生差别非常大的估价。你认为这种方法是否站得住脚？给出五个你认为包括人类统计生命的估价是有益的特别是环境问题的分析实例。确定在不同情况下的价值。在你的例子中是否存在公平问题？

8. 在运输部门，日益增加的以生物燃料替代汽油或柴油的需求正在导致越来越多的土地用于种植生物燃料作物。请确定可能需要多少土地以及与其他作物（如粮食或森林）的竞争程度，并提出促进可持续土地利用的建议。

▶ 扩展阅读

Solomon, S., Qin, D., Manning, M., Chen, Z., Marquis, M., Averyt, K. B., Tignor, M., Miller, H. L. (eds.) 2007. Climate Change 2007, The Physical Science Basis. Contribution of Working Group I to the Fourth Assessment Report of the Intergovernmental Panel on Climate Change. Cambridge: Cambridge University Press.
Technical Summary (summarizes the basic science and climate projections)
Chapter 10 Global climate projections (including temperature, precipitation, and sea level)
Chapter 11 Regional climate projections
Parry, M., Canziani, O., Palutikof, J., van der Linden, P., Hanson, C. (eds.) 2007. Climate Change 2007: Impacts, Adaptation and Vulnerability. Contribution of Working Group II to the Fourth Assessment Report of the Intergovernmental Panel on Climate Change. Cambridge: Cambridge University Press.
Technical Summary
Chapter 3 Fresh water resources
Chapter 4 Ecosystems
Chapter 5 Food, fibre and forest products
Chapter 6 Coastal systems and low-lying areas
Chapter 7 Industry, settlement and society
Chapter 8 Human health
Chapter 9 to 16 Impacts on different world regions
Chapter 17 Adaptation practice
Chapter 19 Key vulnerabilities and risk
Chapter 20 Climate change and sustainability
Cross-chapter case studies: C1 The mpact of the European 2003 heatwave; C2 Impacts of climate change on coral reefs; C3 Megadeltas: their vulnerabilities to climate change; C 4 Indigenous knowledge for adaptation to climate change.
Schellnhuber, H. J., Cranmer, W., Nakicenovic, N., Wigley, T. Yohe, G. 2006. Avoiding Dangerous Climate Change. Cambridge: Cambridge University Press. Contributions to a conference on mpacts, vulnerabilities, adaptations and solutions.
World Resources Institute www.wri.org. 其气候资料目录（如温室气体排放）很有价值。
UNEP 2007. Global Environmental Outlook (GEO-4) - 关于环境退化的全面评估和目录。

注释

[1]   关于气候变化影响的综合评述，参阅Parry et al. (eds.) Climate Change 2007: Impacts.

[2]   源自Summary for policymakers in McCarthy, J. J., Canziani, O., Leavy, N. A., Dotten, D. J., White, K.S. (eds.) 2001. Climate Change 2001: Impacts, Adaptation and Vulnerability. Contribution of Working Group II to the Third Assessment Report of the Intergovernmental Panel on Climate Change. Cambridge: Cambridge University Press；还可参阅Parry et al. (eds.) Climate Change 2007: Impacts.

[3]   参阅如Global Environment Outlook GE04 (UNEP Report). 2007. Nairobi, Kenya; UNEP。还可参阅Goudie, A. 2000. The Human Impact on the Natural Environment, fifth edition. Cambridge, Mass: MIT Press.

[4]   Bindoff, N., Willebrabd, J. et al. Observations: Oceanic climate change and sea level, Chapter 5, in Parry et al. (eds.) Climate Change 2007: Impacts.

[5]   Lowe, J. A. Gregory, J. M. 2006. Journal of Geophysical Research, 111, C11014, doi: 10.1019/2005JC003421.

[6]   Christoffersen, P. Hambrey, M. J. 2006 Is the Greenland ce sheetin a state of collapse? Geology Today, 22, 98-103.

[7]   Hansen, J. et al. 2007. Climate change and trace gases. Philosophical Transactions of the Royal Society A, 365, 1925-54.

[8]   Pfeffer, W. T., Harper, J. T., O' Neel, S. 2008. Science, 321, 1340-3.

[9]   Witze, A. 2008. Nature, 452, 798-802.

[10] Lowe and Gregory 2006.

[11] 更详细的信息参阅Nicholls, R. J., Wong, P. P., et al. Coastal systems and low-lying areas, Chapter 6, in Parry et al. (eds.) Climate Change 2007: Impacts.

[12] 参考文献同上，Cross-Chapter case studies. C3 Megadelta.

[13] 关于气候变化对孟加拉国影响的全面论述参阅Warrick, R. A., Ahmad, Q. K. (eds.) 1996. The Implications of Climate and Sea Level Change for Bangladesh. Dordrecht: Kluwer.

[14] Nicholls, R. J., Mimura, N. 1998. Regional ssues raised by sea level rise and their policy mplications. Climate Research, 11, 5-18.

[15] Broadus, J. M. 1993. Possible mpacts of, and adjustments to，sea-level rise: the case of Bangladesh and Egypt. In

[16] Warrick, R. A., Barrow, E. M., Wigley, T. M. L. (eds.) 1993. Climate and Sea-Level Change: Observations, Projections and Implications. Cambridge University Press. pp. 263-75. 注意，由于海洋结构的变化，各地的海平面上升并不相同。在孟加拉国，海平面上升可能略高于平均值（参见Gregory, L. M. 1993. Sea level change underincreasing CO_2 in a transient coupled ocean-atmosphere experiment. Journal of Climate, 6, 2247-62）.

[16] 参见Warrick and Ahmad (eds.) The Implications of Climate and Sea Level Change, Chapter 4.

[17] Broadus, in Warrick et al. (eds.) Climate and Sea-Level Change, pp. 263-75.

[18] Milliman, J. D. 1989. Environmental and economic mplications of rising sea level and subsiding deltas: the Nile and Bangladeshi e ample. Ambio, 18, 340-5.

[19] 源自标题为Climate Change due to the Greenhouse Effect and ts Implications for China, 1992. Gland, Switzerland: Worldwide Fund for Nature的报告.

[20] Day, J. W. et al. 1993. Impacts of sea-level rise on coastal systems with special emphasis on the Mississippi river deltaic plain. In Warrick et al. (eds.) Climate and Sea-Level Change, pp. 276-96.

[21] Clayton, K. M. 1993. Adjustment to greenhouse gasinduces sea-level rise on the Norfolk coast: a case study. In Warrick et al. (eds.) Climate and Sea-Level Change, pp. 310-21.

[22] Nicholls, R. J., Mimura, N. 1998. Regional ssues raised by sea level rise and their policy mplications. Climate Research, 11, 5-18. 还可参阅de Ronde, J. G. 1993. What will happen to the Netherlands f sea-level rise accelerates? In Warrick et al. (eds.) Climate and Sea-Level Change, pp. 322-35.

[23] 参阅Nurse, L., Sem, G. et al. 2001. Small sland states. Chapter 17, in McCarthy et al. (eds.) Climate Change 2001: Impacts.

[24] Bijlsma, L. 1996. Coastal zones and small slands. In Watson R. T., Zinyowera, M. C., Moss, R. H. (eds.) 1996. Climate Change 1995: Impacts, Adaptations and Mitigation of Climate Change: Scientific-Technical analyses. Contribution of Working Group II to the Second Assessment Report of the Intergovernmental Panel on Climate Change. Cambridge University Press.

Chapter 9.

[25] McLean, R. F., Tsyban, A. et al. 2001. Coastal zones and marine ecosystems. In McCarthy et al. (eds.) Climate Change 2001: Impacts. Chapter 6.

[26] 源自Watson, R. and the Core Writing Team (eds.) 2001. Climate Change 2001: Synthesis Report. Contribution of Working Groups I, II and III to the Third Assessment Report of the Intergovernmental Panel on Climate Change. Cambridge University Press中的图3.6.

[27] 参见Shiklomanov, I. A., Rodda, J. C. (eds.) 2003. World water Resources at the Beginning of the Twenty-first Century. Cambridge: Cambridge University Press中的表11.8.

[28] Kundzewicz, Z. W., Mata, I. J. et al., Fresh water resources and their management. Chapter 3, in Parry et al. (eds.) Climate Change 2007: Impacts.

[29] 引自Geoffrey Leanin "Troubled waters", in the color supplement to the Observerinewspaper, 1993年7月4日.

[30] Betts, R. A. et al. 2007, Nature, 448, 1037-41.

[31] 除最后一点外，都来自Parry et al. (eds.) Climate Change 2007: Impacts的技术摘要第44页框TS.5列表中的高信度项和很高信度项。

[32] 参考文献同上，第3章表3.5.

[33] Waggoner, P. E. 1990. Climate Change and US Water Resources. New York: Wiley.

[34] 参见UNCCD网站: www.unccd.int/.

[35] Solé, R. 2007. Nature, 449, 151-3.

[36] Crosson, P.R., Rosenberg, N. J. 1989. Strategies for agriculture. Scientific American, 261, September, pp. 78-85.

[37] Easterling, W., Aggarwal, P. et al., E ecutive summary, Chapter 5, in Parry et al. (eds.) Climate Change 2007: Impacts.

[38] 国际气候预测研究所建议中的信息。为TOGA项目国际理事会准备的报告, Moura, A. D. (ed.) 1992.

[39] 参见最近的研究Battisti, D. S. and R. L. Naylor, 2009, Science, 323, 240-4.

[40] Reilly, J. et al. 1996. Agriculturein a changing climate. Chapter 13, in Watson et al. (eds.) Climate Change 1995: Impacts.

[41] Easterling, W., Aggarwal, P. et al. Chapter 5, in Parry et al. (eds.) Climate Change 2007: Impacts.

[42] Stafford, N. 2007. Nature, 448, 526-8.

[43] Easterling, W., Aggarwal, P. et al. Chapter 5, in Parry et al. (eds.) Climate Change 2007: Impacts.

[44] 参见Global Environmental Outlook 3 (UNEP Report), 2002. London: Earthscan, pp. 63-5; 还可参见Global Environmental Outlook 4 (GEO 4). 2007. Nairobi, Kenya: UNEP, p.95.

[45] Parry, M. et al. 1999. Climate change and world food security: ainew assessment. Global Environmental Change, 9, S51-S67.

[46] 根据Watson et al. (eds.) Climate Change 2001 : Synthesis report第5.17段。

[47] Miko, U. F. et al. 1996. Climate change mpacts on forests. Chapter 1, in Watson et al. (eds.) Climate Change 1995: Impacts. 还可参见Gitay, H. et al. 2001. Ecosystems and their goods and services. Chapter 5, Section 5.6.3, in McCarthy et al. (eds.) Climate Change 2001 : Impacts.

[48] Gates, D. M. 1993. Climate Change and Its Biological Consequences. Sunderland, Mass.: Sinauer Associates Inc., p. 77.

[49] Cox, P. M. et al. 2004. Amazon dieback under climate-carbon cycle projections for the twenty-first century. Theoretical and Applied Climatology, 78, 137-56.

[50] Melillo, J. M. et al. 1996. Terrestrial biotic responses to environmental changes and feedbacks to climate. Chapter 9,in Houghton, J. T.., Meira Fillo, L. G., Callander, B. A., Harris, N., Kattenberg, A., Maskell, K. (eds.) Climate Change 1995: The Science of Climate Change. Cambridge: Cambridge University Press. 还可参见Miko, U. F. et al. 1996. Climate change mpacts on forests. Chapter 1,in Watson et al. (eds.) Climate Change 1995: Impacts.

[51] Gitay, H. et al. 2001. Ecosystems and their goods and services. Technical Summary, Section 4.3, in McCarthy et al. (eds.) Climate Change 2001: Impacts.

[52] 详见SPM, in Watson et al. (eds.) Climate Change 2001: Synthesis Report, pp. 68-69, 第3.18段。Myers, N. et al. 2000. Nature, 403, 853-8建议, 在所选择的生物多样性特别丰富的地方进行集中保护。关于估计全球变暖对生物多样性影响的问题, 参见Botkin, D. B. et al. 2007. BioScience, 57, 227-36.

[53] 源自Tegart, W. J., McG. Sheldon, G. W., Griffiths, D. C. (eds.) 1990. Climate Change: IPCC Impacts Assessment. Canberra: Australian Government Publishing Service, pp. 6-20. 尽管这一陈述是在1990年作出的，但在2007年它依然是正确的。

[54] Sale, P. F. 1999. Nature, 397, 25-7. 更多关于珊瑚生物多样性的信息可从世界资源研究所网站获取：www.wri.org/wri/marine.

[55] 更多关于对珊瑚影响的信息参见珊瑚的特别章节，pp. 850-7, in Parry et al. (eds.) Climate Change 2007: Impacts.

[56] Turly, C. et al. 2006. Reviewing the mpact ofincreased atmospheric CO_2 on oceanic pH and the marine ecosystem. In Schellnhuber, H. J. (ed.) Avoiding Dangerous Climate Change. pp. 65-70.

[57] Fischlin, A., Midgley, G. F. et al. Chapter 4, p. 213 in Parry et al. (eds.) Climate Change 2007: Impacts.

[58] Kalkstein, I. S. 1993. Direct mpactin cities. Lancet, 342, 1397-9.

[59] 有关印度的资料来自印度能源研究所的拉金德拉·帕乔里博士。有关欧洲的资料来自日内瓦世界气象组织。

[60] Nicholls, N. 1993. El Nino-Southern Oscillation and vector-borne disease. Lancet, 342, 1284-5. 第5章描述了厄尔尼诺周期。

[61] 这一陈述源自决策者摘要，第9章，in Parry et al. (eds.) Climate Change 2007: Impacts.

[62] 项目符号列表源自注释窗TS6，技术摘要，参考文献同上。星号的含义：***很高信度（90%以上的机率是正确的），**高信度（大约80%的机率是正确的），*中等信度（大约50%的机率是正确的）。

[63] 关于适应的更详细讨论见第20.8节，参考文献同上。

[64] 参见《全球环境展望3》（UNEP报告），2002。London: Earthscan, pp. 274-5.

[65] 作为有关救灾进展的一个例子，国际红十字会在荷兰成立了一个气候变化机构。

[66] 1999年PAHO报告的结论和建议：重新评价"乔治"和"米奇"飓风准备工作和应对行动的会议，引自McMichael, A. et al. 2001. Human health. Chapter 9, in McCarthy et al. (eds.) Climate Change 2001: Impacts.

[67] 《全球环境展望3》，第272页。

[68] 斯特恩评论，第5章。

[69] Box 7.4, in Parry et al. (eds.) Climate Change 2007: Impacts.

[70] Dlugolecki, A. 2006. Thoughts about the mpact of climate change oninsurance claims. In Climate Change and Disaster Workshop. Hohenkammer, Germany www.eetd.lbl.gov/insurance/.

[71] Cline, Fankhauser, Nordhaus and Tol所作的研究, in Pearce, D. W. et al. 1996. The social costs of climate change. Chapter 6, in Bruce, J., Hoesung Lee, Haites, E. (eds.) 1996. Climate Change 1995: Economic and Social Dimension of Climate Change. Cambridge: Cambridge University Press.

[72] 对于CO_2当量，这有可能发生在21世纪中叶左右，参见第6章。

[73] Stern Review, Chapter 6.

[74] Smith, J. B. et al. Vulnerability to climate change and reason for concern: a synthesis. Chapter 19, Box 19,in McCarthy et al. (eds.) Climate Change 2001: Impacts.

[75] 详见Hope, C. 2005. Integrated assessment Models. In Helm, D. (eds.) Climate Change Policy. Oxford: Oxford University press, pp. 161-2.

[76] Stern Review, Chapter 6, pp. 161-2.

[77] 参考文献同上，Chapter 6, pp. 161.

[78] Myers, N., Kent, J. 1995. Environmental Exodus : An Emergent Crisisin the Global Arena. Washington, DC: Climate Institute; 还见Adger, N., Fankhauser, S. 1993. Economic analysis of the greenhouse effect: optimal abatement level and strategies for mitigation. International Journal of Environment and Pollution, 3, 104-19.

[79] Adger and Fankhauser, 1993.

[80] Cline, W. R. 1992. The Economics of Global Warming. Washington, DC: Institute for International Economics, Chapter 2.

[81] Nordhaus, W. D., Boyer, J. 2000. Warming the World: Economic Models of Global Warming. Cambridge, Mass: MIT Press, pp. 87-91.

[82] 例如，参见Pearce, D. W. et al.,in Bruce et al. (eds.) Climate Change 1995: Economic and Social Dimensions.

我们为什么要关心气候变化呢？

在 **前文中**我已经向大家描述了人类活动所导致的气候变化——这种变化已经发生并且还在继续——及其对全世界各个方面的影响。但是较大幅度的变化和灾难性的变化似乎还是几十年之后的事。那么问题就产生了——我们为什么要关心气候变化呢？如果真的关心，那么我们对整个地球以及栖息在地球上的各种形态的生命，还有人类的子孙后代肩负着什么责任呢？而且我们所掌握的所有科学知识是否与其他和我们的生存环境有关的认识——如伦理道德层面的或者宗教信仰层面的认识——相一致呢？在这一章，我想从全球变暖的细节考虑中跳出来，简要地探索一下这些基本问题，并给出我个人对这些问题的看法，当然，后面我们还要回到全球变暖这个话题上来。

濒临失衡的地球

阿尔·戈尔（Al Gore），美国克林顿政府的副总统，将他自己写的一本有关环境方面的著作冠名曰《平衡中的地球》（*Earth in the Balance*）[1]，意味着在环境中有许多平衡是必须要保持的。一小片热带雨林就控制着一个拥有成千上万种动植物物种的生态系统，每一个物种都在自己的生态位上繁盛成长，同时又与其他物种保持着密切的制衡关系。对于较大区域或者对于地球整体来说，保持各种平衡也同样重要。这些平衡可能会处于高度不稳定状态，特别是在那些受到人类影响的地区。

雷切尔·卡森（Rachel Carson）是最早指出这一观点的学者之一，她在1962年出版的《寂静的春天》（*Silent Spring*）[2]一书中就讲述了农药对环境的破坏性影响。人类是全球生态系统中一个非常重要的组成部分；由于人类活动的规模和范围持续地逐步升级，所以有可能对自然界总体平衡产生严重的扰动。上一章我们已经给出了一些这方面的例子。

重要的是，我们要认识到这些平衡，特别是人与周围自然环境之间的缜密关系。这种关系必须是平衡的、和谐的，也就是说，每一代人都应该给下一代留下一个更好的地球，或至少要像他们接手时的状态一样好。人们经常用"可持续性"这个词来描述这种观点，政治家称其为"可持续发展"，这个词的概念我们将在第9章（第247页的注释窗）来定义，并在第12章（第353页）进行深入分析。可持续发展原则及其蕴含的人与自然之间的和谐关系，在1992年6月于巴西里约热内卢召开的联合国环境与发展大会上被置于重要位置。大会发表的《里约宣言》共27条原则，第一条原则就是"人类处于可持续发展问题的中心。他们有权与自然界和谐相处、过上健康而富裕的生活[3]。"

然而，尽管联合国等机构有了这样的原则声明，但我们通常对待地球的许多态度却并不是平衡的、和谐的、可持续的。下面概要地介绍其中的几种。

过度开采

人类开发地球和地球资源已有几百年的历史了。随着200多年前工业革命的开始，人类就开始开采地球的矿物资源。从那时起，由原始森林历经腐朽并埋在地下几百万年之后而形成的煤，便成了新工业发展的主要能源；炼钢用的铁矿石的开采量大幅度上升；为了寻找锌、铜和铅等其他金属，人们不断提高开采强度，到现在每年的开采量都达到几百万吨。1960年前后，石油超越煤成为全世界最主要的能源；迄今，石油和天然气供应的能源是煤的两倍还多。

我们不仅一直在开采地球上的矿物资源，还一直在破坏着地球上的生物资源。为了开垦农田和建造房屋，我们已经砍伐了相当大面积的森林。在各种森林资源中，热带雨林又具有特别的价值，它对于保持热带地区的气候环境非常重要，据估计，在地球所有的生物物种中，可能有一半左右的物种生活在热带雨林中。然而，在短短几百年时间里，热带雨林的立地面积已经减少了一半左右[4]。实际上，按照当前的破坏速度，到21世纪末，所有的热带雨林将消失殆尽。

化石燃料、矿物资源以及其他资源的使用，给人类带来了巨大的利益。然而，人类进行这类开采活动时，几乎或根本没有考虑对自然资源的这种利用是否是一种负责任的做法。在工业革命初期，人们认为自然资源似乎是取之不尽用之不竭。后来，一种资源用完了，又有其他资源可以用来替代其位置。甚至到现在，对于大多数矿物资源来说，新资源发现的速度也快于现有资源使用的速度。但是能源资源不断增多的这种形势不可能一直持续下去。许多已知储量甚至可能的储量在未来一百或几百年里将消耗殆尽。这些资源已经在地下埋藏了没有几十亿年也有几百万年。大自然花了大约上百万年才制造出这些现在我们在世界各地每年都使用的化石燃料，而且与此同时，我们还使地球气候发生了快速的变化。这种开采水平显然是失衡的、不和谐的，也是不可持续的。

"回归自然"

与此几乎完全相反的另一种态度认为，我们应该选择一种近乎原始的生活方式，而且要放弃大部分的工业和集约农业——那样我们就把时钟有效地回拨了二三百年，拨到了工业革命之前。这听上去非常有诱惑力，有些人显然可以开始过这种生活。但这凸显出两个问题。

第一个问题是缺乏可行性。如今的世界人口大约是200多年前的6倍，50年前的3倍。如果没有合理集约规模的农业以及现代的食物分配方法，就不可能养活全世界这么多人口。此外，如果让大多数人在毫无准备的情况下就失去了供电、集中供暖、冰箱、洗衣机、电视等技术支持，那么所谓自由、兴趣和

金蟾蜍是一种生活在哥斯达黎加仅5 km²范围的两栖动物，据信如今已经灭绝。有些人认为，金蟾蜍是第一批可以明确地将其灭绝归咎于全球变暖的生物物种中的一个。这些蟾蜍只在4—5月份的几周时间内交尾，而且其是否产蛋还要取决于那一阶段雨水的季节变化。相邻海域海面温度升高是由于金蟾蜍的栖息地温带雨林降水减少且总体环境变干

娱乐等就大都变成想当然了。而且，发展中国家也有越来越多的人在利用和享受这些先进技术，使生活不再枯燥，使人类更加自由。

第二个问题是这种理念没有考虑人类的创造性。人类科学和技术的发展不会在历史的某一个节点上停滞不前，也就是说，科学技术不会到了某一阶段就再无发展进步的余地了。在人类与环境之间寻求平衡必须为人类的创造性实践留出空间。

因此，我们认为"回归自然"的观点既不平衡也不可持续。

技术修复

对待地球的第三种普遍态度是寄希望于"技术修复"。几年前，美国一位环境高级官员跟我说："我们不能因为气候变化可能发生的概率而改变生活方式，我们只需要修复生物圈就行了。"他所推想的技术修复是否得到了证明目前尚不清楚，但他想表达的一种思路是，在过去的岁月里，人类在研发新技术解决生产生活现实问题方面取得了显著成效，是不是就可以推想今后仍然可以继续走这条路呢？因为关心未来，所以我们要转入探索"修复技术"，以满足未来的需求。

表面上看，"技术修复"路径可能听起来是一种很好推进的方式；它既不要求做太多的努力，又不需要深谋远虑。它暗含着人们可以在灾难发生时对其进行纠正而不是从一开始就避免其发生。但现实是人类活动造成的环境灾难正在引发许多问题。就像是我在照顾家庭的问题上，决定不去实施那些维护性方案，而是等故障发生后再行补救。对于我的家庭来说，这种选择风险非常大，比如，电路故障极易引起灾难性的火灾。用类似的态度对待地球同样属于

既固执又不负责任，因为他们没有认识到自然界对于目前人类活动所能造成的巨大变化的脆弱性。

科学技术在帮助人类保护地球方面具有巨大的潜力，但人们也必须以一种慎重的、平衡的、负责任的方式来使用科学技术。"技术修复"方法既不平衡又不可持续。

同一个地球

我们前面介绍的几种态度，其共同特征是与地球之间的关系不平衡或不和谐，从而使人类社会不能可持续发展；现在我则要介绍另一种态度，它们完全能够应对我在本书中谈到的问题——即以惊人的速度毁灭物种而危及地球生态系统，同时危及地球上的大多数人口，特别是那些已经处于贫困状态、生活水平极其低下的人群。这种态度也必然代表了我们所有人肩负的诸多责任，不仅是我们彼此之间负有责任，而且是我们对所有生命这一更大范畴所担负的责任。毕竟，我们人类只是所有生命的一部分。对于这一点已经有了很好的科学认知。我们越来越意识到，我们对自然界的其他部分以及对存在于不同生命形式之间、存在于地球上各种生命系统与生命周围的物理和化学环境之间，甚至存在于我们自身与宇宙空间之间的相互作用关系，具有极强的依赖性。

在希腊大地女神之后出现的盖娅科学假说就是强调这些相互作用关系的，詹姆斯·洛夫洛克（James Lovelock）曾着力宣传这一假说[5]。洛夫洛克指出，地球大气中的化学成分与距我们最近的两个星球——火星和金星——上的大气成分有很大的不同。在火星和金星上，大气层中除了一些水汽之外，剩下的几乎是纯净的二氧化碳。而地球大气则有78%的氮气、21%的氧气以及只有0.03%的二氧化碳。就其主要成分来说，这种混合物在过去数百万年几乎保持不变——当人们认识到这个事实的时候非常惊讶，因为地球大气是一种混合物，完全不处于化学平衡状态。

地球上这种完全不同的大气因为生命的出现而发生了变化。在生命史早期，地球上出现了植物，植物通过光合作用吸收二氧化碳并制造氧气。继之而来的是其他生命系统的"呼吸"——吸入氧气并释放二氧化碳。因此，生命的存在影响并有效地控制和适应了它们的生存环境。这是一个环境与生命需求及发展之间密切配合的过程，洛夫洛克使我们注意到了这个看上去极不寻常的过程。他举了很多例子，我引用其中一个有关大气中氧气的例子。氧气浓度与林火发生频率之间存在一种重要的联系[6]。当氧气浓度低于15%时，即使是非常干燥的小树林，林火也烧不起来。但如果氧气浓度超过25%，即使是在非常潮湿的热带雨林，林火也会烧得非常猛烈。一些物种要依靠林火生存，比如，有些针叶树需要利用林火的热量来使其种籽从籽荚中脱落。由此可以看出，氧气浓度超过25%会使森林不复存在，而低于15%又会使能够让森林再生的林火荡然无存，因此，21%的氧气浓度是很理想的。

正是这种关联使洛夫洛克认为，组成世界上各种生命系统的各种生物与其生存环境之间具有密切的相互作用。他曾提出过一个简单的假想世界模型，取名叫"雏菊世界"（见224页注释窗），专门描述能够造成这种相互作用和施加控制作用的各种反馈机制。这个模型与他为描述地球在约35亿年前刚刚出现原始生命后的第一个10亿年间所经历的生物史和化学史时所提出的模型类似。

当然，现实世界比雏菊世界要复杂得多。这也是盖娅假说之所以招致众多争论的原因。洛夫洛克在1972年第一次将该假说描述为"生命或者生物圈将气候和大气成分调制或维持在对其自身而言最适宜的状态"[7]。在他后来的著作中，他在地球和生物体之间引入了类比方法，以介绍一门他称之为地球生理学（geophysiology）[8]的新科学——最近的一本书冠名为《盖娅：行星医学的实践科学》（*Gaia: The Practical Science of Planetary Medicine*）。

像人这样的高级生物在控制不同生物之间的相互作用或者控制其自我调制过程时具有许多固有机制。洛夫洛克提出，地球上的各种生态系统以一种相似的方式与其物理和化学环境发生密切的相互作用，可以将这些生态系统和它们的环境认为是一种具有整体"生理"的有机物。从这个意义上来说，他相信地球是"活的"。

人们对自然界控制和适应环境的各种复杂的反馈机制并无异议，但许多科学家认为洛夫洛克将各种生态系统和它们的环境认为是一种简单的有机物还是走得太远了。尽管盖娅理论促进了很多科学争论和研究，但它仍然只是一种假说[9]。不过，这些争论的确强调了所有生命系统与其生存环境之间的相互作用——即生物圈这一系统自身存在大量的自我控制机制。

盖娅假说中暗含着这样一个观点：地球的各种反馈和自我调制功能非常强，我们人类毋需为我们制造的污染负责——盖娅女神有足够的控制力来应对我们可能做的一切事情。但是，这种观点没有认识到，在考虑人类可持续发展时，重大扰动特别是环境的脆弱性对地球系统的影响。这里我们援引洛夫洛克的一段描述[10]：

在我看来，盖娅既不包容不端行为，像溺爱孩子的母亲，也不在身处险境时孱弱无助，像遭人欺凌的少女。她严格而又坚强，为那些守法者维护着温暖舒适的世界，但对那些违规破坏环境者却毫不留情。她的潜意识目标就是为所有生命维护一个宜居的星球。如果人类妨碍了这一点，那么像会全速冲向目标的洲际弹道核导弹的微电脑显示的一样，我们将被无情地消灭。

盖娅科学假说可以帮助我们重新认识两件事：一是自然界各组成部分的固有价值，二是我们人类对地球和环境的依赖性。比如，迈克尔·诺斯科特（Michael Northcott）指出，盖娅理论认为："所有人类、所有生物都通过地球碳循环而互相联系"[12]。尽管有些人把盖娅理论看成是一种宗教理念，认为它支持古老的宗教信仰，但盖娅理论一直是一个科学理论。世界上许多宗教非常关注人类与地球之间的密切联系。

北美洲土著部族的生活就与地球关系非常密切。当向他们的一个酋长提出请他们出让土地时，酋长会对这种提议非常惊愕，并说："地球并不属于人类，而人类却属于地球。所有的事物都是相互联系的，就像血液把我们所有人都联系在一起一样。[13]"一位古印度人曾说"地球是我们的母亲，我们都是地球的孩子"[14]，也强调了与地球的密切联系。一些与宗教界近距离工作的人士还给出了许多关爱地球的案例，他们以一种平衡的方式在关爱着当地生态系统中的树木和动植物[15]。

伊斯兰教向世人展示了所有环境的价值，比如在先知穆罕默德的格言中有"谁让沉寂的土地充满生机，谁就应因此得到奖赏，因为飞鸟、昆虫和动物都将从这片土地上得到食物，这些都将是上帝的恩泽"，既指出了我们有责任关爱自然环境，也指出我们有责任让所有生命拥有其理应享有的栖身之所[16]。

犹太教和基督教都信奉在《圣经》前几章所讲述的创世的故事，这些故事也强调了人类有责任关爱地球——在本章接下来的篇幅中，我们还会再次提到这些故事。再往后，在《旧约全书》中还给出了具体的规则，让人类保护土地、保护环境[17]。60多年前，坎特伯雷（Canterbury）大主教威廉·坦普尔（William Temple）描述了基督教的精髓，比如"是各大宗教中最唯物的宗教"。由于其最重要的信条是上帝变成了人（耶稣），基督教称之为耶稣基督，因此坦普尔继续宣称，"基督教通过其核心教义最本质的内容而在现实世界和神宗教地位中被转化成一种信念"[18]。对于基督教徒来说，《创世故事》

雏菊世界与地球早期的生命

　　雏菊世界是一个构想的行星世界，这个世界与我们的星球非常相像，它绕轴自转的同时也绕太阳旋转。在雏菊世界里只有雏菊一种生物，有黑白两种颜色。雏菊对温度特别敏感，20℃时长得最好，低于5℃就不再生长，而高于40℃则枯萎甚至死亡。雏菊通过吸收和发射辐射而影响自身的温度：黑雏菊能比白雏菊吸收更多的阳光，也因此比白雏菊更能保持自己的体温。

太阳亮度和温度逐渐升高

图8.1　雏菊世界

　　在雏菊生长的早期（图8.1），太阳温度较低，较适合黑雏菊生长，因为黑雏菊通过吸收阳光可以将其温度保持在20℃左右。而大多数白雏菊则死掉了，因为它们反射阳光，不能使其自身温度保持在阈值温度5℃以上。但在行星后来的演化史上，太阳温度变高了。这时白雏菊也能开花了，两种雏菊都非常茂盛。再后来，随着太阳温度越来越高，白雏菊变成优势物种，因为对于黑雏菊而言环境温度太高了。最终，如果太阳继续升温，甚至连白雏菊也不能保持在阈值温度40℃之下，所有的雏菊就都会死亡。

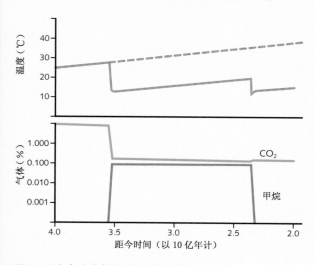

图8.2　洛夫洛克提出的地球早期历史模型

　　雏菊世界是洛夫洛克使用的一个简单模型[11]，旨在说明发生在地球生物系统的非常复杂的各种反馈和自调制过程。

　　在描述地球早期可能发生的生命史时，洛夫洛克提出了一个类似的简单模型（图8.2）。虚线给出了地球在没有生命时假想的温度变化，那时的地球也像现在一样有一个大气层，但其成分大多数是氮气，还有10%左右的二氧化碳。温度逐渐升高是因为这个时期太阳的温度是逐渐升高的。大约在35亿年前开始出现原始生命。在这个模型中，洛夫洛克假定只有两种生命形式：厌氧光合细菌（能够吸收二氧化碳生长但不释放氧气）和分解体细菌（能够把有机体转换成二氧化碳和甲烷）。随着生命的出现，温度就降低了，因为温室气体二氧化碳的浓度降低了。到大约23亿年前，出现了较为复杂的生命形式；大气层中开始出现氧气，而甲烷的丰度却降到一个很小的低值，这导致温度再次降低，因为甲烷也是一种温室气体。这些生物过程的总体影响是使地球温度保持稳定而且较适宜生命的存在。

和《基督转世》两个孪生教义都证明了一件事，那就是上帝对地球和生活在地球上的生灵非常之关注和关爱。

在搜集有关强调人类与其生存环境之间和谐统一的主题时，我们不必局限于地球环境。在更大的范围内，有一种相似的和谐统一观点日渐凸显。一些天文学家和宇宙学家超越了宇宙的范围大小、错综复杂性和精确度，开始意识到，他们对于认识宇宙在约140亿年前大爆炸以来的演变历程的探寻，不仅是科学上的计划，而且是在寻求一种意义[19]。这就是为什么史蒂芬·霍金的专著《时间简史》[20]得以成为当今畅销书的原因。

在这种寻求意义的崭新过程中，出现了一种新的观点，即宇宙是人类在头脑中使用的一种概念——是在系统阐述"人择原理"（一种宇宙哲学，即人类生存限制宇宙论的原则）[21]时所表达的思想。这里要特别指出两点：第一，我们已经看到，地球以一种奇妙的方式使自身适合高等生命生存。宇宙学告诉我们，为了使我们的星球上有可能出现生命，宇宙自身在大爆炸时期以及在其早期历史中，需要"精细地调制"到难以置信的程度[22]。第二，人类自身生存要依赖整个宇宙，但却能够意识到并在某种程度上了解宇宙设计的基本数学结构，这个事实也非同寻常[23]。正如阿尔伯特·爱因斯坦（Albert Ainstein）所指出的："关于宇宙自身，我们最费解的事情却是宇宙是可以认识的。"在盖娅理论中，地球是核心，人类只是地球生命的一部分；而对宇宙学的探索则指出，人类在所有因素中具有特殊的地位。

通过本节的讨论，我们已经认识到，不仅在我们生活的地球上，而且在整个宇宙空间内，以及我们人类在宇宙中占据的这些地方，都存在着固有的统一性和相互依存关系。认识到这一点对于我们对自身的环境采取什么态度极具深意。

环境的价值

环境之于我们人类具有什么价值呢？我们究竟如何来决定哪些环境需要保护，哪些环境需要培育或改善呢？迄今为止，我们讨论这些问题的基础，就是有关各种基本态度或行动的价值或重要性的几个假定，我已经把其中的一些假定与基础环境科学的思想联系起来进行了讨论。但是，在科学与各种价值之间进行这种连接是否合理呢？人们经常说科学本身是不能用价值来衡量的，但科学又不是一种孤立的活动。正如迈克尔·波兰尼（Michael Polanyi）指出的，我们不能把各种科学事实简单地看成是与那些发现这些事实或者将其融入更广阔的知识领域所付出的参与和投入无关的事情[24]。

在科学发展的方法论和实践中有许多价值假定。比如，客观的价值世界有待揭示，科学理论具有简洁性和经济性价值，以及科学家之间的坦诚与合作对于科学事业的发展至关重要。而且，科学进步还要求学术研究相关领域的所有资料和信息均衡协调发展，这样就不致因既定的利益或个人或政治的考虑而走弯路。

我们还可以从本章前文述及的基础科学的观点来讨论价值[25]。比如，我们已经从平衡、相互依存、和谐统一等方面对地球进行了描述。正像我们已经知道的那样，因为所有这些对于地球来说都很重要，所以我们可以将其看成地球的基本价值，而且是值得我们去保护的价值。我们还给出了一些科学证据来说明人类在自然界中具有某种特殊的地位，他们具有专业知识——这也决定了他们还担负着特别的责任。

而抛开科学不谈，我们已经把源于自身基本经历的与环境有关的各种价值认为是人类所共有的。这些价值经常被称作"共享价值"，因为它们对于不同人群——既可以是全人类当中的某个地方社区，也可以是一个国家或直至全球——的所有成员来说是公共资源。一个突出的例子就是地球及其资源的保护，不仅对于我们这一代人而且对于子孙后代都是如此。其他例子还可以包括现在怎样为了当代人的利益使用资源以及在不同社区或不同国家之间如何分享。霍姆斯·罗尔斯顿（Holmes Rolston）指出，在这些范畴的"共享价值"中，"自然的价值"（对自然界进行估价）和"文化的价值"（人与人之间、社会和公众的价值）是联结在一起密不可分的。他写到，"各种价值范畴……是自然价值和文化价值综合影响的必然结果[26]。"

然而，当我们把共享价值的概念应用于现实生活的时候，就出现了各种各样的矛盾。比如，现在我们为了保护后代人的权利应该主动放弃多少价值呢？或者在不同国家之间——如在富国和穷国之间（也经常说成是北南国家之间）——应该怎样分享资源呢？我们人类同其他生物种一起共同享用同一个地球，我们应如何履行自己的责任呢？应该把多少资源用于保护特殊的生态系统或防止物种丧失？在现实世界中我们应该怎样利用公平和公正原则？在不同范围的人群内以及不同人群之间多方开展讨论和交流可以帮助我们对这些共享价值进行定义和使用。

许多共享价值在人类历史上都有其文化和宗教渊源，因此，要讨论这些价值就必须全面认识文化和宗教传统、信仰和假定，它们是我们对伦理的诸多态度和认识的基础。

在我们试图建立各种环境价值的过程中，确认宗教假定有一定的难度，因为宗教信仰与科学观点并不一致。有些科学家坚持认为，只有科学才能基于可证实的证据给出真实的解释，而宗教的主张却无法用客观的方式来验证[27]。但是，另外一些科学家则指出，科学和宗教在表面上的不一致是因为人们对两种方法要解决的问题有曲解，相反，科学和宗教在方法论方面的共同之处比人们通常想象的要多[28]。

科学家一直试图把世界描绘成一幅总体上与科学概念非常吻合的图像。他们正在做出各种努力，使这幅图像尽可能的完备。比如，科学家正在寻求发现一些机制来描述宇宙的精细调制作用（前文曾经提及），即大家熟知的"万能理论"；他们还试图发现另外一些机制以描述生命系统与环境之间的相互依存关系。

但是，科学图像只能描绘我们人类关注的一部分领域。科学解答了"怎么形成"的问题却并没有解答"为什么是这样"的问题。而关于价值的问题大多是"为什么"的问题。尽管如此，科学家也并不是总能清晰地描绘出二者之间的区别。他们研究的动因经常与"为什么"这些问题有关。这也无疑是16世纪和17世纪时期早期科学家的真实想法，他们当中有许多人笃信宗教，他们探索新科学的主要驱动力是认为他们或许能够"仔细地研究上帝的作品"[29]。

阿尔·戈尔所著的《平衡中的地球》[30]一书简明、透彻地讨论了当前人类所面临的环境问题，如全球变暖。书中非常强调的一点是，科学和宗教在探求真理这个问题上应该被看成是互为补充的两种途径。他把我们对环境缺乏认识的大部分原因归咎于现代研究方法，后者往往把科学研究与宗教、伦理问题截然分开。人们在探索科学和技术时经常很超然，完全不考虑伦理方面的影响。"人们可以利用科学知识所产生的崭新力量来支配自然界而不受道德惩戒"[31]，他写到。他继而把现代的技术专家治国论者描述为"精神空虚、缺乏才智，只知其然而不知其所以然"[32]。不过，他还指出，"部分科学界现在有一种强烈的愿望来弥补科学和宗教之间的裂痕"[33]。特别是当我们在认识地球环境问题时，科学研究和技术发明离不开它们的伦理和宗教背景，这一点至关重要。

地球管理员

我一直主张，人类与地球的关系通常可以描述为一种管理关系。我们就是地球的管理员。这个术语意味着，我们正在代表其他一些人履行我们作为管理员的职责，但是我们在代表谁呢？有些环境学家认为毋需对这一问题给出确切回答，还有一些人认为我们是代表子孙后代或者代表全体人类。而有位宗教人士想得更为具体，认为我们是在代表上帝。这位宗教人士还主张，把人类与上帝的关系和人类与环境的关系联系起来，是从另一个视角将后者的关系置于一个更为广阔的、更为完整的背景中，并为环境管理奠定了更为完备的基础[34]。

在犹太基督教传统中，《圣经》前几章创世故事中有一个很有用的管理"模型"——那就是人类是地球的"园丁"。它不仅适用于那些特殊的传统，而且还可以广泛应用。创世故事告诉我们，上帝之所以创造人类，就是为了让人类照看其他生物（所以，人类担任管理员这一思想由来已久），并把人类放在一个大花园——伊甸园中，"修葺它并照看它"[35]。把地上的走兽、天上的飞鸟和其他生物也都送到花园中，让亚当给取名字[36]。给我们留下的印象是，世界上出现的第一个人就是地球的"园丁"——那么作为"园丁"，我们应该做哪些工作呢？我想提请注意四件事：

- 花园为各种生命和人类的再生产供应各种食物、水和其他物质。在《创世记》中，花园还拥有矿物资源："那里的金子闪闪发光；还有散发着香味的树脂和玛瑙"[37]。地球提供许多种资源供人类使用，满足其生存需求。

- 花园是一个很美的地方。伊甸园中的各种树木"很好看"[38]。人类与其他物种在一起和谐相处，并享受着所有生命所提供的各种价值。的确，花园在人类的照料下保持着各种物种的多样性，特别是那些格外脆弱的物种。每年都有数以百万计的公众参观各种公园，而且会专门设计引导他们领略大自然惊人的多样性和叹为观止的美。公园意味着享受。

- 就像在上帝的概念[39]中也就是在《创世记》故事中所描述的那样，花园也是人类可以让自身具有创造力的一个地方。花园里的各种资源具有巨大的潜力。利用多种多样的物种和景观，人类既可以把花园装扮得分外美丽，也可以使其产生生产力。通过实践，人类已经创造了丰富的新植物种，并利用科学技术以及地球上各种不同的资源，为人类的生活和享受创造了各种各样新的前景。然而，对于这种创造潜力，我们必须增强这样的认识，那就是它究竟能够把我们带到哪里去——它既有利也有弊。因此，那些合

伊甸园（Jan Brueghel）

格的园丁会利用很多约束手段来对各种自然过程进行干预。

● 我们还要为了子孙后代的利益保护好花园。关于这一点，我将永远记得戈登·多布森（Gordon Dobson）先生，他是一位杰出的科学家，曾于20世纪20年代研发出一种测量大气臭氧的新方法。他住在英格兰牛津城外，有一个大花园，花园里种着很多种果树。在他85岁时，差不多是他去世前一年，我记得还看到他在花园里辛勤地工作，栽种了很多苹果树；他在做着这些事情的时候，心里一定很清楚这是在为后代造福。

按照我们自己的表述，我们人类作为地球的园丁做得怎么样呢？你一定会说，不太好；我们经常是开采者和破坏者而不是耕耘者。有些人把问题归咎于科学技术，尽管责任的确在于人而不在于工具！还有些人试图把部分原因归结于《创世记》前几章所信奉的态度[40]，认为人类有权统治宇宙万物并征服他们[41]。然而这些话应该是对原文的一种曲解或断章取义——他们并未被授权无节制地进行开发。《创世记》中主张的是，人是在上帝之下行使管理宇宙万物的权力，上帝是宇宙万物的最高统治者，并且这种关爱可以用人作为"园丁"的油画来说明。那么，人类为什么如此频繁地不能下定决心采取共同行动呢？

代际公平和国际公平

在我们人类组成的国际社会中，我们并非到处都是公平的。公平可以作为一种目标，但是在能够探求它之前，需要对其定义进行仔细的界定。现实中存在着各种各样的不公平。在全球变暖背景下，由于其历时长且具有全球性，有两种公平问题就显得特别重要——两者在前文中都已提到。首先，是我们对子孙后代的责任。从人类根本的天性来说，我们希望看到我们的子子孙孙在世界上都能很好地生活，并且希望把我们最宝贵的财富传给他们。同样，我们也企望他们能够从我们这一代人手中继承一个被照看得很好的地球，我们这一代人面对的各种问题已经够难了，我们不要让他们去面对更难的问题。但是这种态度并不是所有人都能够持有的。我清楚地记得，1990年我在伦敦唐宁街10号为撒切尔夫人（Mrs Thatcher）的内阁成员做完关于全球变暖的报告后，一名高级官员认为，这个问题在他有生之年不会有多严重，可以留待下一代去解决。我知道他并不同意有关"我们越推迟采取行动，问题就越积重难返"的说法。为了下一代以及今后的世世代代，现在我们必须面对这一问题了。我们没有权力只要今天不要明天。根据可持续发展原则，我们还要负责让他们延续我们为了他们的未来而选择的发展方式。

第二大公平问题是国际公平，因为气候变化已经给国际社会带来了巨大挑战。世界上发达国家和富裕国家的财富在过去200多年里有了极大的增长，其增长的基础是从煤、石油、天然气中获得的廉价而充足的能源，但却没有认识到其对地球和地球气候带来的破坏，而这些破坏造成的后果却居然落到了世界上最贫困的国家和人民头上。不仅过去如此，就是现在，工业化国家和发展中国家在化石燃料燃烧造成的二氧化碳排放上的差距也非常之大（图10.4）。这种差距要求发达国家必须履行其道义上的职责，首先要采取有力行动减少他们的碳排放，并由此减少他们仍继续带来的破坏；第二要利用其财富和技术帮助发展中国家尽可能可持续地发展他们的能源；第三寻求有效途径对他们已经造成的破坏在某种程度上进行弥补[42]。事实上这就是《联合国气候变化框架公约》（见第10章）所表达的主要内容，因为迄今为止发达国家是获益者，他们必须首先采取行动。

行动意愿

我阐述的许多原则都包含——至少是隐含——在1992年6月在里约热内卢召开的联合国环境与发展大会所形成的声明、公约和决议中；的确，这些内容已成为联合国和官方人士发表许多声明的基础。我们并不缺少各种思想的声明。我们缺少的是解决这些问题的能力和

1992年在里约热内卢召开的联合国环境与发展大会（又称"地球峰会"）形成了若干声明、议程和公约，这些文件在1997年成为《京都议定书》的主体内容

决心。英国外交官克里斯平·蒂克尔爵士（Sir Crispin Tickell）曾就气候变化的政策含义进行过广泛的演讲，他认为"我们大多数人都知道该干什么，但是我们缺少行动的意愿"[43]。

许多人把缺乏行动意愿看成一种"精神"问题（使用这个词的广泛意义），说明我们对"物质"过分依恋，特别是如果需要我们牺牲一些自己的利益或者是在情势关乎后代人利益而不是关乎当代人的时候，我们就不能按照一般可接受的价值观和思想来采取行动。我们只是为了满足自己的私利和贪欲，太在意全球资源利用在个人角度和国家层面给我们带来的各种诱惑了。正因如此，有人提议，应该把管理原则扩展到传统观念中认为是错误的事情上[44]——或者用宗教语言表述为罪孽的事情上——包括肆意的环境污染或疏于保护[45]。

那些宗教界人士总想强调，人与环境的关系和人与上帝的关系是分不开的，这一点非常重要[46]。正是由于这一点，宗教界人士坚持认为可以找到一种方法来解决"缺少意愿"的问题。那些在宗教之外寻求解决路径的人士也经常认为，宗教信仰可以为行动带来重要的驱动力。

总结

　　本章特别指出，应对环境问题的行动不仅与人们所掌握的知识有关，而且与我们赋予环境的价值以及我们对环境问题的态度有关。对环境价值的评估和正确的态度可以根据以下认识来获得：

- 由基本的科学认识产生的平衡的观点、相互联系的观点和同一个地球的观点。

- 有些人根据科学研究认为，人类在宇宙中具有特殊的地位，但这也意味着人类对自然界负有特殊的责任。

- 破坏环境或者疏于保护环境都是错误行为。

- 从地球管理员的角度来解释人类责任，一般是根据人类社会公认的"共享价值"理论，以此争取实现不同人群之间和代际之间的公平和公正。

- 管理原则具有重要的文化和宗教基础——人类是地球的"园丁"就是这种管理的一个"模型"。

- 从道德义务来说应该共享财富和技术，因为发达国家通过获取廉价的化石燃料能源创造了财富，而化石燃料燃烧造成的破坏却在轮到发展中国家需要发展时，不合理地落到了他们头上。

- 由于对环境造成的破坏是许多个人对环境破坏的总体后果，所以解决环境问题的行动也应是所有个人行动的总和，我们每个人都要做出努力[47]。

　　对许多这类问题及其实践的研究涉及可持续发展原则，关于这一点我将在后续章节再来讨论（第9章247页，第12章353页）。

　　最后，我想重温一下托马斯·赫胥黎（Thomas Huxley）的话，他是19世纪著名的生物学家，在科学事业中非常强调"在科学事实面前要保持谦虚的态度"。同样，谦虚的态度也是负责任的地球管理的核心。

　　下一章，我们将讨论与全球变暖科学有关的各种不确定性，以及在采取必须的行动时应如何考虑这些不确定性。比如，我们是应该立即行动呢，还是要在决定采取正确的行动之前等到不确定性变小之后再行动呢？

思考题

1. 关于人与环境的关系有一种争论。人是应该和其他事物以及以人类为核心的生物一起位于环境的中心（换言之就是人类中心说观点）呢？还是应该在我们的世界观和价值观中把人之外的自然事物放在更高的位置上（更像是生态中心说）呢？假如这样的话，应该优先采取哪种形式呢？

2. 在环境价值的产生和应用方面，科学能发挥多大作用？

3. 如果人类社会在争论和讨论环境问题时不考虑其文化和宗教背景，你认为能产生多少环境价值呢？

4. 有人提出，在讨论环境价值时宗教信仰（特别是持有强烈信念）是一种障碍。你同意吗？

5. 我们是否应该力争将环境价值变成普适价值？或者如果不同的人群拥有不同的价值，他们能接受吗？

6. 请你区分自然价值和文化价值（见226页），并尽可能多地列出两种价值的目录。这些目录中涉及的价值通过什么方式可以"融合在一起"？

7. 国际公平的概念中蕴含着哪些原则？说说在实践中怎样应用这些原则，及其应用过程中可能的限制条件。

8. 在公平一节中我们勾勒了"道德义务"的概念。这种观点下隐含着哪些原则？这些原则是否具有普适性？

9. 关于不同的国家之间应如何按照他们因历史排放和现实排放产生的不同责任，来分担因全球变暖造成的破坏以及适应和减缓的成本这一问题，人们在争论时经常把公平作为论据。请查阅"绿色发展权"（*Green Development Rights*）网站以及各非政府组织支持的有关该问题的其他类似网站，总结有关分担的各种意见并分析其论据。你认为最有力的论据是哪一个？他们的原则根据是什么？

10. 对于宗教信仰有这样一种观点，就是它比其他驱动力更能激发人们的积极性，尽管有时提出的宗教信仰并没有什么科学基础。你同意这种观点吗？

11. 请阐释你所接受的文化和宗教传统是怎样影响你对环境问题的观点或行动的。这些影响是怎样因你现在坚持（或坚辞）的某种宗教信仰而受到改变的？

12. 请详述术语"管理"的含义。该词常用于描述人与自然的关系，它是否意味着这是一种以人类为中心的关系呢？

13. 请详述人类是地球的"园丁"这种模型。这幅图画能充分展示人与自然之间的关系吗？

14. 托马斯·赫胥黎强调在科学事实面前保持谦虚的态度，你是否同意他的说法？在这种情况下，以及在把科学知识应用到环境问题这样一种更为广泛的情况下，你认为"谦虚"到底有多重要？

15. 因为地球管理员这一任务的艰难性质，所以有些人提出，完备地解决环境问题不是人类力所能及的事。你同意这种观点吗？

16. 在第9章中（见253页的注释窗）引入了综合评估和评价的概念，它包括了所有自然科学和社会科学学科。利用什么途径才可能把伦理或宗教价值也引入这种评价呢？引入它们是否合适、是否必要呢？

17. 据说人们要把乘飞机旅行与孟加拉国洪灾两件事联系在一起，特别是在道德层面上联系在一起并不容易。你是否能够给出建议，怎样表达这种联系以使其看上去是有关的？

18. 巴西曾向UNFCCC提议，各国对解决气候变化问题承担的责任应与其历史排放造成的破坏成正比。浏览UNFCCC网页www.unfccc.int和其他信息，查找巴西提案相关信息。巴西提案的优点和缺点各是什么？你认为要怎样修改才能让所有国家都能接受？

19. 气候变化对穷人的影响要比对富人的影响更大。请了解世界上主要的宗教团体和世俗社会是怎样帮助穷人，特别是那些受气候变化最不利影响的地区和国家的穷人的，并加以比较。

▶ 扩展阅读

Gore A. 1992. Earth in the Balance. Boston, Mass.: Houghton Mifflin Company.

Lovelock J E. 1988. The Ages of Gaia. Oxford: Oxford University Press.

Northcott M. 2007. A Moral Climate: The Ethics of Global Warming. London: Darton, Longman and Todd.

Russell C. 1994. Earth, Humanity and God. London: UCL Press. 从基督教视角综述地球环境状况。

Polkinghorne J. 1988. Science and Creation. London: SPCK; Polkinghorne J. 1996. Beyond Science. Cambridge: Cambridge University Press.（内容包括科学、宗教、价值和文化）

Houghton J. 1995. The Search for God: Can Science Help? London: Lion Publishing.最近重印，可从Regent College, Vancouver书店或John Ray Initiative（www.jri.org.uk）获得。有几章内容是关于科学、宗教以及全球变暖的。

Berry R J. (ed.) 2006. Environmental Stewardship. London: T & T Clark. 收集了25篇有关

环境管理的论文和散文。

Spencer N, White R. 2007. Christianity, Climate Change and Sustainable Living. London: SPCK. 实现可持续发展提出的挑战，特别是对基督教而言。

注释

[1]   Gore A. 1992. Earth in the Balance. Boston, Mass.: Houghton Mifflin Company.

[2]   Carson R. 1962. Silent Spring. Boston, Mass.: Houghton Mifflin Company.

[3]   见第9章247页的专栏。

[4]   见Lean G, Hinrichsen D, Markham A. 1990. Atlas of the Environment. London: Arrow Books.

[5]   Lovelock J E. 1979. Gaia. Oxford: Oxford University Press; Lovelock J E. 1988. The Ages of Gaia. Oxford: Oxford University Press.

[6]   Lovelock J E. 1988. The Ages of Gaia. Oxford University Press. P131-133.

[7]   Lovelock J E, Margulis I. 1974. Tellus, 26: 1-10.

[8]   Lovelock J E. 1990. Hands up for the Gaia hypothesis. Nature, 344: 100-112; 另见Lovelock J E. 1991. Gaia: The Practical Science of Planetary Medicine. London: Gaia Books.

[9]   Colin Russell在 "The Earth, Humanity and God. London: UCL Press, 1994." 中讨论了盖娅科学假说以及其可能存在的与宗教的联系。

[10] Lovelock J E. 1988. The Ages of Gaia. Oxford: Oxford University Press, p.212.

[11] 详细内容请参阅Lovelock J E. 1988. The Ages of Gaia. Oxord: Oxford University Press.

[12] Northcott M. 2007. A Moreal Climate. London: Darton, Longman and Todd, p.163.

[13] 引自Gore A. 1992. Earth in the Balance. Boston, Mass.: Houghton Mifflin Company,P259.

[14] 引自Gore A. 1992. Earth in the Balance. Boston, Mass.: Houghton Mifflin Company,P261.

[15] Ghillean Prance, Director of Kew Gardens in the UK, provides examples from his extensive work in countries of South America in his book The Earth under Threat. Glasgow: Wild Goose Publications, 1996.

[16] Khalil M H. 1993. Islam and the ethic of conservation. Impact (Newsletter of the Climate Network Africa), December 8.

[17] 《旧约全书》中对犹太教徒有许多条关于动植物保护和土地保护的禁令；比如《利未记》第19章23-25,《利未记》第25章1-7,《申命记》第25章4。

[18] Temple W. 1964. Nature, Man and God. London: MacMillian (1934年第一版).

[19] 例如见Davies P. 1992. The Mind of God. London: Simon and Schuster. 我也曾在Houghton J T. 1995. The Search for God: Can Science Help? London: Lion Publishing中强调这个主题——最近在John Ray Initiative www.jri.org.uk中再版。

[20] Hawking S. 1989. A Brief History of Time. London: Bantam.

[21] 例如见Davies P. 1992. The Mind of God. London: Simon and Schuster. 另见Barrow J, Tipler E J. 1986. The Anthropic Cosmological Principle. Oxford: Oxford University Press.

[22] Barrow and Tipler. The Anthropic Cosmological Principle; Gribbin J, Rees M. 1991. Cosmic Coincidences. London: Black Swan.

[23] Davies P. 1992.The Mind of God. London: Simon and Schuster.

[24] Polanyi M. 1962. Personal Knowledge. London: Routledge and Kegan Paul.

[25] 文献Rolston H Ⅲ. 1999. Genes, Genisis and God. Cambridge: Cambridge University Press在第4章中曾探讨过科学与价值的关系。

[26] Rolston H Ⅲ. 1988. Environment Ethics. Philadelphia, Penn.: Temple University Press, P.331.

[27] 例如，参见Dawkins R. 1986. The Blind Watchmaker. Harlow: Longman. Dawkins R. 2006. The God Delusion. Bantam Press.

[28] 例如，参见McGrath A, McGrath J C. 2007. The Dawkins Delusion? London: SPCK. Polkinghorne J. 1986. One World. London: SPCK. Polkinghorne J. 1986. Beyond Science. Cambridge: Cambridge University Press;

Houghton J. 1995. The Search for God: Can Science Help? London: Lion Publishing.

[29] 例如，参见Russell C. 1985. Cross-Currents: Interactions between Science and Faith. Leicester: Intervarsity Press.

[30] Gore A. 1992. Earth in the Balance. Boston, Mass.: Houghton Mifflin Company.

[31] 同上，252页。

[32] 同上，265页。

[33] 同上，254页。

[34] 见Berry R J. (ed.) 2006. Environment Stewardship. London: T&T clark; 另见Berry R J. (ed.) 2007. When Enough Is Enough. Leicester: Invervarsity Press.

[35] 《创世记》第2章: 15.

[36] 《创世记》第2章: 19.

[37] 《创世记》第2章: 12.

[38] 《创世记》第2章: 9.

[39] 《创世记》第1章: 27.

[40] 关于这一点最著名的阐述如White L Jr. 1987. The historical roots of our ecological crisis. Science, 155: 1203-1207; 另见 "Colin Russell. 1994. The Earth, Humanity and God. London: UCL Press" 关于这篇论文的评述。

[41] 《创世记》第1章: 26-28.

[42] 巴西向《联合国气候变化框架公约》提议，各国对应对气候变化承担的责任应与其历史排放造成的破坏成正比，这一提议受到广泛热议，但也暴露出一个问题——由于大多数历史资料是不确定的，所以也给问题的解决带来很多困难; 参见: www.unfccc.int。

[43] The Doomsday Letters, broadcast on BBC Radio 4, UK, 1996.

[44] 君士坦丁堡的Patriarch Bartholomew和Pope John Paul Ⅱ都指出过这一点，请参阅Northcott M. 2007. A Moreal Climate. London: Darton, Longman and Todd, p.153.

[45] 这是我在1995年参加的一个研讨会所产生的若干原则（因研讨会内容复杂而叫做帕特莫斯原则）中的第一个原则，这次研讨会是为纪念《启示录》问世1900周年而在希腊帕特莫斯岛举行的，由希腊正教会普世牧首巴尔多禄茂一世（Bartholomew I）和时任世界野生动物基金会主席菲利普王子提供赞助。与会者的宗教背景和信仰极其广泛，有科学家、政治家，有环境保护论者，也有神学家。培格曼大都会的约翰（John）担任研讨会科学委员会主席，他强调我们应该把环境污染或者对环境疏于保护看做一种罪孽——不仅是对自然的犯罪，而且是对上帝的冒犯。他的观点给研讨会带来很大的触动。该原则后来继续解释道，这种新的罪孽应该包括那些造成 "物种灭绝、基因多样性减少、水土气污染、栖息地破坏和可持续生活方式被迫中断" 的各种活动和行为。此次研讨会的报告见: Sarah Hobson, Jane Lubchenco eds. 1997. Revelation and the Environment: AD 95-1995. Singapore: World Scientific Publishing.

[46] 在犹太基督教教义中，将这两种关系联系在一起始于《创世记》中创造天地的故事。这些故事讲到后来就描述了人是怎样违抗上帝的意愿（《创世记》第3章）破坏合作关系的。不过后来，《圣经》继续解释了上帝是如何给了一条回头路继续合作的。在《创世记》第9章8-17，上帝和诺亚之间的关系，其基础就是关于 "地球上所有生命" 一包括人在内—的约定。这种约定关系也是《旧约全书》中上帝和犹太民族合作关系的基础。但是，在这种关系多次受到破坏后，《旧约全书》的先知们不是根据律法而是根据思想的真实变化找到了一种新的约定（《耶利米书》第31章31-34）。《新约全书》（例如《希伯来书》第8章10-11）的作者就看到这一新的约定通过生活特别是通过上帝之子耶稣的死亡和复活而得到发展。耶稣预示他的信徒们要相信圣灵（《约翰福音》第15和16章）, 其影响无处不在，他能够让信徒和上帝的合作关系持续下去。使徒保罗（Paul）在其书信中经常提到他自己与上帝的关系（《迦拉太书》第2章20，《腓力比书》＊第4章13）以及过去几百年成千上万的信徒的经历。使徒保罗的神学就是所有宇宙万物（《罗马书》第8章19-22）＊。

[47] 19世纪英国政治家埃德蒙·伯克（Edmund Burke）曾说: "人生最大的过错莫过于无所事事，因为你总可以做一点小事" —引自第12章末。

不确定性分析

一片经济作物———向日葵，背景是捷克共和国Pocerady电站

本书旨在清晰地阐述全球变暖的科学现状。其中一个关键内容是不确定性，它涉及科学描述的各个方面，特别是对未来气候变化的预测；而对未来气候变化的预测是我们决定采取行动时所要重点考虑的一个问题。然而，不确定性是相对的，在人们的日常生活中并不总是把绝对的确定性当成行动的先决条件。这里，不确定性是个复杂的问题，我们需要考虑如何权衡不确定性与可能行动的成本。首先，我们介绍科学不确定性这个概念。

科学不确定性

在考虑"权衡"过程和行动成本之前，我们首先解释一下科学不确定性的实质，以及科学界是如何处理这个问题的。

在前面的章节里，我已经详细解释了全球变暖问题的科学基础，以及用来预测由于温室气体浓度增加引起气候变化的一些科学方法。现在，温室效应的基本物理实质我们已经很清楚了。如果大气中二氧化碳浓度加倍，并且除了大气温度外其他都不变化，那么全球近地表平均温度将上升约1.2℃，这个数字在科学家中已经达成共识。

然而，反馈和区域变化使情况复杂化。由于数值模式能有效地综合各种非线性相互作用，因此利用计算机进行数值模拟被认为是当前解决这个复杂问题的最好工具。虽然这些气候模式非常复杂，但是他们能提供有用的预测性信息。正如第5章所介绍，模式的可信度一方面来源于模式对当前气候及其变化（包括像皮纳图博火山喷发等的扰动）的模拟有相当的技巧，另一方面来源于模式对过去气候的成功模拟，尽管资料的匮乏和模式的缺陷限制了对过去气候的模拟。

但是，模式的局限性仍然存在，这些局限性会引起不确定性（见下页注释窗）。第6章中介绍的预测就反映了这些不确定性，其中最大的不确定性来源于模式无法妥善处理云和海洋环流的影响。当考虑像区域降水分布等区域尺度变化时，这些不确定性变得尤为重要。

由于气候变化的科学基础和未来气候预测（特别是区域尺度）存在不确定性，那么我们对气候变化影响的评估也势必有不确定性。尽管如此，如第7章所述，我们仍然有信心得到一些重要的结论。在几乎所有的本世纪二氧化碳排放增加的情景下，气候变化的速率可能会很大，很可能比地球过去几千年的变化都要大。许多生态系统（包括人类）将不能轻易地适应如此大的变化。最显著的影响可能是对水的可用性（特别是对热浪的强度，干旱和洪涝的发生频率和强度），全球粮食生产的分布（虽然可能不是全球总产量）以及对全球低海拔地区海平面的影响。此外，虽然我们大部分预测的期限截止到21世纪末，但是很明显，2100年后气候变化的幅度及其造成的影响可能会非常大。

图9.1概括了气候变化与影响预估过程所包含的各个组成部分。这些部分都有不确定性，需要把它们恰当地综合起来，以对不同影响的不确定性进行估计。

注释窗中关于科学不确定性表述是为1990年的IPCC报告所编写的。18年

科学不确定性的原因

IPCC[1]（政府间气候变化专门委员会）对科学不确定性进行了如下描述。

我们的预测中有很多的不确定性，尤其是在气候变化的时间、幅度、区域特征方面。这是由于我们对以下各方面的认识还不完善：

温室气体的源和汇，这会影响对未来浓度的预测；

云，它强烈影响着气候变化的幅度；

海洋，它影响着气候变化发生时间和特征；

极区冰盖，它影响着对海平面上升的预测。

我们已经部分理解了这些过程，而且有信心通过进一步的研究，将会降低不确定性。然而，系统的复杂性意味着我们不可能排除意外事件。

过去了，它仍然是基于科学不确定性主要因素的较好的描述。这并不意味着自1990年来进展甚微，恰恰相反，正如随后的IPCC评估报告中所提到的，无论是科学认识还是模式发展方面，都取得了很大的进展。现在我们对气候观测记录中明显的人为气候变化信号更加确定。模式的科学表达更加复杂，模拟重要气候参数的能力有所提高。在区域尺度的模拟和预测方面，具有较高分辨率的区域气候模式RCMs嵌套应用到全球模式中（见第5、6章）。这些区域气候模式已开始为区

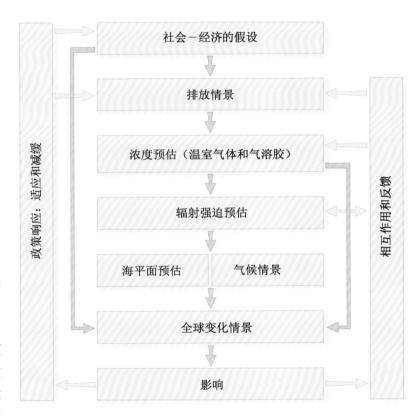

图9.1　为进行气候变化影响、适应和减缓评估，在发展气候及相关情景时所要考虑的预估不确定性

域气候变化预测带来更高的可信度。此外，在过去十年（1999—2008年）中，对不同区域内区域资源（如水和粮食）对不同气候的敏感性研究也取得了很大进展。这些研究结合气候模式给出的区域气候变化情景，可以进行更有意义的影响评估[2]，也可以对适当的措施进行评估，特别是在那些依然存在很大不确定性的地区。例如，我们从图6.7可以看到，现有的模式在一些地区的表现要好于其他地区。

IPCC评估报告

鉴于科学上的不确定性，我们有必要花大力气对目前的科学认识进行最佳评估，并尽可能地表述清楚。为此，联合国下属的两个组织，即世界气象组织（WMO）和联合国环境署（UNEP），联合建立了IPCC[3]。1988年11月IPCC召开了第一次会议，这次会议是非常及时的，当时正逢政界开始对全球气候变化产生了强烈兴趣。委员会意识到了问题的迫切性，并且在主席——瑞典科学家伯特·博林（Bert Bolin）教授的全面领导下，成立了三个工作组，一个负责气候变化的科学问题，一个负责气候变化的影响，第三个负责气候变化的政策响应。到目前为止，IPCC已经在1990年、1995年、2001年和2007年发布了四个主要的综合性的报告[4]，同时发布的还有一系列涉及具体问题的专题报告。之前的章节中已经屡次提到了这些报告。

我将就自然科学评估报告工作组多谈一些（我先后担任了这个工作组的主席（1988—1992年）和联合主席（1992—2002年））[5]。这一工作组的任务是以最明确的语言来阐述我们对气候变化科学的认识，以及对21世纪由于人类活动导致的可能的气候变化进行最佳估计。在编写报告的过程中，工作组从一开始就意识到，如果想让报告具有真正的权威性并且被重视，就有必要在报告编写中包括尽可能多的全球科研团体。在位于布拉克内尔的英国气象局哈得来中心成立了一个国际组织小组，通过会议、研讨会和大量的信函，使世界上大部分对气候变化科学有深入研究的科学家（来自大学和政府支持的实验室）都参与到报告的准备和拟定中来。来自25个国家的170名科学家为第一次评估报告做出了贡献，更有200名科学家参与了同行评审。到2007年的第四次评估报告时，这些数字增长到有152名主要作者、超过500名贡献作者，另外，超过600名评审专家参与了两阶段的评审过程，接收并处理了30000条书面评审意见。

　　每个报告除了有综合的、深入的和密集评审的章节作为基本材料外，还包括一份决策者摘要（SPM），该摘要在工作组全体会议上是逐字逐句通过的，目的是在科学上，以及向决策者准确清晰地表述这些科学的最好方式上达成一致。2007年1月在法国巴黎召开的全体会议上，有113个国家的代表以及很多科学章节主要作者的代表和非政府组织代表参加，会议一致通过了2007年的决策者摘要。全体会议上讨论非常活跃，大多数讨论更关注措辞是否翔实和准确，而不是科学内容本身和基本争论。

　　在报告的编写过程中，科学家之间的争论相当一部分集中在21世纪可能的气候变化到底有多大？特别是一开始，一些人认为气候变化如此不确定，科学家应该避免对未来做任何估计或预测。可是，他们很快明白，如果不对气候最可能的变化幅度做出估计，不就估计中的假设和不确定性水平给予清楚的说明，科学家就不能履行尽可能传播信息的职责。天气预报员有着相似的职责，虽然时间尺度要短得多。即使他们对明天的天气不确定，他们也不能拒绝做出预报；如果拒绝了，他们就不能将拥有的大部分有用信息传播给大众了。尽管天气预报有不确定性，但它能给广大民众提供有用的指导。同样地，虽然气候模式有不确定性，但它可以为政策制定提供有用的指导。

　　第三次和第四次科学评估报告的一个重要特点是尽可能地用概率来描述不确定性。表达不确定性的词已经与概率相对应起来，例如，很可能（超过90%的概率），可能（超过67%的概率），等等。这大大提高了对未来气候变化预估的价值，特别是在考虑气候变化影响以及制定适应其变化的相关政策的时候。

　　为了展示科学界对全球气候变化理解的程度，以及其向全世界政治家和决策者传递这些最优科学信息的程度，我已经给出自然科学评估小组工作中的上述细节。全球环境变化问题毕竟是世界科学界所面临的最棘手的问题之一。在此之前，没有任何对此问题或其他问题的科学评估能广泛涉及如此多的国家和如此多领域的科学家，因此，IPCC报告被认为是国际科学界当前观点的权威陈述。

　　IPCC的另一重要优势在于它是一个政府间机构，各国政府都参与了其工作。特别是，政府代表的协助有助于从政策制定者的角度，确保对科学的表述能做到既清楚又恰当。作为整个过程的参与者，各国政府和科学家们一样，都是评估结果真正意义上的拥有者——这是IPCC报告能够影响政策谈判的一个重要因素。

IPCC主席拉金德拉·帕乔里（Rajendra Pachauri）、IPCC代表团其他成员和阿尔·戈尔（Al Gore）一起出席2007年12月在奥斯陆举行的诺贝尔和平奖庆典

　　当IPCC评估报告提交给政治家和政策制定者时，科学上取得共识的程度对于说服他们认真对待全球气候变暖及其影响问题是非常重要的。1992年6月在里约热内卢举行的联合国环境与发展大会（UNCED）上，各国政府接受了这一问题的现实，并形成了《气候变化框架公约》（FCCC，书中简称《气候公约》或《公约》），有超过160个国家在该《公约》上签字——老乔治·布什（George Bush）总统也代表美国签了字，美国参议院随后一致批准了该《条约》。人们经常评论说，如果没有来自世界各国的科学家提供明确的信息，没有IPCC的精心安排，世界各国领导人是绝不会同意签署该《气候公约》的。

　　从1992年地球峰会引起舆论关注后，有关IPCC科学发现的争论在世界新闻界得到了加强。其中一些是纯粹的科学争论——毕竟，争论和辩论是科学过程所固有的特点。但某些争论是由强大的既得利益集团（特别是在美国）

所发动，他们企图诋毁IPCC的工作，并试图说服广大公众相信要么全球变暖缺乏科学证据，要么即使承认正在变暖，但也不是一个需要迫切关注的问题[6]。虽然对于广大公众而言，这些误导性言论的传播产生了很多误解和困惑，但是从我及IPCC的立场来看，这些攻击往往进一步提高了我们报告的清晰度和准确性[7]。

过去20年里，随着全球气候持续增暖，为了理解气候变化所做的科研工作不断增加，气候变化会带来严重不利影响的证据不断加强并得到广泛认可。2005年6月，世界上11个最重要国家（G8加上印度、中国和巴西）的科学院所发表的声明正好说明了以上结论，声明赞成IPCC的结论，同时敦促当年在爱丁堡参加G8峰会的各国政府采取紧急行动来应对气候变化[8]。世界顶级科学家们从来没有发出过如此强烈的声音。2007年，IPCC及其相关工作得到了进一步的认可，该年的诺贝尔和平奖被授予IPCC和阿尔·戈尔。

通过对自然科学评估工作组的活动进行比较详细的描述，我已经对IPCC的工作进行了说明。IPCC还包括其他两个工作组，他们遵循类似的工作流程，负责处理气候变化的影响、适应和减缓战略以及气候变化的经济和社会方面问题。为IPCC工作作出贡献的不仅有自然科学家，而且有越来越多的社会学家，特别是经济学家也开始参与其中。为了在全球范围内形成应对气候变化的适当的政治和经济基础，在社会科学领域众多新的研究方向应运而生。本章其余部分及后面章节将着重介绍他们的工作。

缩小不确定性

政策制定者时常会提出的一个关键问题是："科学家们还需要多久才能对可能的气候变化做出更加确定的预估，特别是在区域或局地细节方面？"他们在20年前就提出这个问题，而我常常回答10～15年后我们可能会知道得更多。就像我们已经看到的一样，相比于10年前，现在我们对人类活动会引起气候变化更加确定，对气候变化的预估也更加确定。然而，一些关键的不确定性依然存在，减少这些不确定性是当下急需我们来完成的。对于政策制定者一直要求更高的确定性，我们不用感到惊讶。我们可以做些什么来减少不确定性呢？

对于气候变化这一基础科学而言，其进步主要依赖于观测和模式两个主要工具，两者都需要发展和提高。我们需要用观测来检测气候发生变化的各个方面，并用于验证模式。这就意味着，我们需要对最重要的气候参数进行定期的、准确的、连续的监测，具有良好的时空覆盖度。气候监测可能听起来不是件令人感到兴奋的工作，尤其是这项工作还要有严格的质量控制。但是如果要观测和认识气候变化的话，这项工作就绝对是必不可少的。正因为如此，一个主要的国际计划——全球气候观测系统（GCOS）得以建立，对全球范围的观测进行协调和监督。模式可以用于综合气候变化所涉及的所有科学过程（其中大部分过程都是非线性的，这意味着不能以简单的方式进行叠加），模式有助于对观测资料进行分析，并提供一种预测未来气候变化的方法。

以云—辐射反馈为例来说，该过程仍然是与气候敏感性相关的最大的单一不确定性来源[9]。在第5章中提到，为了更好地了解这一反馈过程，我们需要对纳入到模式中的云物理过程进行更好地描述，并且将模式的输出变量，尤其是辐射量，与观测资料特别是卫星观测资料进行比较。为了使这些观测资料真正有用，这些观测资料需要具备极高的精度——平均辐射量的精度为0.1%的量级——这对观测提出了很高的要求。对云进行更好的相关观测，还要对水文（水）循环的各个方面进行更好的观测。

目前，对占地球表面很大一部分的全球主要海洋的监测依然不足。不过，我们现在正通过引入空间飞行器（见下页注释窗）的新方法来观测海表面以及新手段观测海洋内部，以弥补这一不足。然而，我们需要的不仅仅是更好的物理观测：为了能够预测大气中温室气体增加的详细状况，我们必须揭示碳循环的特征；为此还需要对海洋和陆地生物圈进行更加全面的观测。

在诸如GCOS这样的国际观测计划的鼓舞下，世界各地的空间机构都积极致力于新型观测仪器的开发和先进空间平台的部署，这些工作正在为研究气候变化相关问题提供更多新的观测资料（见下页注释窗）。

除了自然科学家对气候变化认识的日益提高和预测的更加准确，目前对人类行为和活动的研究正在加强——包括人类如何通过改变温室气体排放影响气候，以及不同程度的气候变化又如何反过来影响人类。这些研究将有助于更好地量化气候变化的影响。经济学家和其他社会学家们正在寻求可能的气候变化应对策略，以及应对策略所需要的经济和政治措施。同时，人们也越来越清楚地意识到，在自然科学研究和社会科学研究之间建立更加紧密的联系是非常必要的。第1章中介绍的综合框架图（图1.5）就说明了所涉及的所有知识学科之间的相互作用和必要整合的范围。

气候系统的空基观测

为了预报世界各地天气——为航空、航海和其他业务以及公众服务，气象学家普遍依靠卫星观测资料。根据国际协议，绕赤道的5颗地球静止卫星用于天气观测；在电视屏幕上，来自于这些卫星的照片已为我们所熟知。地球极轨卫星也可用于世界各国的气象服务，它们的观测信息可输入到天气模式中并用于预报（图5.4）。

这些天气观测资料作为基本输入提供给气候模式。但是对于气候预测和研究而言，还需要对气候系统其他组成部分（海洋、冰、陆面）的全面观测。欧洲航天局2002年发射的ENVISAT卫星是用最新技术观测地球的最新一代大型卫星的代表（图9.2）。卫星上搭载的仪器可实现对大气温度和成分，包括气溶胶（MIPAS, SCIAMACHY和GOMOS），海表面温度可以提供海流信息的海面地形（AATSR和RA-2），海洋生态和陆面植被信息（MERIS），以及海冰面积和冰盖地貌（ASAR和RA-2）的观测。

图9.2 欧洲航天局2002年发射了ENVISAT地球观测卫星。卫星上搭载的仪器有：高级沿轨扫描辐射计（AATSR），迈克尔森被动大气探测干涉仪（MIPAS），中分辨率成像光谱仪（MERIS），大气制图扫描成像吸收光谱仪（SCIAMACHY），微波辐射仪（MWR），全球臭氧监测掩星仪（GOMOS），第二代雷达测高仪（RA-2），高级合成口径雷达（ASAR），以及其他通信和精确追踪的仪器。DORIS表示星载多普勒无线电定轨定位系统，该卫星配备太阳能电池阵列，可以在其800 km的太阳同步轨道上运行，测量精度为26 m×10 m×5 m，重达8.1 t

这幅多时雷达图像是用ENVISAT卫星上的高级合成孔径雷达（ASAR）仪器拍到的，它由两幅图像组成——一幅拍自2007年7月26日，另一幅是2007年4月12日——这幅雷达图突显了孟加拉湾和印度部分地区由两周持续性降水引起的洪涝。ASAR能够穿透云层、雨或局地的黑暗区，非常适合用于区分洪涝和旱地。黑色和白色区域代表没有变化，而蓝色线所围地区表示可能是被淹没点。红色区域也可能是洪水区，但也可能与农业有关

可持续发展

全球变暖科学中有如此多的不确定性。但是这个不确定性又是如何反映到世界各国政治决策中的呢？一个关键的概念就是可持续发展。

在过去几年里的一个显著变化是全球环境问题提升到政治议程。1990年，英国前首相玛格丽特·撒切尔夫人（Margaet Thatcher）在英国气象局哈得来中心的揭幕典礼致辞中，明确阐述了人类对环境的责任：

> 我们有完全修复地球的职责。通过IPCC的工作，我们现在可以说我们有了检查员的报告，该报告显示地球已经出了毛病，而且需要立即开始维修。这些问题不是未来的问题，而是现时现地的问题：我们正在成长的孩子和他们的孩子将受到影响。

许多其他政治家也同样表达了他们对于全球环境的责任感。如果没有这些深切的感受和受到如此广泛的关注，那么在里约热内卢举行的以环境作为首要议程的联合国环境与发展大会将不可能召开。

可持续发展：如何定义

已有的对可持续发展的定义有很多。下面两个定义很好地抓住了可持续发展的思想。

根据1987年布伦特兰德委员会发表的报告《我们共同的未来》，可持续发展被定义为"既满足当代人的需要，而又不危及后代满足其需要的能力"。

在1990年英国环境部发表的白皮书《共同的遗产》里包含了一个更详细的定义，即"可持续发展意味着我们应该依靠地球的收益来生存，而不应该损害其存量资产；对可再生自然资源的消耗应保持在其再生补充的限度内"。白皮书承认了自然界的内在价值，把可持续发展解释为"传承给后代的不仅是人造财富（如建筑物，公路和铁路），而且还有自然财富，如清洁和充足的水源、良好的耕地、丰富的野生动植物以及广阔的森林"。

对可持续发展进一步讨论及其定义放在第12章，第353页。

然而，尽管环境问题很重要，但在做长远考虑时，环境问题仅仅是政治家必须考虑的众多因素之一。对于发达国家而言，维持生活水平，实现充分就业（或接近充分就业）以及维持经济增长已经变成首要问题。许多发展中国家在短期内面临的棘手问题包括：基本的生存和大量债务的偿还；另外，在人口大幅增长的压力下正在寻求工业的快速发展。然而，与政治家面临的其他问题相比，环境问题具有长期和潜在不可逆转的重要特性——这就是为什么美国克林顿政府时期负责全球事物的副国务卿蒂姆·威尔斯沃思（Tim Wirth）说，"经济完全附属于环境"。最近戈登·布朗（Gordon Brown）在2005年担任英国财政大臣的一次讲话时说[10]：

> "环境问题——包括气候变化——传统意义上被放到一个与经济和经济政策独立的位置上，但是，这已经无法维系下去了。纵观一系列环境问题——从水土流失到海洋物种减少，从水荒到空气污染——现在已经很明确的是，经济活动不只是一系列环境问题的原因这么简单，反过来，环境问题本身又威胁着未来的经济活动和增长。"

因此，我们必须在为发展提供必要资源和保护环境的长远需要之间达成平衡。这就是为什么里约热内卢大会的主题是环境与发展。将二者联系起来的准则就是可持续发展（见注释窗）——发展不能过度使用不可替代资源以及造成不可逆转的环境退化。

一般来说，当谈及人与环境的关系，特别是谈到平衡与和谐的需要时，可持续发展的理念正是对第8章所提出问题的回应。里约热内卢大会上签订的《气候公约》也意识到这一平衡的重要性。在陈述其目标时（见第10章第264—265页的注释窗），公约指出需要稳定大气中温室气体的浓度。《公约》进一步解释，温室气体浓度必须在一定时间尺度内保持在一个水平上，以使生态系统能够自然地适应气候变化，粮食生产不受威胁，经济发展以可持续的方式进行。

人们越来越多地意识到，可持续理念不仅适用于环境，而且也适用于人类社会（第8章讨论的一个主题）。因此，可持续发展往往被视为包括更广泛的社会因素以及环境和经济因素。社会公正和公平是推动社会可持续发展的重要要素。公平不仅包括国家与国家之间的公平，而且还包括代际公平：我们不应该给下一代留下一个更加贫穷的世界。可持续性的这些方面及其他方面的问题将在第12章进一步讨论。

为什么不等等看

关于气候变化的争论不仅涉及需要采取多少行动，还涉及什么时候采取行动。鉴于气候变化的科学不确定性，人们常常认为现在的情况还没有严重到需要采取更多行动的时候。我们应该做的是通过适当的研究计划，尽可能快地获得关于未来气候变化及其影响的更精确信息。届时，争论仍然继续，但是我们将处在一个更有利的位置来决定有关行动。然而，有很多理由证明这样等等看的态度是不适当的。

首先，我们对气候变化的认识足以让我们意识到，温室气体增加引起气候变化几乎肯定会带来大量的有害影响，并给世界造成大的问题。它对一些国家的冲击将远远大过其他国家，而受冲击最大的可能是发展中国家，它们也是最无力应对气候变化的国家。实际上有些国家可能会因气候变化而受益。但是，在国家与国家之间的相互依赖不断增加的世界里，没有国家能够免受气候变化的影响。此外，正如我们在第6章（图6.4a）所提到的，因为海洋变暖需要一定的时间，所以我们已经导致了从未经历过的大幅增加的气候变化。

第二，大气和人类的响应时间尺度很长，今天向大气中排放的二氧化碳将会导致未来100多年里二氧化碳浓度的不断增加以及相应的气候变化。现在排放得越多，将大气中二氧化碳浓度降到最终要求的水平上就越困难。至于人类的响应，一些重大的变化可能是必需的，比如大规模的基础设施建设，将需要几十年时间。现在正在规划和建设中的大型电站将在30或40年后发电。因此，我们每个人都要考虑全球变暖，而且从现在起就要将其纳入规划过程中。从2000年到现在的气候变化趋势大大加强了这种观点。虽然在减少排放的方式上我们进行了很多思考和讨论，但事实上全球二氧化碳排放从2000年开始显著上升（更多的相关内容见第10章），这就需要我们采取更加紧迫的行动。

第三，许多必要的行动不仅能大幅减少温室气体排放，而且它们的实施能带来其他方面的直接效益——这些行动建议通常称为"无悔"建议。许多提高效率的行动措施也会促成成本的净节约（有时被称为"双赢"措施）。其他一些行动有助于加强能力建设或增添舒适度。

第四，一些行动建议的理由具有更为一般性意义上的好处。第8章已经指出，人类对世界资源的使用过于挥霍。他们燃烧化石燃料，使用矿产资源，砍伐森林，侵蚀土地，从没有认真考虑过子孙后代的需要。全球气候变暖问题的紧迫性将有助于我们以一个更加可持续的方式来使用世界资源。此外，能源工业需要技术革新——在能源使用效率和节约以及在可再生能源发展方面——这对世界工业发展重要的新技术来说，是挑战，也是机遇（详见第11章）。在所有这些方面，发达国家要首先采取行动（如《气候变化框架公约》所要求的），作为发展中国家发展经济时的示范。

预防原则

上述这些关于行动的论点就是通常被称作预防原则的具体应用，它是1992年6月地球峰会上《里约宣言》中所包括的基本原则之一（见252页注释窗）。《气候变化框架公约》第3条也有类似的表述（见第10章第264—265页的注释窗）。

我们经常在日常生活中运用预防原则。我们购买保险，以承保所有可能的意外或损失；我们对房屋或车辆进行预防性维修；我们已欣然接受药物预防胜于治疗。对于这些措施，我们衡量保险或其他预防措施相对于可能损失的成本，结果认为投资是值得的。同样，将预防原则运用到全球变暖问题上的，道理是相似的。

当我们购买保险时，常常会考虑到发生意外的可能性。事实上，保险公司销售他们的保险时，常常利用我们对不可能或未知的恐惧，尤其是更具破坏性可能的恐惧来达成交易。虽然保险承保最不可能发生的事情不是我们购买保险的主要原因，但如果保单包括了这些不可能发生的事件，我们就安心得多。

类似的，在谈及应对全球气候变暖的措施时，一些人极力强调需要防备可能发生的意外事件（表7.4）。他们指出由于正反馈（现在仍然未被很好理解，见第3章），温室气体的增加可能会比当前预测的要大得多。他们也指出，有证据表明过去气候也发生过快速的变化（图4.5和4.6），这可能是由于海洋环流的剧烈变化；它们有可能再次发生。

这种可能性所带来的风险是不可能评估的。然而，不妨重温一下1985年南极臭氧洞的发现是有益的。研究臭氧层化学的科学家完全被这个发现惊呆了。自被发现以来，臭氧层空洞的厚度大幅增加。由于认识到这一点，禁止使用破坏臭氧的化学物质的国际行动进展更加迅速。臭氧水平正在开始恢复，然而完全恢复将需要大概一个世纪。这给我们一个教训，气候系统对扰动的脆弱性比我们过去常常想的要大。对于未来气候变化，忽视意外事件发生的可能性是不慎重的。

然而，在考虑应对未来气候变化所要采取的行动时，虽然我们要谨记发生意外事件的可能性，但是绝不能将可能性作为采取行动的主要论据。采取预防措施的更有力论据是，人类活动对气候变化的显著影响不是一件不可能的事而是一件近乎确定的事情；气候没有变化反而成为不可能。还需要权衡的不确定性主要存在于气候变化的幅度和区域分布的详细情况上。

有时有一种观点认为，现在不做任何事，当到确实需要采取行动的时候，会有更多的技术以供选择。现在就采取行动的话，我们可能排除对这些技术的使用。当然现在采取的任何行动，必须考虑有用的技术发展的可能性。但是，这一观点也可以其他方式起作用。现在考虑采取合适的行动和计划未来采取更多行动所产生的思想和活动本身就可能激发所需要的技术创新。

当谈到技术选择，我想简要提及一下通过人工改变环境（有时称为地球工程）来抵消全球变暖的可能选择[11]。还有如第3章中提到的对海洋施铁肥的建议。其他建议集中在减少地球对太阳辐射吸收的技术上。例如：在太空安装反光镜，通过反射太阳光来冷却地球；在高层大气中加入灰尘以起到类似的冷却作用；以及通过向大气加入云凝结核来改变云量和云的类型[12]。这些方法没有一个被证明过是可行或有效的，而且它们也对二氧化碳增加引起的海洋酸度增加的问题不起任何作用。此外，这些建议存在着一个严重的问题，那就是它们没有一个能恰好抵消温室气体增加的影响。正如所介绍的，气候系统远非如此简单。任何试图大规模改变气候的结果是难以完美预测出来的，而且可能不是所期望的。以现有的知识水平，考虑实施人工改变气候的建议时，必须格外谨慎。

通过本节我们得到的结论是——"等等看"是对我们现在所了解的情况

的一个不适当和不负责的回应。这是15年前即1992年在里约热内卢签订《气候变化框架公约》（另见第10章264～265页的注释窗）时就已经意识到的，并且从那时起就经常重申这一结论。我们需要采取的措施正是下一章的主题。

国际行动的原则

从前面三节和第8章的讨论，我们可得出作为国际行动基础的四条明确原则。它们都包括在关于环境与发展的《里约宣言》（见后文的注释窗）中，这份宣言是1992年里约热内卢联合国环境与发展大会（地球峰会）上160个国家的共同宣言。另外，也在《气候变化框架公约》（见第10章第264—265页的注释窗）中以相同或其他形式得到体现。四个原则（括号内是相应的《里约宣言》原则及《气候变化框架公约》条款）是：

- 预防原则（原则十五）
- 可持续发展原则（原则一和原则七）
- 污染者承担责任或付费（Polluter-Pays）原则（原则十六）
- 公平原则——国际公平和代际公平（原则三和原则五）

在下一章中，我们将讨论这些原则是如何应用的。

一些全球经济方面的问题

目前为止，我们试图在不确定性和需要采取行动之间以收益的结果来寻求平衡。是否可用成本来进行平衡呢？简而言之，在一个趋于以经济话题占主导地位的世界里，我们至少应该尝试对行动成本与不行动可能带来的损失进行定量化分析。将这些行动成本与全球其他项目支出进行比较也是有益的。

人类活动影响气候变化而引起的成本耗费可以分为三个部分。首先是由于气候变化而导致的损失成本，比如由于海平面上升所导致的洪水造成的损失，或者诸如洪灾、旱灾及风暴等灾害数量及强度上增加而造成的损失成本。其次是为减少气候变化带来的灾害及其影响的适应成本。再次，是为减缓气候变化的行动成本。图1.5阐述了适应和减缓的作用。因为国际社会已经预计气候有显著的变化，所以也就明显需要采取重要适应措施。这种需求将在整个21世纪中持续增加，直到减缓措施实施并开始起作用。减缓措施现在正在实施，

《里约环境与发展宣言》（1992）

1992年在里约热内卢召开的联合国环境与发展大会（地球峰会）上，160个国家同意了该宣言。下面列出了《里约环境与发展宣言》简称《里约宣言》27条原则中的部分内容：

原则一：人类是可持续发展问题的核心。他们在与自然和谐保持和谐的同时，有权过上健康而富足的生活。

原则三：为了公平地满足现在和未来子孙的发展和环境需求，发展权必须得到满足。

原则五：为了缩短世界上大多数人生活水平上的差距，和更好地满足他们的需要，所有国家和人民都应在根除贫穷这一基本任务上进行合作，这是实现可持续发展不可缺少的条件。

原则七：各国应本着全球伙伴精神，为保存、保护和恢复地球生态系统的健康和完整进行合作。鉴于导致全球环境退化的各种不同因素，各国负有共同的但是又有差别的责任。发达国家承认，鉴于他们的社会给全球环境带来的压力，以及他们所掌握的技术和财力资源，他们在追求全球可持续发展中负有责任。

原则十五：为了保护环境，各国应按照本国的能力，广泛采取预防性措施。遇有严重或不可逆转损害的威胁时，不得以缺乏科学充分确实证据为理由，延迟采取符合成本效益、防止环境恶化的措施。

原则十六：考虑到污染者原则上应承包污染费用的观点，国家当局应该努力促使内部负担环境费用，并且适当地照顾到公众利益，而不歪曲国际贸易和投资。

但是最终进行到何种程度，则决定于对措施效果及成本的评估结果。因此，我们要对适应和减缓的成本、不利之处和效益，相互之间进行评估和权衡。

用于估算成本的模型应该涵盖气候变化问题的各个方面，比如驱动气候变化的各因子之间的相互作用、各因子对人类和生态系统的影响、影响这些因子的人类活动以及人类和生态系统对气候变化的响应——事实上图1.5标明了所有这些因素。这个过程常常称之为综合评估见下页注释窗，可利用综合评估模型（Integrated Assessment Models，IAMs）来完成，此模型尽可能地以一个整体来考虑所有的相关因素。

在第7章结尾处，给出了一些全球变暖损失成本的估算结果。很多估算结果包括一些适应成本，但一般来说适应成本没有被单独地区别出来。这些成本估

综合评估和评价[13]

在评估和评价极其复杂的全球气候变化不同方面的影响中，对各个组成部分做恰当的介绍是很有必要的。而主要组成部分如图1.5所示。其所涉及的学科范围极其广泛，包括自然科学、技术、经济和社会科学（包括伦理道德）。以海平面升高为例——可能是最容易预见和量化的影响。从自然科学角度，可以做上升量和速率及其特征方面的估算。从各种技术角度，可以提出不同的适应性选择。从经济和社会科学角度，可以进行风险评估和评价。海平面上升造成的经济损失可以最简单地表达为，例如，保护的资本成本（如果保护是可能的话），加上可能损失的土地或建筑的经济价值，再加上迁移人员的安置成本。但实际情况更为复杂。现实情况下，尤其是应用到未来几十年时，成本的计算不仅要计入直接损失和保护的成本，而且要计入不同适应性选择范围和可能性的成本（除直接保护外）。风暴潮增加所导致的后续损害的可能性，以及生命等重大损失的可能性都要考虑在内。此外，还有其他的间接后果。如，盐碱化作用导致淡水减少、湿地和相关生态系统损失，野生动植物或渔业、人类的生活和工作等，都会受到各种各样的影响。对于发达国家，其中一些组分的成本可以用金钱来粗略估算。但对于发展中国家，选择方案则难以确定或权衡，甚至粗略成本估计也难以给出。

综合评估模型（IAMs）是综合评估和评价的重要工具。它们在一个综合的数值模型中描述了控制大气中温室气体浓度的物理、化学、生物过程。这些物理过程决定了温室气体浓度变化对气候和海平面、对生态系统的生物学和生态学（自然的和人为的）的影响，自然和人类活动对气候变化的影响，以及适应和减缓气候变化的社会经济影响。尽管这些模型的组成必须非常简化，但它们是高度精密和复杂的。它们为研究气候变化问题中各种要素间的联系和相互作用提供了重要的方法。由于它们的复杂性和许多相互作用间的非线性性质，在解释模式结果时需要十分小心和充分的技巧。

气候变化所造成的许多影响，即使是像海平面升高这样比较简单的情形，也无法简单地用金钱来衡量。比如，生态系统或野生动植物的损失，由于其影响旅游业，可以用金钱表示，但对这种独特系统的长期损失或内在价值就无法用金钱来衡量了。再一个例子就是，尽管安置移民生活的成本可以估算，但迁移所带来的其他社会、安全或政治影响（如，极端情况下，整个群岛或整个国家的损失）则无法用金钱衡量。因此，任何人为气候变化的影响评估都必须同时考虑以不同方式或方法来衡量。政策制定者和决策者需要找到方法，综合考虑各个部分的影响，以便做出合适的判断[14]。

计中很多是基于一种假设，即假设人类活动导致温室气体的增加相当于二氧化碳浓度加倍，正常情况下，这一假设情况可能在21世纪中期就会发生。对于发达国家，成本估计是GDP的1%～4%。对于发展中国家，由于其对气候变化的更加脆弱以及其大部分开支依赖于农业和水资源等方面，损失成本估计比较大，达到GDP的5%～10%甚至更多。另外第7章中也指出，这些成本估计仅仅是包括了能用金钱衡量的项目。对于那些不能准确用金钱来衡量的项目（比如由于环境问题所造成的大量难民），也需要列出来，并在做总体估计时加以考虑。

如果温室气体增加一倍以上，从更长期看，损失的增速可能比二氧化碳浓度的增速更快些。例如，对于四倍等效的二氧化碳浓度，估算出来的损失成本是二氧化碳倍增损失成本的2～4倍，这表明：相对于预期温度的上升，损失可能遵循其二次方的变化[15]。此外，较大程度的气候变化将大大提高异常事件（表7.4）、不可逆变化以及意外事件发生的可能性。《斯特恩报告》（Stern Review）（见第7章207页注释窗）估算2010年后继续维持现状的成本，相当于当前人均消费减少5%～20%，而且，现在和将来都极有可能在此范围的高值区域，较贫穷国家可能遭受与其不相称的损失。

由于全球变暖主要贡献来源于二氧化碳的排放，因此已经试图以每吨碳（人类活动排放二氧化碳中的碳）的损失成本来表示气候变化造成的损失成本。这就是所说的碳的社会成本。下面进行简单、粗略的计算。我们考虑下面这种情形，当大气中二氧化碳浓度达到工业革命前的两倍时，也就是，人类再向大气中排放了5500 Gt二氧化碳（1500 Gt碳）（见图3.1，人类所排放的二氧化碳约一半累积在大气中）。二氧化碳平均在大气中的寿命约100年。假定在这种情况下，由于全球变暖造成的损失成本占全球生产总值（GWP）的3%，或每年2万亿美元，另外考虑到二氧化碳在大气中的寿命，假设其造成的损失持续100年，那么每吨二氧化碳的成本为36美元。

每吨碳的成本可以通过考虑增量损失成本的更先进的计算方法来计算。增量损失成本指的是现在排放额外一吨碳所造成的损失成本，它是真正合乎要求的，并且通过贴现率可以考虑这样一种事实，即现在估算未来的损失。不同经济学家为1995年IPCC报告估算的每吨二氧化碳成本从约1.5美元到35美元不等（合每吨碳5～125美元）[16]。由于所用假设不同，IPCC 2007年报告中的成本估算范围更大[17]。

成本估算对所假定的贴现率尤其敏感，那些处于范围上限的估值假定贴现率低于2%；那些处于范围下限的估值假定贴现率为5%或更高[18]。50年里，贴现率为2%将使成本减为原来的1/3，5%的贴现率使得成本减少为原来的1/13，很明显，贴现率起到主要作用。而对于100年的情况，差别则更加明显，2%的贴现率使得成本减少为原来的1/7，5%的贴现率对应为1/170。经济学家们也一直在争论，至今也没有就如何应用贴现率计算这类长期问题以及哪种贴现率更合适达成一致。然而，正如帕尔塔·达斯古普塔（Partha Dasgupta）指出的那样，"这种不一致既与经济无关，也与社会成本效益分析无关，甚至与科学家的计算技能无关"[19]，而实际上是更为基本的问题。他解释说，碳排放的影响将对未来的经济带来如此巨大的负面扰动，以至于对未来投资设定贴现率的基础受到威胁。此外，有些损失是很难用金钱估算的，如由于海平面上升或大范围栖息地和物种损失所导致的大面积的陆地甚至整个国家的损失。对于这些损失，即使试图估算，贴现看起来也是不合适的。《斯特恩报告》（Stern Review）也相信贴现是不合适的，并称未来几代人的福利应与当代人在同样的基础上进行考虑[20]。这是一个由贴现过程引起伦理问题的范例。牛津大学约翰·布鲁姆（John Broome）教授指出，贴现不仅关系到经济，而且不可避免地引起伦理问题（尽管它们经常被忽略[21]）。如果把贴现应用到气候变化的成本估算，强有力的证据表明，一定要用较小的而不是较大的贴现率。任何情况下，应用了贴现率的任何成本估算都应被充分曝光。

在充分讨论了影响碳排放社会成本的各种因素后，《斯特恩报告》用PAGE 2002综合评估模型，在照常排放（BAU）情景下，估算每吨二氧化碳社会成本大约为85美元[22]。报告还指出，碳排放所造成的社会成本会随着时间而增加（因为损失随时间增加），而且在任一时期都依赖于将来的排放轨迹（图9.3）；对于稳定排放情景（见第10章282页），如550 ppm二氧化碳当量，减排每吨二氧化碳当量所造成的社会成本将大大降低，约30美元，而对于450 ppm二氧化碳当量，社会成本约25美元。在后面章节的经济讨论中，我们将使用每吨二氧化碳的社会成本估算为25～50美元。

为了减慢气候变化的开始时间，限制长期损失，可以采取减少温室气体，尤其是二氧化碳排放的减缓行动。减缓的成本依赖于所要求的温室气体减排量；大幅减排比小幅减排所需的成本将成比例地增加。同时，减缓成本也依赖于温室气体减排的时间尺度。在短期内大幅度地减排意味着工业的能源供应不可避免地大幅减少，工业受到巨大的干扰，从而加大成本。然而，小幅减排可以通过以下两种成本相对较小的行动实现。首先，实质性地提高现有能源利用率，这个比较容易做到，很多措施可以节约成本，这些行动现在就可以实施。第

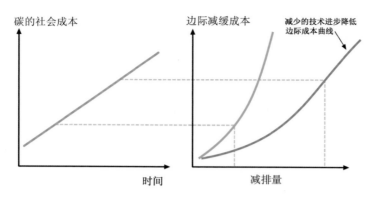

图9.3　碳的社会成本，边际减缓成本以及减排量关系图。为了达到长期稳定目标，碳的社会成本随时间上升（因为边际成本也上升）。这是因为损失成本上升比全球温度上升更迅速，右图显示的是减缓成本变化。技术随时间发展进步，将减少所有减缓成本，以至于价格对应的减排量增加。虚线显示的是碳的社会成本如何驱动减缓成本变化

二，在能源的生产方面，存在已被证实的大幅提高效率的技术以及不依赖于化石燃料的能源生产的来源。这些现在就可以开始规划，替换已有的、建立新的能源基础设施。接下来的两章将详细描述这些可能的行动，以及如何完成这些行动。

　　减缓的成本是怎样的？随着便宜的化石燃料被其他能源代替，能源和运输部分的成本将会增加，因为这些新能源至少在短期内可能是更昂贵的。下一章将详细描述为将大气中的温室气体浓度稳定在不同水平，尤其是550 ppm或450 ppm二氧化碳当量（见第6章136页）所进行的减排廓线。为将二氧化碳浓度控制在550 ppm，到2050年全球二氧化碳排放需减少到20世纪90年代的水平（图10.3）。《斯特恩评论报告》估算这种减排对发达世界经济来说，年成本将约为GDP的1%[23]。正如Stern和IPCC所引证的那样，所有来源对年成本的估算范围基本为 − 1% ~ 4%，平均约为1%。这种较大的范围表明，所必须做的假设中存在很大的不确定性。正如可能期望的那样，成本高低很大程度上依赖于二氧化碳稳定浓度的目标水平。对于450 ppm稳定浓度水平，减缓成本较高，到2050年全球二氧化碳排放需比20世纪90年代水平减少约60%。对于445 ~ 535 ppm 二氧化碳当量浓度，IPCC第四次评估报告[24]引用为，到2050年估算的减缓成本将少于GDP的5.5%。对于经济增长为每年2% ~ 4%的典型水平，满足以上提到的任何稳定浓度水平，即使是445 ppm二氧化碳当量，完成减排的成本都少于未来50年中约两年的经济增长当量。

　　尽管这些估算所根据的经济研究已经考虑了许多相关因子，其仍然存在很大的不确定性——估值区间范围大正好说明了这一点。一些难于考虑的因子有利于降低成本[25]，如引进新的低排放技术、新的税收增长手段、适当的区域间财政和技术转让及适度的革新。对于最后一种，预见未来技术的发展并不容易，几乎任何尝试的预见技术发展都可能低估这些技术的潜力。因此，对减缓成本的估算几乎都偏高。

　　减缓成本相比于我们之前列出的损失成本又是怎样的呢？与假定BAU排放轨迹，21世纪不采取明显措施所造成的损失成本相比，减缓成本低得多，与更低排放情景下的可能损失成本更有可比性。然而，回顾那些警告，如在《斯特恩报告》中，金钱估算仅代表损失成本的一部分，与很少或几乎不采取任何减缓行动所导致的可能总体损失相比，减缓成本并不大。图9.3右图给出了边际减排成本（在边际减少一个单位排放的成本）曲线图。这两条曲线随着减排而升高，花费少的减排将被率先完成。该图说明了减排成本与碳排放造成的社会成本间的关系。然而，由于实际上对未来损失和减排成本的估算存在很大不确定性，用金钱以外的其他因子进行成本估算将决定减缓行动的规划和完成程度。

　　然而，需要指出的是，即使二氧化碳浓度稳定在450 ppm当量，地球也将遭受显著的气候变化，随之而来的是适应的巨大的成本和要求。我们正在减缓是进一步的，甚至更具破坏性的气候变化。

　　正如前面所提到的，全球变暖和适应或减缓影响的成本，只占GDP很小的比例。将这些成本与国家或个人其他支出项目进行比较是很有趣的。在典型发达国家，如英国，约5%的国家收入花费在主要能源（基本燃料如煤、石油和天然气，以及用于电力供应和运输的燃料）的供应上，约9%在健康上，约3%～4%在国防上。当然，很明显，全球变暖与能源生产十分密切——正是由于能源供应的方式导致了问题的存在——下两章中将详述这一主题。但是，全球变暖，对人体健康（如可能的疾病传播）和对国家安全（如引发争夺水资源战争的可能性），或者对大量环境难民造成影响。因此，任何对全球变暖经济学的全面考虑都需要评估这些影响的程度，并在整体经济平衡中给予考虑。

　　至此，全球变暖的资产负债表中，我们已经评估了成本、益处或弊端，但目前我们还缺乏的是资本账户。虽然对人为资本的估值是司空见惯的，但是在整体的会计结算中，还必须对"自然"资本进行明确的估值，我们正在努力这么做。"自然"资本即自然资源，如可再生的自然资源（如森林）或不可再生的自然资

对于最终确定第二次IPCC报告的重要会议《自然》杂志认为：会议讨论了科学完整性、政治和环境议题最终达成一致意见，报告的结果收入《京都议定书》。图中从左到右为：博林（Bolin）教授（IPCC第一任主席）、我自己（作者）和巴西的梅拉（Gylvan Meira）博士（1995年科学工作组的联合主席）正在用体温计给生病的地球量体温

源（如煤、石油或矿物）[26]。很明显，自然资源的价值要高于开发和提炼的成本。

　　一些其他因素（其中一些已经在第7章结尾提及），比如自然环境舒适和物种的价值也可以被看作"自然"资本。我曾说过（见第8章），自然界确实存在内在的价值，"自然"资本的价值和重要性已经越来越被认可。困难的是，用金钱来衡量这种价值既不可能也不合适。尽管存在困难，但是自然资本应该纳入国家和全球可持续发展指标这一点已经得到广泛认同，与此同时，各国也正在积极探索将"自然"资本纳入国民资产负债表的方式。

总结

　　本章通过权衡气候变化的可能危害成本以及其适应和减缓成本，讨论了未来气候变化的不确定性。结论总结如下。

- 自1990年以来，政府间气候变化专门委员会（IPCC）已经进行了四次综合性评估，虽然这些评估依然存在大量的不确定性，但是它们提供了关于气候变化现状和未来趋势越来越准确和详细的信息。

- 国际行动的四条原则已经确定，即：预防性原则、可持续发展原则、污染者付费原则和公平性原则。

- 评估成本时，气候变化资产负债单所包含的内容已经确定如下：

  1）由于气候变化的影响，估计至2050年，发达国家的损失一般可达GDP的1%~4%，而对很多发展中国家的，损失将达GDP的5%~10%，甚至更多。

  2）气候变化的影响不能完全以金钱来衡量，如社会影响、人体舒适性影响、"自然"资本及国家安全影响等。例如，到2050年，估计可能会造成超过1.5亿的环境难民。

  3）适应人类活动造成的气候变化的成本。随着气候变化逐渐被认知，制定适应气候变化的计划就变得非常迫切，这将导致某些地区和部门付出巨大的成本。

  4）减缓人人类活动造成的气候变化的成本。假如采取减缓气候变化的行动是迫切的，规划是合理的，为减少碳排放，使大气中的二氧化碳浓度维持在一个稳定的水平，到2050年所需要的减缓成本一般要少于一年或两年的经济增长，远远少于上面1）中所估计的气候变化所导致的损失。

  5）所有上述估计和基于上述清单的假设都迫切需要改进。

　　下一章我们将依据本章所阐述的原则和国际《气候变化框架公约》的内容对某些行动做更详细的阐述。

思考题

1. 经常有人质疑，在科学探究中，永远不可能达成"共识"，因为讨论和争论对寻求科学真理很重要。讨论什么是共识，以及你是否同意这个观点。你认为IPCC报告达成共识了吗？

2. 你认为IPCC报告的价值有多大？如果该报告取决于同行审查程序以及政府对科学结果描述的参与的程度。

3. 尽可能多看看所能找到的可持续发展的定义，讨论哪一种定义是最好的。

4. 列出可用于评估一个国家实现可持续发展程度的适当指标。你认为哪一个是最有价值的？

5. 假设贴现率为1%，2%和5%，计算出今天的某一成本，在未来是20，50或者100年的值。查找和总结（比如在《斯特恩报告》和IPCC报告里）贴现的未来成本。你认为使用那一种贴现率是最合适的？

6. 尽你可能为你的国家建立一系列资本账户，其中包括"自然"资本项目。你的帐户不需要都用金钱来表示。

7. 对你的国家正在采取的减缓行动制作成尽可能详细的清单。想一想是什么因素决定了这些减缓行动。你的国家做得足够吗？如果你认为不够，该如何提高呢？

8. 由于经济是持续增长的，至21世纪中叶，世界的物质财富将非常富足，因此有一种观点认为，到时候再解决气候变化的影响或采取减缓行动比现在更为有利。你是否同意这种观点？

9. 国民生产总值（GNP）通常用来衡量国家经济健康状况。但是目前普遍认为，国民生产总值只能相对粗略地反映经济的增长，而没有考虑到很重要的因素，比如人类福利、生活质量和不可替代资源的使用等。对其他一些被建议使用来评价和对比国家经济的指标进行调查，你是否找到了一个对决策者更有价值的、可以用来衡量经济健康和运行状况的通用指标？

10. 查阅减缓气候变化的地球工程方案的建议信息，如注释[12]所引用的。通过重点考虑这些建议可能起到的效果及其对气候或社会的负面影响，对这些建议进行评价。

▶ 扩展阅读

IIPCC AR4 Climate Change 2007 Synthesis Report.

Metz, B., Davidson, O., Bosch, P., Dave, R., Meyer, L. (eds.) 2007. Climate Change 2007:Mitigation of Climate Change. Contribution of Working Group III to the FourthAssessment Report of the Intergovernmental Panel on Climate Change. Cambridge:Cambridge University Press.
Technical Summary
Chapter 2 Framing issues (e.g. links to sustainable development, integratedassessment)
Chapter 3 Issues relating to mitigation in the long-term context
Chapter 12 Sustainable development and mitigation

Stern, N. 2006.The Economics of Climate Change. Cambridge: Cambridge UniversityPress. The Stern Review: especially Chapters 3 to 6 in Part II on the cost of climatechangeimpacts.

Framework Convention on Climate Change (FCCC): www.unfccc.int.
Pew Centre on Global Climate Change: www.pewclimate.org.
The Climate Group: www.climategroup.org.

注 释

[1]　Houghton, J. T., Jenkins, G. J., Ephraums, J. J. (eds.)1990. Climate Change: The IPCC Scientific Assessments.Cambridge: Cambridge University Press, p. 365;Executive Summary, p. xii. 相似但更详尽的表述参见1995, 2001 and 2007年IPCC 报告.

[2]　气候模式产品如何与气候研究中的其他信息相结合的详细描述参看Mearns, L. O.,Hulme, M. et al. 2001. Climate scenario development.In Houghton, J. T., Ding, Y., Griggs, D. J., Noguer, M.,van der Linden, P. J., Dai, X., Maskell, K., Johnson, C. A.(eds.) 2001. Climate Change 2001: The Scientific Basis.Contribution of Working Group I to the Third AssessmentReport of the Intergovernmental Panel on Climate Change.Cambridge: Cambridge University Press, Chapter 13.

[3]　IPCC历史的概述参见Bolin, B.2007. A History of the Science and Politics of Climate Change.Cambridge: Cambridge University Press.

[4]　Houghton et al. (eds.) Climate Change: The IPCCScientific Assessment ;Tegart, W. J. McG., Sheldon, G. W.,Griffiths, D. C. (eds.) 1990. Climate Change: The IPCCImpacts Assessment. Canberra: Australian GovernmentPublishing Service.

Houghton, J. T., MeiraFilho, L. G., Callander, B. A.,Harris, N., Kattenberg, A., Maskell, K. (eds.) 1996.Climate Change 1995: The Science of Climate Change.Cambridge: Cambridge University Press.

Watson, R. T., Zinyowera, M. C., Moss, R. H. (eds.)1996. Climate Change 1995: Impacts, Adaptationsand Mitigation of Climate Change: Scientific–TechnicalAnalyses. Contribution of Working Group II to the SecondAssessment Report of the Intergovernmental Panel onClimate Change. Cambridge: Cambridge UniversityPress.

Bruce, J., Hoesung Lee, Haites, E. (eds.) 1996. ClimateChange 1995: Economic and Social Dimensions of ClimateChange. Cambridge: Cambridge University Press.

Houghton, J. T., Ding, Y., Griggs, D. J., Noguer,M., van der Linden, P. J., Dai, X., Maskell, K.,Johnson, C. A. (eds.) 2001. Climate Change 2001: TheScientific Basis. Contribution of Working Group I tothe Third Assessment Report of the IntergovernmentalPanel on Climate Change. Cambridge: CambridgeUniversity Press.

McCarthy, J. J., Canziani, O., Leary, N. A.,Dokken, D. J., White, K. S. (eds.) 2001. ClimateChange 2001: Impacts, Adaptation and Vulnerability.Contribution of Working Group II to the ThirdAssessment Report of the Intergovernmental Panel onClimate Change. Cambridge: Cambridge UniversityPress.

Metz, B., Davidson, O., Swart, R., Pan, J.(eds.) 2001. Climate Change 2001: Mitigation.Contribution of Working Group III to the ThirdAssessment Report of the Intergovernmental Panelon Climate Change. Cambridge: CambridgeUniversity Press.

Solomon, S., Qin, D., Manning, M., Marquis, M., Averyt,K., Tignor, M. M. B., Miller, H. L. Jr, Chen, Z. (eds.),2007. Climate Change 2007: The Physical Science Basis. Contribution of Working Group I to the Fourth AssessmentReport of the Intergovernmental Panel on Climate Change.Cambridge: Cambridge University Press.

Parry, M., Canziani, O., Palutikof, J., van der Linden, P.,Hanson, C. (eds.) 2007. Climate Change 2007:Impacts, Adaptation and Vulnerability. Contribution ofWorking Group II to the Fourth Assessment Report of theIntergovernmental Panel on Climate Change. Cambridge:Cambridge University Press.

Metz, B., Davidson, O., Bosch, D., Dave, R., Meyer, L.(eds.) 2007. Climate Change 2007: Mitigation of ClimateChange, Contribution of Working Group III to the FourthAssessment Report of the Intergovernmental Panel on ClimateChange. Cambridge: Cambridge University Press.

[5] 参见Houghton, J. T. 2002. An overview of the IPCCand its process of science assessment. In Hester, R. E.,Harrison, R. M. (eds.) Global Environmental Change,Issues in Environmental Science and Technology,No. 17. Cambridge: Royal Society of Chemistry.

[6] 关于 'denial industry' 参见Monbiot,G. 2007. Heat: How to Stop the Planet Burning. London:Allen Lane, Chapter 2.

[7] 参见Climate Change Controversies: A Simple Guidepublished by the Royal Society, http://royalsociety. org/document.asp?id=6229

[8] The Academies of Science 2005 statement canbe found on http://royalsociety.org/document.asp?id=3222.

[9] 第6章134页已经定义。

[10] 2005年3月15日能源与环境部长级圆桌会议上的讲话。

[11] 参见第11.2.2节, in Metz et al. (eds.) Climate Change2007: Mitigation.

[12] 更多信息参见Lauder, B., Thompson,M. (eds.) 2008. Geoscale Engineering to Avert DangerousClimate Change. London: Royal Society (an issue ofPhilosophical Transactions of the Royal Society).

[13] Weyant, J. et al. Integrated assessment of climatechange. In Bruce et al. (eds.), Climate Change 1995:Economic and Social Dimensions, Chapter 10; also,Chapters 2 and 3, in Parry et al. (eds.) Climate Change2007; Impacts.

[14] 集合评估的完整讨论见英国环境污染皇家委员会第21次报告. London: Her Majesty' sStationery Office, 1998.

[15] Pearce, D. W. et al., Chapter 6, in Bruce et al. (eds.),Climate Change 1995: Economic and Social Dimensions.

[16] 决策者摘要, in Bruce et al. (eds.),Climate Change 1995: Economic and Social Dimensions.

[17] 第3章232页, in Metz et al. (eds.) ClimateChange 2007: Mitigation.

[18] Cline 关于低利率的主张(Cline, W. R. 1992. TheEconomics of Global Warming. Washington, DC:Institute for International Economics, Chapter 6), asdoes S. Fankhauser(Valuing Climate Change, London:Earthscan, 1995). Nordhaus (Nordhaus, W. R. 1994.Managing the Global Commons: The Economics of ClimateChange. Cambridge, Mass.: MIT Press) has used ratesin the range of 5% to 10%; see also Tol, R. S. J. 1999.The marginal costs of greenhouse gas emissions. The Energy Journal, 20, 61–8.

[19] Dasgupta, P. 2001. Human Well-Being and the NaturalEnvironment. Oxford: Oxford University Press,p. 184; see also pp. 183–91; see also Markhndya, A.,Halsnaes, K. et al. Costing methodologies. Chapter 7,in Metz et al. (eds.), Climate Change 2001: Mitigation.

[20] Stern, N. 2007. The Economics of Climate Change. Cambridge: Cambridge University Press, pp. 35–7.

[21] Broome, J. 2008. The ethics of climate change.Scientifi c American, 298, 69–73.

[22] Stern, Economics of Climate Change, p. 344.

[23] 同上, p. 239.

[24] Table SPM 7 and Figure 3.25, in Metz et al. (eds.)Climate Change 2007: Mitigation.

[25] 更多细节见Hourcade, J.-C., Shukla, P. et al.2001. Global regional and national costs andancillary benefits of mitigation. Chapter 8; inMetz et al. (eds.), Climate Change 2001: Mitigation ;也可参见Metz et al. (eds.) Climate Change 2007:Mitigation.

[26] 这个问题的讨论参见Daly, H. E. 1993.From empty-world economics to full-worldeconomics: a historical turning point in economicdevelopment. In Ramakrishna, K., Woodwell, G. M.(eds.) World Forests for the Future. New Haven, Conn.:Yale University Press, pp. 79–91.

减缓和稳定气候变化的行动战略

10

亚马孙热带雨林林冠

根据IPCC科学评估报告揭示的对气候变化问题的认知，已认识到国际行动的必要性。特别是形成这样一个目标：稳定大气中温室气体浓度水平以便最终稳定气候。国家或国家集团已经承诺从现在到2050年间进行大幅度减少排放。尚未商定的是稳定的目标水平。在这一章中，我将讨论必须达到什么样的目标水平及其实现这些目标水平必须采取的行动。

《气候公约》

在1992年6月里约热内卢举行的联合国环境与发展大会上，160多个国家签署了《联合国气候变化框架公约》（UNFCCC），该《公约》于1994年3月21日生效，它为采取减缓和稳定气候变化的行动制定了议事日程。《公约》各缔约国承认全球变暖的现实以及与目前气候变化预测相关的不确定性，同意采取行动以减轻气候变化的影响，并指出发达国家应当率先采取行动（一些细节见注释窗）。

公约提出了一个涉及短期的特殊目标和一个长期达到的目标。这个特殊的目标是发达国家（《气候公约》中的附件Ⅰ国家）应该采取行动在2000年前使温室气体特别是二氧化碳的排放回复到1990年的水平。长期目标如公约第二条所述，大气中温室气体的浓度应当稳定在"防止气候系统受到危险的人为干扰的水平上"，这一稳定要在足以使生态系统能够自然地适应气候变化、确保粮食生产免受威胁并使经济发展能够可持续地进行的时间范围内实现。在设定这一目标时，《公约》就已经认识到，只有通过稳定大气中温室气体（特别是二氧化碳）的浓度，才有可能阻止预计将随全球变暖而发生的迅速的气候变化。

到2008年底，共举行了14次气候缔约国大会。自从1997年首次在全会上形成具有法律效应的文件——《京都议定书》以来，它们已经受到很大程度的关注。下面的段落将首先概述到目前为止采取的行动，然后描述《京都议定书》和讨论那些为满足公约的实现稳定温室气体浓度的目标而必须采取的进一步行动。能源和交通部门为达到必要的减排所采取的行动将在第11章进行描述。

一些取自《联合国气候变化框架公约》的摘录，其于1992年6月在里约热内卢由160多个国家签署

首先，在公约前言中，各缔约国：

担忧的是人类活动已大幅度增加大气中温室气体的浓度，这种增加增强了自然温室效应，平均而言将引起地球表面和大气进一步增温，并可能对自然生态系统和人类产生不利影响。

注意到历史上和目前全球温室气体排放的最大部分源来自发达国家，发展中国家的人均排放仍相对较低，发展中国家在全球排放中所占的份额将会增加，以满足其社会和发展需求。

认识到应对气候变化的各种行动本身在经济上就能够是合理的，而且还能有助于解决其他环境问题。

认识到地势低洼国家和其他小岛屿国家、拥有低洼沿海地区、干旱和半干旱地区或易受水灾、旱灾和沙漠化影响地区的国家以及具有脆弱的山区生态系统的发展中国家，特别容易受到气候变化的不利影响。

呼吁应当以统筹兼顾的方式把应对气候变化的行动与社会和经济发展协调起来，以免后者受到不利影响，同时充分考虑到发展中国家实现持续经济增长和消除贫困的正当的优先需要。

决心为当代和后代保护气候系统，协议如下：

公约第二条中包含了公约目标，全文如述：

"本公约以及缔约国会议可能通过的任何相关法律文书的最终目标是：根据本公约的各项有关个规定，将大气中温室气体的浓度稳定在防止气候系统受到危险的人为干扰的水平上。这一水平应当在足以使生态系统能够自然地适应气候变化、确保粮食生产免受威胁并使经济发展能够可持续地进行的时间范围内实现。"

第三条论述了原则，包括各缔约国应当"采取预防措施，预测、防止或尽可能减少引起气候变化的原因，并缓解其不利影响。当存在造成严重或不可逆转的损害的威胁时，不应当以科学上没有完全的确定性为理由推迟采取这类措施，同时考虑到应对气候变化的政策和措施应当讲求成本效益，确保以尽可能最低的费用获得全球效益。"

第四条涉及承诺。在该条中指出，每一个公约缔约国应"制定国家政策或采取相应的措施，通过限制其人为的温室气体排放以及保护和增强温室气体的汇，减缓气候变化。这些政策和措施表明，发达国家正带头依循本公约的目标，改变人为排放的长期趋势，同时认识到，至本21世纪头10年末，使二氧化碳和《蒙特利尔议定书》未予管制的其他温室气体的人为排放回复到较早的水平，将会有助于这种改变……"

每一个缔约国"为了推动朝这一目标取得进展……应就其上述的政策和措施，以及就其预测的《蒙特利尔议定书》未予管制的温室气体的人为排放的源和清除温室气体的汇，提供详细信息，目的在于个别地或共同地使这些……排放回复到1990年的水平……"

排放的稳定

《气候公约》对发达国家提出的短期行动目标是在2000年之前，温室气体排放应当回复到1990年的水平。在里约热内卢会议之初、《气候公约》正式提出以前，许多发达国家已经宣布，他们打算至少使二氧化碳排放达到这一目标。这些国家主要是采取节能措施并转而使用诸如天然气之类的燃料，因为对于生产相同的能源，天然气产生的二氧化碳比煤和石油分别减少40%和25%。此外，那些拥有传统重工业（例如钢铁工业）的国家正在大大减少对化石燃料的使用。下一章将详细介绍这些节能措施，它将有助于讨论未来能源需求和生产。

尽管截止到2000年，《气候公约》的目标即相比1990年全球化石燃料燃烧排放已增长了11%。但不同的国家排放有着巨大的差异。美国增长了17%，其他OECD（经济合作和发展组织）平均增长了5%。由于经济衰退，来自前苏联的经济转轨国家的二氧化碳排放减少了近40%，同时发展中国家总的排放增长了近40%。自2000年以来，全球化石燃料燃烧排放以每年近3%速度增长。

就像我们将要在后面的章节里知道的，稳定的二氧化碳排放不能保证在可预见的未来稳定大气浓度。稳定的排放仅仅是一个短期目标，长期来看必须更加大幅地减少排放。

《蒙特利尔议定书》

氯氟烃（CFCs）是温室气体，其排放已受到关于消耗臭氧层物质的《蒙特利尔议定书》的管制。这一管制的提出并非由于氯氟烃是温室气体，而是因为它们能减少大气中的臭氧(见第3章)。在过去几年里氯氟烃排放已急剧减少，其浓度的增长速率也减慢，某些CFCs的浓度还稍有下降。根据《蒙特利尔议定书》1992年修订案的要求，工业化国家在1996年之前，发展中国家在2006年之前分阶段停止生产氯氟烃，这将确保其大气浓度继续下降。然而，由于它们在大气中的存留时间较长，这一下降过程很缓慢，因此需要一个世纪或更长时间，其对全球变暖的贡献才能减少到忽略不计。

氯氟烃的替代品氢氯氟烃（HCFCs）也是温室气体，尽管其增暖潜力小于氯氟烃。氢氯氟烃被要求在2030年之前逐步停止生产。在大气中氢氯氟烃浓度停止增加并开始下降之前，其生产就可能受到限制。

由于已经存在有关控制对温室效应有贡献的氯氟烃及其大多数相关物质生产的国际协议，因此在预定时期内，这些气体将达到气候公约所要求的大气浓度的稳定水平。

氯氟烃的其他替代品氢氯氟烃也是温室气体，但是不损耗臭氧。因此，不能应用《蒙特利尔议定书》来加以控制。不过，正如第3章所提到的，氢氯氟烃利用的大幅度增长也必须受到关注。正如我们将在下面一节中提及的，它们都包含在《京都议定书》提及的"一揽子"温室气体里。

《京都议定书》

在《气候公约》生效后于1995年柏林举行的第一次会议上，《气候公约》缔约方（即所有批准公约的国家）决定他们需要谈判达成一个比公约更加具体和量化的协议。由于《公约》原则上规定工业化国家应该起带头作用，来制定一个议定书，这些国家（附件Ⅰ国家）必须承诺将2008－2012年（称之为第一承诺期）的平均排放在1990年的水平上减少特定的数量（见表10.1）。议定书也需要规定第二承诺期。谈判开始于2005年末的蒙特利尔会议，以达成从第一到第二承诺期平稳过渡的时间安排。议定书内在机制可能导致更强有力的行动，并随着时间的推移扩大到发展中国家。

在1997年11月于京都召开的缔约方大会上同意了议定书的基本结构和不同国家必须的承诺。但议定书是一个非常复杂的协议，在紧接着的3年就下面的细节进行了紧张的谈判——包含的气体类别、气体之间比较的基础和监测、报告规则。此外，该议定书包含一系列的机制（见下文的注释窗），这种情况是在国际条约中前所未有的，它能使国家通过吸收排放的"汇"（如通过造林——见下节）或投资或贸易（这可能使得限制排放更加便宜）来抵消其国内排放义务。

议定书控制的排放包含有6种温室气体（表10.2和图10.1），它们通过使用全球变暖潜势（GWPs）转换为总的二氧化碳当量，其介绍见第3章第58页。

议定书的细节，最终在2001年10—11月于马拉喀什举办的缔约方大会上通过。许多与碳汇相关的内容特别是森林和土地使用的变化，纳入详细的讨论。由于这类汇的大小上存在很大的不确定性，议定书有关此方面的结论保留了相当的质疑。不过，与会者一致认为，它们应以有限的方式纳入进来，并且通过了有关造林，再造林和毁林活动以及某些土地利用变化的详细规定。协议也设立限制，规定何种排放能够从这些增加碳汇的活动中得以抵消[1]。

在2001年马拉喀什会议之前，美国已宣布从议定书撤出。尽管在2003年底前，120个国家已经批准了该议定书，并且有占附件Ⅰ国家总排放44%的附件Ⅰ国家已经批准了议定书。因为议定书生效必须55个国家同意，并且其合计的排放量至少占附件Ⅰ国家总量的55%，随着2004年底俄罗斯的批准，议定书最终于2005年2月16日生效。

对执行《京都议定书》的成本，有人已经表示了关注。通过使用国际能源—经济学模型，成本研究已经完成。在9个这样的研究中，对参加国的国民生产总值（GDP）的影响值范围如下[2]：在没有排放交易的情况下（见注释窗），与没有执行《京都议定书》的基本情形相比，在2010年预估的GDP损

表10.1　《京都议定书》中温室气体排放目标（1990[a]—2008/2012）	
国家	目标（%）
欧盟15国[b]，保加利亚，捷克斯洛伐克，爱沙尼亚，拉脱维亚，立陶宛，罗马尼亚，斯洛伐克，斯洛文尼亚，瑞士	−8
美国[c]	−7
加拿大，匈牙利，日本，波兰	−6
克罗地亚	−5
新西兰，俄罗斯，乌克兰	0
挪威	+1
澳大利亚[c]	+8
冰岛	+10

a　一些转型国家有一个不同于1990年的基线。
b　15个欧盟国家已经同意减少平均值；如下国家有改变：卢森堡变为−28%，丹麦和德国为−21%，希腊为+25%，葡萄牙为+27%。
c　美国没有签订议定书，澳大利亚在2008年3月前没有签订议定书。

表10.2　《京都议定书》包含的温室气体和它们在100年时间尺度上相对于二氧化碳的全球升温潜势（GWPs）	
温室气体	全球升温潜势（GWP）
二氧化碳（CO_2）	1
甲烷（CH_4）	25
氧化亚氮（N_2O）	298
氢氟碳化合物（HFCs）	12～12 000[a]
全氟碳化合物（PFCs）	5 000～12 000[a]
六氟化硫（SF_6）	22 200

a　不同HFCs的值的范围：更多的信息见Moomaw W R, Moreira J R et al, in Metz et al. (eds.) Climate Change 2001: Mitigation, 第3章和附录.

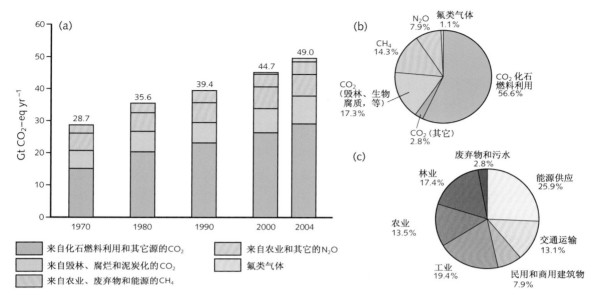

图10.1 （a）1970—2004年全球每年人为温室气体排放，单位：GtCO$_2$当量/年（包括CO$_2$, CH$_4$, N$_2$O, HFCs, PFCs and SF$_6$按照它们100年尺度GWP转换——参见第3章58页）。（b）2004年不同人为温室气体在总的排放中的份额（林业包括森林砍伐），单位：CO$_2$当量。（c）2004年不同部门占总排放的份额，单位：CO$_2$当量，建筑和工业没有包括电力使用（已包含在能源供应中）。图11.2提供了最终使用的比例信息

失在0.2%～2%之间。在附件Ⅰ国家间有排放贸易的情况下，估计GDP的损失为0.1%～1.1%。如果所有国家的排放贸易通过理想的CDM（清洁发展机制）（见270页注释窗）执行，估计的GDP损失在0.01%～0.7%。虽然国家之间有差异，但是大多数值的差异是因为模式的差异造成的，因此可认为在现阶段这些研究存在内在的很大不确定性。

　　鉴于任何附件Ⅰ国家未能达到减排目标将可能破坏其他缔约方的努力，因此及早发现任何缔约方滞后其履约进程是非常重要的。由此，议定书建立了一套严格的报告和核查系统，即国家年度排放评估报告由独立专家审查。履约委员会鼓励通过"胡萝卜"加"大棒"的组合来实现履约。通过事务促进部门向缔约方实现排放承诺提供资金和技术援助，同时强制部门对不遵守申报案件负责，并有权做出处罚，以防止他们利用灵活机制。任何一方超过其在第一承诺期的排放配额，其超出部分的130%将在第二承诺期扣除。

　　通过减少温室气体排放来减缓气候变化，《京都议定书》是一个重要的

京都机制

《京都议定书》包括3个特别机制以促进减排。

联合履行（JI）允许工业化国家通过项目合作来减少在其他工业化国家领土的排放或增加汇。投资附件 I 国家的这些项目产生的减排单位能够被用来以帮助实现它们的减排目标。JI项目的例子可能是一个燃煤电厂被一个更高效的热电联产电厂或一片重新造林的土地来更换。联合执行项目预计将主要在EIT（经济转型）国家进行，那里将有更多的机会以低成本减少排放。

清洁发展机制（CDM）允许工业化国家通过实施项目来减少发展中国家的排放。经核证的减排量可以用于工业化国家以帮助其实现减排目标，同时也促进了发展中国家实现可持续发展，并对公约总的目标有贡献。清洁发展机制的例子可能是一个利用太阳能电池板的农村电气化项目或退化土地再造林。

排放贸易（ET）允许工业化国家通过从其他工业化国家购买"已分配数量单位"的排放，相对而言，更容易找到排放量以达到它们的减排目标。这使得各国能够利用较低的成本来遏制排放或增加碳汇，而且不论这些机会存在哪里，目的都是为了降低减缓气候变化的成本。（第271页的碳交易注释窗）。

关于执行这些机制的细则规定，如果项目能带来实际的、可测量的减缓并且对减缓气候变化有长期利益，那么项目将被批准。

开始。以其复杂性和执行机制的多样性，它也代表了国际谈判和协议的成就。这将阻止许多工业化国家排放的持续增长，实现签订议定书的附件 I 国家的总的排放在1990年基础上减少。一个成功的《京都议定书》将促使在2012年后达成一个具有约束性目标的真正的全球系统（即包括发达国家和发展中国家）。在本节稍后将讨论更大幅度的长期减排对于2012年后的十年的必须性。

森林

现在我们来看看全球森林状况以及它们对减缓全球变暖所做的贡献。这里提到的对策目前易于采取，并且由于许多其他原因，这些对策是值得称赞的。

碳交易

碳交易是一个创新的基于市场的解决减少温室气体排放问题的方案[3]。它的主要原理是通过给定二氧化碳排放一个价格，交易计划将产生强大的经济刺激来减少排放并引导投资效率。

排放权交易工作通过设置总的允许排放量限制，然后转换成交易许可在参与者间分发。例如，一个公司承诺将在一个"承诺期"内减少排放20%，这样它将分配到的排放许可为协议基准排放水平的80%。参与者有机会交易它们某一比例的排放许可，但是必须确保它们拥有足够的许可来实现它们到承诺期结束时必须完成的减排目标。那些能够以相对便宜的成本减排的参与者将获得激励，使得它们更多地参与减排，以便它们能将超额完成的减排份额卖给那些直接减排成本高的参与者。通过这些手段，所有的参与者将会比没有贸易机制更节省开支，有助于更快减排。

美国赞成作为1997年《京都议定书》核心组成部分的碳交易，并引证其国内二氧化硫交易计划的成效。随后的国际讨论推动了欧盟的第一次国际计划。欧盟贸易计划在2005年开始运作，涵盖11 500个工厂，占欧盟二氧化碳总排放的45%。自此以后，许多政府宣布了它们各自不同的碳交易计划，包括澳大利亚、新西兰、加拿大和美国的几个州。《京都议定书》下的规则和程序能够提供一个框架来联系未来的交易计划。

任何排放交易计划的成功有两个关键因素。首先是提供不同国家和部门真实排放的准确的和可核查的有关信息。其次，许可证的分配方法对所有参与者必须是透明的和公平的，在实践中这点是一个巨大的挑战。在欧盟贸易计划之初，发生在2006年的实质性的超配额许可证，导致了碳价格的崩溃。在2008—2012年期间，手续已经收紧。有一个分配的方法，被称为祖父原则，允许按照一定的比例分配给参与者当前排放水平许可证。但这往往有利于目前的最大排放者。另一个，可能更公平的方法是使用拍卖程序拍卖许可证，例如，以综合的价值来援助减排计划的参与者。欧盟计划到目前为止的经验教训，对通过拍卖进行的大多数许可证分配的未来安排都具有强烈的指向意义。

作为一个政策工具，基于市场手段的排放交易已经被评为有利于减排的项目，它以较低的成本，在短期内得到迅速的回报，即使在一个较长的时期，它也提供了系统的计划能够更多、更便宜地减排[4]。它也被批评为对人权的认识不足，特别是在发展中国家。排放权交易，虽然是一个重要的控制排放的手段，也必须获得其他措施的支持，这些将在本章稍后或第11章论及。

地球资源卫星图片显示，1984年和2000年玻利维亚的热带雨林存在明显的砍伐。1984年雨林在某些地方稀疏存在，而在2000年雨林已经显著消退

　　过去数百年里，许多国家（尤其是位于中纬度地区的国家）砍伐了大量森林以便增加农业用地。许多最大和最主要的森林都位于热带。然而，在过去的几十年里，发展中国家人口的增加对农业用地和薪材的需求上升，以及发达国家对热带硬木的需求上升，导致了令人担忧的热带森林损失率（见274页注释窗）。在许多热带地区国家，扩展森林面积是很多人的唯一生存希望。不幸的是，因为土壤和其他条件的不适应，一些森林砍伐不仅导致了不可持续的农业，而且导致了严重的土地和土壤退化[5]。

　　根据地面观测和在轨卫星观测的结果，已估算了热带森林的损失面积。在20世纪80年代和90年代的几十年里，年平均损失率为1%（见上面的注释窗），然而在某些地区，损失率更高。如果许多森林只能保存50或100年，那么就不可能维持这样的损失速率。这种森林损失是破坏性的，不仅因为由此而产生的土地退化，而且因为森林减少形成碳排放从而产生对全球变暖的贡献。此外，在生物多样性和对区域气候的潜在损害方面也将造成惊人的损失。据估

算，全球一半以上的物种生活在热带森林中。森林损失会对区域气候造成可能的破坏，如明显减少区域降水(参见第192页的注释窗）。

通常，每平方千米热带森林的地上生物量有生命物质的总和约为25000吨，其中包含约12000吨碳[6]。据估算，因燃烧和森林砍伐引起的其他破坏，可以把其中2/3的碳转化为二氧化碳。约相同量的碳也被储存在地表下的土壤层中。根据这一估算，在20世纪80年代和90年代的几十年里，每年砍伐了15万km^2的森林（见注释窗），那么将有近1.2Gt的碳以二氧化碳的形式进入大气。虽然这些估算相当粗略，且存在很大的不确定性，但它们和第3章中引用（见表3.1)的IPCC对每年因土地利用变化（主要是森林砍伐)而成为二氧化碳进入大气的碳的估算量（1.6 ± 1.1 Gt/a)相当吻合——这在因人类活动所产生的二氧化碳排放中占有相当大的份额，甚至比全世界总的运输部门的排放还要多。如果所有热带的森林在2100年前被砍光，届时大气中二氧化碳的浓度将增加100～150 ppm[7]。

世界森林和森林砍伐

森林总覆盖面积几乎占世界陆地面积的三分之一，其中95%是天然林，5%是人工林[8]。世界范围内大约47%的森林分布在热带，9%在亚热带，11%在温带，33%在寒温带。

在全球层面上，20世纪90年代，森林面积净损失估计有94万km²（总森林面积的2.4%）。这是每年约15万km²森林被砍伐和每年约有5万km²森林增长综合作用的结果。热带森林的砍伐率平均为每年1%。自2000年以来，损失率已经略有减缓但仍不可放松关注。

在20世纪90年代，人造林以每年约3000 km²的速率增长。这其中一半的增长来自之前的非林地土地的造林，另一半来自天然林的转换。

在20世纪90年代，差不多70%的森林砍伐区转化为农业用地，这主要出于永久性转化，而不是出于轮作系统考虑的。

因此，减少森林砍伐将大大有助于减缓大气中温室气体的增长，并且有益于保护生物多样性，保护水资源，避免土壤退化和保护依靠森林生存的人们的生计。《斯特恩报告》估计，避免砍伐森林将节省每吨二氧化碳至少5美元的排放成本[9]。

重点强调的是国际上把减少森林砍伐作为减缓气候变化的一个实质性贡献。2007年底，在巴厘岛举办的联合国气候变化框架公约大会上，大会同意共同努力对发展中国家的森林砍伐达成一个协议，并将其作为后京都国际气候变化协议的一部分[10]。

在上面森林砍伐的讨论中，我没有提及在不断增长的直接或通过生物质燃料产生的生物能源方面的问题。林地可能被这类作物取代。这和其他的能源问题，将在下一章进行阐述。

造林的可能性怎么样呢？每平方千米生长中的热带森林每年可固碳100～600吨，寒温带森林每年可固碳100～250吨[11]。为了说明植树造林对大气中二氧化碳的影响，我们假设从现在开始用40年时间，每年种植10万km²（稍大于爱尔兰岛的面积）的森林，到2050年之前，就已种植400万km²的森林（大致相当于澳大利亚国土面积的一半）。在这40年里，森林将不停生长并吸收碳20～50年或以上（实际周期取决于森林种类和场所条件），并且，假设是一个混合的热带、温带和寒温带森林，40年将总共从大气中吸收10～40 Gt碳，或每年吸收4Gt二氧化碳。这种森林中碳的积累相当于到2050年化石燃料燃烧排放的5%～10%。在到2050年的这一时期内，扣除热带森林砍伐部分，森林总的减排部分将占到人为总排放的20%左右。

布基纳法索的造林情况

　　但是，这种植树计划可行吗？所需要的大面积土地可以得到吗？答案几乎是肯定的。例如，中国目前每年新增的森林面积约10000 km²，或可以达到我们前面关注面积的1/10[12]。已进行的研究指出，目前已确定没有用于农田或定居的土地，其中大部分过去是森林总计约前所述[13]。估计造林的成本每吨二氧化碳在5～15美元（在发展中国家更低），这个数值不包括当地收益（如水资源保护、生物多样性维持、教育、旅游和娱乐）[14]。比较第9章的这些图可以发现，全球变暖所造成的损失大约在每吨二氧化碳25～50美元。对于减缓短期内因温室气体浓度升高而引起的气候变化而言，这样一个计划具有潜在的吸引力。

　　在这里让我插入一个值得注意的问题。正像许多环境项目那样，可能并不如起先那么简单。一个复杂的因素是引入森林可以改变地球表面的反照率[15]。暗绿色的森林比耕地农田或草原吸收更多的太阳辐射，更能使地表增暖。特别显著的是在冬季月份，没有森林的地区可能拥有高反射的积雪。计算表明，特别是在高纬度地区，"反照率效应"造成的增暖可能抵消了一部分额外的森林碳汇所形成的致冷效果[16]。

　　为了说明森林的固碳潜力，我们提出了上述可能的造林计划。当然，一旦树木完全成熟，固碳便停止。其后将发生什么，取决于对森林的利用。森林可以是起"保护"作用的森林[17]，例如，可以利用森林来防治侵蚀或维持生物多样性；也可以是起生产作用的森林，可以用作生物质燃料或工业用材。如果把森林作为燃料，一种可再生能源（见第11章），那么将会增加大气中的二氧化碳，但是和化石燃料不同，它们是可再生能源。正如在生物圈的其他部分会发生各种时间尺度的自然再循环一样，来自薪木的碳也会在生物圈和大气圈中被连续不断地重复利用。

减少除二氧化碳外的温室气体源

甲烷、氧化亚氮和卤代烃是温室气体，其重要性仅次于二氧化碳，目前所有这些气体都在增长。在图6.1和6.2及表6.1所示的是在21世纪的各种SRES情景下，假定没有采取特殊的行动来减排情况下这些气体的排放、大气浓度和辐射强迫值。这些气体浓度的不断增长能够减缓或消除吗？我们将依次考虑它们。

甲烷对目前全球变暖的贡献约为15%（图10.1）。大气中甲烷浓度的稳定对于应对全球变暖问题起着不可忽略的重要作用。由于甲烷在大气中的存留时间很短（约12年，二氧化碳为100～200年），因此要使其浓度稳定在当前水平，只需减少不到约8%的人为排放量。参照表3.2（该表列出了甲烷的各种来源），我们能够很容易地以低成本减少四种甲烷的人为来源[18]。

首先，如果明显削减森林砍伐，就可能减少三分之一的因生物质燃烧造成的甲烷排放。

第二，如果能回收更多的废物或通过焚化生产能源，或者在填埋地点安排收集甲烷（以后能用于能源生产或燃烧，把甲烷转化为从分子比较来看温室效应较低的二氧化碳），那么至少可以削减三分之一来自废物填埋的甲烷排放。许多国家的废物管理政策已开始鼓励采取这些措施。

第三，几乎不需任何成本（甚至能节约费用），就能使来自采矿和石油化工工业的天然气管道的甲烷泄漏减少约1/3。这里有一个关于泄漏程度的例子。由于俄罗斯经济衰退，建议关闭了西伯利亚的一些管道，这促成1992年大气中甲烷浓度增长的下降。改进对这种设备的管理可能显著减少甲烷泄漏到大气中。

第四，通过更好的管理，可以减少与农业相关的甲烷排放，例如通过调整牛饲料或水稻耕作细节来减少排放[19]。

通过减少上述四种来源，每年可削减人为甲烷排放6 000万吨，足以使大气中甲烷浓度稳定在或低于当前水平。换言之，这些甲烷排放源的减少相当于

废物分解产生的甲烷能够被捕捉并用于燃烧发电。燃烧释放的二氧化碳所造成的影响要比甲烷直接排放造成的影响要小得多

每年减少1.4 Gt的二氧化碳排放或大约3%的温室气体总排放，这有助于解决全球变暖问题[21]。

在第3章（第46页）可以看到，大气中甲烷浓度的增长在20世纪90年代明显停滞。然而，有证据表明在2007年初明显恢复增长[22]，北半球增加更为明显。由于全球变暖会对各种自然甲烷库产生影响（见第3章）。一些来自自然源的甲烷排放的增加是可以预计，其中突出的是在高纬度冻土带的巨大的甲烷库（见第44—45页的注释窗）。由于夏季北极海冰覆盖的减少和西伯利亚北部的变暖，更多的局地甲烷排放的证据被发现。还需要进一步的研究来确定是否这些与最近全球甲烷浓度的增长有关。随着北极的进一步变暖，特别是全球平均温度的升高不止，长期来看更多甲烷释放的可能性是存在的。

现在我们开始讨论氧化亚氮。氧化亚氮对全球变暖的贡献约占7%，每年增长0.25%。卤代烃大部分增长与氮肥的使用有关。这些肥料使用的精细化管理和其他农业活动的改变很大程度上能够阻止氧化亚氮的持续增长。

　　对于卤代烃，许多产生这些排放的制造业正在被淘汰，最重要的是如何处置包含这些气体的产品，如我们已经严格控制泡沫和制冷设备以减少气体泄露到大气中，并确保在21世纪逐渐减少它们的大气浓度。

　　在这一节中我们已经看到有效阻止和可能减少除二氧化碳外的温室气体浓度的可供选择的方式。在下面的小节，稳定二氧化碳浓度将同稳定温室气体的综合效应一起来考虑。甲烷、氧化亚氮和卤代烃浓度的减少是对实现温室气体总体稳定的重要贡献物。

　　由于甲烷在大气中的寿命相对较短，甲烷排放的少量的减少将快速达到气候公约目标要求的稳定水平。但是对于寿命更长和相对复杂的二氧化碳来讲，其浓度的稳定则不是如此简单。下面我们将讨论这些相关内容。

二氧化碳浓度的稳定

　　正如我们所看到的，二氧化碳是人类活动产生的最重要的温室气体。正如我们在第3章所提到的，排放到大气中的二氧化碳的人为源来自化石燃料燃烧（约80%）和土地利用变化（约20%）——主要是森林砍伐。减少土地利用变化产生的排放已经在前面讲过。减少化石燃料燃烧产生的排放是下一章的主题。

　　在所有的SRES情景下，整个21世纪二氧化碳的浓度不断升高，除了B1和A1T情景外，没有一个一个排放情景能够在2100年前达到或接近稳定浓度。自2000年以来，全球二氧化碳排放的增长（图10.1）每年接近3%，快于大多数SRES情景（平均增长率每年1%）。在20世纪80年代和20世纪90年代，全球二氧化碳排放增长率每年刚超过1%，在20世纪90年代平均水平保持下降是因为前苏联和东欧排放的下降。对未来几年的预测表明，全球排放可能继续以当前的速率上升。

　　在这里，我们考虑什么样的排放情景能促使二氧化碳浓度的稳定。假设全球的未来排放保持在目前的水平，这样就够了吗？然而稳定的浓度是不同于稳定的排放的。如果维持目前的排放水平，大气中的浓度将持续上升，在2100年将至少达到500 ppm，此后还将继续以较慢的速度上升许多个世纪。更进一步来说，由于二氧化碳在大气中的生命周期比较长，即使采取了非常严厉的控制排放，稳定其浓度从而稳定气候也将需要几十年的时间。

　　大量的研究集中在气候稳定和导致温室气体稳定的排放廓线上，IPCC第四次评估报告已经按照决定不同稳定水平的类别将这些成果汇集起来。对于选

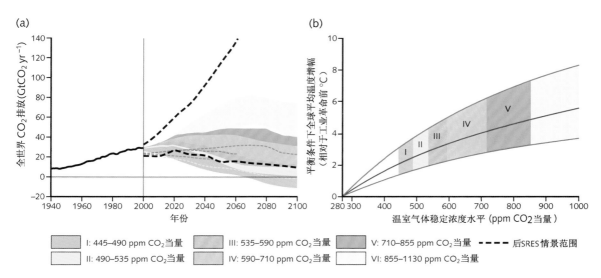

图10.2　（a）1940—2000年全球二氧化碳排放和2000—2100年稳定情景的排放范围；颜色表示不同稳定水平的排放情景（序列I到VI在图中和表10.3中）。范围涵盖了10%~90%的所有情景（情景数量包括在表10.3中）。细虚线表示各序列有重叠的情况下级别范围的下限。要转化Gt CO₂到Gt C，则除以3.66。粗的黑虚线表示自2000年发布以来的排放情景的排放范围。（b）稳定水平和平衡状态下全球平均温度的增幅（与工业革命前相比）的关系；深蓝线假定为3℃气候敏感性的最佳估值，各种颜色表示2~4.5℃气候敏感值的范围。为了计算平衡温度，使用了简单的关系式$T_{eq}=T_{2\times CO_2}\times \ln([CO_2]/280)/\ln(2)$，其中$T_{2\times CO_2}$取3，2和4.5℃表示平均值、低和高值。辐射强迫（R，单位W/m²）和浓度（C，单位ppm）的关系式$R=5.3\ln(C/C_0)$，这里C_0是工业革命前二氧化碳的浓度，为280 ppm

择的每一个稳定水平带来二氧化碳稳定浓度的排放曲线如图10.2和表10.3中所示。研究中已经包括了二氧化碳外的其他温室气体，它们的含量通过二氧化碳当量表示（相关定义见第6章，136页）。

需要注意的是，图中所显示的任何级别的稳定水平，即使在极端高值的水平，也需要人为二氧化碳排放最终降低到目前排放的一小部分。这强调了一个事实，要在将来维持一个恒定的二氧化碳浓度，排放必须不大于稳定的自然碳汇。已知的最主要的汇来自于从海洋到海洋沉积物的碳酸钙的溶解，对二氧化碳高浓度水平来说，每年减排不少于0.1 Gt碳[23]。这意味着，对于图10.2中的最低水平，温室气体的人为排放必须在2100年降低到接近于零。

图10.2显示，许多不同的稳定路径可以选择。图10.2的排放廓线指出，开始按照当前平均的排放增长率进行排放，然后提供了一个平稳过渡到稳定排放的时间。对于第一个近似值，稳定浓度水平更多地取决于稳定时间前的累积排

表10.3　稳定情景特征和由此产生的达到长期平衡态的全球平均结果[a]

类别	人为辐射强迫 (W/m²)	CO$_2$当量浓度[b] (ppm)	CO$_2$排放最高峰值年份[a,c] （年份）	2050年全球CO$_2$排放的变化（占2000年排放的%）[a,c]	使用气候敏感性"最佳估值"平衡状态全球平均温度相对于工业革命前的增幅(°C)[d,e]	评估情景的数量
I	2.5~3.0	445~490	2000—2015	−85 ~ −50	2.0~2.4	6
II	3.0~3.5	490~535	2000—2020	−60 ~ −30	2.4~2.8	18
III	3.5~4.0	535~590	2010—2030	−30 ~ +5	2.8~3.2	21
IV	4.0~5.0	590~710	2020—2060	+10 ~ +60	3.2~4.0	118
V	5.0~6.0	710~855	2050—2080	+25 ~ +85	4.0~4.9	9
VI	6.0~7.5	855~1130	2060—2090	+90 ~ +140	4.9~6.1	5

[a] 由于缺少碳循环反馈，在此处评估中为实现减缓研究中提供的某一特定稳定水平的减排量可能被低估。

[b] 2005年大气中二氧化碳的浓度为379 ppm。2005年所有长生命期温室气体的总二氧化碳当量浓度的最佳估值为455 ppm，而包括所有人为强迫因子净效应在内的对应值为375 ppm二氧化碳当量。

[c] 对应于情景中第15~第85%范围。给出了二氧化碳排放量，以使多气体情景能与单一二氧化碳情景进行比较。

[d] 气候敏感性的最佳估值为3℃。

[e] 值得注意是：达到平衡态的全球平均温度不同于在温室气体浓度稳定时所预期的全球平均温度，这是由于气候系统的惯性所致。对于大多数情景，温室气体浓度稳定会出现在2100年和2150年之间。对于类别III，平衡态温度可能出现得更早。

放，而不是稳定路径过程中准确浓度。这意味着在排放路径的选择中，假定前几年是高排放，还必须在以后的年份里陡减。举例来说，如果大气中二氧化碳的浓度要维持在550 ppm以下，则未来21世纪平均每年全球的排放量不能超过2000年的全球平均排放水平。对于更低的稳定水平，即到21世纪的累积排放到一个更低的水平，将需迫切的和大量的二氧化碳减排。还要注意到的是，对于最低的稳定水平（图10.2a，第一序列），一些排放情景要求在这个世纪后期需要负的排放，这意味着需要从大气中吸收二氧化碳。

　　在图10.2和表10.3中的许多情景没有包括碳循环的气候反馈影响（见第3章，44—45页）。两类反馈在稳定情景中很重要，即温度升高时土壤中呼吸量的增加和气候变暖时在某些区域植物净碳吸收的降低（在森林里这可被视为枯萎）。这些碳吸收下降的区域变得更大更暖。正如我们在第3章所看到的，这些反馈可能导致生物圈变为21世纪二氧化碳的主要源。源的大小取决于气候变化的程度。图10.3给出了不包括气候变化反馈（上面的线）和包括气候变化反馈的二氧化碳在450和550 ppm稳定水平的廓线，其中气候变化反馈的范围用IPCC 2007年报告的模式研究结果，综合反馈的最大值来自英国的哈得来中心。同没有反馈相比较，最大值的影响是减少了21世纪累积排放的允许值，例如，对450 ppm和550 ppm的稳定情景，允许的累积排放分别约为600 Gt CO_2和900 Gt CO_2[24]。并且，在这个最大的反馈情况下，对于不包括反馈的排放情景，稳定水平在450 ppm，而当包括反馈时，实际水平将达到500 ppm。

图10.3　二氧化碳浓度稳定在450 ppm（粉红色）和550 ppm（浅蓝色）的全球排放廓线。阴影区域表示气候—碳循环反馈所带来的不确定性范围（见正文）。同时图中显示了国际能源署IEA的化石燃料燃烧排放的ACT Map情景（红色）和BLUE Map情景（蓝色）（见第11章，300页），对这两者增加了一个常数7.3 Gt CO_2（2GtC）每年，以考虑来自森林砍伐和土地利用变化的排放。更远些的廓线（绿色）显示的是，如果2050年前森林砍伐和土地利用变化的排放完全停止对BLUE Map的影响

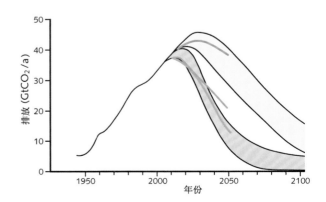

稳定水平的选择

前面几节已经论述了主要的温室气体以及如何实现其浓度稳定。为了确定如何选择适当的稳定水平作为未来的目标，我们可以参照《气候公约》的目标所提供的指导（见第264—265页的注释窗），目标指出最终实现的浓度水平和时间尺度应该是，将浓度稳定在避免气候系统受到危险的人为干扰的水平上，这一水平应当使生态系统能够自然地适应气候变化、确保粮食生产免受威胁并使经济能够以可持续的方式发展。

这些科学、经济、社会和政治标准的平衡是一个巨大的挑战。在第9章（见253页注释窗）已经介绍了综合评估和评价概念，这涉及了整个自然科学和社会科学的学科范畴。考虑所有这些因素需要进行各种分析，如成本效益分析（已在第9章中简单讨论），多重标准分析（需要考虑那些不能以货币形式来表示的因素）和可持续性分析（考虑避免压力或损坏的特定临界值）。此外，由于不确定性与包含的很多因素和分析方法相关因此选择的过程必然是一个不断发展不断审查的过程——这一过程通常被称为顺序决策。

图10.2给出了二氧化碳和以二氧化碳当量形式包含在内的其他温室气体的稳定水平选项（a），以及工业革命以来全球平均温度的上升（b）。后者的测量更接近真实的气候变化。图10.2和表10.3给出了温度上升可能超过6℃。然而，最近关注已集中在下端范围内，即2～3℃。

在第7章中我们发现许多研究是假定大气中二氧化碳浓度从工业革命前280 ppm倍增到560 ppm情形之下的气候变化的可能影响，以及全球平均温度相比工业革命前的值上升到最佳估计值3℃——这个在2007年IPCC报告中的值是从早期的值2.5℃提升而来中（见第6章第134页）。这种情况的重大影响及其相关成本已在第7章中加以描述[25]。第9章中指出，即使仅仅以货币的方式来估算这些成本，在二氧化碳浓度比工业化前倍增的情景下，气候变化影响所造成的损失要大于使二氧化碳浓度达到稳定水平所需的减缓成本。我们也注意到，随着大气中二氧化碳总量的上升，人为气候变化带来的损失增加得更快。这些考虑暗示将排放上限设在560 ppm二氧化碳当量或3℃可能太高。

广泛宣传目标的全球平均温度上升的最大允许值是2℃。这一提议是由欧盟在10年前提出[26]，并在最近被欧盟[27]、政府（如德国总理默克尔（Merkel）在2007年G8大会前）和许多其他组织不断重申[28]。

将目标定为2℃而不是3℃，有多重要？关于对这个问题更进一步的看法可以从表7.1获得，表中可以发现温度升高2℃（相比工业化前）的影响要比升高3℃大幅减轻，例如在水威胁、物种灭绝、珊瑚死亡、农作物减产、海洋酸化、洪涝增加、干旱和暴雨以及海平面迅速上升的危险方面。作为一个例子，我们可以用图6.12更定量地比较不同全球平均温度上升所带来的干旱风险。从图6.4a可看出，对于A2情景如图6.12所示，全球平均温度将分别在2050年和2075年增长2℃和3℃。正如在第6章（第146页）提到的和图6.12所示，极端干旱的陆地面积比例从1980年的1%上升到现在的2%或3%，预估在2050年将达到约10%，在2075年将达到约20%，这表示了一种可能性，那就是全球平均温度上升3℃，极端干旱风险因子高达8，与此相比，全球温度上升2℃，极端干旱风险因子仅达到4。

稳定在 2℃以下还可以避免一些更严重的影响，例如，一些大规模森林的死亡和生物圈的变迁，使得碳汇变成碳源（见第3章注释窗，第44—45页）。否则，这些将在21世纪中期发生。这也将减少在前面章节提及的北冰洋甲烷释放和冻土变暖带来的甲烷释放的风险。

2℃如何实现？从图10.2b和表10.3可以看出，2℃意味着2.5 W/m²的平衡态辐射强迫和大约450 ppm稳定水平的二氧化碳当量。因为这些是最佳估计值，所以我们可以说，450 ppm二氧化碳当量和2.5 Wm²将提供一个达到2℃的50%的机会。

我们现在需要知道450 ppm二氧化碳当量自身包括多少二氧化碳。正如我们在第6章138页解释的（参见图3.11），人为气溶胶负的辐射强迫在目前近似平衡了除二氧化碳外的其他温室气体正的贡献。本章前面已指出选择有效途径可以阻止甲烷、氧化亚氮、卤代烃浓度的进一步增长和减少其贡献。此外，气溶胶的排放情景也显示在以后几十年里其贡献的量值几乎没有降低[29]。以上这些考虑暂时提供了一个合理的基础，即把2℃温度目标只同450 ppm二氧化碳稳定浓度挂钩起来（图10.3）。类似也将3℃温度目标只同550 ppm二氧化碳稳定浓度挂钩。事实上，在第11章中提出对能源和交通部门未来的挑战性影响时已做了这些假定。

在接受2℃和450 ppm目标作为行动基础时，我必须给出两条警告。第一点是我的计算仅仅是基于最佳估计，而没有考虑不确定性；450 ppm二氧化碳稳定水平仅仅有50%达到2℃的机会。达到2℃的80%的机会需要约380 ppm的稳定水平，这也是当前大气二氧化碳的水平[30]。

第二点需要指出的是，未来硫酸盐气溶胶将起到很大的致冷效应，这在前面段落提及过。因为硫酸盐气溶胶会导致低层大气严重污染和形成"酸雨"，所以来控制和减少硫酸盐气溶胶前体物二氧化硫的排放有着很大的压力。随着煤和石油消费的逐步淘汰，二氧化硫的减排也是可以预期的。许多未来的气溶胶排放情景显示，二氧化硫排放在21世纪后半期将大量减少。现在，由于大气中气溶胶的生命周期很短（几天），因此，减少气溶胶排放将几乎立刻引起气溶胶浓度和辐射强迫巨大的变化。通过强制改变二氧化碳排放来补偿变化可能很慢，因为二氧化碳在大气中的生命周期很长（第3章第34页）。这意味着，为了维持全球平均温度升高2℃的目标，全球二氧化硫的减排需要能过匹配二氧化碳的减排量来做好预测。事实上，预测应该现在开始，这可能意味着全球二氧化碳排放在2050年前应该减少得接近零，并且总的温室气体（二氧化碳当量）排放在本世纪末前为零。我将在第11章第340页"零碳未来"一节中再次论述这些问题。

将目标定为低于2℃和450 ppm二氧化碳浓度，这有可能实现吗？考虑到最重要的温室气体——二氧化碳正如我们前面提到的，其在大气中的生命周期，对导致任何稳定水平的未来排放廓线都有严格的约束。目前二氧化碳浓度已经在380 ppm以上，这意味着仅仅稳定二氧化碳浓度在400 ppm以下就就将需要立即大幅削减排放（图10.2）。这样的减排将需要巨大的成本和一些能源供应紧缩，并且几乎必然会违反"经济发展以可持续方式进行"的准则。

然而，许多人会问这样的问题，2℃的目标是否足以稳定气候避免破坏性的和不可逆的变化？其中最著名的是在纽约的美国航天局（NASA）研究所从事空间研究的詹姆斯·汉森（James Hamsen）教授。在最近的一篇文章里，汉森主要通过古气候证据主张350 ppm的目标是必要的，这样才能避免格陵兰岛和南极西部冰盖的迅速融化以及其他严重的非线性过程（见表7.5）。这样一个目标的实现需要最初几年的大量减排，很可能也需要一个大的几十年计划以吸收已经存在大气中的二氧化碳。最近，美国哥伦比亚大学的沃利·布勒克（Wally Broecker）教授也提出这一计划的可能性[32]。2℃的目标可以现在设置，但在未来几年甚至几十年，当更多的关于"危险"的气候变化能够界定和避免的信息变得有效，这个目标一定要进行评估和修正。

实现《气候公约》的目标

在推荐了一个稳定水平的选择后，一个大问题仍是存在：即如何能够让世界各国共同努力在实践中实现这一稳定水平？

首先我们来看以二氧化碳当量和人均表示的温室气体年排放量。2004年全世界人均排放约6.5吨CO_2当量（约1.8 t碳），但是国家与国家之间的差别非

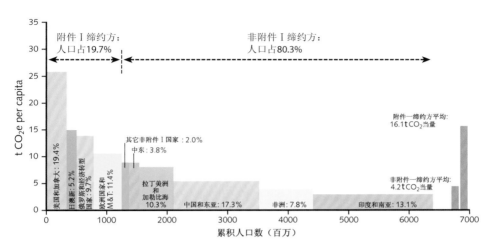

图10.4　2004年区域人均温室气体排放分布（包括《京都议定书》所有的气体，包括土地利用变化产生的气体），表示为在2004年不同国家或国家集团的二氧化碳排放当量随人口的分布。方框里的百分率表示区域排放在全球中的份额。EIT代表经济转型；M&T代表马耳他和土耳其；JANZ代表日本、澳大利亚和新西兰。要将CO_2转为C，除以3.66

常大（图10.4）。对于发达国家，包括转型经济国家，在2000年他们平均排放16吨CO_2当量（美国约25吨），而发展中国家平均约4吨。展望2050年和2100年，即使世界人口仅仅增长到90亿，按照450 ppm稳定浓度水平的二氧化碳排放廓线（图10.3），全世界人均二氧化碳排放量在2050年为1～2吨CO_2当量，在2100年为少于0.4吨CO_2当量，远远少于当前6.5吨的水平。

《气候公约》的目标主要是满足可持续发展的需求。在第9章提出了四条原则，它们将作为减缓未来气候变化的相关谈判的基础。其中一条是可持续发展原则。其他三条是预防原则、污染者付费原则和公平原则。最后一条原则包括代际公平和国际公平，其中代际公平指的是平衡当代和未来后代的需求，国际公平指的是平衡工业化国家、发达国家和发展中国家的需求。其中后者的平衡尤其困难，因为当前二氧化碳的排放在最富国家和最穷国家间存在巨大差距（图10.4），发达国家对化石燃料使用需求一直在持续，而贫穷国家渴望通过发展和工业化摆脱贫困。最后，需要特别指出的是在《气候变化框架公约》（见第264—265页的注释窗）中，发展中国家在实现工业化发展中日益增长的能源需求是明确规定的。在第8章第230页，介绍了当前的国际不公平对于发达世界道义上的责任是一个挑战。

图10.5描绘了一个如何实现稳定二氧化碳浓度方法的例子。它基于一个叫作"紧缩趋同"方案，其源于全球公共资源研究所（GCI），一个总部设在英

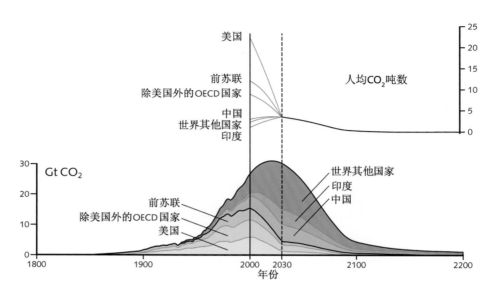

图10.5　全球公共资源研究所为实现二氧化碳稳定浓度水平而提议的"紧缩趋同"方案。图中二氧化碳排放的包络线是导致450 ppm的稳定浓度水平的一条包络线（但是不包括气候碳循环反馈效应）。对于主要国家和国家集团，给出到2000年的历史排放。在2030年以后，按照人均排放相等原则分配，人口以那个时期预估数计算。从现在到2030年，从当前排放位置到人均排放相等处平滑"趋同"，在图形的上部给出了不同国家或国家集团的人均贡献

国的非政府组织。二氧化碳排放的包络线是导致450 ppm的稳定浓度水平的一条包络线（不包括气候反馈），尽管其他的建议并不取决于该稳定水平的实际选择。需要注意的是，在这个包络线之下，全球化石燃料排放在2025年左右升高约15%。然后在2100年下降到不及当前水平的一半。图中给出了主要国家和国家集团到现在的排放。然后采取的最简单的解决方案就是在国家间分配排放，并提议从某一个适当的时期（在图中，选择了2030年）开始，排放将以人均相等的原则分配。从现在到2030年，分配将按照从当前排放到人均相等排放趋同。所以对于"紧缩趋同"方案，更进一步的提议是安排二氧化碳分配的贸易问题。

　　"紧缩趋同"方案包括了前面所提及的全部四条原则。特别是，通过它的人均相等分配方案，正面解决了国际公平问题，并且建议的贸易协议确保了最大"污染者"付费原则。方案的价值在于明确地建议一些原则组成了长期解决方案。然而，在讨论过程中，其他方案提出[35]的任何国际协议一定要更加详细并适当地区分不同的国家。特别的是方案将不得不考虑在适应的要求以及

需求和责任方面（特别是在能源领域），不仅国家间排放存在巨大的差别，而且在受到气候变化的影响方面也有着巨大的差别。

因为温室气体排放责任的国际纠纷，在谈判中出现了大量的难题。只要看一看包括在一个国家的出口货物中的排放成分就可以很好地说明这个问题。举例来说，在2005年，出口货物产生的排放占了中国总排放的44%，这些货物出口到欧洲、北美和澳大利亚[36]。另外的难题出现在国际航空所产生的排放责任分配上，导致一个部门的排放量快速上升。

第13次《联合国气候变化框架公约》缔约国大会于2007年年底在巴里岛召开会议，特别讨论了后《京都议定书》时期的国际行动。会议设立谈判，并于会议即刻启动，于2009年完成，将带来：

> 一个长期合作行动的共同愿景，包括全球长期减排目标，达到《公约》终极目标，这要依据《公约》的条款和原则，特别是"共同但有区别的责任"原则，考虑各自社会和经济条件以及其他相关因素。巴厘岛会议也在重要地区的适应、森林砍伐和技术转移方面取得了重大进展。

当然，设立国际层面的目标，仅仅是必须行动的一部分。这些目标的实现需要多个层面的行动，从国际到国家，到地方，甚至到个人层面。五个基本的要素是必须的。第一是强调节能和避免浪费。这个能够实现零成本甚至节省费用。虽然节约能源是对经济有利的，但是不太可能在没有明显的激励或刺激下开展。然而，我们自己可以现在开始认真地工作起来，为减少排放和减缓全球变暖做出贡献。第二是优先发展适当的非化石燃料能源（如碳捕集和封存技术应用到煤电站和可再生能源）。第三是迅速停止热带森林砍伐。第四是技术转让到发展中国家，使他们能够将最恰当的和最有效的技术应用在他们的工业发展中，特别是在能源部门。第五是以最急迫的心情来进行以上工作。图10.2和10.3以及表10.3表明实现2℃排放目标需要在2015年达到峰值然后迅速减少（见图11.27）。这就要求国家和国际努力专心此事的程度是前所未有的。

在此前的章节中，我们提到《京都议定书》在直接效应和成本效应等方面提供了许多以刺激减排为目的的措施。这些措施包括激励机制、监管机制、征税机制和排放权交易，且将成为要继续执行的国际协议和国家政策的一部分。这个挑战不仅能确保实现必要的减排，而且也能证明在社会和政治方面是有益的。下一章将阐述能源部门所面临的挑战。

总结

本章主要概述了国际上为应对气候变化的行动，该行动始于1992年由所有参与国通过的《气候变化框架公约》（FCCC）。该公约的目标是实现温室气体浓度稳定，从而在一定程度上实现气候稳定，确保避免对气候系统造成的危险干扰，确保生态系统在自然状态下的适应性，确保粮食生产不受威胁，确保经济实现可持续性发展。

2005年，《京都议定书》开始在除美国和澳大利亚外的发达国家实行，同意到2012年，这些发达国家CO_2平均排放量将比1990年降低约5%。

在《京都议定书》之后，各国正在谈判以达成一份协议。该协议的关键是将限制未来气候变化作为全球性目标，而这也是FCCC和国际行动提议所要求的。2007年底，在巴厘岛会议上，所有国家将为在2009年底达成的协议建立一个时间表。目前，最大的挑战就是确保发达国家与发展中国家的公平性，以及金融方面和其他为确保目标实现所采取措施的准备工作。

讨论已经提出了这样一个目标，即限制全球平均温度跟工业革命前的水平相比上升不超过2℃，这一目标得到了许多专家、各国政府和国际团体的支持。假设，除了二氧化碳外，其他温室气体浓度在未来不增加，实现2℃目标50%的机会意味着二氧化碳浓度不超过450 ppm的稳定水平。

实现这一目标并非易事。它需要我们下定决心，并形成一致的政治意愿。我们必须从现在开始紧急和积极的行动，其中很多行动还要带来更多的利益。并且，这些必要的行动是负担得起的，其成本应大大低于不采取行动的成本。如果有其他原因，进一步的行动仍然是好实施的。行动的最主要领域是：

- 尽快减少热带森林砍伐，增加人工造林；

- 积极增加能源节约和保护措施；

- 加快能源零碳排放的运转，例如通过碳捕集和封存，以及可再生能源；

- 一些相对容易做到的温室气体（二氧化碳除外）减排，尤其是甲烷的减排。

下一章将阐述对能源和交通运输部门的影响。

2℃目标是否足以稳定气候，抵抗破坏性和不可逆的变化呢？许多人都在问这个问题。在未来几年里，我们将获得进一步的证据，可能需要对目标严重程度的可能性进行一次认真的重新评估。

思考题

1. 根据图10.2，求出使二氧化碳浓度稳定在不同水平上的廓线中，全球平均温度的变化速率是多少？根据第7章或者其他来源的资料，你能提出一个变化速率标准来帮助选择《气候公约》目标所要求的二氧化碳浓度稳定水平吗？

2. 根据图10.2注释中的公式与图3.11和表6.1中的信息，计算各种辐射强迫成分(包括气溶胶)对1990年二氧化碳当量浓度的贡献。你认为二氧化碳当量对于诸如气溶胶和对流层臭氧等成分的有效性如何？

3. 根据表6.1和图10.2注释中的公式，计算(1)充分混合的温室气体和(2)总气溶胶在2050年和2100年的排放情景A1B和A2的二氧化碳当量浓度。

4. 在讨论根据《气候公约》目标的准则来选择稳定水平时，曾提出各种分析，如成本效益分析、多重标准分析和可持续性分析。讨论哪一种分析对于《公约》目标的准则比较适合。请就如何同时使用这些分析方法以协助做出总的选择给出建议。

5. 根据前几章的资料，并应用《气候公约》目标所设定的准则，你认为应该选择什么样的温室气体浓度稳定水平？

6. 有关稳定水平选择和采取行动的争论一直集中于2100年前气候变化的可能成本和影响。你认为有关2100年以后气候变化或海平面升高将持续的信息(参照第7章)应该被包括在内并为决策者所考虑吗？或者这些变化太遥远而不太重要？

7. 比较自1990年以来全球主要国家排放量的增长情况[36]，评论针对未来的排放，他们打算采取的措施。

8. 请给出尽快减少排放的需求，你认为国内和国际机构的决策和行动足够迅速吗？如果答案是否定的话，应该采取什么样的紧急行动？

9. 当有关科学知识、可能造成的影响和可能响应变得更加确定时，对全球变暖的国际响应可能导致做出的决策将在很多年里连续执行。请描述一下，在未来20年里，你认为国际响应将如何变化？其间可能采取什么决策？

10. 请解释紧缩趋同方案与第9章和第10章阐述的四项原则具有怎样的一致性。给出政治或经济方面可能反对方案的理由。你能给出其他方式的更容易达成一致的国家间分配排放的建议吗？

11. 查明你所在国家任何植树造林计划的详细情况。什么样的行动或激励措施可能使得此类计划更为有效？

12 假设在纬度60°反照率为50%的白雪覆盖地区，被反照率为20%部分白雪覆盖的森林所替代。就由森林碳汇产生的"冷"效应与增加吸收太阳辐射增加的"暖"效应，对全年平均做一个大致的比较。

▶ 扩展阅读

Parry, M., Canziani, O., Palutikof, J., van der Linden, P., Hanson, C. (eds.) 2007. ClimateChange 2007: Impacts, Adaptation and Vulnerability. Contribution of WorkingGroup II to the Fourth Assessment Report of the Intergovernmental Panel onClimate Change. Cambridge: Cambridge University Press.

> Technical Summary
> Chapter 5 Food, fibre and forest products
> Chapter 19 Assessing key vulnerabilities and the risk from climate change
> Chapter 20 Perspectives on climate change and sustainability

Metz, B., Davidson, O., Bosch, P., Dave, R., Meyer, L. (eds.) 2007. Climate Change 2007:Mitigation of Climate Change. Contribution of Working Group III to the FourthAssessment Report of the Intergovernmental Panel on Climate Change. Cambridge:Cambridge University Press.

> Technical Summary
> Chapter 2 Framing issues (e.g. links to sustainable development, integrated assessment)
> Chapter 3 Issues relating to mitigation in the long-term context
> Chapter 8 Agriculture
> Chapter 9 Forestry
> Chapter 10 Waste management
> Chapter 11 Mitigation from a cross-sectoral perspective
> Chapter 12 Sustainable development and mitigation
> Chapter 13 Policies, instruments and cooperative Agreements

IPCC AR4 Synthesis Report, Summary for Policymakers and Full Report (52 pages)available on www.ipcc.ch

Stern, N. 2006.The Economics of Climate Change. Cambridge: Cambridge UniversityPress. The Stern Review: especially Chapters 3 to 6 in Part II on the cost of climatechangeimpacts.

Lynas, M. 2008. Six Degrees. London: HarperCollins. A readable and challengingaccount of the probable impacts of climate change in different parts of the world atdifferent levels of global warming.Winner of the Royal Society's award for the bestpopular science book of the year.

注释

[1] 更多有关《京都议定书》细节和碳汇内容详见Watson, R. T., Noble, I. R., Bolin, B., Ravindranath, N. H., Verardo, D,J,, Dokken, D.J. (eds.) 2000. Land Use, Land-Use Change and Forestry. A Special Report of the IPCC. Cambridge: Cambridge University Press 和 FCCC 网站: www.unfccc.int/resou rce/convk p.html.

[2] 详见 Watson, R. and the Core Writing Team (eds.) 2001. Climate Change 2001: Synthesis Report. Contribution of Working Groups I, II and III to the Third Assessment Report of the Intergovernmental Panel on Climate Change. Cambridge: Cambridge University Press, question 7, pp. 108ff. 也可以详见Hourcade, J.-C.. Shukla, P. et al Global, regional andinational costs and ancillary benefits of mitigation. Metz, B., Davidson, O., Swart, R., Pan, J. (eds.) 2001. Climate Change 2001: Mitigation. 参见Contribution of Working Group III to the Third Assessment Report of the Intergovernmental Panel on Climate Change. Cambridge: Cambridge University Press第8章。

[3] 详见Stern, N. 2006. The Economics of Climate Change. Cambridge: Cambridge University Press. 第15章是有关碳贸易实施问题的综述.

[4] 有关碳贸易的重要对话详见 Carbon Trading, Development Dialogue No. 48. Dag Hammarskjold Foundation, Uppsala, 2006.

[5] 详见Global Environmental Outlook GEO 3 (UNEP). 2002. London: Earthscan and Global Environmental Outlook GEO 4 (UNEP). 2007. Nairobi, Kenya: UNEP

[6] Bolin, B., Sukumar, R. et al.2000. Global perspective. Chapter 1, in Watson, et al. (eds.) Land Use.

[7] 源自Jonas Lowe at the Hadley Centre. UK Met. Office.

[8] 引自Global Environmental Outlook 3, pp. 91-2; 也参见 www.fao.org/forestry.

[9] Stern, Economics of Climate Change, p. 244.

[10] 一个名为"减少发展中国家由森林砍伐引起的排放"（REDD）的计划，已经在林业8国初步实施，这8个国家的森林覆盖面积占全球的80%，该计划的目的是吸引国际基金用于森林保护。

[11] Bolin and Sukumar, p 26.

[12] Stern, Economics of Climate Change, p. 612.

[13] Watson et al (eds.) Land Use, Policymakers Summary, 也参见 Kauppi, P., Sedjo, R. et al. Technical and economic potential of options to enhance, maintain and manage biological carbon reservoirs and geo-engineering. 参见 Metz et al (eds.) Climate Change 2001: Mitigation第4章。

[14] Stern, Economics of Climate Change, Chapter 9.

[15] 定义详见术语表.

[16] Betts, R. A. 2000. Offset of the potential carbon sink from boreal forestation by decreases in surface albedo. Nature，408, 187-90. 也参见 Solomon, S., Qin, D., Manning, M., Chen, Z., Marquis, M., Averyt, K. B., Tignor, M., Miller, H.L. (eds,) 2007. Climate Change 2007: The Physical Science Basis. Contribution of Working Group I to the Fourth Assessment Report of the Intergovernmental Panel on Climate Change. Cambridge: Cambridge University Press, Chapter 2.

[17] 引自 决策者摘要。在 Houghton. J. T., Ding, Y., Griggs. D. j., Noguer. M, van der Linden, P. J. Dai, X., Miskeil, K., Johnson, C. A. (eds.) Climate Change 2001: The Sciencetific Basis. Contribution of Working Group I to the Third Assessment Report of the Intergovermental Panel on Climate Change. Cambridge University Press.

[18] Energy Technology Perspectives 2008. International Energy Agency, Paris, Chapter 14 可在www.iea.org在线查阅。

[19] 参见Metz et al. (eds.) Climate Change 2007: Mitigation 第8章

[20] 这张图是由6千万吨甲烷乘以甲烷的100年全球升温潜势（约为23，见表10.2）计算得到的。

[21] 参见Bousquet, P. et al. 2006 Nanture. 443,439-43 对1985年以来甲烷的源和汇的分析，暗示了甲烷排放量可能很快再次上升。

[22] Rigby, M. et al. 2008. Geophys. Res. Lett. 35, L22805, doi: 10.1029/2008GL036037.

[23] Prentice. I. C. et al. 2001. The carbon cycle and atmospheric carbon dioxide. 参见 Houghton et al. (eds.) Climate Change 2001 : The Scientific Basis.

[24] Cox, P. M. et al. 2000. Acceleration of global warming due to carbon cycle feedbacks in a coupled climate model. Nature, 408,184-7; jonrs, C. D. et al. 2003. Tellus, 5SB, 642-58.

[25] 参见Metz et al. (eds.) Climate Change 2007: Mitigation 中的图3.25

[26] 欧盟委员会关于气候变化的公众战略；1996年6月25-28日部长会议的结论。

[27] European Council of Ministers 2005. Climate Strategies. Brussels: ECM.

[28] 有关2℃目标的例子，详见世界野生动物基金会在 www.wwf.org.uk/climate/上的内容。

[29] 引自 Metz et al.(eds.) Climate Change 2007: Mitigation 中的图 3.12 。

[30] 引自 Metz et al (eds.) Climate Change 2007: Mitigation 中的表3.9。

[31] Hansen, J. et al. 2008. Target atmospheric CO_2: where should humanity aim? Open Journal on Amospheric Sciences, 2, 1217-31 和 James Hansen, Bjerknes Lecture at American Geophysical Union, 17 December 2008见 www.colimbia.edu/njeh1/2008/AGUBjerknes_20081217.pdf.

[32] Kunzig, R., Broecker, W. S. 2008. Fixing Climate. London: Profile Books. M. Meinshausen 2006. What does a 2° C target mean for greenhouse gas concentrations? Avoiding Dangerous Climate Change. Cambridge: Cambridge University Press. pp.268-279.

[33] 在本次计算中忽略了附加的气候碳循环的反馈。

[34] 更进一步细节参见 GCI 网站: www.gci.org.uk。

[35] 参见 Baer, P., Athanasiou, T. 2007. No. 30, Frameworks and Proposals. Global Issue Papers. Washington, DC: Heinrich Boll Foundation引用的例子。

[36] 更多细节参见 World Energy Outlook, International Energy Agency 2008, p.386ff.

[37] 有关源排放的有效资料，来源于国际能源机构和世界资源研究所。

11 未来的能源和交通运输

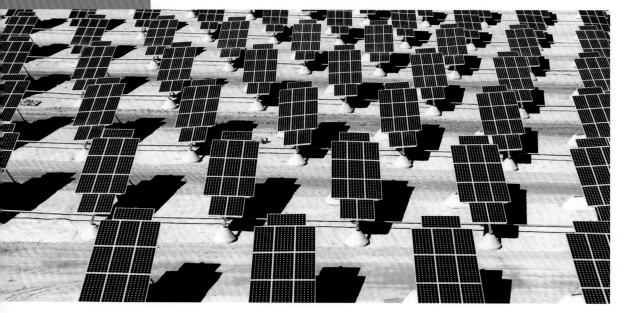

70 000块太阳能电池板组成的太阳能光伏阵列，可以为美国内华达州的内利斯空军基地提供15 MW的电量

当**我们**轻松地按下开关，能量就开始流动了。能源供应在这个发达的世界是如此便利，以致于很少有人会去想它究竟来自何处，是否将来有一天会被用完，以及是否会破坏环境。能源也非常便宜，以致于很少有人注意节约使用。然而，世界上大部分的能源都来自于化石燃料，它的燃烧导致了大气中绝大部分的温室气体排放。如果想要减少这些排放，就需要大幅度地减少能源的使用。因此，让决策者以及每一个人都来关注我们对能源的需求和使用是非常有必要的。本章描述了未来全世界应如何以一种可持续的方式来提供能源，也描述了应该如何为这个世界上超过20亿尚没有得到能源供应的人们提供基本的能源服务。

全球能源需求和供应

我们所使用的能源大部分来自于太阳。化石燃料（如煤炭、石油和天然气）储存了长达数百万年的太阳能。如果是利用薪柴（或者其他包括动植物油的生物质燃料）、水力、风能或太阳能本身，能量要么是由太阳能几乎直接转换而来，要么是以其他形式被储存了几年。上述的能源就是可再生资源，本章稍后将对其进行详细描述。其他不源自太阳的能源是核能和地热能，他们都是源于地球形成时便已存在的放射性元素。

直到工业革命前，人类社会所使用的能源均来源于"传统"的能源，如木材、其他生物质能和畜力等。自1860年以来，随着工业的发展，能源利用量已经增加了超过30倍（图11.1），起初主要是煤的使用，之后，大约1950年以来石油的利用量迅速增加，最近这些年则是天然气得到了大量的应用。2005年，世界一次能源消费大约为114亿吨石油当量（oe）。把它换算为物理学能量单位相当于平均利用的一次能源的平均利用速率为约15万亿瓦（或15 TW=15 × 10^{12}W）[1]。

世界上不同地区的人均能源消费量存在着巨大的差异。最穷的20亿人（人均年收入低于1000美元）人均年能源消费只有0.2 toe，而最富有的那些人（人均年收入超过2.2万美元）大约为5 toe，是穷人的将近25倍[2]。全球人均能

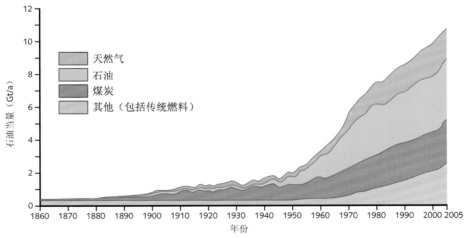

图11.1　1986—2005年一次能源利用速率和能源来源的增长。单位是Gtoe/a。其中，1Gtoe=41.9 EJ，1 EJ=10^{18} J。2005年的其他能源中，传统燃料消耗量约1.2 Gtoe，核能约0.7 Gtoe，水力发电和其他可再生能源约0.3 Gtoe（2000年前数据来源：G8可再生能源工作小组2001年7月的报告；2000—2005年数据来源：2007年IPCC第四次评估报告第三工作组图TS13）

挪威国家石油公司（Statoil）北海Sleipner油气田，每年约封存100万吨二氧化碳

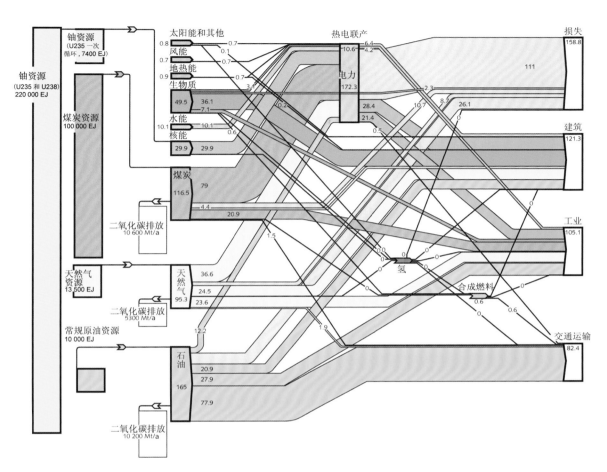

图11.2　2004年全球能流图（单位：EJ）。能流图包括了一次能源生产到终端利用和能源运输过程中的损失。图中还反映了煤、石油和天然气等燃烧相关的CO_2排放跟已知资源的大小有关；更多的能源转换发生在终端部门。图中煤炭包含泥炭，生物质包含有机废弃物。快中子技术对加快每吨天然铀发电能力的资源利用效率在不同的评估中差别很大，在图中使用的比例为240∶1

源消费量约为1.7 toe，相当于2.2千瓦（kW）。能源消费水平最高的是北美，普通公民的平均功耗约11 kW。而大约的1/3世界人口还得完全依赖于传统燃料（薪柴、粪便、谷壳或其他形式的生物燃料），并且直到现在也无法得到任何形式的商品能源。

图11.2展示了我们所消费的能源是如何生成和使用的。另外还总结了能量流是如何在主要的部门里从源头到用户进行输配，以及当前使用传统技术可获得各种资源的规模。以世界平均水平计，大约25%的一次能源用于交通运输，35%用于工业，而建筑业占到40%（其中2/3是居民建筑，1/3是商业建筑）。

看看有多少能源是以电的形式被利用的是件很有趣的事。超过1/3的一次能源被用于发电，其平均转换效率约为1/3。平均来说，大约一半的电力被用于工业，而另一半则用于服务业和居民生活。

能源有多贵呢？从全球总体来说，每年每人花费在人均1.7 toe能源消费量上的钱约为年收入的5%。尽管发达国家和发展中国家在收入上存在着非常大的差异，但在一次能源支出比例方面却几乎是相同的。

未来的能源会怎么样呢？如果我们继续从煤炭、石油和天然气中去得到我们所需要的大部分能源，那么，还有足够的能源供我们使用吗？目前，根据已探测的可采储量（图11.2）表明：按照当前的使用率，已知的化石燃料储量至少可以满足到2050年的需求。但是在那之后，如果需求继续增加，石油和天然气的生产将面临越来越大的压力。虽然可以预计到开采难度的增加将导致价格不断地攀高，但是需求的增加也将刺激不断地开采，从而导致更多的矿源被开采。就煤炭而言，其可供开采的储量仍可供开采长达100年以上。

我们对化石燃料的最终可采储量进行了估算，这一储量定义为：假定价格虽高但仍在可接受的范围内，并对开采没有严格禁止下的潜在的可采储量。虽然，这些估算肯定是推测性的，但它表明：按照当前的使用率，石油和天然气的储量可供使用100年，而煤炭则超过1000年。除了现在认为的潜在的化石燃料可采储量以外，还有不包括图11.2中的储量诸如甲烷水合物的储量，其储量可能非常大，但也非常难以开采。

在能源的清单中还应包括用于核电站的铀的可能储量。当换算为相同单位时（假设它们应用于"快速"反应堆），铀的储量远高于可能的化石燃料储量（图11.2）。

这些化石燃料使用的限制将更多地出于其他方面的考虑，尤其是环境方面的考虑，而不仅仅是可获取性。

未来能源估测

第6章中详细描述了基于IPCC为21世纪提出的SRES情景，估计了未来能源需求的可能性范围（基于对未来人口、经济增长、社会和政治发展的不同假设），如何满足需求以及将导致多大的温室气体排放。第6章还描述了不同气候变化情景的影响。第10章解释了《气候变化框架公约》（FCCC）目标设定的紧迫性，就是大气中的温室气体浓度必须稳定在一定水平上以避免人类活动

发达地区和人口密集地区人类用灯在地球表面的分布，包括欧洲的海岸线、美国东部和日本

造成的持续的气候变化。第10章还描述了不同二氧化碳当量（CO_2e）排放的情景如何与不同的稳定水平相一致。争议在于将全球大气温度相比工业化前的升温控制在不超过2℃是否需将二氧化碳当量在大气中的目标水平稳定在约450 CO_2e。全球的能源生产和消费是如何应对如此目标的挑战将在本章介绍。

国内外的许多研究机构和一些能源相关行业均对未来的能源情景以及如何去满足相应能源供应进行了研究。这其中最权威的要数国际能源署每年发布的到2030年的《世界能源展望》（WEO）[3]和更详细些的到2050年的《能源技术展望》(ETP)[4]。图11.4展示了三种二氧化碳排放情景。第一个是参考情景或基准情景，它假设能源的二氧化碳排放将持续增长，没有严峻的环境约束；2050年的排放将是2005年的水平的2.3倍——与SRES A2 情景类似（如图6.1所示）。如第10章所述，在这种情景下，全球变暖和气候变化将继续恶化。第二种情景称为ACT Map 情景，在2050年能源的二氧化碳排放水平将回到2005年的水平。第三种情景是BLUE Map情景，在2025年就回到2005年的排放水平，到2050年继续减少一半。如第10章所述（图10.2和10.3），这些情景是广泛一致的，ACT Map情景将二氧化碳浓度稳定在550 ppm 二氧化碳当量，而BLUE Map情景将稳定在450 ppm 二氧化碳当量。此外，图11.4也显示了排放份额的部门组成，不同部门的减排和这些减排如何实施的示范性措施。这些参考措施将在后面详细描述不同部门或技术的章节中给出。

能源强度和碳强度

能源强度是表示一个国家能源效率的指标，它是每年能源消费量占当年国内生产总值（GDP）的比值。由图11.3可见，从1970年到2005年全球GDP增加了2倍而能源消费增加了1倍，结果就是能源强度下降了约30%，大约平均每年下降1%。能源强度在不同国家之间存在着显著差异。在OECD国家中，丹麦、意大利和日本的能源强度最低，而加拿大和美国最高，他们相差超过2倍。

在这章中另外一个重要概念是碳强度，用单位能源消费量的碳排放来衡量。这将主要取决于燃料结构。例如，天然气的碳强度比石油低25%，比煤炭低40%。对于可再生能源，他们的碳强度很低，主要取决于他们的来源和制备过程（例如太阳能电池的制造）。由图11.3可见，从1970年以来，全球的碳强度呈缓慢下降趋势。

与能源相关的二氧化碳排放水平可以用Kaya指数来表示，即可表示为碳强度、能源强度、人均GDP和人口的函数，以上因素的全球平均值见图11.3。为实现未来的二氧化碳减排，能源强度和碳强度需随着收入和人口的增长而迅速下降。

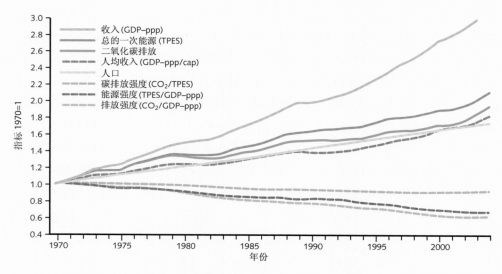

图11.3　1970—2004年全球国内生产总值（以购买力评价：ppp），总的一次能源供应，二氧化碳排放（化石燃料燃烧、气体闪燃、水泥生产）和人口的相对变化。虚线表示人均收入、能源强度、能源供应的碳强度和排放强度

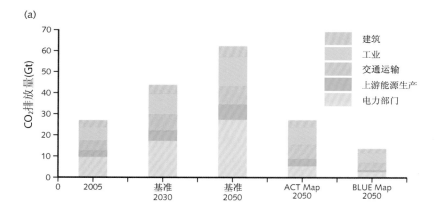

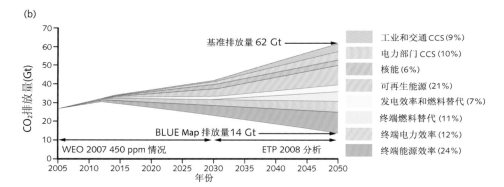

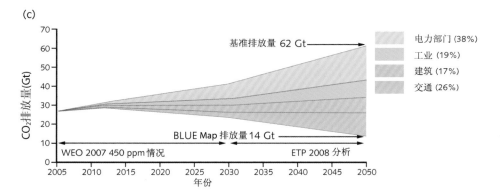

图11.4 （a）国际能源署（IEA）基准情景、ACT Map和BLUE Map情景下全球分部门能源相关的二氧化碳排放。（b）、（c）分别表示在BLUE Map情景下不同排放源和排放部门2005—2050年的减排量；（c）中电力部门的减排已经被分配到终端能源使用部门

下面所列的是IEA的一些关键结果，说明这些减排情景的实现将如何使全球的能源部门得到更加可持续的发展[5]。

- 对于2050年的基准情景，OECD国家占全球二氧化碳排放的不到1/3。发展中国家的能源消费由于人口增长（见第12章349页）和经济发展的需要将不可避免地持续几十年。只有当发展中国家和经济转型国家的贡献达到非常可观的状况，全球排放才有可能减半。

- 在下一个十年中需要紧迫地采取积极的措施[6]。这个时期的投资也存在着风险，由于建筑、工业项目和电厂等设备投资的长期性，如果减排目标是可以完成的，很可能会由于项目过早地被更换或翻新而造成经济上的损失。BLUE Map情景已经设想了将近350 GW的燃煤电厂将在他们寿命期结束之前被取代。

- 深度减排将需要更多高能源效率措施的应用，碳捕获和封存（CCS），可再生能源技术和核能。交通部门将需要新的更低成本的解决措施。

- 电力将在零排放的能源载体中占据着重要的角色。电力部门能够近零排放是达成全球深度减排的关键。更先进的技术是实现这点的关键所在。

- 碳减排政策将有助于避免严重的能源供应挑战。在交通运输部门尤其如此。在两种情景中，2050年石油和天然气的需求将大大低于基准线水平。在BLUE Map情景中，石油需求将低于2005年水平的27%。在2050年的所有情景中，化石燃料将伴随着CCS的大规模应用而继续在全球能源供应中扮演着关键角色。

未来能源投资预测

IEA也评估了未来从2005年到2050年在参考情景或基准情景下的全球能源投资以及为满足ACT和BLUE Map能源情景的额外投资[7]。

在参考情景下，全球累计总投资约为250万亿美元或大约同时期全球GDP的6%。在这当中，最大的部分将是能源设备投资，从汽车、灯泡到钢铁厂。实际上由于在汽车上的大量投资，仅交通运输一项就将占到上述总投资的84%。对于由环境约束驱动的情景，附加的投资约为17万亿美元（对于ACT情景）和45万亿美元（对于BLUE Map情景），或相对于基准情景分别增加7%和18%。对于BLUE Map情景，这仅仅是全球累计GDP的1%——这个数字与第九章中为了将二氧化碳浓度稳定在450 ppm CO_2e的减排成本十分接近。

索科洛和珀卡勒楔子

　　普林斯顿大学的索科洛（Socolow）和珀卡勒（Pacala）教授对将必要的改变的类型作了一个简单的表示[8]。为了抵消从2005年到2055年全球二氧化碳排放可能的增长情况，他们提出了7个减排"楔子"（见图11.5），每个楔子到2055年时都能达到每年10亿吨碳（相当于每年36.6亿吨CO_2），或从2005年到2055年期间累计达250亿吨。许多技术组合可被用来填充这些楔子。如下是一些可能的选择，它们说明了多大规模的减排是必需的。

- 建筑物效率——减少电力消耗的25%；
- 将20亿辆车的燃油经济性提升一倍——从1加仑30英里提高到60英里（或百公里油耗从10升降到5升）；
- 在800个大型燃煤电厂安装CCS；
- 在为15亿小汽车提供氢的燃煤制氢厂安装CCS；
- 建设100万个2 MWp级的风电场进行风力发电；
- 利用150 km × 150 km规模的区域进行太阳能光伏发电；
- 核电——增加700 GW，相当于当前容量的两倍；
- 从2.5亿公顷的土地上进行生物质的收集和利用；
- 将对热带森林的砍伐减少到一半。

　　需要注意的是，索科洛和珀卡勒教授认为楔子应刚好达到能满足2055年的排放增长情况。为了达到2055年在2005年的水平上的减排幅度，（见图11.4b或c），需要在2055年达到每年13 Gt的减排量或13个楔子。

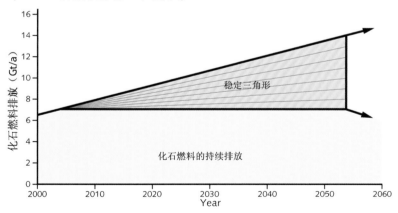

图11.5　索科洛和珀卡勒楔子演示了2005—2055年全球二氧化碳排放可能的增长情况。他们提出了7个减排楔子，每个楔子到2055年都能达到每年10亿吨碳（36.6亿吨CO_2），或从2005到2055年期间累计减排250亿吨，许多技术组合可以用来填充这些楔子

IEA也指出，相对于参考情景，ACT情景和BLUE Map情景将在2005年到2050年这期间节省大量的能源，分别相当于大约35万亿和50万亿美元。这将显著高于上一段中所提到的额外投资，即使是在贴现率显著不同的情况下，这个差别仍不会被抹消（参见第9章，第253页中关于贴现的讨论）。

长期能源战略

在给出具体实施行动之前，我想先退后一步，先考虑如何在大量的解决方案和潜在的技术间抉择。纸面上谈解决办法是比较容易的，但是在它们之间我们如何决策，并找出一条最好的路呢？没有任何一个单一的措施可以解决问题，也没有任何一个明显优于其他技术的选择；在不同的国家和地区有着不同的合适的解决措施。我经常听到的最简单的答案是：让市场去提供，或有三个措施，他们是：技术、技术和技术。市场和技术是必要的、有效的工具，但是选择它们的主宰者却缺乏足够的信息。相比那些由他们自己所提供的工具，我认为需要更加认真地去提出解决方案。

让我们以一艘摩托艇的构成为例，引擎代表技术，而螺旋桨代表市场驱动（见图11.6）。但是这艘船将前往何方？没有舵和其他掌握方向的工具，前进甚至将会是一场灾难。每一个航程都需要一个目的地和战略。第303页的注释窗将列出能源战略中一些必需的组成部分。

经济和环境之间的关系是关键，这是毋庸置疑的；他们必须被协同地考虑。戈登·布朗（Gordon Brown）也同意，经济是环境整体拥有的一种附属品，当时他是英国的财政大臣，在2005年的一次演讲中也这样说过[9]。

以市场为例。短期内，市场几乎完全受价格的影响。在过去的二十年中，降低能源的价格是很有效的。但是在它最早的形式中并没有考虑环境或其他外部的因素。许多年来，经济学家都同意应将这些因素包括在市场的原则中，例如通过碳税或限额和贸易，但是大多数政府引入这些措施太晚了。一个在挪威成功引入的例子是，由于碳税的存在使将二氧化碳注入提取到天然气的地层成为经济可行的（见第294页）。航空是一个相反的例子，由于经济措施的缺失导致全球航空业以一种高度不可持续的速度扩大。

我们的方向？能源战略的组成

（1）**必须优先制定长期战略**。构成气候变化问题的许多因素都长达50年或100年。例如，二氧化碳在大气中的生命周期，海洋在导致气候变化的滞后或能源设备的役期等。

（2）并不是所有潜在的技术都将处于同一开发水平。**有良好发展前景的技术需要予以关注和优先**，以使他们可以适当地去参与竞争。这意味着政府和行业需要在项目上进行合作，例如为技术研发提供资源，创建示范项目，以及努力推动提高技术的成熟性[10]。西欧的潮汐能和波浪能就是个很好的例子（见第331页）。

（3）需要考虑到能源作为一种商品**对社会和"生活质量"的影响**。例如，从小的当地的公众参与的电站提供能源与那些来自于大型的统一生成的能源相比具有非常不同的社会和社区特点。城市中的最佳解决方案在农村可能就不是最合适的了。实际上，一次应对一个以上的问题也是战略组成部分之一。例如，废物处理和能源利用就经常需要一起考虑。在农林废弃物和居民生活垃圾中潜在的能源价值已被评估过，如果能实现这一点，这将满足世界总能源需求的至少10%[11]。当地的能源供应对当地产业开发的支持将阻止农村的劳动力流失并使农村走向繁荣。

（4）**能源安全**经常被提到，这也是能源战略必不可少的一部分。例如，天然气管道在洲际间穿越的安全性，以及其安全性如何不受到另一端的政治干预？或核电站在遭受恐怖袭击时到底有多安全以及如何保证核原料不会流落到恐怖分子的手中？弄清楚能量来源的多样性是很重要的。但是考虑到安全可能是更加综合化和整体性的；能源安全不应该与世界安全剥离开。正如我在第12章中提到的，世界安全也依赖于解决气候变化对人类社会威胁的方案和措施。

（5）**各种各样的合作伙伴关系**都是必须的，正如在1992年的《气候变化框架协议》中明确提出或暗示的一样。所有国家（发达国家和发展中国家）都需要与国际和国家层面的各行各业共同努力，打造可持续的、公平的解决方案。如果发展中国家的能源消费能可持续增长，从发达国家向发展中国家进行大规模的技术转让是至关重要的。

（6）必须在社会的各个层面——国际、国家、局地和个人等层面**设定可实现的目标、指标和时间表**。所有商业公司应理解这些目标的重要性在于发展可持续获取成功的产业。只靠自愿的行动将无法按所需要的规模作出改变。

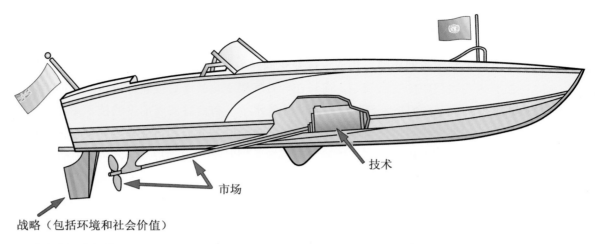

战略（包括环境和社会价值）

市场

技术

图11.6　我们将何去何从？——这需要一个能源战略。船上飘扬着国家和联合国的旗帜，表示需要国家和国际层面的战略

建筑：节能和效率

当我们不需要时就关掉家里的电灯，不需要特别热或特别凉时把恒温器调整一两度，或者增加我们房屋的绝热性，我们就实实在在地节约了能源。但是，就总的能源来说，这样的行为有意义吗？真正合算的节能计划是符合实际情况的吗？

为了说明什么样的节能是可能的，让我们考虑当前的能源利用效率。从煤炭、石油、天然气、铀、水力或风力中可利用的能源叫作一次能源。它可被直接利用，如以热量的形式，也可以转化为动力和电力来提供更多的用途。在能源转化、传输和转变为最终可用能的过程中，一部分一次能源就浪费了。例如，为了提供可供利用的一个单位的电力，通常需要将近三倍的一次能源。白炽灯把一次能源转化为光能的效率约为3%，而光照的不必要利用可能使总效率降低到不足1%[12]。通过比较能源的实际利用量和理想的设备为提供相同服务所消耗的能量，我们对所有的能源利用进行了评估。尽管在准确定义这种"理想"设备的性能时存在一些困难（参见305页注释窗中热力学效率的讨论），但该评估仍表明我们有很大的机会去提高能源效率，可能提高三倍甚至更高[13]。在本节中我们探讨在建筑方面的节能可能性；在后面的小节中，我们将考虑交通运输和工业中的节能[14]。

热力学效率

当考虑能量利用效率时，必须把热力学第一定律和第二定律所定义的效率区别开来。只有当能量用于加热时才可以应用第二定律中的效率。

用来给建筑供暖的锅炉通过燃料的完全燃烧可能会释放大约80%的能量，其余的部分则通过管道和烟道等损失了。这80%就是第一定律中定义的效率。当一个理想的热力学装置以热量形式提供100个单位的能量，从温度为0℃的建筑物外部进入20℃的内部时，将只需要7个单位的能量。所以，这个装置的第二定律效率不超过6%。

热泵（冰箱和空调以相反的原理工作）也是利用第二定律的设备，和利用电能相比，他们能以热的形式释放更多的能量[15]。尽管通常它们的第二定律效率仅为约30%，它们仍能比利用电能所需要的一次能源释放更多的热能。然而，由于他们相对高昂的投资和维护成本，热泵还没有得到广泛地使用。一个大量使用热泵的例子是瑞典的乌普萨拉市利用热泵用于区域供热产生的最大效用，他们利用4 MW的电力装机从河里提取热并产生了14 MW的热能。

为了使我们在建筑物里觉得舒适，我们需要在冬季供暖而在夏季进行制冷。在美国，能源总利用量的36%是建筑消耗掉的（其中2/3是以电的形式），其中20%是用于供暖（包括热水）[16]，3%用于制冷[16]。从1970年到1990年，除了经济转型国家，全球建筑业的能源需求以年均约3%的速度增长，在上一个十年中大约每年增长2.5%。那么，怎样才能扭转这个趋势[17]？

为极大地提高建筑部门要求的能源效率，以达到足够的热绝缘，最重要的是要有改造现有建筑物的有效规划以此降低对冬天的供热（见注释窗）或夏天的制冷。例如，与斯堪的纳维亚国家相比，许多国家，包括英国和美国的建筑绝热标准仍然相当低。所有新的住宅和商业建筑以最高的可能的标准来设计和建造也是很重要的，这样就可以以最小的能源投入（例如，用比注释窗中所列的那些更高的隔热标准）以及最大限度地利用太阳能（见第326页的注释窗）[19]。通过提高设备效率（见注释窗）和安装简单的控制技术（如基于恒温器）以避免能源浪费也可以大量节能。这些措施的成本将低于节约的能源成本。美国一些地区的电力公司正在签订合同来采取这些节能措施，以此来代替安装新设备，这将为公司以及他们的客户带来很大的收益。在其他发达国家，

电气设备的效率

住宅和公共建筑里的电器在电力消耗方面也具有很大的节能潜力。如果每个人能用效率最高的设备来更换目前使用的设备，那么总的电力消耗将很容易下降一半以上。

以照明为例。在美国，五分之一的电力被用于照明。这可以通过广泛使用像普通灯泡一样亮的荧光灯泡来轻易地减少电力消耗，因为荧光灯泡只消耗五分之一的电量，并且在其更换之前，其使用时间是普通灯泡的8倍——对用户来说这具有很明显的经济性和节能性。例如，一个20 W的荧光灯泡（相当于一个100 W的普通白炽灯泡）价格为3英镑或更少，在它12年的寿命期里将消耗价值20英镑的电。为了提供相同时间的照明服务，需要8个价格为4英镑的普通灯泡，并消耗价值100英镑的电。所以，这样大概可以净节约80英镑左右。大量的应用将形成更大规模的效应[18]。最新的这种设备只有大约1 cm^{2}的大小，仅消耗3 W就可以发出和60 W白炽灯泡一样亮的光。

在20世纪90年代早期，典型的家用电器（厨灶、洗衣机、洗碗机、电冰箱、电视和照明灯）的日均电力消耗大约为每天10 kWh。如果现在能用最高效的电器取代它们，电力消耗将大约下降三分之二。购买这些更高效电器的额外花费将很快由节省的使用成本予以弥补。对于其他用电设备也可以进行类似的计算。

类似的节能也是可能的。如果能更有效地使用现有的工厂和设备，在经济转型国家和发展中国家也能产生较大的节约，至少可能达到一样大的百分比。

进一步的大量节能可通过建筑在计划和设计时的综合建筑设计工作来实现。当建筑已设计好时，供热、空调和通风系统通常也已独立设计好了。综合建筑设计的价值就在于将节能机会与整体设计协调考虑，包括系统在能源使用相关的许多方面的协同作用。有许多利用各种方法的优势以提高建筑物能源效率的例子，包括综合建筑设计，可以减少50%或更多的能源消耗，而且往往更容易被用户所接受，比传统的建筑设计更加友好[20]。一些最近的例子说明了以化石燃料的零排放开发（Zero Emission (fossil-fuel) Development，ZED）为目的的，更激进的建筑设计是可能的[21]。下页注释窗就举例说明了英国最近沿着这类指导的发展情况。

从原则上讲，提高效率将降低成本是非常顺理成章的。然而在实践中，经常发现大量的能源和成本的节约失败了，因为由新材料带来的舒适度或方便

建筑的隔热性能

大约有15亿人生活在寒冷地区，那里需要对建筑进行供暖。在大部分国家，如果建筑物能够更好地与外界隔离，建筑供暖的能源需求将不再会远大于它实际所需要的（见图11.7）。

表11.1提供了一个两套房屋对比的详细例子，它显示若能在屋顶、墙和窗户做好热量绝缘将可以轻易地减少超过一半的能源需求（从5.8 kW到2.65 kW）。隔热的成本很小，并且很快能通过更低的能源成本收回。

如果再给房屋安装一个空气循环系统，使进来的空气和出去的空气进行热交换，这样总的热需求将进一步减少。在这种情况下，值得去增加更多的隔离设施以进一步减少供热需求。

图11.7　阿伯丁（英国苏格兰地区）冬天的红外图像。红色建筑由于保温效果不好温度较高；蓝色建筑由于良好的保温效果，温度较低。红色建筑包括靠近市中心的老建筑和一些市郊的新建筑

表11.1　一栋孤立的两层住宅（底层大小为8 m×8 m）的两种假设（一种绝热很差，一种绝热良好），以及与之相伴随的热量损失（U值表示不同部分的热传导，单位：W·m^{-2}·℃$^{-1}$）

	绝热很差	绝热良好
墙壁，总面积150 m²	砖+空洞+木料：U值为0.7	砖+空洞+木料以及75 mm厚隔热层：U值为0.3
屋顶，面积64 m²	不绝热：U值为2.0	覆盖150 mm厚的绝热材料：U值为0.2
地面，面积85 m²	不绝热：U值为1.0	覆盖50 mm厚的绝热材料：U值为0.3
窗户，面积12 m²	单层玻璃：U值为5.7	双层玻璃加上低发射率的涂层：U值为2.0
室内外温差为10℃时的热时损失（kW）	屋顶1.7　墙1.1　窗0.7　地面0.7	屋顶0.2　墙0.45　窗0.2　地面0.2
总的热量损失（kW）	4.20	1.05
热气所需要的热量（kW/1.5h）	1.60	1.60
供暖所需的能源总量（kW）	5.80	2.65

性，将来自额外的能源消耗——因此将导致能源需求的增加。这就需要把能源效率措施和适当的公共教育来协同考虑，后者将告诉人们需要从整体上减少能源。

除了提高建筑和设备的能源效率，将建筑部门的能源供应转变为无碳能源也是很有必要的。这些将在后面的小节中予以详述。

交通运输领域的节能和减排

交通运输排放的二氧化碳占全球温室气体排放将近四分之一，是排放增长最快的部门（图11.9）。其中，道路运输占最大比例，超过70%，船舶运输大约20%，航空运输10%左右[23]。当前全世界使用轻型车辆的人口约7.5亿左右，预计到2030年会增加到2倍，到2050年增加到3倍，增量主要来自发展中

一个化石燃料零排放开发（ZED）的例子

　　贝丁顿生态村（图11.8）是一个混合了城市和农村发展模式，建于伦敦萨顿区的轻污染工业荒地的一个示范村。这里提供了82套混合着公寓、豪宅和联排别墅的住宅，一些工作/办公室场所，以及社区设施[22]。一个具有超级绝缘、以及具有热回收的风力驱动的通风系统，和在大面积地板及墙壁等安装的被动式太阳能热存储的组合可以减少能源需求，以至于一个135 kW的以木材为燃料的热电联产（CHP）工厂就足以满足这个村庄的能源需求。一个峰值为 109 kW的光伏安装系统可提供足够的太阳能电力给40辆电动车及一些水池、出租车还有私家车。这样一个社区有能力去倡导一种碳中性的生活方式——所有的建筑和当地交通的能源都由可再生能源供应。

图11.8　南伦敦地区贝丁顿生态村，是由皮博迪信托基金（Peabody Trust）开发，比尔·邓斯特（Bill Dunster）建筑师设计的

国家[24]。如果考虑不同国家汽车拥有量差异，如果美国每1.5个人拥有一辆汽车、中国每30人、印度每60人，增长趋势似乎不可避免。基于这一假定计算，到2050年航空会增长到5倍，增量也是主要来自发展中国家。鉴于持续繁荣带来了人口与货物的流动性增大，未来运输部门的减排将面临重大挑战。

图11.9 1970—2050年不同交通部门二氧化碳历史排放和预测排放情况。历史数据来自国际能源署（IEA），预测数据为世界可持续发展工商理事会（WBCSD）在照常排放（BAU）情景下的预测

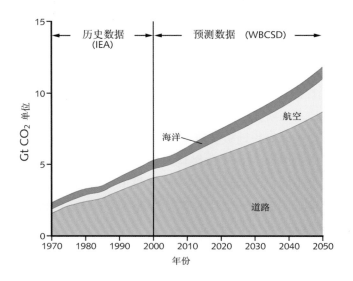

三种措施可减少机动车的二氧化碳排放（图11.9 和图11.10）。第一是提高能源和燃料使用效率及使用非化石燃料能源。我们不能期望汽车平均的能耗与1992年破纪录的汽车相比，它靠1加仑汽油行驶了1.2万千米，这个距离说明我们在运输能耗上的效率是多么低下（见第311页注释窗）。但是据估计，通过现有技术，如更高效发动机、减轻车身重量、降低空气阻力等方法，现代汽车的平均燃料消耗可减少一半。此外，还可以采用配置更大容量和更高效电池的电动及来自非化石燃料源的氢燃料发电的燃料电池汽车。第二个措施是进行城市规划和其他方面的发展，来减少对运输的需求，使得私人运输不再那么必要，人们通过公共交通工具或者步行或者骑自行车就可以很容易地进行工作、娱乐、购物。这样的规划必须与认识到确保公共交通可靠、便捷、廉价和安全的重要性联系在一起。第三是以最节能的方式进行货物运输以提高货物运输的能源效率，例如对一些货物运输来说，通过铁路和水运比通过陆路和航空运输更加节能。

航空运输比机动车运输增长更快。全球航空客运运输，以乘客—千米计，预计在今后十年或更长时间内，年均增长约5%；总的航空运输所消耗的燃料，包括客运、货运和军用航空，预计年均增长约3%，两者差异来自燃料效率的提高[26]。燃料效率预计仍在进一步提高，但并不能赶上航空运输需求的增加。作为柴油替代品，生物燃料在IEA BLUE Map情景中，到2050年将替代30%的传统航空燃料。氢能也被看作一种可能的长期能源，但氢能产生的水蒸气喷入干燥

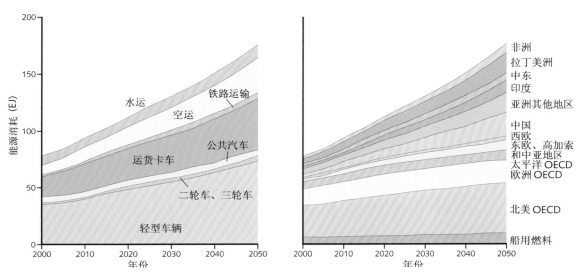

图11.10　不同交通方式和不同地区未来交通运输能源消耗的预测。预测数据为世界可持续
发展工商理事会（WBSCD）在照常排放（BAU）情景下的预测

汽车CO₂减排技术

混合动力汽车近来得到重要发展，这种汽车采用内燃机和电池电力共同驱动[25]，因能源效率的提高而节省的燃料可达50%。效率提高主要来自：（1）再生制动的使用（利用内燃机发电并通过电池储存电能）；（2）低速和交通阻塞等车时采用电力牵引；（3）避免内燃机的低效运转；（4）内燃机/电动机启动方式减小了发动机尺寸。丰田和本田首先引入混合动力汽车，其他厂商随即跟进。即插即用混合动力汽车的进一步开发，可通过商品电供给对更大型汽车电池的直接充电。即插即用混合动力汽车短途行驶可完全由电动驱动，实现行车过程中不排放二氧化碳。

其他提高能源效率的措施包括采用轻型结构材料，降低空气阻力的设计，以及把长期用于重型卡车的缸内直喷柴油发动机用于汽车和轻型卡车。

电池技术的发展会使不排放二氧化碳的电动交通工具得到广泛应用。未来几年，我们将会看到基于氢燃料的燃料电池（参见下文中的图11.24）汽车，氢燃料源来自可再生能源（参见第339页）。这种技术有望对交通运输部门产生革命性影响。

使用作物生产生物燃料可以做为汽车的燃料，从而避免化石燃料的使用。例如，使用甘蔗生产乙醇已在巴西广泛生产。生物柴油也将得到更广泛的应用（参见后面关于生物质的章节）。

的对流层上部对大气的影响至今还不清楚，它很可能在天空产生大量云层，这是不能被接受的，除非飞机飞行高度大幅度降低。

在第3章55页已提到，二氧化碳的排放并非航空运输对全球变暖的唯一贡献，其他排放物导致的高空云量增加，会产生类似的甚至更大程度的影响。有些飞行作业的改变建议可使这种影响降低到最小，但在真正发挥作用减少排放之前，其影响机制还有待更多的认识。控制航空排放对气候变化的影响有可能成为应对气候变化问题中最大的挑战。

工业领域的节能减排

工业用能约占世界总用能的三分之一，二氧化碳排放约占总排放四分之一。其中，30%的工业排放来自钢铁行业，27%来自非金属矿石（主要是水泥），16%来自化工和石油炼制[27]。这些领域存在大量提高能源效率的机会。采用合适控制技术、最有效技术（BET），以及大范围推广热电联产（CHP）可在大幅降低成本的同时减少20%～30%的二氧化碳排放——这些措施是"无悔"措施。其他潜在减排措施包括将物料或废物（尤其是塑料废物）循环再利用，把废物作为能源或生物燃料的原料，或将废物转化为低碳强度燃料等。

通过适当激励措施，石化工业可在大幅降低生产成本的同时实现节能减排。例如英国石油公司（BP）建立的全公司碳排放交易系统，降低了操作环节产生的废物和泄露，并防止了甲烷排放。系统运行前三年就节省成本6亿美元，碳排放在1990年的基础上降低了10%[28]。

碳捕集与封存（CCS，参见下一节）另一种新兴的工业减排技术。对于那些排放大量废气且废气中二氧化碳浓度较高的工业过程来说，这一技术十分合适。如高炉（钢铁）、水泥窑、合成氨厂以及黑液锅炉或气化炉（制浆造纸）等。

全球工业在未来几十年仍会继续增长，发展中国家有机会采用先进技术进行发展。但如果不采取有力减排措施，二氧化碳排放也会增加。根据IEA BLUE系列情景的估计，工业排放到2050年应降低到2005年的22%。在本章后续小节，将分别讨论达到这一目标的必要政策手段和实现减排的激励措施。

无碳发电

我们已经注意到，尽快转向无碳发电是实现2030年和2050年碳减排目标的关键措施。实现这一目的可从5个方面采取行动：（1）提高发电效率；（2）降低碳强度；（3）大范围布署CCS；（4）利用核能；（5）充分利用各种可再生能源。就长期而言，（1）和（5）是最重要的减排措施，后面依次简单介绍不同措施。

第一，关于能源效率，例如，燃煤电厂发电效率已从20或30年前的约32%提高到当前加压流化床电厂的约42%。经改进的燃气轮机技术可通过大型燃气蒸汽联合循环发电把效率进一步提高到接近60%。若能确保发电产生的大量低品质热能不被浪费而充分利用，总的能源效率还可提高例如采用热电联产。热电联产可有效利用燃料中80%能量，该技术在建筑和工业中广泛应用可在有效节能的同时节省经济成本[29]。

第二，关于碳强度，对于给定的相同能量，采用天然气比采用石油少排放25%的二氧化碳，比采用煤少排放40%。因此多使用天然气能大幅降低二氧化碳排放。

第三，关于二氧化碳捕集与封存。通过这一技术能在使用化石燃料的同时有效防止二氧化碳进入大气[30]。二氧化碳既可以在燃烧后从电厂烟道气进行捕集，也可以在燃烧前捕集，该方式先经气化产生合成气，然后利用水蒸气[31]把合成气变成氢气和二氧化碳（图11.11），此时二氧化碳更容易分离，而氢能更便于利用。如果氢能发电与氢能运输管理问题都得到有效解决，后一种捕集方式将更有吸引力—这将在本章后面的内容中再次阐述。

二氧化碳的处理和封存有多种方法。例如把二氧化碳注入废弃油井或气井中、注入盐水层或废弃不用的煤层内；还可将二氧化碳注入深海，但这一措施还存在诸多争议，因此在真正实施前需进行详细研究与评估。在最有利的情况下（例如发电站靠近油田或气体，分离成本相对较小），封存二氧化碳的成本虽然巨大，但相对总能耗成本而言仅占较小比例。据IPCC估计，二氧化碳分离成本可达15～80美元/吨，一般远大于封存成本。

全球地质构造的封存潜力巨大，据估计可达2000 Gt甚至更大。碳封存泄漏率和风险（如地震活动）引起的快速泄漏问题仍需深入研究，但普遍认为被封存的二氧化碳泄漏的可能性较低。

在过去的几年中，全球燃煤电站装机容量大幅增加（例如，在中国每周

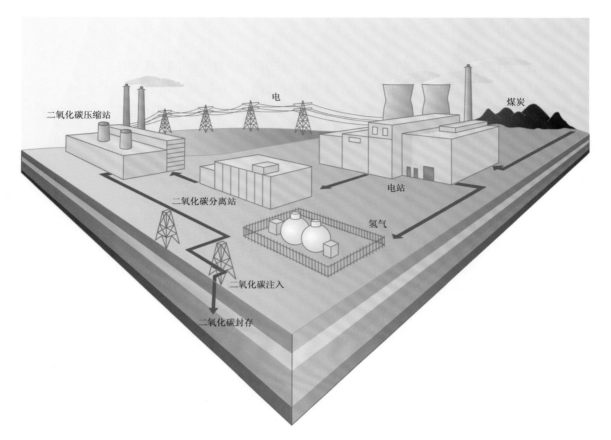

二氧化碳压缩站

电

煤炭

二氧化碳分离站

电站

氢气

二氧化碳注入

二氧化碳封存

图11.11　二氧化碳捕集与封存（CCS）基础设施图解。图中所示电站以煤为燃料，但是同样适用于以石油、天然气为燃料电站或者其他大型二氧化碳排放源

增加的装机容量约2 GW），所以CCS技术的应用变得非常急迫。在美国、欧洲、中国、澳大利亚和其他电力供应以燃煤为主的国家需要在2015年之前建设CCS示范电站[32]。所有新建燃煤电站配有CCS技术的快速发展可以减缓二氧化碳排放的影响，从而使得电站能够继续使用化石燃料。

　　第四，关于核能。核能是无碳能源[33]从可持续发展的观点来看，它具有相当大的吸引力，因为它不产生温室气体排放（除了在制造核电站建设过程中使用的材料时产生少量排放），并且和可利用的资源总量相比，它对放射性物质资源的消耗很少。由于核能在大规模发电时才具有较高的效率，所以它适合于向电网或大城市提供电力，而不适用于少量、局部的电力供应。核电的一个优点是其技术已经成熟，现在就可以大量建设，从而在短期内大量减少二氧化碳排放。和化石燃料能源相比，核能的成本通常是一个容易引起争议的话题，其成本的下降程度取决于对其建设成本的偿还预期以及废弃电厂的退役成本（包括核废料的处理成本），他们相当于总成本的很大一部分。最新的研究认为，核电成本和在考虑了二氧化碳捕集与封存之后的天然气发电成本相当。

在IEA的未来能源情景中，已经认识到核能不断增长的重要性，所有的情景都认为核能会在21世纪增长。但是短期内能实现多大的增长主要受到核电站系统设计和建造技术以及关键设备的生产能力的制约。长期来看，核电的增长在很大程度上取决于核能工业在其安全运行方面如何使公众感到满意，尤其是新的核能设施的事故风险是否足够小，是否能够安全地处理核废料，危险核物质的分布是否可以有效控制，以及怎样阻止核设施的不正当使用。虽然国际上存在大量的核安全措施，但是在我们看来，对核燃料扩散可能的担心仍然是对核电站建设质疑最强的论据[34]。在更先进的反应堆基础上建设的第四代核电站更安全，产生的放射性废弃物更少，使得核扩散的危险性更低，但是在2020年甚至2030年之前都不可能建设这些电站。

在更远的将来，核能的更大潜力取决于聚变而不是裂变（参见第338页的注释窗）。

第五，关于各种可再生资源。已经得到开发并且已经使用的各种可再生能源都是无碳能源。如果从整体的能源利用角度来看，可以发现这样一个有趣的事实，即太阳投射到地球上的能量总计达到180000 TW（1 TW=10^{12} W），大约是世界平均能源利用量（15 TW）的12 000倍。在40分钟内，从太阳到达地球的能量相当于我们全年的利用量。所以，假如我们能够更好、更经济地利用太阳能，那么将能从太阳获得充足的可再生能源来保证人类社会的所有可能需求。

有很多种途径可以把太阳能转化为我们可以利用的能量形式，让我们来看一下他们的转化效率。例如，如果通过镜子使太阳能聚集，那么几乎所有的太阳能都可用作热能。1%～2%的太阳能通过大气环流转化为风能，虽然风能集中分布在多风的地方，但在整个大气中都有风能可用。大约20%的太阳能用于地表的水分蒸发，这些被蒸发的水分最终又作为降水落下，提供了水力发电的可能性。植物通过光合作用把太阳光转化为可利用的能量，对于转化效率最好的作物而言，转换效率为1%。最后，光伏（PV）电池把太阳光转化为电能，对于最好的现代电池，其转化效率超过20%。

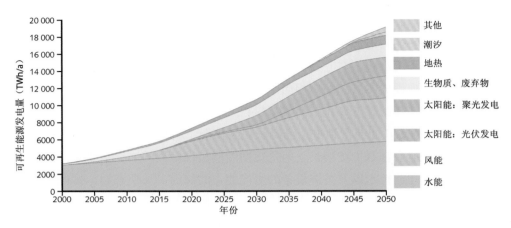

图11.12　IEA BLUE Map系列情景下2000—2050年可再生能源电力增长

　　1990年左右，在商业用力生产初期，水力是一种显而易见的来源，并且从一开始就做出了重要的贡献。目前，水电系统大约提供世界商品能源电力的18%。然而，其他可再生能源的发展一直依赖于最新技术。在2005年，仅有约4%的世界电力来自除大水电站以外的所有其他可再生能源（这些通常被称为"新的可再生能源"）[35]。其中，超过一半来自"现代"生物质（称之为"现代"是因为它对商品能源做出了贡献，从而有别于传统生物质），剩下的则来自太阳能、风能、地热能、小水电站和海洋源。

　　在IEA的BLUE Map情景（图11.12）下，2050年时可再生能源将占能源总供应量的45%。预计主要增长将来自于"现代"生物质以及太阳能和风能。下面将依次描述主要的可再生能源及其增长的可能性。大多数的可再生能源通过机械方法（水电和风能）、热机（生物质和太阳能）和直接转化（PV太阳能）等利用。对于生物质来说，还可用于生产液态或气态燃料。

水力发电

　　水力是最古老的可再生能源形式，已经得到了很好的开发，和其他发电技术相比，水电在经济上具备竞争力。一些水电工程极大。世界上最大的水电站是中国的三峡水电站，该工程完工以后发电功率达到18 GW。世界上另外两个大型水电站是容量超过10 GW的位于南美洲委内瑞拉的格瑞（Guri）和巴西与巴拉圭边境的伊泰普（Itaipu）水电站。据估算[36]，还有相当于目前已开发容量3~4倍的水电开采潜力，其中大部分未开发的潜力集中在非洲、亚洲和拉丁美洲。可是，大的水电工程可能产生重大的社会影响（像库区移民）、环境后果（例如土地、物种的损失以及河流下游地区的沉积物）以及自身的问题（像淤塞）。因此，在着手建设大的水电工程之前，必须进行详尽的论证。

但是，并不是所有的水电工程都很大，小水电工程作为一种重要的资源提供了越来越多的电力。许多现有的水电工程只产生数千瓦的电力，供应一个农场或一个小村庄。小水电工程的吸引力在于他们能以合适的成本提供当地的能量供应。在过去的几个十年中，小水电工程得到了实质性的增长（大部分建立在河流上），但是150~200 GW的全球资源潜力中只有大约5%得到了利用。

水电项目还可用作抽水蓄电的重要设施。在非高峰用电时间，利用多余的电力把水从水库低处抽到高处；然后在其他时间，通过相反的过程能够发电以满足高峰期的需求。转化效率可以达到80%，并且响应时间只有数秒钟，因而减少了在水库中保持其他发电能力储备的需求。目前，全球大约有100 GW的抽水蓄能电站，但是至少还有10倍的潜力没有得到开发和利用。

生物质能

目前，在可再生能源中处于第二重要地位的是生物质能[37]。全球每年生产的生物质折算为能源量约4500 EJ(=10^7 Gtoe)。其中大约1%的生物质被用作能源，这些主要集中在发展中国家，我们称之为"传统生物质"。在考虑了生产的经济性和合适土地的可用性之后，大约有6%的生物质可用作生物能源[38]。这些生物质能源相当于当前75%的世界能源需求，所以原则上，生物质能源可以对全球能源需求做出重大的贡献。这些能源是真正的可再生能源，因为生物质燃烧时所排放的二氧化碳，又通过光合作用过程重新成为碳，进入再度生长的新生物。全球生物质包括家庭、工业和农业生产的废物、废水以及农作物。所有的生物质都可以作为电力生产的燃料，其中一些适用于制造液态和气态燃料（参见下一节）。由于生物质分布广泛，所以特别适合用作农村地区的能源供应。例如拥有1500万人口的澳大利亚，2003年时14%的能源供应来自于生物质，并且计划在2010年时增长到30%。

在很多发展中国家，大量的人口居住在无法得到现代能源的地方，他们依赖于传统的生物质能源（薪柴、粪便、谷壳和其他形式的生物质）满足烹饪和供暖的需求。生物质为超过1/3的人口提供能源，满足了全球10%的能源供应。虽然这些能源原则上是可再生的，但是这类能源的有效利用同样非常重要，并且也存在很大的效率提升空间，比如很多妇女每天都需要花费大部分的时间到离家越来越远的地方去收集薪柴。

家庭生物质的燃烧会带来严重的健康问题，世界卫生组织认为它是引起儿童疾病和死亡最主要的因素。例如许多烹饪利用明火，这带来了严重的室内污染并且只利用了5%的热量。引入一种简单的煤灶可以将效率提升到20%甚至50%[39]。现在急需大量利用这种简单的符合可持续发展理念的炉灶技术，尽管在引入过程中可能受到消费者的抵制。其他减少薪柴需求的方法就是利用一些替代品像农作物废弃物、污水和其他材料产生的甲烷，以及太阳能灶具（将在稍后再次阐述）。在现有传统生物能源消费的基础上，对于20亿或者更多利用这些基本能源的人，更高效率和更少污染的能源服务存在很大的潜力。但是存在一个特殊的挑战，就是如何建立适当的管理体系和基础设施以在发展中国家的农村地区提供这些服务（参见注释窗）。

下面举例来说明废物利用[40]。很多人已经认识到，现代社会产生了大量的废弃物。例如：英国每年生产3000万吨的家庭固体废弃物，相当于每个公民0.5吨；对于发达国家来说，这是一个非常可观的数字。虽然已经实行了大规

发展中国家农村地区生物质能源项目

在很多的发展中国家，大多数的人口居住在很难或者无法得到电力等现代能源服务的地方，利用生物质项目提供这样的服务还存在很大的潜力。图11.3描述了一个现代沼气电站的原理[42]，并且沼气电站项目是可以重复建设的。

印度农村电力生产

印度是主要以农业为基础的国家，每年生产大约4亿吨农业废弃物。其中的小部分被用作家庭烹饪，剩余部分都被遗弃腐烂或者燃烧。印度同时还进口大量的原油等化石燃料为不同大小的城市和农村提供电力和供暖需求。

一家印度公司的"Linus战略能源解决方案"，正在利用农业废料生产适合工业部门使用的环境可持续的小煤砖。除了减少昂贵并且破坏环境的化石燃料的使用，还帮助用户节约资金。这一循环还可以帮助农民通过提供生物质增加收入，为农村企业提供生产和销售小煤砖的商业机会，通过收集和加工农业废料提供新的就业机会。

　　同样是在印度，正在农村地区首先试点的100 kW的分散式能源发电系统，这些系统由社区合作社拥有和经营。在比哈尔邦（Baharwari）的一个小合作社，一个生物质气化电站为当地的生产活动提供电力，比如在旱季抽水。这也增加了地方收入，帮助村民扩大生产和提供了就业岗位，所有这些也反过来增加了人们为这类能源服务提供支付的能力。在生物质燃料供应者、电力用户和电力生产者之间建立了良好的"互利联盟"。

中国云南的沼气综合利用系统

　　北京天恒可持续发展研究所在云南省白马雪山自然保护区引入了一种新的沼气综合利用系统。这种系统由沼气池、猪圈、厕所和温室大棚组成，产生的沼气用于烧饭取代了燃烧天然木材，把猪圈建在大棚中加快了猪的成长速度，厕所可以改善农村卫生环境，并且在温室大棚中种植蔬菜水果可以增加当地居民收入。猪圈和厕所的其他废物可用作生产沼气的原材料，沼气电站每天可以提供约10 kWh的有用能（参见图11.13），通过建造50座这样的系统可以大量减少本地薪柴消耗。

菲律宾生物质电站和椰子油压榨

　　菲律宾社区电力公司（CPC）发展了一种模块化的生物发电单元，可以利用在村庄规模上生产椰子油残留的生物质和废弃物，社区电力公司和当地合作者正在利用以椰子壳废弃物为燃料的生物发电模块，为低成本的小型椰子榨油装置（由菲律宾椰子管理局和菲律宾大学研发）提供电力，目前已经有16套这样的系统在菲律宾各地村庄运行。而且，系统产生的废热还可用于在压榨之前干燥椰子。

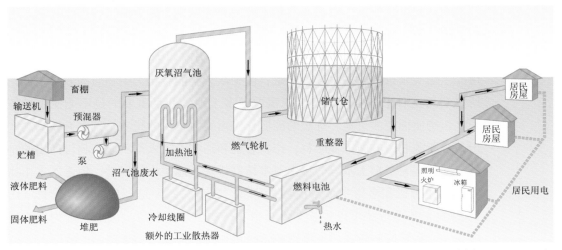

图11.13　沼气发电厂示意图。发电用燃料电池需要更加先进的燃料电池，重整器和燃料电池可以用一个内燃机和发电机组代替

模的回收利用计划，仍存在大量的废弃物。如果所有的废弃物都被焚烧用来发电（现代技术使得这种焚烧几乎没有空气污染），那么可产生2 GW的电力，相当于英国电力需求量的5%[41]。瑞典的乌普萨拉市就是一个区域综合采暖的例子，该地区在1980年以前，90%以上的能量由石油提供；其后决定改用可再生能源，到1993年废物焚烧和其他生物质燃料所提供的能量约为该市采暖所需能量的80%。

但是，废物焚烧产生的温室气体是怎么样的？自然，它能产生二氧化碳，这将有助于温室效应（参见第3章的问题4）。然而，一种替代的处理方法是填埋（目前，英国的大部分废物是以这种方式处理的）。随着时间的流逝，废物发生腐烂，产生二氧化碳以及大致同等数量的甲烷。一部分甲烷可以被收集用作发电的燃料，但是这仅能收集到一部分甲烷，其余的甲烷都被泄漏了。由于甲烷比二氧化碳的温室效应更强，因此泄漏的甲烷将对温室效应产生很大的影响。详细的计算表明：如果英国所有的家庭废物都被焚烧用来发电而不是填埋，那么每年净减少的温室气体排放大约相当于1000万吨二氧化碳的碳。由此所减少的排放大约相当于英国温室气体排放总量的5%，因此，我们可以认为利用废物发电可为减少温室效应做出重大贡献。

来自人类或农业活动的其他废弃物是污水淤泥、农场泥浆和粪便等湿废物。这些废物在缺氧环境下通过细菌发酵（菌致分解）可以产生沼气，主要成分是甲烷，可用作燃料来产生能量（图11.13）。而且它仍然具有增加其贡献的空间。如上文所述，考虑农业和工业废弃物发电的潜力后，国内废弃物产生相关的二氧化碳减排量可以增加一倍。

另外还可以利用作物作为燃料，这种潜力非常大，许多不同的作物都可用作生物质来进行电力生产。但是，由于从太阳能转化为生物质的效率很低，所以利用这种手段生产大量能源需要很多土地，并且重要的是不能使用种植粮食作物所需要的土地。理想的能源作物需要在较少的投入基础上有较高的产出，在能源利用方面，像肥料、作物管理和运输等投入都不应该超过产出的小部分。这些要求把玉米等一年生草本植物排除在能源作物以外，但是木本植物像短轮伐柳树和多年生草木植物芒草（"象草"）则是理想的能源作物（图11.14），芒草等还可以生长在不适合农作物生长的贫瘠土壤上。因为生物质体积大、运输成本较高，所以比较适合用作生产地的大型发电站的补充。

在IEA的BULE Map系列情景设置中，2050年时全球生物能（包括生物燃料，见下文）利用会增加近4倍，占全球一次能源供应的1/4。这是迄今为止最

图11.14　生长在英国阿伯里斯特威斯大学草地与环境研究所的芒草和柳树

主要的可再生能源，其中大约一半来自于农作物和森林废弃物以及其他废弃物，另一部分来自于种植的能源作物。这些生物质能需要的土地面积大约相当于非洲农业用地的一半或者全球农业用地的10%。

生物燃料

　　生物燃料目前主要来自于淀粉、糖和油料作物，包括小麦、玉米、甘蔗、棕榈油和油菜。最典型的生物燃料的利用在巴西，自1970年以来，使用大量的甘蔗生产乙醇，作为交通、电力生产的主要燃料，同时与采用汽油和柴油等化石燃料相比，这也大大降低了当地的污染。生产乙醇和蔗糖的残渣被用于发电，电力可以供应电网和工厂使用，这可以保证能源利用效率并且降低碳的排放。

　　生物燃料的大规模生产决策需要进行彻底和全面的评估，包括他们对效率和碳减排的贡献[44]。同样需要仔细评估的是，在土地使用上，生物燃料会与粮食作物（比如玉米）或热带森林的砍伐（比如用于棕榈树的种植）竞争的程度，而热带森林本身对于温室气体的减排有着重要的贡献。由于缺乏足够的评估，近来已经产生了一些不利的结果，比如世界粮食价格的上升。

　　还可以从含有纤维质的生物质中生产能源，比如牛的瘤胃（反刍动物的第一胃）可以将草转变成能源。在实验室规模上，这一过程是可以复制的，

风力发电机

可以利用草本、木本材料中的木质纤维以及谷物和其他作物的残渣生产生物能源。目前工作的一个显著重点是将这一过程用于大规模的商业化生产，尤其是木本废弃物和草本植物（比如芒草就生长在边缘区域，这不会和粮食作物形成竞争）。这种情况已经开始出现，并且在我们假设的情景中，这些被称为第二代生物燃料的能源可以得到大规模的发展[45]。

风 能

　　风能不是一种新能源。200年以前，风车是欧洲风光的共同特征。例如在1800年，英国运行的风车就超过1万架。过去几年里，尤其是在西欧国家（例如丹麦、德国、英国和西班牙）和北美洲西部地区，风车又重新成为地平线上常见的风景，以天空为背景，呈现出风车细长、高大而漂亮的轮廓，虽然他们不具备古老风车那种乡村风味的优雅，但他们的效率却要高得多。一个典型的大型

费尔岛上的风力发电

菲尔岛是充分利用风力的一个很好的实例，它是位于苏格兰北部北海中的一个孤立岛屿[48]。直到最近，岛上的70个人还依靠煤和石油提供热量、汽油作为汽车燃料、柴油用来发电。1982年，他们安装了一个50 kW的风能发电机，利用平均风速超过8 m/s（29 km/h）的持续强风来发电。所发的电可以用于各种目的。照明和电子设备所用的价格较高，室内供暖设备和热水所用的电价较低，并且得到的电量（在风力允许的范围内）是可控的。在狂风频繁时期，更多的热量可以用来加热温室和一个小游泳池。与快速开关相耦合的电子控制装置使得负荷和所获得的电力相匹配。该系统也为电动车充电，说明了能量的进一步利用。

由于安装了风能发电机，目前岛上90%以上的电力由风能供应，电力消费提高了4倍，发电的平均成本从13便士每千瓦时降低到4便士每千瓦时。1996—1997年安装了第二台容量为100 kW的风力涡轮机，以满足能源需求的增长，并改善对风力的捕集。

风能发电机有一个直径约为50 m的三叶螺旋桨，在风速为12 m/s（43 km/h，27 mph或蒲福氏风力6级）时的发电功率约为700 kW。在平均风速7.5 m/s（欧洲西部空旷地带的平均风速）的地方，可产生平均电力250 kW。通常在包括几十部风车的风电场里，风能发电机是密集布置的。最大单机容量近年来一直稳定增长，大约每五年翻一番，目前单机最大容量能达到5～6 MW，风机直径约120 m。

从电力公司的角度来看，风能发电的困难在于它的间断性，风机有可能在很长时间内完全不发电。假如风能发电所占的比例不太大，那么电力公司可以通过国家电网集中控制各种电力来源来克服这一困难[46]。因为视觉舒适性的丧失，公众对于风电场的关注越来越多。海上风电则不存在这种问题，并且能够提供功率更高和更稳定的电力，在大规模电厂的建设中得到了越来越多的应用。

在过去的十年中，很多国家的风电机组建设发展迅速，截至2008年，全球风电装机容量超过100 GW，占全球1%的电力供应。随着容量的高速增长，规模经济效应使得供电成本大幅下降，目前风电成本已经能够和化石燃料发电成本相比。风能发电取决于风速的三次方（12.5 m/s的风速效果是10 m/s的两倍），因此把风场建在风速最大的地方比如西欧（在西欧风电发展迅速），是非常有意义的。比如说在丹麦，目前20%的电力由风电提供，主要来源于海上风电的增长，而英国海上风电的建设也正在规划中。发展中国家也正在大力发展风能，比如印度风电装机容量达到8 GW，位居全球第四，在IEA 2050年的情景设置中，全球电力的12%由风能提供。

风能也特别适合于孤立地点的电力生产，因为从其他来源向这些地区传送电力的成本是难以接受的。由于风的间隙性，还必须提供贮藏电能的方法或发电的备用手段，费尔岛的整套设施（见上页注释窗）正是这种高效、多能系统的一个很好的实例。小型的风力涡轮机也为孤立地点提供了一种为电池充电的理想方法。例如，蒙古牧民正使用大约10万个风力涡轮机。通常，风能也是水泵的一种理想能源，全球大约有100万个用于这种目的的小型风机[47]。

长期来看，我们认为风电建设可以扩展到一些偏远地区，从直接的连接电网供电变成一种能源储存的方式（比如，利用氢能，在本章后面的小节中会有更加具体的描述）。

太阳能加热

利用太阳能的最简单的方法就是把它转变成热量。一个直接面向强太阳光的黑色表面，每平方米可吸收1 kW的能量。在日照入射角高的国家，这是一种提供家用热水的有效而便宜的方法，这一方法目前在澳大利亚、以色列、日本和美国南部各州得到了广泛使用（见第325页的注释窗）。在热带国家，太阳灶提供了一种替代燃烧木柴和其他传统燃料炉子的途径。在建筑物中也可以有效地利用来自太阳能的热能（称为被动式太阳能装置）以适度增加冬季建筑物的供热，更重要的是提供一个更舒适的环境（见第326页注释窗）。

太阳能：聚光太阳能发电

利用太阳能发电有两种方式。一种是聚光太阳能发电（CSP），比如将太阳能聚集到锅炉上产生蒸气；另一种是通过光伏太阳能电池（见327页注释窗）。二者被广泛认为有望成为全球可再生资源的主要贡献者。例如，美国目前的电力需求可以由照射到400 km²的光伏太阳能电池或者面积小一些的聚光太阳能发电（CSP）设备提供。目前面对大规模的电力供应，二者在成本上无法与传统能源或风能相竞争。二者需要足够的投资注入用于研发，提高规模化经济，将成本降低到可接受的水平。我将依次介绍聚光太阳能发电（CSP）和

太阳能热水器

　　太阳能热水器的基本构件（如图11.15）是一系列流水的管道，这些管道埋置在一块绝热的黑色平板中，在其向阳的一面，覆盖着一块玻璃板。另外，还需要一个贮藏热水的容器。更有效的（但也更昂贵）设计是用一种真空装置来围绕黑色的管道以提供更完全的绝热。世界范围内超过1千万家庭使用太阳能热水系统[49]。

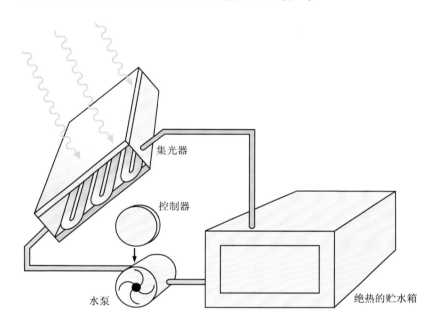

图11.15　太阳能热水器的设计：太阳能收集器通过循环水泵连接到贮水箱上。另一种方法是，如果贮水箱在集光器上方，将通过重力流动来收集热水

光伏太阳能电池。

　　在聚光太阳能发电（CSP）系统中，太阳能通过镜面汇聚，可以在锅炉上产生足够高的温度（如图11.17）。一个装有东西排列的槽型镜子的设备将太阳光聚焦到一个绝热的黑色吸热管上。人们已经建造了许多这种设备，尤其是在美国，那里的太阳能光热设备提供了350 MW以上的商品电力。最近从事的研究是在联合循环运行过程中，整合太阳能和化石能源所提供的热源，确保每天连续不断的电力供应，使得干旱地区通过能热联产除去盐分，得到淡水。

建筑设计中的太阳能

所有的建筑物都通过窗户并在较小程度上通过墙壁和屋顶的加热从太阳能中获得意外的收益。这称为"被动式太阳能收益"。在英国，一栋典型住宅约15%的年供暖需求来自太阳能。有了"被动式太阳能装置"，这一比例可以相当容易而且廉价地增加到30%左右，与此同时还增加了总体的舒适程度。这种设计的主要特征是，尽可能地使主要的起居室具有朝南的大窗户，而较冷的区域走廊、楼梯、食橱、车库等安排最小面积的窗户，从而在房屋北面提供一个缓冲区。在冬季也可以策略性地安置一些温室吸收太阳的热量。

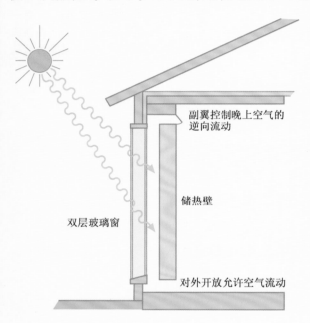

图11.16　"太阳能墙"的建筑，有时叫作特朗勃（Trombe）墙

可以对建筑物的墙壁进行特别设计，使其成为被动的太阳能收集器，墙壁在这种情况下叫作"太阳能墙"（图11.16）[50]。它的构造使阳光在穿过双层玻璃窗以后，加热由重质建筑材料建造的墙壁表面，这种墙壁可以蓄热，并把热量缓慢地传导给建筑物。当夜间或夏季建筑物不需要采暖时，可以在绝热层前面安放易缩回的反射帘。在苏格兰西南部格拉斯哥的斯特拉斯莱德大学，有一栋居住376名学生的住宅。在其南边建造了一面"太阳能墙"。即使在格拉斯哥冬季相当不利的条件下（1月份，每天阳光灿烂的平均时间仅略多于1小时），也有大量的热量通过墙壁进入建筑物。

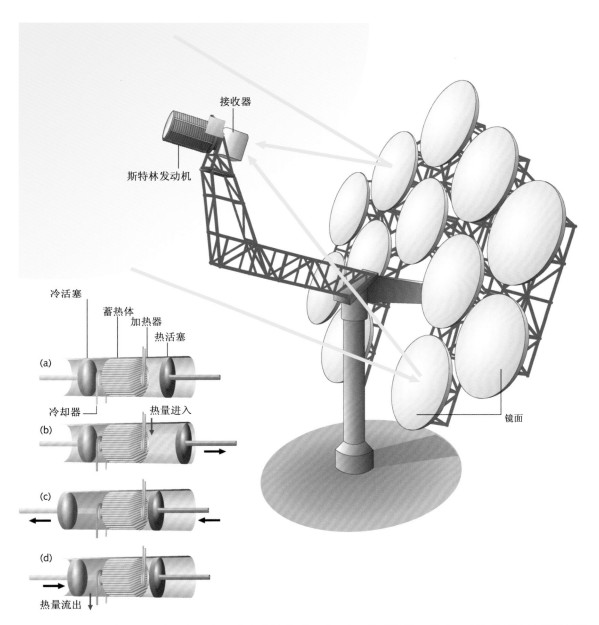

接收器

斯特林发动机

镜面

冷活塞
蓄热体
加热器
热活塞

(a)

冷却器
热量进入

(b)

(c)

(d)

热量流出

图11.17　用于发电的聚光太阳能发电系统由光热阵列组成，大量的碟状镜面将太阳光聚集到连接于斯特林（Stirling）发动机（见左下图）的接收器上，发动机将热能转化为电能

光伏太阳能电池

光伏（PV）太阳能硅电池[51]由很薄的硅片组成，其中引入了适当的杂质以产生所谓的p-n接头。最有效的电池具有复杂的结构，并使用结晶硅作为基本材料。它们把太阳能转变成电能的效率通常为15%～20%，用于试验的电池可以达到20%以上的效率。单晶硅不便于进行批量生产，而转化效率为10%的非结晶硅却能在一个连续的过程里沉淀到薄膜上。其他具有类似PV特性的合金（例如镉碲化物和铜铟硒化物）也能以这种方式沉淀，并且由于它们的效率高于非结晶硅，因此在未来很可能与硅薄膜市场形成竞争[52]。然而，由于太阳能光伏装置通常大约一半成本是安装成本，因此面积小效率高的单晶硅仍然是一个重要的考虑因素。新的PV材料的设备也正在调研中，而其中一些已开始在效率或成本方面形竞争力。

想要光伏太阳能电池为能量供应做出重大贡献，那么成本是至关重要的。其成本一直在迅速降低。更有效的方法和更大规模的生产正在使太阳能电力的成本降低到可以与其他能源竞争的水平。图11.18展示了过去25年随着装机容量的提高，成本的下降情况以及未来5年的预测。

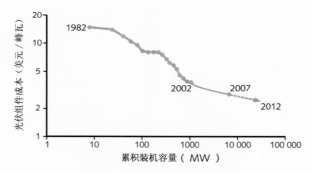

图11.18　在过去25年随着装机容量提高，PV模块成本降低情况以及未来的预测（1982—2002年数据来自壳牌可再生能源公司（Shell Renewables），2002—2007年数据来自IEA 2008年《能源技术展望》

太阳能：太阳能光伏发电

现在开始讲太阳能光伏发电的渊源。早在50年前，空间探索的最初阶段，宇宙飞船上太阳能板就用于发电。如今它们出现在日常生活的各个方面，例如作为小型计算器、钟表、偏远地区公共照明的电源。目前由太阳能转化为电能的效率大致在10%～20%。因此一个面积为1 m²的朝向充足阳光的电池

孟加拉国的当地能源供应

在本章303页的注释窗中，我勾画了能源供应的战略组成，其中一个是重视当地分散式能源的价值，反对在大区域集中能源建设大电网。

孟加拉国的太阳能项目Grameen Shakti（意为农村电网）是一个当地能源供应的实例，该项目是尤努斯（Yunus）教授著名的格莱珉（Grameen）银行的一个子公司的非营利投资项目。它建设了一套可负担得起的家庭太阳能系统（见图11.19），通过宽松的信贷政策，提供给农村社区[54]。从1997年开始到现在，Grameen Shakti已经供应13.5万户家庭。目前也提供沼气系统，利用家禽垃圾及牛粪生产烹饪的沼气，价格在200～1400美元不等（主要取决于沼气系统的规模）。较大系统适用于一组家庭。同时还提供对受雇为安装技师的人员培训、系统的维护和运行。照明与当地的能源的可用性正在提供新的商机。

清洁发展机制下的碳信用额的可用性使得成本降低，能够惠及一些最贫穷的人。他们希望到2015年建设100万套家庭太阳能系统和100万套沼气系统。

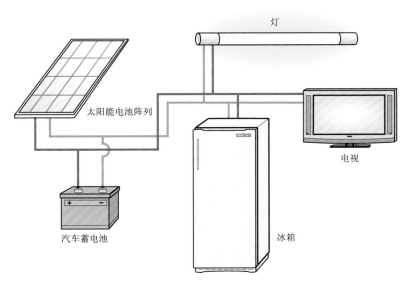

灯

太阳能电池阵列

电视

汽车蓄电池

冰箱

图11.19　目前正在非洲、亚洲和南美洲销售的一种简单的家用太阳能系统，由36个电池组成的60 cm×60 cm的太阳能电池阵列可以提供40 W的峰值电力。这足以为一个汽车蓄电池充电，这个蓄电池能给荧光灯或LED类以及收音机（收听几个小时）和电视（接近一小时）输送电力。如果更节省地利用这些装置或者使用更大的太阳能电池阵列，还可以增加一个小型冰箱到和系统中

板将提供100～200 W的电力。一种有成本效益的方法是将光伏组件安装在人造物体或建筑物的表面，而不是作为自立式阵列。在快速成长的光伏建筑一体化（BIPV）社区中，光伏表面取代并避免了传统建筑表面的成本。安装在城市屋顶的光伏组件为满足城市居民能源需求提供了一种可再生的途径。日本是第一个鼓励安装屋顶太阳能设备的国家，到2000年已安装320 MW。德国和美国的大屋顶计划紧随其后：德国目标是10万户屋顶，并已在2003年实现；美国目标是在2010年建设100万户屋顶。由于太阳能电池的能源成本在过去20年急剧下降（参见328页注释窗），因此目前得到广泛应用与供给，成本继续下降就可以用来提供大规模发电。

太阳能计划在规模及应用上具有高度灵活性。小型光伏设备特别适合于发展中国家为农村地区提供当地的电力来源。约1/3的世界人口不能从中枢能源获得电力。他们主要的需求是获得少量的电力用于照明、收音机和电视、冰箱和空调以及抽水。目前，用于这些目的的光伏设备的成本和其他发电手段（例如柴油设备）相比具有竞争力。在2000年前的20年中，亚洲、非洲和南美洲国家安装了超过100万套"家庭太阳能系统"和"太阳能照明灯"[53]。家庭太阳能系统一个太阳能阵列（如图11.19）一般提供15～100 W电力，价格在200～1200美元。小型"太阳能照明灯"（通常10 W）只用来提供照明。较大的设备安装在公共建筑上。例如许多小医院可以从1～2 kW的小型太阳能电力设备中获益，配以电池，用来照明、冷藏疫苗、高压消毒、抽取热水（通过太阳能系统产生）和收音机提供电力。目前数以千计的水泵可以由太阳能光伏电池提供动力，许多国家通过太阳能净水器/水泵获得饮用水。很明显，太阳能发电系统未来的发展潜力巨大。例如由太阳能光伏发电、风电、生物质发电和柴油发电组成的小型电网开始出现，特别是在中国和印度偏远地区。

全世界的太阳能发电能力从1998年的500 MW峰值增长到2006年的6 000 MW峰值，平均每年增长30%。根据IEA BLUE Map系列情景预测，随着太阳能光伏发电和聚光太阳能发电的持续增长，很可能超过预计的增长率，到2050年光伏发电将供应全球电力总生产量的11%左右。在短时期内，增强当地设备的发展具有优先权；随后，随着预期成本的显著下降（见图11.18），进行大规模发电将具可能性；最后由于它的简单、便利和清洁，我们预期，太阳能发电将成为全球最大的能源之一。

其他可再生能源

到目前为止，我们已经讨论了那些潜在的、能对世界能源需求做出重大贡献的可再生能源。我们还应该简单地提及其他一些可再生能源技术，它们也有助于全球能源生产，并且在某些地区特别重要，这就是来自地下深处的地热能和来自潮汐、洋流或波浪的能量。

来自地壳深处的地热能，只有在火山爆发时或者在间隙泉和温泉中才显示出自身的存在。在有利的地点，可以直接利用地热能来加热或发电。虽然地热能在特定的地方（例如冰岛）非常重要，但它在目前对于世界能源总量的贡献很小（约为0.3%）。根据IEA BLUE Map系列情景，到2050年，地热能的贡献可能增加到3%左右[55]。

图11.20　潮汐能发电涡轮机

原则上，从海洋的运动可以获得大量的能量，但通常很难开发它们。潮汐能是目前唯一能对商品能源生产做出较大贡献的海洋能量。与风能相比，潮汐能具有较精确的可预测性及较小的环境问题和市容问题。最大的潮汐能装置在法国的拉朗斯河，其容量为240 MW。人们已经详细研究了世界上的几个港湾，并把它们作为利用潮汐能的潜在地点。例如，英国的塞文港湾具有产生8000 MW峰值电力的潜力，这相当于英国电力总需求量的6%。英国的另一个港湾在赛文港湾的不同时间达到峰值，这样就可以在赛文港湾能力不足的情况下填补空缺，从而提供更加连续的能源供应。虽然从长期来看由大方案发电的成本具有竞争力，这些方案的主要障碍是昂贵的前端成本以及可能的环境影响。不过从长远来看，潮汐能作为一种可持续的无碳能源，可在英国以及诸如中国等拥有大潮差的国家被认真地利用。

图11.21　波浪发电的原型——位于英国米尔福德港附近的西南威尔士海岸附近的7 MW波浪能发电站正在建设。海浪涌上面对的坡面并进入容器中，形成一个小的水头，水从装置中的涡轮机流下产生能量。涡轮机是唯一可以运动的部分

　　另一个关于潮汐能的建议是在近海的合适浅水区建设濒海湖，那里会有大潮差[56]。海水流入、流出濒海湖，墙体内的涡轮机就可以发电。在河口建立拦河坝的一些环境及经济问题因此可以避免。

　　如同大气中风能可以被利用一样，海边地区的潮汐能可以被开发（见图11.20）。虽然水流速度比风速低，但海水更大的密度导致更高的能量密度，只需要更小直径的涡轮机就可以达到相同的输出功率。海浪也是一种可持续能源。大量巧妙的装置设计出来可将海浪能转化为电能（见图11.21）[57]，有一些开始提供商品电力。不过由于海洋环境恶劣，最初的探索成本比较贵。现在急切需要对潮汐能和海浪能进行足够的研究、开发及初始投资。

　　西欧海岸的水域提供了开发海浪能的最佳机会。例如潮汐能和海浪能的潜力可能高达英国电力的20%。

无碳能源的资金供应

如果无碳排放的能源与其他能源相比在成本上具有竞争力，那么就能达到任意CO_2稳定情景所设想的可再生能源的规模。可再生能源的发电成本，只在某些情况下具备竞争力，例如对那些运输电力或运输其他发电燃料成本很高的地方，从本地区提供能量更有利。我们已给出这方面的一些例子（如苏格兰岛的费尔岛地区——见第323页注释窗）。但由于石油、天然气等化石燃料在价格上的竞争，当前可再生能源并没有竞争力。到一定时候，随着石油和天然气易采贮量趋于耗竭，而导致燃料愈加昂贵时，可再生能源会更具竞争力。然而，这

政策工具

能源部门的行动，在足够大的规模上，可有效减少二氧化碳排放，减轻气候变化造成的影响，但这要求政府与产业界的共同努力和行动。这些措施包括以下几个方面[61]：

- 建立适当的制度结构框架；
- 能源价格策略（碳税和能源税，降低能源补贴）；
- 减少或取消其他增加温室气体排放的补贴（例如农业和运输补贴）；
- 排放交易许可（见第10章第271页）[62]；
- 产业界的自愿方案及与其谈判达成的协议；
- 采用需求方管理
- 监管程序，包括最低能源效率标准（如电器和燃料节能）
- 激励研发新技术；
- 用市场机制和和示范项目推进先进技术的推广；
- 可再生能源补贴；
- 加速设备折旧和降低消费者成本；
- 加强宣传，改变消费者行为；
- 教育和培训计划；
- 向发展中国家转移技术；
- 帮助发展中国家提高能力；
- 促进经济和环境目标的其他措施。

还需要一段时间，要真正达到可再生能源像希望的那样能够替代化石燃料，必须有适当财政激励措施推动这种转变。此外，为化石燃料电厂装备二氧化碳捕集与封存装置以及提高能源效率等减排措施，也都需要额外的财政支持。

如第9章所分析的，排放二氧化碳的环境成本分配应遵循"污染者付费"原则。主要可通过以下三种方法执行。第一，政府对清洁能源的直接补贴。第二，征收碳税。例如，假定每吨二氧化碳征税或额外征收25～50美元（环境成本情况数据见第9章末），将导致化石燃料发电成本每度电增加1～4美分，这使可再生能源（如生物质和风能）具有竞争力[58]。但有趣的是，许多国家对化石燃料能源进行补贴，全球平均补贴额度相当于每排放一吨二氧化碳至少补贴10美元。因此消除化石燃料能源的补贴本身就是一种减排激励措施（见333页注释窗）。

第三种方法是通过碳排放权交易增加化石燃料的环境成本，这种机制源自《京都议定书》（见第10章第270页）的协议约定，它在控制总二氧化碳排放量的同时允许不同产业进行排放权交易。

这些金融措施在电力行业比较容易实施。然而，电力部门只占全球能源使用量的1/3，因此还要考虑供暖、工业与运输部门的气态、液态、固态燃料使用。先前已经提到，当前从生物质提取液态乙醇比从石油中获得液态燃料还要贵。虽然生物工程技术的快速发展有望提高生物质加工效率，但生物燃料的大规模应用离不开适当的财政资金支持。

要使可再生能源尽快满足能源需求，还需对另一关键领域进行财政刺激。这包括研究与开发（R&D），尤其开发更为关键。图11.22展示了R&D如何与技术进步协调一致。全球平均而言，当前政府研发费用大约为每年100亿美元，或者说占全球能源工业投资总额每年1万亿美元的1%（GWP的3%）。总体上，20世纪80年代中期以来发达国家研发费用已减少了一半。在一些国家减少的更多，如英国，政府研发投入从20世纪80年代中期到1998年共减少了约90%，其占GDP的比重仅相当于美国的1/5、日本的1/7[59]。更让人震惊和值得关注的是，缩减研发费用发生在我们比任何时候都需要发展可再生能源时。因此，必须提高能源研发支出和制定详细能源发展目标才可能确保尽快开发可再生能源。此外，提高能源行业新能源与可再生能源的投资比重也是非常重要的。前面的注释窗中列出了一些政策工具，这些政策将有助于推动能源产业的革命性变化。

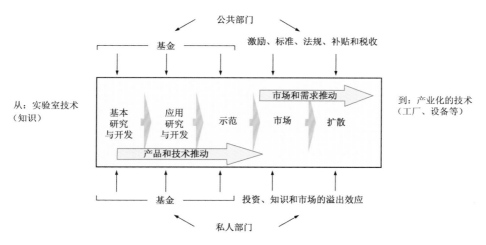

图11.22　技术发展的过程和主要驱动力

在2003年的一次演讲中，英国石油公司（BP）集团总裁布朗勋爵（Lord Brown）强调应对能源变革要重视长期规划，他不仅介绍了BP的相关措施和重大投资，还说到[60]：

> "这些措施的付诸实施将有力证明，能源发展需要长期规划，因为长期投资产生的收益远超其成本。政治决策往往基于短期考虑，这导致很难说明长期投资对我们是有利的……商业的作用在于把可能变为现实，那意味着必须符合现实——包括更集中的投资的可能性。目前能源行业已经全球化，这样的好处在于这些国际化公司可以在世界范围内获取知识，并非常快速的将其应用贯穿于他们的整个运行之中。"

2030年的减缓技术和潜力

表11.2总结了以上几节中涉及的各种技术和实践（也包括第10章中有关甲烷和林业的内容），以及不同部门现在和到2030年在减排温室气体方面可能做出的贡献[63]。图11.23给出了一些研究的估计范围，即假定在不同的碳价水平（单位为美元/tCO_2e）下各个部门二氧化碳当量的减排量。将这些估计结果

与图11.4中2030年的减排量比较，可以看出，对于50～100美元/tCO$_2$e的碳价范围，所达到减缓水平可以实现将二氧化碳当量稳定在450 ppm。

表11.2 不同行业的主要减排技术与做法

行业	当前商业化的减排技术和做法	到2030年实现的商业化的减排技术和做法
能源供应	提高能源供给与分配效率；煤气化技术；核能；可再生能源（水电、太阳能、风能、地热能、生物质能源）；热电联产；CCS早期应用（例如对天然气中二氧化碳的封存）。	生物质与煤发电领域的CCS；先进核能技术；先进可再生能源，包括潮汐能、太阳能光伏发电。
交通运输	节省燃料的交通工具；混合动力汽车；清洁柴油；生物燃料；从公路到铁路到公共交通运输；非机动车辆交通（自行车、步行）；土地利用与运输规划。	第二代生物燃料；高效率飞行器；带有大功率电池的先进电力与混合动力汽车。
建筑	高效照明设备；高效电器；高效厨房设备；绝热材料；太阳能加热制冷；冰箱制冷液体、氟化物的循环与再利用。	智能建筑综合设计，例如提供反馈与控制的智能计量器；光伏太阳能在建筑中的集成。
工业	高效终端电力设备；热能回收利用；物料循环与替代；非二氧化碳气体控制排放；其他过程技术。	更先进的能源利用效率；水泥、合成氨、钢铁工业的CCS；铝电解。
农业	加强田地与草地管理提高土地碳含量；开垦没利用的土地；提高稻田种植技术和加强对牲畜、施肥管理降低甲烷排放；提高氮肥利用技术降低氮氧化合物排放；发展能源作物替代化石燃料；提高能源利用效率。	提高田地利用效率。
林业/森林	造林；重新造林；森林管理；减少毁林；森林砍伐管理；利用林木开发生物能源替代石油。	发展树木物种提高生物质产量和碳汇；提高遥感技术分析植被/土地碳封存潜力和制定土地利用蓝图；
废物管理	垃圾掩埋回收甲烷；垃圾焚烧发电；有机废物堆制肥料；污水处理；废物循环。	生物覆盖和生物过滤优化甲烷氧化。

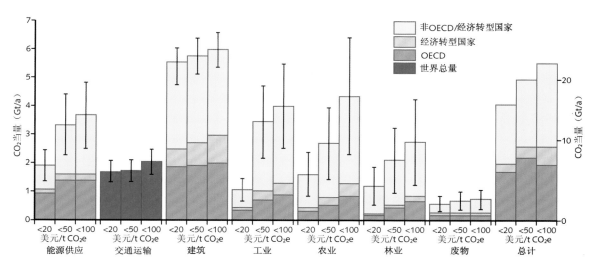

图11.23 不同碳价格（单位：美元/tCO₂e）下全球2030年不同部门减排经济潜力估计。垂直竖线表示研究的范围；采用SRES B2和A1B之间的不同基准情境，由于分析没有包括所有行业，总经济潜力低估10%～15%。用电效率包括在建筑和工业部门；右边三列是对各部门的加和，并以右坐标度量

更长期的技术

本章主要集中讨论使用现有的和成熟的技术，在未来数十年里可以完成的事情。同样有意义的是推测更遥远的未来以及在21世纪中什么新技术可能占据优势。当然，这样做的时候，我们几乎肯定会描绘一幅比实际所发生的要保守的图画。想象一下，如果在1900年要求我们推测2000年的技术变化，我们能猜测出的有多少！我们此刻肯定不会想到，那时的技术将怎样使我们感到惊奇。但是这并不能阻止我们进行推测！

人们普遍认为未来可持续能源的一个核心组成部分是燃料电池，它能够高效地将氢与氧直接转化为电能（见下一页注释窗）。在燃料电池中，发生的是水电解产生氢气和氧气的逆过程——将氢气和氧气重组过程中释放出来的能量变回成电能。燃料电池的效率可以高达50%～80%，而且它们没有污染，除了电和热以外，其唯一的产物是水。它们提供了高效率小规模的发电的可能

燃料电池技术

　　燃料电池能把一种燃料的化学能直接转变成电能而无需先燃烧燃料产生热量[64]。它在构造上类似于普通电池，两个电极（图11.24）被一种能传送离子而不是电子的电解质分开。燃料电池具有很高的理论效率，而实践中典型的效率在40%～80%。

　　对于燃料电池来说，氢有多种来源，可来自煤[65]、其他生物质（参见注释[31]）、天然气[66]、或利用可再生能源发电（如风电或太阳能光伏电池）进行水解（参见第328页注释窗）。

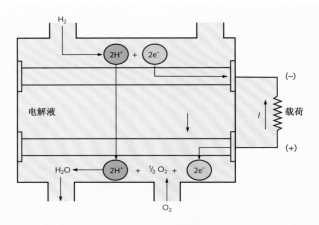

图11.24　氢气—氧气燃料电池示意图。氢气进入多孔的阳极（负电极）被分解为氢离子（H⁺）和电子。氢离子通过电解质（通常为酸）移动到阴极（正电极），在那里它们与电子（通过外部电路提供）和氧气结合形成水

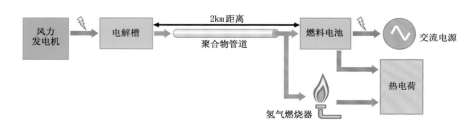

图11.25　偏远地区电力系统，它采用氢燃料电池技术为一个新西兰农业社区提供能源，其能源来自2 km外的山顶风力发电机组。利用风力发电机产生的电力电解水制氢，然后通过一个2 km长的聚合物管道将这些氢传送给氢燃料电池和（或）氢燃烧器，从而为农业社区提供热能和电力。这种管道不仅为能源运输提供了一种廉价的方式，而且通过允许管道内的压力变化提供了有益的储氢量

核聚变发电

在极高温度下，氢（或其同位素氘或氚）的原子核进行聚合而形成氦，并释放出大量的能量。这就是太阳的能量来源。在地球上可以采用氘和氚来实现；1 kg的原料可以产生1 GW的功率就提供一天的用能。原料的供应基本上是无限的，且不会产生不能接受的污染。要发生反应需要1亿摄氏度的高温。为了使高温等离子体远离反应器壁，由强磁场将其限制在一个被称作托卡马克（Tokamak）的"磁性瓶"中。这种技术面临的挑战包括产生有效的约束和坚固的容器。

在地球上聚变发电的量级已经高达16 MW[69]。这就激发了一个国家联盟建立新型规模发电站设备的信心，该设备称为ITER，容量为500 MW，以此来实现商业可行性示范的目标。如果该项目成功，据估计第一个商业化工厂将可能在30年内投入运行。

性。它们可以大规模地生产成合适的大小用于运输车辆，或作为家庭、商业处所以及工业多种用途的本地电力来源。近年，在燃料电池方面投入了大量的研究和开发，已经证实了其作为一项未来重要能源技术的潜力。虽然还有一些技术难题有待解决，但预期燃料电池将在未来10年内得到广泛使用。

燃料电池所需的氢气可以从各种来源产生（见上页注释窗）。一个最明显的可再生的来源是利用光伏电池暴露在阳光下或风力涡轮机发电电解水得到——这是一个高效率的过程，80%以上的电能可以存储在氢气中。目前在世界上有许多阳光或风力充足而土地不能用于其他目的地区是随时可利用的。光伏或风能的发电成本已经在迅速下降（图11.18）——随着技术进步和生产规模的扩大这一趋势还将继续。IEA的BLUE情景已假定2050年之前氢燃料电池汽车在交通部门中会占据重要位置。

氢的重要性还有一些其他的原因。它提供了一种储能介质，且易于通过管道或散装运输。一种高效的在农村当地的应用如图11.25所示。对于更大更全面的应用，有待克服的主要技术问题是要找到高效压缩的方式来存储氢气。目前的技术（主要是采用高压气瓶），特别是对于运输车辆使用来说，体积太大而且笨重。其他的一些可能正在探索之中。用于本地能源储存的其他技术，例如飞轮、超级电容器和超导磁储能（SMES），也正在积极探索中[67]。由于对于能源效率的驱动变得更加重要，这些方面中会有许多将找到适当的应用。

氢能经济所需的大部分技术已经可以使用了[68]。如果它在环境角度的吸引力可以被看作其快速发展的一个主导原因的话，那么氢能经济的起飞将比目前大多数能源分析师的预测更加快速。

冰岛是一个处于氢能经济发展前沿的国家，它渴望到2030—2040年可以很大程度上不再使用化石燃料。它已经有大量的电力来自水力或地热发电。2003年4月，第一个氢燃料站在冰岛开始运行，一些燃料电池公共汽车成为它的第一批客户。

最后，从长远来看，还有采用核聚变发电的可能性，这是为太阳供能的方式（见上页注释窗）。如果这能得到充分的利用，那么能源就几乎可以无限供给。我将怀着极大的兴趣对该工作计划下一个阶段的结果进行密切关注。

零碳未来

第10章自265页开始，在对温度上升全球变暖日益严重的后果进行了分析之后，提出了将目标设定为全球平均温升相对于工业化前的水平不超过2℃。在出版的《能源技术展望2008》（Energy Technology Perspectives 2008）中，IEA的BLUE Map情景对CO_2排放的状况进行审阅（图11.4和10.3），结果表明，为了实现这一目标，当前排放逐年增长的状况要在2015年之前停止，之后排放量就要开始大幅持续的下降。正如IEA在《世界能源展望2008》中雄辩地说明（见343页注释窗），要实现这样的情形需要极度紧迫和果断地采用相应的技术和适当的激励措施，这些内容都包括在第333页关于政策工具的注释窗中，和表11.2、图11.23以及图11.26和11.27的总结中。

但这是否可以达到2℃的目标呢？在第10章中指出了以下六个假设和不确定因素：

1. 450 ppm的二氧化碳当量稳定水平是否与2℃目标等效？事实上，它只是提供了一个成功可能性为50%的最佳估计。

2. 由于目前全球20%的温室气体排放来自热带森林的砍伐，IEA关于能源部门排放的BLUE Map情景显示不能接近满足2℃的目标，除非从现在就开始减慢热带森林的砍伐，并在未来20年或30年完全停止（图10.3）。

3. 图10.3给出了气候—碳循环反馈的不确定性，正如IEA BLUE Map情景所显示的，即使完全停止热带森林的砍伐，能源部门的减排量也不足以考虑该反馈。为了对这些反馈的可能值进行考虑，图11.27中构建的减排曲线假定了一个比IEA的BLUE Map情景更大的减排量（从1990年减少全球排放量的60%，或能源部门排放量的50%）。

4. 气溶胶的冷却效应（第10章第283页）对目前的气候变暖有抵消作用。由于减少大气污染增加的压力以及煤炭和石油使用的淘汰，气溶胶的浓度在未来几年可能会以高于大多数情景的速度下降。这些气溶胶的减少将必须与CO_2的减排目标相匹配。但由于气溶胶的减少是立即生效的（低层大气中气溶胶的寿命只有几天），对这些相匹配的二氧化碳减排需要进行预测。现在就需要为预测做准备，例如，在第284页提到的研究大量消除大气中二氧化碳的最经济有效的方法。

5. 在第10章中假定其他温室气体（即甲烷、氧化亚氮和卤化烃）的浓度从其2005年的水平上下降是可能的，这至少将部分弥补气溶胶减少的可能。这些削减措施需要到位，但其效果还存在很大的不确定性。

6. 鉴于满足2℃目标只有50%的可能性，那么避免较高的全球平均温升而带来更加严重后果的可能性又是多少？例如（见表7.1、7.5和7.6），4℃的目标，除了来自极端事件更严重的影响之外，一些极地冰盖发生不可逆融化和大尺度海洋环流变化的可能性会更高。这一点是由为英国政府提供有关气候变化目标和行动建议的独立机构——英国气候变化委员会在其2008年12月的第一次报告中提出的[70]。除了建议具有50%可能性的2100年不超过2℃的目标外，他们还认为进一步实行不到1%可能性的4℃目标很重要。他们的估计显示，排放状况与图11.27类似，将很可能满足这些判据，虽然二氧化碳当量的浓度到2100年（即在22世纪降低之前）将可能达到至少500 ppm。但是，他们也表示，在2016年之后达到排放峰值将很可能满足不了任何一个判据[71]。如第10章第284页提到的，使全球平均气温上升幅度更小，如1℃的危险性的类似论述，已经使得詹姆斯·汉森（James Hansen）主张，需要有组织的行动来削减大气中的二氧化碳，从而使其浓度回到350 ppm左右[72]。

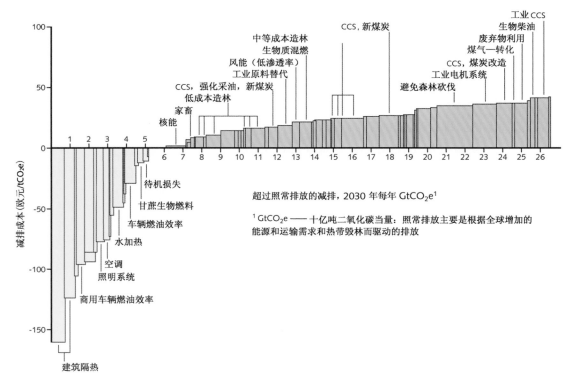

图11.26 到2030年可以选择的温室气体减排技术及其成本（欧元/tCO₂e），其中成本是由肯锡公司斯德哥尔摩办事处的工作人员对它们的成本进行估算的。这里只对一些主要的选项进行了标注。横线以下的选项产生净收益，而横线以上的选项产生净成本。X轴显示的是相对于BUA情景的每个选择的减排情况（GtCO₂e/年）。到2030年，它们的减排总量为每年26 Gt二氧化碳当量，足以满足450 ppm的稳定曲线（如图11.27所示）

图11.27 到2050年全球能源的二氧化碳年排放路线图，该排放轨迹给出了IEA的参考情景（红色），以及目标为温升不高于工业化前2℃且二氧化碳稳定在450 ppm的轮廓图（绿色）（参见图10.3）。从当前到2050年之间的发达国家和发展中国家之间的分界线显示，与发展中国家相比，发达国家的份额会较早达到峰值，且到2050年会进一步减少至少90%

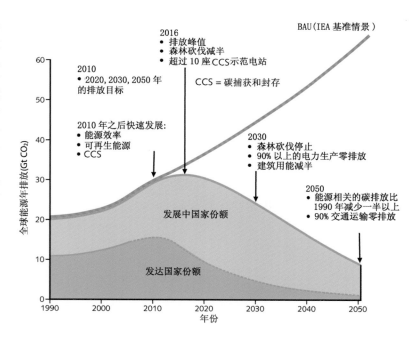

IEA《世界能源展望2008》

在第10章和第11章中，我已经大量涉及了国际能源署（IEA）的工作以及他们在2008年6月出版的《能源技术展望》，该书概述了旨在使大气中的二氧化碳稳定且全球地表温升不超过2℃的未来能源状况。IEA的年度出版物《世界能源展望》（WEO）在世界能源领域是最重要的出版物。2008年11月出版的《世界经济展望》包括了大量对能源生产带来的温室气体排放的分析。下面是自"执行摘要"的首句开始引用的一些内容。

世界能源体系正面临着抉择。目前全球能源供应和消费的发展趋势从环境、经济、社会等方面来看具有很明显的不可持续性。但这种状况是可以并且必须改变的；我们仍然来得及改变现有的状态。我们当前面临着两大能源挑战：保障可靠的、廉价的能源供应，实现向低碳、高效、环保的能源供应体系的迅速转变。可以毫不夸张地说，能否成功解决这两个问题，将决定未来人类社会的繁荣与否。可以说现在急需的是一场能源革命。

为防止全球气候产生灾难性的和不可逆转的破坏，最终需要的是对能源的来源进行去碳化。2009年11月，将于哥本哈根举行的第15次缔约方会议，将为协商2012年以后建立一项新的旨在限制全球气候变化的政策制度，提供了一个重要的机会……全球气候政策未付诸实行所造成的后果是惊人的……哥本哈根会议以后的减排道路单靠美好意愿的支持是不够的。

任何协议都必须考虑到主要排放国的重要性。五大与能源有关的二氧化碳排放国：中国、美国、欧盟、印度和俄罗斯，总计约占全球二氧化碳排放的三分之二……中国和美国在减排方面所作的贡献对于稳定目标的实现至关重要。

能源行业在控制排放方面将必须发挥核心作用，主要通过大范围改善能源效率和快速转向应用其他可再生能源和低碳技术，例如二氧化碳捕集和封存（CCS）……政府必须出台适当的财政激励措施及建立监管框架，以支持能源安全和气候方面的综合政策目标。

450政策情景面临挑战的规模……如果技术转换可以成功，那么其在应用的比例和速度上都将是前所未有的。为了能实现450政策情景，在近期内需要增加公共和私营部门的研发支出，这对于开发先进技术是至关重要的。

所有生产国和消费国都可以在各国政府权力范围内，采取单独或共同行动推动世界走向更清洁、更机智和更具竞争力的能源体系。时间紧迫，现在正是行动的最佳时机。

英国能源政策

自2000年以来，英国已经发表了一些关于能源政策的重要报告。

其中第一项是《气候变化中的能源》，由为政府提供建议的专家机构——皇家环境污染委员会（RCEP）在2000年发表[74]。它支持以"紧缩与趋同"的概念（图10.5）作为未来国际温室气体减排行动的基础，并指出这项概念的应用将意味着到2050年英国减少60%的温室气体排放的目标。为了实现这个目标，需要采取更为有效的措施来提高能源效率（特别是建筑用能），以及鼓励可再生能源的增长，特别是通过大大增加研发的方式。

英国内阁办公室的政策和创新小组（PIU）于2002年出版的《能源评论》[75]，为2003年英国政府的政策声明——能源白皮书《我们能源的未来：创建低碳经济》提供了有关内容[76]，接受了由RCEP提出的到2050年将排放削减60%的目标。PIU在评论中对实现该目标的英国经济成本进行了估计，表示可能会使50年的时间里英国经济会放缓六个月。

在2007年和2008年11月新发布的能源白皮书中提到，国会已经通过了一项气候变化法案，通过立法强制执行到2050年相对1990年二氧化碳排放当量水平减排80%和到2020年减排26%的目标。[77]它还规定了这些目标必须在气候变化委员会（也是由该项法案设立的）认为有必要时才能修订。而政府和国家所面临的挑战是如何在实践中实现这些目标。

以上六点都在强调我所给出的科学情景的基本原则，即走向没有大量人为温室气体净排放的零碳未来。在过去二十年中，随着我们科学认识的增长，越来越多的人认识到我们必须尽快采取行动。实现大量减排之路已经被IEA和其他机构所证实。这是可以实现的，是负担得起的，而且还将随之带来许多利益。当下的挑战是要确保全球二氧化碳的排放量在2020年之前达到峰值，而且现在就要开始努力到2050年甚至更早实现零碳[73]——这意味着采取的行动要比图11.27所示的更加严厉。

总结

本章概述了目前为人类生活和工业提供能量的方式。为满足未来能源需求所要求的常规能源增长速率，将产生大幅增长的温室气体排放，进而导致无法接受的气候变化。这将与1992年6月在里约热内卢举行的联合国环境与发展大会上达成的协议不相符,当时世界各国承诺采取必要的行动来应对能源和环境问题。在大会上通过的气候公约的目标要求大幅减少二氧化碳的排放,而到21世纪末可以稳定大气中的二氧化碳浓度。正如IEA在《世界能源展望2008》中表述的那样,在全球范围内"除了能源革命之外我们什么都不需要"。必须要采取行动的领域如下:

- 许多研究表明,在大多数发达国家,往往通过整体的节约就可以在只需很少成本或不需要成本的情况下实现节能30%~50%或更多(如图11.26)。但是对于工业和个人来说,如果要实现节能,那么需要的不只是鼓励,还有激励。

- 需要制定一项国家和国际层面的长期能源战略来统筹解决经济、环境和社会方面的问题,考虑本地能源和集中能源的发展,以及能源安全的其他需要。

- 由于没有技术可以提供一个"银弹"解决方案(指奇迹般的解决方案),因此必须开发和适当发展低碳能源的所有可能性,从而尽快实现所有有效的贡献。这个过程的关键将在于研发投资的大幅增加。

- 为了遏止来自煤炭和天然气火力发电的二氧化碳排放量的快速增长,必须在新建电站和改造现有电站时尽快积极安装碳捕获和封存(CCS)设备。

- 目前可以获得开发和实施可再生能源(尤其是"现代"生物质能、风能和太阳能)所必需的大部分技术,从而可以替代化石燃料能源。要想达到适度的规模,迫切需要建立一个包括适当激励措施的经济框架。可供选择的政策包括取消补贴、征收碳税或能源税(承认与化石燃料利用相关的环境成本)以及包含了排放上限的可交易许可证。

- 为了满足第10章中描述的全球平均温升2℃以及二氧化碳当量稳定在450 ppm的目标,能源生产和使用的各个部门必须赶快进行去碳化,其目标是到2050年之前的全球电力供应和大部分运输必须是无碳的(图11.27)。总的目标是要尽快实现一个零碳的未来。

- 迫切需要进行安排以确保所有国家(包括通过技术转让向发展中国家提供)都可以获得技术,从而高效率地发展它们的能源计划,并尽可能广泛地推广可再生能源(例如,当地的生物质能、太阳能或风能发电机)。

- 在IEA的参考情景(即BAU情景)中,到2050年世界能源行业的投资(包括消费者在能耗资本设备上的投资,如汽车)估计为250万亿美元,或为在此期间累计世界GDP的6%左右。而在IEA的BLUE Map情景中,估计还需要增加45万亿美元的投资,比参考情景高出了18%。IEA也指出,与参考情景相比,BLUE Map

情景将会使得在2005年至2050年期间共计节约燃料50万亿美元——这与所需增加的投资为同一个量级。

这些行动意味着技术革命的规模和速度要超过之前世界上已经经历的任何一次。一场革命涉及整个世界的空前合作，不仅包括实现此次技术革命，还包括享受它带来的益处。它需要政府、业界以及个人消费者具有明确的政策、承诺和决心。由于能源基础设施（如电厂）的寿命长，而实现变革又需要时间，所以采取的行动具有不可逃避的紧迫性。正如15多年以前世界能源委员会（World Energy Council）指出的那样，"真正的挑战是传达这样一种现实，即向其他能源供给形式的转换需要很长时间，因此必须现在就开始采取行动。[78]"如果在1993年这是真的，那么现在就更加真实了。

思考题

1. 估算你的住宅每年消耗多少能量。其中多少是来自化石燃料？它对二氧化碳排放的贡献又有多大？

2. 估算你的汽车每年消耗多少能量。它对二氧化碳排放的贡献有多大？

3. 查出过去30年里在不同时期所做的世界煤炭、石油和天然气储量大小的估算值。从这些估算的变化中你能推断出什么？

4. 估算你的国家由于采取下列措施每年可节约的能量：（1）所有住宅中必要的电灯被关闭；（2）所有住宅的灯泡被更换为低能型灯泡；（3）冬季所有住宅的采暖温度降低1℃。

5. 找出你的国家电力供应的燃料来源。假设一所普通住宅在冬季由电力采暖转变为天然气采暖，二氧化碳的年排放变化有多大？

6. 查明热泵和绝热建筑材料的成本。对于一栋普通的建筑物，比较通过安装热泵降低其采暖能量需求75%的成本（投资和运行成本）与通过增加绝热的成本。

7. 访问一个大型电器商店，核对有关家用电器（冰箱、空调、炉灶、微波炉和洗衣机）能耗和性能的资料。你认为哪些电器的能源效率最高？它们与能源效率最低的电器相比又如何？此外，这些电器是如何被标注其能耗和效率的？

8. 考虑位于一个温暖、阳光充足的国家里一套中等大小的有屋顶的公寓，屋顶上覆盖50 mm厚的绝热层（参见表11.5）。如果屋顶被油漆成黑色而不是白色，估算由空调带走的额外热量。如果绝热层增加到150 mm，又会降低多少用于空调的能量？

9. 假设表11.5中所考虑的建筑物，其中空的墙壁和屋顶上覆盖250 mm厚的绝热材料（丹麦标准），重新设计该建筑物总的采暖需求。

10. 查找关于大型水坝的环境和社会影响的文章。你认为水力发电的收益是否能抵消其对环境和社会的损害？

11. 假设有10 km^{2}的土地可用于可再生能源的开发，如种植生物质、安放PV太阳能电池或安放风力发电机。决定每一种利用最有效的标准是什么？比较你所在国家一个典型区域里每种能源利用的有效性。

12. 你认为阻碍大规模利用核能的最重要的因素是什么？与其他形式的能源生产的成本或危害相比，你认为它们的严重性如何？

13. 在IPCC 1995年报告中，你能发现更多的关于LESS情景的资料，特别是提供了在世界上不同地区对于不同选择生产生物质能源所需土地的估算值。查明你所在国家或地区在要求时间框架内，是否能够容易地提供这些土地。利用这些土地产生能量能源而不是作为其他用途的可能后果是什么？

14. 在进行关于碳税的辩论时，你能尝试把它与全球变暖的可能影响成本（第9章）或者为促使可再生能源在一个适当水平上参与竞争所必须采取的措施联系起来吗？查找最近不同可再生能源的成本信息，你认为什么水平的碳税能促使在（1）当前；（2）2020年大规模使用可再生能源？

15. 在讨论政策选择时，经常注意到"双赢"或"加倍红利"的情形，即在这些情形下，当采取一个特别的行动减少二氧化碳排放时，可以获得额外的收益作为奖励。描述这些情形的实例。

16. 在本章末尾列出的各种政策选择中，你认为哪些选择可能在你的国家非常有效？

17. 列表分析不同的可再生资源、生物质能、风能、太阳光伏和海洋能（潮汐和海浪）的环境影响。相比它们减少温室气体排放给环境带来的收益，你如何评估这些环境影响的危害性？

18. 讨论当地能量资源与通过大电网的集中能源供应的优劣。最好说明一些你所知道的使用当地或集中能源供应的地点。

19. 在未来的20年中，在一个样本组国家中，比较Kaya恒等式中的各因素——能源强度、碳强度、人均GDP和人口数是如何改变的。评论国家之间的差异以及可能的原因。

20. 阿尔·戈尔（Al Gore）在2008年7月17日华盛顿的能源会议的演讲中提到过去美国总统做出的深思熟虑且快速的行动的显著例子分别是1941年的富兰克林·罗斯福的贷款租赁项目和1961年约翰·肯尼迪的阿波罗项目。他指出现今美国应该拿出深思熟虑的方案来应对气候变化问题，并设定在未来10年建立无碳电力的目标。思考过去这些特定的方案对全球及美国的收益，并将其与现在气候变化的挑战比较。

21. 假定从2050年以后气溶胶的净冷却变为一半，除了CO_2以外的温室气体仍然维持1990年水平。要维持450 ppm既定目标，估计未来CO_2减排层面的变化情况。根据图10.3你是否能回答在2050—2100年需要的大气中CO_2减少量？如果能，估算一下减少量，并调研通过哪些途径可以实现该目标。

▶ 扩展阅读

Metz, B., Davidson, O., Bosch, P., Dave, R., Meyer, L. (eds) 2007. Climate Change 2007:Mitigation of Climate Change. Contribution of Working Group III to the FourthAssessment Report of the Intergovernmental Panel on Climate Change. Cambridge:Cambridge University Press.
　　Technical Summary
　　Chapter 2 Framing issues (e.g. links to sustainable development, integrated assessment)
　　Chapter 3 Issues relating to mitigation in the long−term context
　　Chapter 4 Energy supply
　　Chapter 5 Transport and its infrastructure
　　Chapter 6 Residential and commercial buildings
　　Chapter 7 Industry
　　Chapter 10 Waste management
　　Chapter 11 Mitigation from a cross−sectoral perspective
　　Chapter 12 Sustainable development and mitigation
　　　International Energy Agency.World Energy Outlook 2007.
　　Part A Global energy prospects
　　Part B China' s energy prospects
　　Part C India' s energy prospects
International` Energy Agency, World Energy Outlook 2008 (published in November2008, about 500 pages including many figures; contains detail upto 2030 of theIEA Reference scenario and of Scenarios designed to meet the challenge of theenvironment and climate change.)
International Energy Agency, Energy Technology Perspectives 2008(chapters on energy scenarios, different sectors and technologies)
Stern, N. 2006.The Economics of Climate Change. Cambridge: Cambridge UniversityPress. The Stern Review: especially chapters in Part III on the economics ofmitigation.
Boyle, G., Everett, R., Ramage, J. (eds.) 2003. Energy Systems and Sustainability: Powerfor a Sustainable Future. Oxford: Oxford University Press.

Scientific American, Special Issue on Energy's future beyond carbon, September 2006(including
　novel technologies and a hydrogen future).
Monbiot, G. 2007 Heat: How to Stop the Planets from Burning. London: Allen Lane.A lively
　presentation of some of the technical, political and personal dilemmas.

注释

[1]　1 toe=11.7 MWh=4.19×10^{10} J;
　　1 Gtoe=1.9×10^{18} J=1.9 EJ;
　　1 toe/d=485 kW;
　　1 toe/a=1.33 kW.

[2]　Report of G8 Renewable Energy Task Force, July 2001.

[3]　International Energy Agency. 2008. World Energy Outlook 2008 . Paris: International Energy Agency.

[4]　International Energy Agency. 2008. Energy Technology Perspectives . Paris: International Energy Agency.

[5]　同上，第55页。

[6]　同上，第127页。

[7]　同上，第221页。

[8]　Socolow, R.H., Pacala, S.W. 2006. Scientifi c American .,295 , 28–35.

[9]　参见第9章247页。

[10]　在英国，当前政府在能源上的研发经费少于20年前的5%，这说明政府部门缺乏承诺和紧迫性。

[11]　IEA, World Energy Outlook , 2006, Table 14.6.

[12]　World Energy Council. 1993. Energy for Tomorrow's World: The Realities, the Real Options and the Agenda for Achievement . New York: World Energy Council, p. 122.

[13]　WEC, Energy for Tomorrow's World , p. 113.

[14]　von Weizacker, E., Lovins, A. B., Lovins, L. H. 1997. Factor Four, Doubling Wealth: Halving Resource Use . London: Earthscan.描述了所有这些部门达到大幅减排的途径。

[15]　更多热泵及其应用的细节参见Smith, P. F. 2003. Sustainability at the Cutting Edge . London: Architectural Press, pp. 45–50.

[16]　引自 National Academy of Sciences. 1992. Policy Implications of Greenhouse Warming . Washington, DC: National Academy Press, Chapter 21.

[17]　Smith, P.F. 2007. Sustainability at the Cutting Edge , second edition. Amsterdam: Elsevier.

[18]　同上，第135–137页。

[19]　Smith, P.F. 2001. Architecture in a Climate of Change . London: Architectural Press.

[20]　如参见 von Weizacker, E., Lovins, A. B., Lovins, L. H. 1997. Factor Four, Doubling Wealth: Halving Resource Use . London: Earthscan, pp. 28–9.

[21]　例如 Roaf, S. et al. 2001. Ecohouse: a Design Guide . London: Architectural Press.

[22]　参见www.zedfactory.com/bedzed/bedzed.html.

[23]　需要注意的是，航空运输至少使增加的高云量（第三章第55页提及）的影响量增加倍。

[24]　参见 Mobility Report of World Business Council on Sustainable Development: www.wbcsd.ch .

[25]　更多细节参见 Moomaw, W.R., Moreira 2001. Section 3.4, in Metz, J.R., Davidson, O., Swart, R., Pan, J., (eds.) 2001. Climate Change 2001: Mitigation .

[26]　引自 Penner, J., Lister D., Griggs, D.J., Dokken, D.J., Mcfarland, M. (eds.) 1999. Aviation and the Global Atmosphere. A Special Report of the IPCC . Cambridge: Cambridge University Press中的决策者摘要。

[27]　更多关于工业排放和可能减排的细节参见 Energy Technology Perspectives , IEA, Chapter 12.

[28]　引自 Lord Browne, BP Chief Executive to the Institutional Investors Group, London, 26 November 2003的演讲。

[29]　例如，1992年年营业额7亿英镑的英国糖业公司每年在能源上的支出是2100万英镑。通过低级热能回收、热电联产计划和对加热和照明的更好控制，每吨糖的能源支出可比1980年至少减少41%。Energy, Environment andProfi ts . 1993. London: Energy Efficiency Office of the Department of the Environment).

[30]　参见 International Energy Agency, Capturing CO_2 :

www.ieagreen.org.uk；也参见 Furnival S. 2006 Carbon capture and storage, Physics World , 19 , 24–27. 也参见 IPCC Special Report . Metz, B. et al . (eds.) 2005 Carbon Dioxide Capture and Storage . Cambridge: Cambridge University Press.也可从 www.ipcc.ch .上查到。

[31] 碳质燃料燃烧形成一氧化碳 CO 然后根据 $CO + H_2O = CO_2 + H_2$.与水蒸汽发生反应。

[32] International Energy Agency, Energy Technology Perspectives 2008 , pp. 134–5

[33] 参见Scientific American , 295 , 52–9, 2006.

[34] 在一些国家，如英国，有相当数量的军事计划盈余的钚，可用于核电站（和退化的过程中）——可协助中期的温室立体减排，而不是增加扩散问题。

[35] "大型" 水电站是指容量大于10 MW的项目；"小型" 水电是指小于10 MW的项目。

[36] 更多的信息参见 IEA, Energy Technology Perspectives , Chapter 12, 所引用的水电潜力的数字即来自以上资料。

[37] 参见评论：Loening, A. 2003. Landfill gas and related energy sources; anaerobic digesters; biomass energy systems. In Issues in Environmental Science and Technology , No. 19. Cambridge: Royal Society of Chemistry, pp. 69–88.

[38] Moomaw and Moreira, Section 3.8.4.3.2 in Metz et al . (eds.) Climate Change 2001: Mitigation .

[39] Twidell, J., Weir, T. 1986. Renewable Energy Resources . London: E. and F. Spon, p. 291.

[40] 参见评论：Loening A. 2003.

[41] 引自 Report of the Renewable Energy Advisory Group , Energy Paper No. 60. 1992. London: UK Department of Trade and Industry.

[42] 这些项目有壳牌基金会赞助（ www.shellfoundation.org ）建立一个慈善机构以促进第三世界可持续能源的发展

[43] 参见 Incineration of Waste. 1993. 17th Report of the Royal Commission on Environmental Pollution. London: HMSO, pp. 43–7.

[44] Sustainable Biofuels: Prospects and Challenges , report by Royal Society of London 2008: www.royalsoc.org.

[45] Tollefson, J. 2008. Not your father's biofuels. Nature, 451, 880–3. From first to second generation biofuel technologies, International Energy Agency, IEA, paris 2008, for a discussion of the technology's status,也可在 http://www.iea.org/Textbase/publications/free_new_desc.acp?PUBS_ID=2074 上查到。

[46] 参见 Infield, D., Rowley, P. 2003. Renewable energy: technology considerations and electricity integration. Issues in Environmental Science and Technology , No. 19. Cambridge: Royal Society of Chemistry, pp. 49–68.

[47] Martinot, E. et al . 2002. Renewable energy markets in developing countries. Annual Review of Energy and the Environment , 27 , 309–48.

[48] Twidell and Weir, Renewable Energy Resources , p. 252.

[49] Martinot et al . 2002.

[50] Smith, P.F. 2001. Architecture in a Climate of Change. London: Architectural Press.

[51] 关于当前技术的概述，参见IEA, Energy Technology Perspectives , IEA, Chapter 11.

[52] 参见solar energyinews feature in Nature y, 2006, 443 , 19–24.

[53] Martinot et al . 2002.

[54] http://www.grameen-info.org/grameen/gshakti/index .html .

[55] Renewables for Heating and Cooling, 2007,International Energy Agency, Paris, available at:http://www.iea.org/Textbase/publications/free_new_desc.asp/?PUBS_ID=1975

[56] 参见 www.tidalelectric.com .

[57] 参见 Boyle, G. 1996. Renewable Energy Power for a Sustainable Future . Oxford: Oxford University Press.

[58] 参见 Elliott, D. 2003. Sustainable energy: choices, problems and opportunities. Issues in Environmental Science and Technology No. 19. Cambridge: Royal Society of Chemistry, pp. 19–47.

[59] Energy: The Changing Climate. 2000. 22nd Report of the Royal Commission on Environmental Pollution. London: Stationery Offi ce, p.81.

[60] 引自 Lord Browne, BP Chief Executive, to the Institutional Investors Group, London, 26 November 2003.的演讲。

[61] 基于 Summary for policymakers. Section 4.4, in Watson, R.T., Zinyowera, M.C., Moss, R.H. (eds.) 1996. Climate Change 1995: Impacts Adaptations and Mitigations of Climate Change: Scientific–Technical Analyses. Contribution of Working Group II to the Second Assessment Report of the Intergovernmental Panel on Climate Change . Cambridge: Cambridge University Press.

[62] 参见 Mullins, F. 2003. Emissions trading schemes: are they a licence to pollute? Issues in Environmental

Science and Technology No.19. Cambridge: Royal Society of Chemistry, pp. 89–103.

[63] 本节的材料来自 Chapter 11, Section 11.3 (also summarised in the Summary for Policymakers) of Metz et al . (eds.) Climate Change 2007: Mitigation .

[64] 最近的综述可参见 Eikerling, M. et al. 2007. Physics World , 20 , 32–6.

[65] 由煤制氢可参见 Liang-Shih Fan. 2007, Physics World , 20 , 37–41.

[66] 通过天然气（甲烷CH_4）与水蒸气进行反应，反应式：$2 H_2O + CH_4 = CO_2 + 4H_2$。

[67] 参见 Swarup, R. 2007. Physics World , 20 , 42–5.

[68] 参见 Scientifi c American , 295 , 70–77, 2006.

[69] McCraken, G., Stott, P. 2004. Fusion, the Energy of the Universe . New York: Elsevier/Academic Press.

[70] The Committee on Climate Change, www.theccc.org.uk/reports, Inaugural Report December 2008, Building a low-carbon economy – the UK's contribution to tackling climate change, Part 1, the 2050 target.

[71] 2008年12月出版的IEA 《世界能源展望》指出，450ppm 情景不同于2008年6月出版的《能源技术展望》。特别是如果不广泛关停现有的电站和没有其他的能源支出，在2020年前达到CO_2 排放峰值是不可能的。所以，虽然我们仍然要求，但他们的新的情景削弱了达到2℃目标的可能性，且不能达到英国气候变化委员会设定的标准。

[72] James Hansen, Bjerknes Lecture at American Geophysical Union, 17 December 2008, www.columbia.edu/~jeh1/2008/AGUBjerknes_20081217.pdf.

[73] 参见 www.climatesafety.org; or www.zerocarbonbritain, published by Centre for Alternative Technology, Machynlleth, Wales.

[74] www.rcep.org.uk

[75] www.cabinet-office.gov.uk/innovation/2002/energy/report/index.htm

[76] www.dti.gov.uk/energy/whitepaper/index.shtml

[77] www.defra.gov.uk

[78] 引自 Tomorrow's World: the Realities, the Real Options and the Agenda for Achievement. WEC Commission Report. NewYork: World Energy Council, 1993, p. 88 中有关能源的内容。

12 地球村

克劳德·莫奈的风景画《泰晤士河和议会大厦》,阳光正在努力透过伦敦烟雾笼罩的大气照射下来（1904）

以**上各章**论述了全球变暖情景的各种要点以及应该采取的行动。在最后一章,我首先介绍一些全球变暖的挑战,特别是那些带有全球特征的变暖所带来的挑战；然后将全球变暖与人类面临的其他主要全球问题联系起来进行讨论。

全球变暖 ——全球污染

一百年前，法国画家克劳德·莫奈在伦敦度过了一段时光，他描绘了阳光穿透烟雾的奇妙画面。伦敦受到围绕城市自身的生活和工业烟囱的严重污染的影响。感谢20世纪50年代初的《清洁空气法案》，那些可怕的烟雾已属于过去，伦敦的空气仍是洁净的。

然而现在，不仅地方性污染是一个问题，全球性污染也是一个问题。我们每个人都要为之负责的少量污染正在影响着世界上的每一个人。第一个众所周知的例子是，在20世纪70年代和80年代初期，人们认识到，极少量的氯氟烃（CFC）从冰箱、喷雾罐或某些工业过程排放到大气中，导致臭氧层严重耗损。1985年，臭氧洞的发现突出了这一问题。从1987年开始，《蒙特利尔议定》书，建立了处理和解决这个问题的国际机制。通过这一机制，为之作出贡献的所有国家同意逐步停止其有害物质的排放。参与其中的较富裕国家还同意提供资金和技术转让，帮助发展中国家履约。因而，制订出了解决全球环境问题的路线图。

第二个全球性污染的例子是全球变暖，即本书的主题。由于燃烧化石燃料（煤炭、石油和天然气）以及其他人类活动（如大面积森林砍伐）而进入大气的温室气体正在导致破坏性的气候变化。与臭氧层耗损相比，气候变化是一个更重大的也更具挑战性的问题。它是如此近地冲击到人类资源和活动（如能源和交通）的核心，而我们的生活质量正取决于此。然而，我们一直不遗余力地指出必须解决这一问题，尽管正如我们也一直渴望解释的那样，我们可以解决这一问题，减少对化石燃料的使用无需破坏乃至降低我们的生活质量，实际上，它应该会提高生活质量！

全球性污染要求全球性解决方案。这就需要广泛地关注人类的态度，例如，对资源利用、生活方式、财富和贫穷的态度。它们还必须包括人类社会的各个层面，诸如国际组织、各国政府和地方政府、大型和小型工业和企业、非政府组织（如教堂）和个人。

可持续性 ——也是一种全球性挑战

为了引进全球性解决方案所要求的广泛背景，在第8和第9章介绍了可持续发展的概念。可持续性是一个被广泛应用的现代术语，它考虑了我们对环境和地球资源关注的广度[1]。我们所说的可持续性究竟意味着什么呢？

　　想象一下，你是一艘正在前往一颗遥远星球的大型宇宙飞船上的一名机组人员，你的往返旅程将需要很多年。随时可用的一种充足的优质能源是太阳辐射，否则旅行的资源是有限的。宇宙飞船的机组人员大部分时间都在尽量谨慎地管理资源。在宇宙飞船上创造一个局地生物圈，在那里栽种植物作为粮食，并且一切都是循环利用的。仔细地记录所有的资源，要特别重视不可替代的那部分。显然，至少在往返旅程期间，保持资源的可持续性至关重要。

　　地球要比我们刚才所描述的宇宙飞船巨大得多。"地球号宇宙飞船"的机组人员也要多得多，超过了60亿人，并且还在不断增长。可持续性原则应该像它应用于小得多的进行星际旅行的交通工具一样，严格地应用于"地球号宇宙飞船"。美国著名经济学家肯尼思·鲍尔丁（Kenneth Boulding）教授首先采用了地球号宇宙飞船的概念。在1966年的一份出版物中，他把"开放"经济或"牛仔"经济[2]（他称之为无约束经济）与"飞船"经济进行了对比，其中可持续性是最重要的[3]。

　　已有许多关于可持续性的定义。我所知道的最简单的定义是"不要欺骗我们的孩子"；对此，还可以增加"不要欺骗我们的邻居"以及"不要欺骗其他生物"。也就是说，不要把一个比我们所继承的更为退化的地球传给我们的子孙后代，必要时与我们在世界其他地方的邻居分享共同的资源，并适当关注非人类生物。

　　现代世界正在发生着许多不可持续的事情[4]。事实上，在我提到的三个方面，我们都有欺骗的负罪感。表12.1列出了五个最重要的问题，简要地显示了它们如何联系在一起，以及它们如何与人类活动或关心的其他主要领域相联系。所有这些问题都提出了巨大的挑战。

　　让我用热带森林砍伐的例子阐述这些联系。每年，被砍伐或烧毁的热带森林大约相当于爱尔兰岛的面积。其中，一些是以不可持续的方式获得珍贵的硬木；一些则变成草地养牛，为世界上一些最富裕的国家提供牛肉；或者种植大豆，主要用作世界上富国的动物饲料。这种森林砍伐水平极大地增加了大气温室气体如二氧化碳和甲烷，因而增加了人类活动引起的气候变化的速率。它还改变了森林砍伐地区附近的局地气候。例如，在亚马孙地区，如果当前的森林砍伐水平继续下去，那么在本世纪，亚马孙一些地区可能变得更干，甚至成为半沙漠。此外，当树木消失之时，土壤由于侵蚀而流失；在亚马孙的许多地区，土壤将更加贫瘠，并容易流失。热带森林还具有丰富的生物多样性。森林

表12.1　重要的可持续性问题

问题	相互联系
全球变暖和气候变化	能源、交通、生物多样性丧失、森林砍伐
土地利用变化	生物多样性丧失、森林砍伐、气候变化、土壤流失、农业、水
消费	废弃物、渔业、粮食、能源、交通、森林砍伐、水
废弃物	消费、能源、农业、粮食
渔业	消费、粮食

的消失导致了不可替代的物种丧失。

　　生态足迹的概念为可持续发展提供了一种有用的度量，对于任何特定的人类社会来说，这种足迹超过可以利用的资源和土地的程度。例如，据估算，为了拥有富裕国家的生活方式，将需要三个星球来为地球上的每一个人提供生态足迹[5]。

并非唯一的全球性问题

　　全球变暖并非是唯一的全球性问题，还有其他一些全球性问题。我们需要以此为背景来看待全球变暖。有四个特别重要的问题影响着全球变暖问题。

　　第一个问题是人口增长。当我出生的时候，全世界大约有20亿人口，21世纪初有60亿人口，而到了我孙子辈时，世界人口可能增长到80亿或90亿[6]。大多数的人口增长来自发展中国家，到2020年，发展中国家的人口将占世界人口的80%以上。为了获取谋生手段，这些新增的人口会对食物、能源和工作产生需求，而所有这些都会对全球变暖产生影响。

　　第二个问题是发达国家与发展中国家之间的贫困差距和日益增加的财富差距。富国与穷国之间的差距正在变大，世界的净财富流从较贫穷的国家流向较富裕的国家。在国际社会内部实现更多公正和平等的要求与日俱增。威尔士亲王已经注意到人口增长、贫穷和环境退化之间存在的紧密联系（见下页注释窗）。

　　第三个全球问题是资源消耗，在许多情况下，它正在促成全球变暖问题。现在正在使用的许多资源都是无法取代的，然而，我们还在以不可持续

森林砍伐

贫穷与人口增长

威尔士亲王于1992年4月22日在世界环境与发展委员会发表了如下讲话[7]：

我无意介入有关第三世界问题的起因和影响的争论。我只是想说，从所有逻辑来看，我从未见到一个人口增长速率超过经济发展速率的社会，能够在很大程度上改进它的状况。迄今为止，减缓人口增长的因素很容易识别：使得计划生育成为可能的医疗标准，妇女文化水平的提高，婴儿死亡率的下降，以及清洁水源的获得。当然，要达到这些要求比较困难。但是，或许应将两条简单的真理大大地写在每一次国际环境会议的入口处：我们只有战胜贫穷才能降低人口出生率；我们只有同时解决贫穷和人口增长问题才能保护环境。

物质商品的资源消耗加剧了全球变暖，污染是我们消费的一个附属问题

的速率使用这些资源。也就是说，由于我们目前消耗资源的速率，将严重影响到后代的资源使用，即使他们维持适度的资源消耗水平。此外，20%的世界人口消耗了80%以上的资源，因而，把现代西方的消费方式推广到发展中国家是不可行的。所以，可持续发展的一个重要组成部分就是可持续地消耗所有资源[8]。

第四个问题是全球安全。我们对安全的传统理解建立在具有安全国界的主权国家抵御外部世界这一概念的基础之上。但是，通信、工业和商业都越来越忽略国界，并且全球变暖以及我们谈到的其他全球问题都超越了国界。因此，需将安全问题更多地放在全球范畴内加以考虑。

气候变化的影响可能对安全构成威胁。最近的战争之一就是为石油而战。人们认为未来的战争可能是为水而战[9]。如果气候变化导致各国丧失稀缺的水资源供应或谋生手段，那么冲突的威胁必将大大增加。随着第7章所预计的大量环境难民的产生，可能很容易出现一种危险的紧张局面。正如深切关注英国防御政策的海军上将朱利安·奥斯瓦尔德（Julian Oswald）爵士所指出的那样[10]，需制定一项广泛的安全战略来特别考虑作为可能冲突根源的环境威胁。从安全角度来看，在采取适当行动防止此类威胁时，通过资源配置来消除或减轻环境威胁，而不是诉诸武力或其他方式来直接处理安全问题本身，从总体而言可能更好，且更具成本效益。

对社会各界的挑战

在面对挑战时，重要的是认识到全球变暖所带来的问题不仅是全球性的，而且是长期的。气候变化的时间尺度，能源生产或交通等重大基础设施变化的时间尺度，或者诸如林业等计划的重大变化的时间尺度都是几十年。因此，在持续的科学、技术和经济评估的基础上，行动计划必须被视为既刻不容缓又不断发展。正如IPCC 1995年报告所指出的："挑战并不是要为今后100年寻找目前最好的政策，而是选择一项谨慎的战略，并根据新的信息，随着时间对其进行调整。"[11]

为了应对挑战，下面我为通常跨国界的不同专业团体列出了一些特定责任。

- 对全世界的科学家来说，关键点是清楚的：即减少气候变化科学的不确定性，提供更好的信息，特别是有关区域和局地气候极端事件预期变化的信息。不仅政治家和决策者，而且世界各国和社会各界的普通百姓，都需要以尽可能清晰的形式提供的信息。科学家在促进开展必要研究以奠定如在能源、交通、林业和农业部门技术发展的基础方面也起着重要作用，这些技术发展是我们已经描述的适应和减缓战略所必需的。

- 在政界，自从克里斯平·蒂克尔（Crispin Tickell）爵士注意到需要采取国际行动应对气候变化以来，已经过去20多年了[12]。从那以后，随着1992年联合国《气候变化框架公约》（以下简称《公约》）在里约热内卢的签署以及联合国可持续发展委员会的成立，已经取得了很大进展。《公约》对国家和国际层面的政治家和决策者提出的挑战，首先是实现发展和环保的合理平衡，即实现可持续发展；其次是寻找解决办法，将《公约》中许多美妙的词句转化为实际的、真正的和迫切的应对气候变化行动（包括适应和减缓）。

- 在解决适应和减缓时，技术的作用至关重要。必要的技术是可以获取的。迫切需要的是政府和工业界为基础研发提供充足的投资，并培训足够数量的技术人员和工程师来开展研发。该战略的一个重要组成部分是各国之间进行充分的技术转让，特别是在能源部门。《公约》已经明确认识到这一点，其第四条第五款指出："发达国家缔约方……应采取一切实际可行的步骤，酌情推动、促进和资助向其他缔约方特别是发展中国家缔约方转让或使他们有机会得到无害环境的技术和专有技能，使得他们能够履行本公约的各项规定"。

- 必须在全球背景下来观察工业界的责任。正是工业界的想象、创新、承诺和活动将最终解决这个问题。具有全球视野的工业界，通过与政府的适当合作，制定技术、财政和政策策略以实现这一目标。工业界不能把全球变暖挑战看成一种威胁，而应看成一种巨大的机遇。许多公司，从最大的公司到最小的公司，目前正在认真有效地考虑可持续性和环境问题[13]。

- 对于经济学家和社会学家来说，也有新的挑战。例如，关于充分反映环境成本（尤其是包括那些不能用货币度量的成本）和"自然"资本价值，特别是当其具有在第9章提到的全球性质时。还有，如何公平对待所有国家的问题。没有一个国家希望被置于经济受损的地位，只是因为它对全球变暖比其他国家更加认真地负起了责任。当设计一些经济手段和其他手段（如税收、补贴、上限和贸易协定、法规或其他措施）激励政府或个人对全球变暖采取适当的行动时，我们必须保证这些手段对所有国家都是公平、有效的。经济学家需要与政治家和决策者一起寻找富有想象力的解决方案，这些方案不仅要认识到环境问题，而且要认识到政治现实。

- 宣传家和教育家也起着重要的作用。世界上所有人都与气候变化相关，因此，所有人都需要得到适当的信息，以便了解气候变化的证据、原因、影响分布以及为减缓气候变化所采取的行动。气候变化是一个复杂的话题，对教育家（包括教堂和其他参与教育的组织）以及媒体的挑战就是以易于理解的、全面、诚实和均衡的方式进行报告。

- 所有国家将需要适应其所在地区的气候变化。对于许多发展中国家来说，由于洪水和干旱的不断增多或海平面的大幅度上升，适应并非轻而易举。减轻灾害风险是最重要的适应战略的一部分。因此，对援助机构的挑战是为脆弱国家更加频繁和严重的灾害作好准备。在这方面，国际

个人可以作出许多小的努力，总体上可以帮助减缓全球变暖。与直接来自森林的纸张相比，再生纸减少了近60%的水分消耗和40%的能源使用，空气和水污染分别减少74%和35%

红十字会已经牵头采取行动[14]。

- 最后，对于每个人都有挑战（见下页注释窗）。没有人能够辩解说，我们不能做任何有用的事情。200年前的一位英国议员埃德蒙德·伯克（Edmund Burke）说，"没有人能犯比明知自己能做一点小事但却什么也没做更大的错误"。

环境研究的概念和行为

在完成2004年第三版最后一章的写作时，我出席了东英吉利大学朱克曼联合环境研究所的揭幕仪式，这是一个致力于跨学科环境研究的中心。哈佛大学国际科学、公共政策和人类发展教授威廉·克拉克（William Clark）作了揭幕式讲话[18]。在他的讲话中，让我特别受到震动的是，如果科学（包括自然科

个人能做些什么

我已详细说明了各种专家包括科学家、经济学家、技术专家、政治家、工业家、宣传家和教育家应尽的责任。作为普通百姓，也可以为减缓全球变暖问题作出重要的贡献[15]。其中包括：

- 通过冬天防冷和夏天防热的良好绝热措施（见第308页的注释窗），以及确定房间温度未过热和光照未被浪费，确保在家庭中最大限度地提高能效；
- 作为消费者，考虑能量使用，如购买持续时间更长和更为本土化的商品，以及购买高能效设备；
- 如有可能，支持来自非矿物燃料提供的能量，例如，在可能的情况下，购买"绿色"电能（即来自可再生能源的电能）[16]；
- 驾驶节省燃料的汽车，并选择使用能源消耗最低的交通工具，例如，在可能的情况下，步行或骑自行车，在乘飞机旅行之前多考虑一下；
- 当购买木质产品时，检查它们是否出自可再生资源；
- 促进那些减少二氧化碳排放的项目，这是一种部分补偿我们所排放的二氧化碳（如飞机旅行）的方式[17]；
- 通过民主程序，鼓励地方和国家政府制定合理考虑环境问题的政策。

学和社会科学）和技术准备为环境的可持续提供更充分的支持，就有必要改变研究设想和研究的方式。他指出，必须解决一个问题的所有方面，无论是在研究的概念方面，还是在研究的开展方面，并且特别强调了以下四项要求：

- 一种考虑多重胁迫之间以及各种可能解决方案之间相互作用的综合而全面的方法。这种方法还寻求整合来自自然科学和社会科学的观点，以便更好地理解环境塑造社会、反过来社会又重塑环境的动态相互作用。并且，还必须在全球背景下进行各种整合。
- 寻找解决方案而不只是描述问题。在科学家中间存在一种倾向，即永远谈论问题，但把解决问题留给他人。寻找解决方案的应用研究，正如确定和描述问题的所谓基础研究一样，富于挑战性并具有价值。
- 科学家和利益相关者的所有权[19]。人们更愿意改变自己的行为或信仰，以便对他们参加研究或形成知识作出响应。

- 科学家必须把他们自身更多地看成是社会学习的促进者，而不是社会指导的来源。环境研究所面临的问题是这样的，只有经过长期反复的学习过程才能找到这些问题的解决方案，在此过程中，必须包括许多社会部门以及科学家们。

本书中经常强调的决定研究态度的其他两个品质是诚实（honesty）（特别是要准确和均衡地报告结果）和谦逊（humility）（例如，参见上段第四个要点，第8章第232页托马斯·赫胥黎（Thomas Huxley）的一段话）。连同最后一段的整体论（holism）主题，它们构成了三个H，这是帮助记住它们的方法。

环境维护的目标

在本章一开始，我请你们想象一下"地球号宇宙飞船"的旅行。让我留给你们两个更进一步的隐喻，以提供关于可持续性的一些观点，特别是从富裕的发达国家的角度。

第一个比喻代表不可持续性。我将其归功于阿姆斯特丹自由大学的Bob Goudzwaard教授[20]。他要我们想象我们在发达世界的位置类似于在一列高速火车（TGV）舒适座位上的乘客，高速火车沿着轨道穿过村庄向前冲去。看车厢内部，火车似乎是平稳和安静的。但通过我们旁边的窗户往外看，我们察觉到运动，风景似乎正在向后移动。当然，这是一种错觉。火车的速度向我们提供了不同然而似乎固定的参照框架。现在，想象与TGV有关的另一个位置。当火车经过时，我们正站在轨道旁边的野外，这时看到的景象完全不同。火车跑得很快，向前冲去，也许太快！我们焦急地看着火车的前方，那里一些孩子似乎正试图穿过轨道。

作为现代人类，我们往往看"车厢内部"。从那里看，增长、消费和进步的模式似乎完全正常。我们正在不断发展，以便增加这些技术和市场驱动模式的速度和活力。从"车厢内部"来看，我们认为穷国不发达、滞后。我们也认为自然界和环境移动得不够快，我们太受制约了。我们希望它们不要碍事。我们希望按照我们自己对进步的构想来加速，似乎风景不在那里。

第二个关于可持续性的正面比喻来自自然界本身，即树。一棵树最初将所有可以获得的资源都用于生长。它需要尽可能快地向上生长，以便达到森林的林冠，从而竞争到更多的光照，这将导致更有效的生长。然后，树成熟了。

它已经完全成形，没有动力长得更高或更粗。现在，它的努力和对资源的利用转向不同的活动，即生产果实。正是果实将保证其物种后代的未来，并为其他各类物种包括植物和动物提供食物，这样，促成树在其存留的整个生态系统内实现自己的目的。

关于这种维护反复强调的一点是，为防止全球变暖而必须采取的许多行动无论如何都是有益的，因为它们将走向可持续性。如果我们想居住在一个到处是快乐和公正的世界，这种可持续性则是至关重要的，而这正是一个大多数人都渴望看到的世界。把应对气候变化行动看成是其他变化的催化剂，可以提供更大的动力，立即采取大规模行动。

在现代世界，我们往往拥有物质目标：经济增长、最新式的产品、更多的闲暇等等。但是，对于我们作为人类的使命来说，我们还极需要道德或精神挑战。关爱地球及其未来以及地球上的人类，可以实现以合作型企业的方式把世界各国人民联合在一起的共同目的，可以带来远超过当前任务的价值。在我们的态度和信仰与环境问题之间存在着我在第8章所描述的强烈联系。我描绘了一幅人类作为地球维护者或园丁的图画。全世界许多人已经以各种方式深入参与了致力于实现更大可持续性的行动。不过，有益于所有人的这种关注可以在国内外被提升到一个更高的公共和政治层面。在2002年约翰内斯堡可持续发展峰会期间，联合国秘书长科菲·安南在《时代》杂志的一篇文章中描述了"竞争的未来"[21]：

"想象一个风暴和洪水肆虐的未来：岛屿和人口密集的沿海地区被升高的海平面所淹没；肥沃的土地由于干旱和沙漠的推进而变得贫瘠；大量迁移的环境难民；争夺水资源和珍贵自然资源的武装冲突。

那么，重新思考一下，一个人可以很容易地想象一个更有希望的未来：绿色的技术，宜居的城市，高能效的家庭、交通和工业，所有人而不仅仅是幸运的少数人不断提高的生活水平。这两种竞争景象之间的选择就是我们要做的选择。

思考题

1. 列举并描述贵国最主要的环境问题。在全球变暖导致的预期气候变化情景下，评价这些问题将可能如何加剧。

2. 人们常说，我或我的国家造成的污染与全球污染相比是如此之小，以至于我或我的国家治理污染对全球的贡献可以忽略不计。你对这种态度有何看法？

3. 与工业界的熟人探讨，了解他们对当地和全球环境问题的态度。有哪些重要的观点可以说服工业界认真对待环境问题？

4. 美国前副总统戈尔（1996—2000年）提出了一项保护世界环境的计划[22]，他称之为"全球马歇尔计划"，与二战后美国帮助西欧恢复和重建的"马歇尔计划"齐名。该计划的资金来自世界上主要的富国。他对该计划提出了五项战略目标：（1）稳定世界人口；（2）快速创新和开发环境友好型技术；（3）全面、明确地修改经济"道路规则"，并用其评估我们的决策对环境的影响；（4）谈判新一代的国际协议，这些协议须充分反映发达国家与发展中国家在能力和需求方面的巨大差异；（5）制定一项合作计划，旨在对世界公众进行全球环境教育。考虑这五项目标，它们是否足够全面？他是否忽略了某些重要的目标？

5. 你认为政府应如何积极行动以实现环境战略目标？应该如何说服公众支持政府采取的需要大家为保护环境作出牺牲的行动，比如多征税？

6. 你能在本章结尾的注释窗所列的"个人能做些什么"里再增加一些条目吗？

7. 有人建议宣布2000年为狂欢节，届时第三世界国家的所有债务将一笔勾销，代之为相应的保护环境的行动。讨论这是否为一个好主意，以及如何才可能取得更大的成功。

8. 由于缺乏清洁水源，世界上的贫穷国家有数百万人（特别是儿童）死去。比约恩·隆伯格（Bjorn Lomborg）教授认为，可能用于减少二氧化碳排放的资金可以更好地用于确保每个人获得清洁水源[23]。你同意这一观点吗？如果同意，这一结果如何才能在现实中实现呢？

9. 有人建议，人为气候变化应被视为一种大规模杀伤性武器。讨论这种比喻的有效性。

10. 考虑第357页详细描述的对研究概念和行为的要求。你认为它们可以成为判断研究建议的清单的组成部分吗？你正从事的研究或与你有关的研究计划距离满足这些要求有多远？

11. 分析和比较本章介绍的三个比喻——地球号宇宙飞船、TGV和树。它们对提供观点和看法有帮助吗?确定它们可能被误解的方式。

12. 在2000年的千年峰会上, 联合国同意了在2015年实现的带有指标的八项千年目标。查一查这些目标[24], 对如何把每项目标与气候变化联系起来作出评论。查看在2002年约翰内斯堡地球峰会上所作的与环境和气候变化相关的进一步承诺[25]。在多大程度上这些承诺能应对气候变化的挑战? 2015年实现这些目标和承诺的前景如何?

▶ 扩展阅读

Metz, B., Davidson, O., Bosch, P., Meyer, L. (eds.) 2007. Climate Change 2007: Mitigation of Climate Change. Contribution of Working Group III to the Fourth Assessment Report of the Intergovernmental Panel on Climate Change. Cambridge: Cambridge University Press. Chapter 13: Policies, instruments and cooperative arrangements.

IPCC AR4 2007 Synthesis Report

World Wildlife Fund 2006. Living Planet Report. www.footprintnetwork.org

Framework Convention on Climate Change (FCCC). www.unfccc.int

注释

[1] 可持续性不仅仅关注物质资源, 它还被应用于活动和社会。环境可持续性与社会可持续性即可持续的社会和可持续的经济密切相关。可持续发展是一个包罗万象的术语。1987年的布兰特报告《我们共同的未来》提供了关于可持续发展问题的里程碑式的回顾。

[2] Michael Northcott在The Moral Climate (London: Dorton, Longman and Todd, 2007)第4章中称之为前沿经济。

[3] Kenneth Boulding是科罗拉多大学经济学教授, 曾担任美国经济学会主席和美国科学进步协会主席。他的文章《即将来临的地球号宇宙飞船经济学》于1966年发表在Environmental Quality in a Growing Economy, pp. 77-82。

[4] 例如参见UNEP的《全球环境展望3》London: Earthscan, 2002; Berry, R. J. (ed.) 2007. When Enough Is Enough: A Christian Framework for Environmental Sustainability. London: Apollos。

[5] 参见世界自然基金会, 2006。Living Planet Report: www.

panda.org/livingplanet。

[6] 联合国预测世界人口将从2006年的67亿增长到2050年的92亿。

[7] HRH the Prince of Wales, in the First Brundtland Speech, 1992年4月22日, 1993年发表在Prins. G. (ed.), Threats without enemies. London: Earthscan, pp. 3-14。

[8] 由伦敦皇家学会领导的世界上许多国家的科学院共同合作编写的一份报告指出了这一点。见Towards Sustainable Consumption: A European Perspective. 2000. London: Royal Society中的附件B。

[9] 联合国前秘书长加利曾指出: "中东地区的下场战争将为水而战, 而不是为政治而战。"

[10] Oswald, J. 1993. Defence and environmental security, in Prins, Threats without Enemies。

[11] Synthesis of Scientific-Technical Information Relevant to Interpreting Article 2 of the UN Framework Convention on Climate Change, 1995. Geneve: IPCC, p. 17。

[12] Tickell, C. 1986. Climatic Change and World Affairs,

second edition. Boston, Mass.: Harvard University Press。

[13] 例如，两个最大的公司，壳牌和英国石油公司（BP）正在采取行动，减少其内部的二氧化碳排放，并在可再生能源领域投入大量资金。BP前执行官Browne爵士在1997年的柏林讲话中指出："没有一个公司或国家能够单独解决气候变化问题。假装不存在这一问题是愚蠢的和自负的。但我希望我们能够有所作为，不只是辩论，而是通过建设性的行动来展示什么是可能做到的。"

[14] 国际红十字会/红新月会在荷兰成立了一个气候中心，作为气候变化和备灾之间的桥梁。该中心的活动关注意识（信息和教育）、行动（在备灾计划背景下发展气候变化适应）和倡议（确保政策发展考虑不断增长的对气候变化影响的关注，并利用现有的气候适应和备灾经验）。

[15] 一些有用的网址：美国Sierra俱乐部www.sierraclub.org/sustainable.consumption/；忧思科学家联盟www.ucsusa.org；节能信托基金www.est.org.uk；生态教会www.encams.org.uk；John Ray倡议www.jri.org.uk。

[16] 随着一些国家电力供应公司组织上的变化，有可能从国家电网上购买来自某一特定生产来源的电能。例如参见英国www.greenelectricity.org或者www.good-energy.co.uk。

[17] 例如参见关注气候网站：www.climatecare.org.uk。

[18] Clark, W. C. 2003. Sustainable science: challenges for theinew millennium. 2003年9月4日在英国洛维奇东英吉利大学朱克曼联合环境研究所正式揭幕仪式上的讲话http://sustainabilityscience.org/ists/docs/clark_zicer_opening030904.pdf。

[19] 这可由IPCC的经验来说明，如266页所述。

[20] 参见www.allofliferedeemed.co.uk/goudzwaard/BG111.pdf。

[21] 科菲·安南，《时代》杂志，2002年8月26日。

[22] Gore, A. 1992. Earth in the Balance, Mass: Houghton Mifflin Company的最后一章给出了详细说明。

[23] Lomborg, B. (ed.) 2004. Global Crises, Global Solutions. Cambridge: Cambridge University Press。

[24] 联合国千年目标：www.un.org/millenniumgoals。

[25] 2002年地球峰会：www.earthsummit2002.org。

附录1

国际单位制单位前缀

量级	前缀	符号	中文	量级	前缀	符号	中文
10^{12}	tera	T	太[拉]	10^{-1}	deci	d	分
10^{9}	giga	G	吉[咖]	10^{-2}	centi	c	厘
10^{6}	mega	M	兆	10^{-3}	milli	m	毫
10^{3}	kilo	k	千	10^{-6}	micro	μ	微
10^{2}	hecto	h	百	10^{-9}	nano	n	纳[诺]
10	deca	da	十				

化学符号

符号	英文	中文
CFCs	chlorofluorocarbon	氯氟烃
CH_4	methane	甲烷
CO	carbon monoxide	一氧化碳
CO_2	carbon dioxide	二氧化碳
H_2	molecular hydrogen	氢分子
HCFCs	hydrochlorofluorocarbon	氢氯氟烃
HFCs	hydrofluorocarbon	氢氟烃
H_2O	water	水
N_2	molecularinitrogen	氮分子
N_2O	nitrous oxide	氧化亚氮
NO	nitric oxide	一氧化氮
NO_2	nitrogen dioxide	二氧化氮
O_2	molecular oxygen	氧分子
O_3	ozone	臭氧
OH	hydroxyl radical	羟基
SO_2	sulphur dioxide	二氧化硫

附录2
图、照片和表的来源

图

1.1　From World Climate News, no. 16, July 1999. Geneva: World MeteorologicalOrganization. A similar map is prepared and published each year. Data fromClimate Prediction Center, NOAA, USA.

1.2　Figure 2.7 from Watson, R. et al. (eds.) 2001. Climate Change 2001: Synthesis Report. Contribution of Working Groups I, II and III to the Third Assessment Report of theIntergovernmental Panel on Climate Change. Cambridge: Cambridge University Press.

1.3　World Meteorological Organization 1990. From The Role of the World MeteorologicalOrganization in the International Decade for Natural Disaster Reduction, WorldMeteorological Organization report no, 745. Geneva: World MeteorologicalOrganization.

1.4　Adapted from: Canby, T. Y. 1984. El Nino's ill wind. National Geographic Magazine, pp.144–83.

1.5　After Fig. 1.1 from IPCC 2007. Climate Change 2007: Synthesis Report. Contribution of Working Groups I, II and III to the Fourth Assessment Report of the Intergovernmental Panelon Climate Change. Geneva: IPCC.

2.2　After FAQ 1.3, Fig. 1 from Le Treut, H., Somerville, R., Cubasch, U., Ding, Y.,Mauritzen, C., Mokssit, A., Peterson, T., Prather, M., 2007. Historical overviewofclimate change. In Solomon, S., Qin, D., Manning, M., Chen, Z., Marquis, M.,Averyt, K. B., Tignor, M., Miller, H. L., (eds.) Climate Change 2007: The PhysicalScience Basis. Contribution of Working Group I to the Fourth Assessment Report of theIntergovernmental Panel on Climate Change. Cambridge: Cambridge University Press,p. 115.

2.5　Spectrum taken with the infrared interferometer spectrometer fl own on thesatellite Nimbus 4 in 1971 and described by Hanel, R. A. et al. 1971. Applied Optics,10, 1376–82.

2.7　After FAQ 1.1, Figure 1. Le Treut et al. In Solomon et al. (eds.) Climate Change 2007:The Physical Science Basis.

2.8　From Houghton, J. T. 2002. The Physics of Atmospheres, third edition.

Cambridge:Cambridge University Press.

3.1　Figure 1.1 from Bolin, B., Sukumar, R. 2000. Global perspective. In Watson, R. T.,Noble, I. R., Bolin, B., Ravindranath, N. H., Verardo, D. J., Dokken, D. J. (eds.) LandUse, Land-use Change, and Forestry, IPCC Special Report. Cambridge: CambridgeUniversity Press, Chapter 1.

3.2　(a) After Fig.SPM 1 from Summary for Policymakers. In Solomon et al.. (eds.)Climate Change 2007: The Physical Science Basis.

b) After Fig. TS3 from Technical Summary, 2007. In Solomon et al. (eds.) ClimateChange 2007: The Physical Science Basis.

3.3　After Fig. 2.3a from Foster, P., Ramaswamy, V., Artaxo, P., Berntsen, T., Betts, R.,Fahey, D. W., Haywood, J., Lean, J., Lowe, D. C., Myhre, G., Nganga, J., Prinn, R.,Raga, G., Schulz, M., Van Dorland, R., 2007. Changes in atmospheric constituentsand radiative forcing. In Solomon et al. (eds.) Climate Change 2007: The PhysicalScience Basis.

3.4　Figure 3.4 from Prentice, I. C. et al. 2001. The carbon cycle and atmosphericcarbon dioxide. Chapter 3 in Houghton, J. T., Ding, Y., Griggs, D. J., Noguer, M.,van der Linden, P. J., Dai, X., Maskell, K., Johnson, C. A. (eds.) Climate Change2001: The Scientific Basis. Contribution of Working Group I to the Third AssessmentReport of the Intergovernmental Panel on Climate Change. Cambridge: CambridgeUniversity Press.

3.5　(a) and (b) From Chris Jones, UK Meteorological Office.

3.6　After Fig. SPM1 from Summary for Policymakers. In Solomon et al. (eds.) ClimateChange 2007: The Physical Science Basis.

3.7　(a) After Fig. 2.11 from Foster, P. et al. In Solomon et al. (eds.) Climate Change 2007:The Physical Science Basis. (b) From Hadley Centre Briefing, December 2005. ClimateChange and the Greenhouse Effect. Exeter: UK Met Office, p. 19.

3.8　After Fig. 7.24 from Denman, K. L., Brasseur, G., Chidthaisong, A. Ciais, P., Cox,P. M., Dickinson, R. E., Hauglustaine, D., Heinze, C., Holland, E., Jacob, D., Lohman,U., Ramachandran, S., da Silva Dias, P. L., Wofsy, S. C., Zhang, X. 2007. Couplingsbetween changes in the climate system and biogeochemistry. In Solomon et al.(eds.) Climate Change 2007: The Physical Science Basis.

3.9　After Fig. 7.20 from Denman et al. In Solomon et al. (eds.) Climate Change 2007: ThePhysical Science Basis.

3.10　After Cloud droplet radii in micrometers for ship track clouds. In King, M. D.,Parkinson, C. L., Partington, K. C., Williams, R. G. (eds.) 2007. Our Changing Planet.Cambridge: Cambridge University Press, p. 70.

3.11 After Fig. SPM 2 from Summary for Policymakers, In Solomon et al. (eds.) ClimateChange 2007: The Physical Science Basis.

3.12 After Global surface albedo. In King et al., (eds). Our Changing Planet, p. 129.

4.1 (a) and (b) After FAQ 3.1, Fig. 1 from Trenberth, K. E., Jones, P. D., Ambenje, P.,Bojariu, R., Easterling, D., Klein Tank A., Parker, D., Rahimzadeh, F.,Renwick, J. A., Rusticucci, M., Sode, B., Zhai, P. 2007. Observations: Surface andatmospheric climate change. In Solomon et al. (eds.) Climate Change 2007: ThePhysical Science Basis, p. 253.

4.2 After Fig 3.8 from Trenberth et al. In Solomon et al. (eds.) Climate Change 2007: ThePhysical Science Basis.

4.3 After Fig 3.17 from Trenberth et al. In Solomon et al. (eds.) Climate Change 2007: ThePhysical Science Basis.

4.4 After Fig. SPM3 from Summary for Policymakers. In Solomon et al. (eds.) ClimateChange 2007: The Physical Science Basis.

4.5 After Fig 6.10 from Jansen, E., Overpeck, J., Briffa, K. R., Duplessy, J. C., Joos, F.,Masson-Delmotte, V., Olago, D., Otto-Bliesner, B., Peltier, W. R., Rahmstorf, S.,Ramesh, R., Raynaud, D., Rind, D., Solomina, O., Villalba, R., Zhang, D. 2007. Paleoclimate. In Solomon et al. (eds.) Climate Change 2007: The Physical ScienceBasis.

4.6 (a) Adapted from Raynaud, D. et al. 1993. The ice core record of greenhouse gases. Science, 259, 926–34. (b) After Fig. 6.3 from Jansen, et al. In Solomon et al. (eds.) Climate Change 2007: The Physical Science Basis.

4.7 Adapted from Broecker, W. S., Denton, G. H. 1990. What drives glacial cycles.Scientific American, 262, 43–50.

4.8 Adapted from Professor Dansgaard and colleagues, Greenland ice core (GRIP)members. 1990. Climate instability during the last interglacial period in the GRIPice core. Nature, 364, 203–7.

4.9 Adapted from Dansgaard, W., White, J. W. C., Johnsen, S. J. 1989. The abrupttermination of the Younger Dryas climate event. Nature, 339, 532–3.

5.1 From UK Meteorological Office.

5.3 After Fig. 1.4 from Le Treut et al. In Solomon et al. (eds.) Climate Change 2007: ThePhysical Science Basis.

5.4 From UK Meteorological Office.

5.5 From UK Meteorological Office.

5.6 After Milton, S., Meteorological Office, quoted in Houghton, J. T. 1991. TheBakerian Lecture 1991: The predictability of weather and climate. PhilosophicalTransactions of the

Royal Society A, 337, 521–71.

5.7   After Lighthill, J. 1986. The recently recognized failure in Newtonian dynamics. Proceedings of the Royal Society A, 407, 35–50.

5.8   After Fig. 1.9 from Palmer, T., Hagedorn, R., 2006. Predicability of Weather andClimate. Cambridge: Cambridge University Press. p. 18.

5.9   After Fig 3.27 from Trenberth et al. In Solomon et al. (eds.) Climate Change 2007: ThePhysical Science Basis.

5.10   From Houghton, TheBakerian Lecture 1991. London: Royal Society.

5.11   After Fig. 9.19 from Hegerl, G. C., Zwiers, F. W., Braconnot, P., Gillet, N. P., Luo, Y.,Marengo Orsini, J. A., Nicholls, N., Penner, J. E., Stott, P. A. 2007. Understandingand attributing climate change. In Solomon et al. (eds.) Climate Change 2007: ThePhysical Science Basis.

5.12   After Plate 19.3 from Palmer and Hagedorn, Predicability of Weather and Climate.

5.13   After FAQ 1.2, Fig. 1 from Le Treut et al. In Solomon et al. (eds.) Climate Change 2007:The Physical Science Basis.p. 104.

5.15   (a) After Net cloud radiative forcing. In King et al. (eds.), Our Changing Planet, p. 23.(b) After Comparison of observed longwave, shortwave and net radiation at the topof the atmosphere for the tropics. In King, et al. (eds.), Our Changing Planet, p. 24.

5.16   See Siedler, G., Church, J., Gould, J. (eds.) 2001. Ocean Circulation and Climate.London: Academic Press. Original diagram from Woods, J. D. 1984. The upperocean and air sea interaction in global climate. In Houghton, J. T. 1985.The GlobalClimate. Cambridge: Cambridge University Press, pp. 141–87.

5.18   From UK Meteorological Office.

5.19   This diagram and information about modellingpast climates is from Kutzbach,J. E. 1992. In Trenberth, K. E. (ed.) Climate System Modelling. Cambridge: CambridgeUniversity Press.

5.20   From Hansen, J. et al. 1992. Potential impact of Mt Pinatubo eruption. GeophysicsResearch Letters, 19, 215–18. Also quoted in Technical summary, in Houghton, J. T.,MeiraFilho, L. G., Callander, B. A., Harris, N., Kattenberg, A., Maskell, K. (eds.) 1996. Climate Change 1995: TheScience of Climate Change. Cambridge: CambridgeUniversity Press.

5.21   From Sarmiento, J. L. 1983. Journal of Physics and Oceanography, 13, 1924–39.

5.22   After Fig. 9.5 from Hegerl, G. C. et al. In Solomon et al.. (eds.) Climate Change 2007:The Physical Science Basis.

5.23

5.24   From the Hadley Centre Report 2002. Regional Climate Modelling System. Exeter: UKMet Office, p. 4.

6.1   Figure 17 from Technical summary. In Houghton et al. (eds.) Climate Change 2001:The Scientific Basis.

6.2   Figure 18 from Technical summary. In Houghton et al. (eds.) Climate Change 2001:The Scientific Basis.

6.4   (a) After Fig.SPM 5 from Summary for Policymakers. In Solomon et al. (eds.)Climate Change 2007: The Physical Science Basis. (b) After Fig. TS 26 from Technicalsummary, ibid. (c) After Fig. 10.5 from Meehl, G. A., Stocker, T. F., Collins, W. D.,Friedlingstein, P., Gaye, A. T., Gregory, J. M., Kitoh, A., Knutti, J. M., Murphy, J. M.,Noda, A., Raper, S. C. B., Watterson, I. G., Weaver, A. J., Zhao, Z. C. 2007. Globalclimate projections, ibid.

6.5   After Fig. 10.7 from Meehl et al. In Solomon et al. (eds.) Climate Change 2007: ThePhysical Science Basis.Cambridge University Press.

6.6   After Fig. SPM 6 from Summary for policymakers. In Solomon et al. (eds.) ClimateChange 2007: The Physical Science Basis.

6.7   After Fig. SPM 7 from Summary for policymakers. In Solomon et al. (eds.) ClimateChange 2007: The Physical Science Basis.

6.8   After Fig. 2.32 from Folland C. K., Karl T. R. et al. 2001. Observed climatevariability and change, Chapter 2 in Houghton et al. (eds.) Climate Change 2001: TheScientific Basis, p. 155.

6.9   From Pittock, A. B. et al. 1991. Quoted in Houghton, J. T., Callander, B. A., Varney,S. K. (eds.) Climate Change 1992: The Supplementary Report to the IPCC Assessments. Cambridge: Cambridge University Press, p. 120.

6.10   After Fig. 10.18 from Meehl et al. In Solomon et al. (eds.) Climate Change 2007: ThePhysical Science Basis.

6.11   From Palmer, T. N., Raisanen, J. 2002. Nature, 415, 512–14.

6.12   After Fig. 9 from Burke, E. J., Brown, S. J., Christidis, N. 2006. Modelling the recentevolution of global drought and projections for the 21st century with the HadleyCentre climate model. Journal of Hydrometeorology, 7, 1113–25.

6.13   From Hadley Centre Report 2002. Regional Climate Modelling System. Exeter: UK MetOffice.

6.14   From Hadley Centre Briefing, 2005. Climate Change and the Greenhouse Effect. Exeter:UK Met Office.

6.15　After Fig. 2.17 from Foster et al. In Solomon et al. (eds.) Climate Change 2007: ThePhysical Science Basis.

7.1　After Fig. 5.21 from Bindoff, N. L., Willebrand, J., Artale, V., Cazenave, A.,Gregory, J., Gulev, S., Hanawa, K., Le Quere, C., Levitus, S., Nojiri, Y., Shum, C. K.,Talley, L. D., Unnikrishnan, A. 2007 Observation: Oceanic climate change and sealevel. In Solomon et al. (eds.) Climate Change 2007: The Physical Science Basis.

7.2　After Fig. FAQ 5.1, Fig. 1 from Bindoff et al. In Solomon et al. (eds.) Climate Change2007: The Physical Science Basis.

7.3　After Fig. TS 8 from Technical Summary. In Solomon et al. (eds.) Climate Change2007: The Physical Science Basis, p. 41.

7.4　From Broadus, J. M. 1993. Possible impacts of, and adjustments to, sea-level rise:the case of Bangladesh and Egypt. In Warrick, R. A., Barrow, E. M., Wigley, T. M. L.(eds.) 1993. Climate and Sea-Level Change: Observations, Projections and Implications. Cambridge: Cambridge University Press, pp. 263–75; adapted from Milliman, J. D.1989. Environmental and economic implications of rising sea level and subsidingdeltas: the Nile and Bangladeshi examples. Ambio, 18, 340–5.

7.5　From Maurits la Riviere, J. W. 1989. Threats to the world's water. ScientificAmerican, 261, 48–55.

7.6　Figure 11.4(a) from Shiklomanov, I. A., Rodda, J. C. (eds.) 2003. World WaterResources at the Beginning of the Twenty-First Century. Cambridge: CambridgeUniversity Press.

7.7　After Fig. 3.2 from Kundzewicz, Z. W., Mata, L. J., Arnell, N. W., Doll, P., Kabat, P.,Jimenez, B., Miller, K. A., Oki, T., Sen, Z., Shiklomanov, I. A., 2007. Freshwaterresources and their management. In Parry, M., Canziani, O., Palutikof, J., van derLinden, P., Hansen, C. (eds.) Climate Change 2007: Impacts, Adaptation and Vulnerability.Contribution of Working Group II to the Fourth Assessment Report of the IntergovernmentalPanel on Climate Change. Cambridge: Cambridge University Press, p. 178

7.8　After Fig. 3.8 from Kundzewicz et al. In Parry et al. (eds.) Climate Change 2007:Impacts, Adaptation and Vulnerability.

7.9　From the Hadley Centre Report 2002. Regional Climate Modelling System. Exeter: UKMet Office p. 5.

7.10　From Tolba, M. K., El-Kholy, O. A. (eds.) 1992. The World Environment 1972–1992. London: Chapman and Hall, p. 135.

7.11　(a) and (b) After Fig. 5.2 from Easterling, W. E., Aggarwal, P. K., Batima, P.,Brander,

K. M., Erda, L., Howden, S. M., Kirilenko, A., Morton, J., Soussana, J. F.,Schmidhuber, J., Tubiello, F. N. 2007. Food, fi bre and forest products. In Parry et al.(eds.) Climate Change 2007: Impacts, Adaptation and Vulnerability.

7.12　Illustrating key elements of a study of crop yield and food trade under a changedclimate. From Parry, M. et al. 1999. Climate change and world food security: a newassessment. Global Environmental Change, 9, S51–S67.

7.13　After Fig. 4.1 from Fischlin, A., Midgley, G. F., Price, J. T., Leemans, R., Gopal, B.,Turley, C., Rounsevell, M. D. A., Dube, O. P., Tarazona, J., Velichko, A. A. 2007. Ecosystems, their properties, goods and services. In Parry et al. (eds.) ClimateChange 2007: Impacts, Adaptation and Vulnerability.

7.14　Adapted from Gates, D. M. 1993. Climate Change and its Biological Consequences. Sunderland, Mass.: Sinauer Associates, p. 63. The original source is Delcourt, P. A.,Delcourt, H. R. 1981. In Romans, R. C. (ed.) Geobotany II. New York: Plenum Press,pp. 123–65.

7.15　From Gates, Climate Change and its Biological Consequences, p. 63.

7.16　Data from Bugmann, H. quoted in Miko U. F. et al. 1996. Climate change impactson forests. In Watson, R. T., Zinyowera, M. C., Moss, R. H. (eds.) 1996. ClimateChange 1995: Impacts, Adaptation and Mitigation of Climate Change: Scientific–Technical Analyses. Contribution of Working Group II to the Second Assessment Report of theIntergovernmental Panel on Climate Change. Cambridge: Cambridge University Press,Chapter 1.

7.17　After Fig. TS16 from Technical summary. In Parry et al. (eds.) Climate Change 2007:Impacts, Adaptation and Vulnerability.

7.18　After Fig. 8.2 from Turley, C., Blackford, J. C., Widdecombe, S., Lowe, D.,Nightingale, P. D., Rees, A. P. 2006. In Schellnhuber, H. J. (ed.) Avoiding DangerousClimate Change. Cambridge: Cambridge University Press, Chapter 8.

7.19　After Fig. TS13 from Technical summary. In Parry et al. (eds.) Climate Change 2007:Impacts, Adaptation and Vulnerability.

8.1　After Lovelock, J. E. 1988. The Ages of Gaia. Oxford: Oxford University Press, p. 203.

8.2　From Lovelock, The Ages of Gaia, p. 82.

9.1　Figure 13.2 from Mearns, L. O., Hulme, M. et al. 2001. Climate scenariodevelopment. In Houghton et al. (eds.) Climate Change 2001: The Scientific Basis.

9.2　European Space Agency.

9.3　After Fig. Box 13.2 from Stern, N. 2007. The Stern Review: The Economics of

ClimateChange. Cambridge: Cambridge University Press. p. 343.

10.1   After Fig. SPM3 from IPCC Climate Change 2007: Synthesis Report.

10.2   After Fig. SPM11 from IPCC Climate Change 2007: Synthesis Report.

10.3   From Jason Lowe and Chris Jones at the Hadley Centre, UK Meteorological Office.

10.4   After Fig SPM3a from Summary for policymakers. In Metz, B., Davidson, O.,Bosch, P., Dave, R., Meyer, L. (eds.) Climate Change 2007: Mitigation.Contributionof Working Group III to the Fourth Assessment Report of the Intergovernmental Panel onClimate Change. Cambridge: Cambridge University Press.

10.5   From the Global Commons Institute, Illustrating their 'Contraction andConvergence' proposal for achieving stabilisation of carbon dioxideconcentration.

11.1   Adapted and updated from Davis, G. R. 1990. Energy for planet Earth. ScientificAmerican, 263, 21–7. Information from Fig.TS13, Technical summary. In Metz etal. (eds.) Climate Change 2007: Mitigation.

11.2   After Fig. 4.4 from Sims, R. E. H., Schock, R. N., Adegbululgbe, A., Fenham, J.,Konstantinaviciute, I., Moomaw, W., Nimir, H. B., Schlamadinger, B., Torres-Martinez, J., Turner, C., Uchiyama, Y., Vuori, S. J. V., Wamukonya, N., Zhang, X.2007. Energy supply. In Metz et al. (eds.) Climate Change 2007: Mitigation.

11.3   After Fig. SPM2 from Summary for policymakers. In Metz et al. (eds.) ClimateChange 2007: Mitigation.

11.4   (a) After Fig 2.1 from Energy Technology Perspectives 2008. Paris: InternationalEnergy Agency. (b) After Fig 2.2, ibid. (c) After Fig. 2.3 ibid.

11.5   Adapted from Scientific American, 295, p. 30.

11.7   From Abuerdeen City Council.

11.9   After Fig. 5.4, from Kahn Riberio, S., Kobayashi, S., Beuthe, M., Gasca, J., Greene,D., Lee, D. S., Muromachi, Y., Newton, P. J., Plotkin, S., Sperling, D., Wit, R., Zhou,P. J. 2007. Transport and its infrastructure. In Metz et al. (eds.) Climate Change2007: Mitigation.

11.10   After Fig. 5.3 from Kahn Ribero et al. In Metz et al. (eds.) Climate Change 2007:Mitigation

11.11   After Fig. 5.6, World Energy Outlook 2007. Paris: International Energy Agency.

11.12   After Fig. 2.18, Energy Technology Perspectives 2008. Paris: International EnergyAgency.

11.14   Dr John Clifton-Brown, Aberystwyth University.

11.15   Adapted from Twidell, J., and Weir, T. 1986. Renewable Energy Resources. London:

E.and F. Spon, p. 100.

11.16 From Smith, P.F. 2001. Architecture in a Climate of Change. London: ArchitecturalPress.

11.17 Adapted from Scientific American, 295, 64.

11.18 From Shell Renewables.

11.19 From Williams, N., Jacobson, K., Burris, H. 1993. Sunshine for light in the night.Nature, 362, 691–2. For more recent information on solar home systems seeMartinot, E. et al. 2002. Renewable energy markets in developing countries.Annual Review of Energy and the Environment, 27, 309–48.

11.20 From the 22nd Report of the Royal Commission on Environmental Pollution.London: Stationery Office.

11.21 www.wavedragon.com.

11.22 Figure TS6 from Metz et al. (eds.) Climate Change 2007: Mitigation.

11.23 Figure SPM6 from Metz et al. (eds.) Climate Change 2007: Mitigation.

11.24 Adapted from Twidell and Weir, Renewable Energy Resources, p. 399.

11.25 A.I. Gardiner, Pilbrow E.N., Broome S.R. and McPherson A.E., 2008.HyLink– arenewable distributed energy application for hydrogen.Proc., 3rd Asia Pacifi c RegionalInternational Solar Energy Society (ISES) Conference, and 46th Australiaand New Zealand Solar Energy Society (ANZSES) Annual Conference, 25–28November, Sydney. http://isesap08.com

11.26 From Enkvist, P. et al. 2007. A cost curve for greenhouse gas reduction. TheMcKinsey Quarterly, 1, 35–45.

照片

第1章

"威尔马"飓风　路透社：GM1DWIALXUAA

"米奇飓风"　NASA/戈达德航天飞行中心科学可视化工作室

1993年大洪水　NASA/戈达德航天飞行中心科学可视化工作室

1997—1998年厄尔尼诺事件　NASA/戈达德航天飞行中心科学可视化工作室

第2章

地球升起　NASA

冰、海洋、陆面和云　© Cloudzilla，2007年12月6日

金星、地球和火星　月球与行星学会（LPI）

第3章

工业活动　© 2006 Rinderart，征得ImageVortex.com的许可

迪德科特发电站　© Rose Davies，2007年2月7日

浮游藻华　ESA

稻田　英国气象局

臭氧层耗损　NASA

飞机尾迹　NASA

第4章

喜玛拉雅冰川　图片由Jeffrey Kargel（USGS/NASA JPL/AGU）通过NASA地球天文台提供

努库罗环礁　NASA

冰核研究　英国南极调查局（BAS），参考文献10002006

第5章

超级单体雷暴　Floridalightening.com

Lewis Fry Richardson　英国气象局

萨赫勒沙尘暴　由NASA地球天文台Jesse Allen使用征得许可的MODIS快速反应小组提供的资料而创作的图片

冰雪　斯科特极地研究所

皮纳图博火山　USGS/喀斯开火山观测站/戴夫·哈洛

第6章

云探测卫星宇宙飞船　NASA/JPL

暴雨和洪涝　加拿大环境部/美联社
海表温度　NASA/戈达德航天飞行中心科学可视化化工作室

第7章

非洲干旱　PA照片
北极冰　NASA/戈达德航天飞行中心科学可视化工作室
孟加拉国洪水　PA照片
酸雨　科学照片图书馆
"卡特尼娜"飓风　美国空间影像公司（Space Imaging）
美国海岸警卫队士兵　美国海岸警卫队

第8章

地球　NASA
金蟾蜍　美国鱼类与野生动物部门
伊甸园（Jan Brueghel）—V&A博物馆

第9章

工业烟囱　NASA
IPCC代表团　IPCC，日内瓦
孟加拉国雷达图像　ESA
《自然》气候变化诊断

第10章

亚马孙雨林树冠　iStockphoto
玻利维亚雨林　NASA/戈达德航天飞行中心科学可视化工作室
造林　美国农业部/农业研究部门
垃圾填埋场　© D'Arcy Norman，2006年9月24日

第11章

太阳能光伏　美国空军

Sleipner T气田平台　Physics World, 19, 25 (2006), Institute of Physics

夜晚的地球　NASA/戈达德航天飞行中心科学可视化工作室

风力涡轮机　iStockphoto

第12章

森林砍伐　iStockphoto

再生纸　iStockphoto

表

3.1 Denman, K. L. and Brasseur, G. et al. 2007. Chapter 7 in Solomon et al. (eds.) ClimateChange 2007: The Physical Science Basis.

3.2 Prather, M., Ehhalt, D. et al. 2001. Atmospheric chemistry and greenhouse gases.Chapter 4, in Houghton et al. (eds.), Climate Change 2001: The Scientific Basis.

4.1 Table SPM-1 from IPCC 2001 Synthesis Report with some updates from Table 3.8 inTrenberth, K. E., Jones, P. D. et al., Chapter 3, in Solomon et al. (eds.) Climate Change2007: The Physical Science Basis.

6.1 Data for 2005 and estimates of uncertainty in Figure 3.11. For 2050 and 2100 fromRamaswamy, V. et al. 2001: Radiative forcing of climate change. In Houghton et al.(eds.) Climate Change 2001 : The Scientific Basis, Chapter 6, Tables 6.1 and 6.14.

6.2 Table SPM-1 from Summary for policymakers. In Houghton et al. (eds.) ClimateChange 2001: The Scientific Basis.Updated from Trenberth, K.E., Jones, P.D. etal., Chapter 3, Table 3.8 and Christensen, J.H., Hewitson, B. et al., Chapter 11,Table 11.2, in Solomon et al. (eds.) Climate Change 2007: The Physical Science Basis.

7.1 Based on Table TS3 IPCC AR4 2007 WG 2 Technical Survey p. 66.

7.2 Table SPM-4 from IPCC AR4 Synthesis Report.

7.3 Data from Munich Re, presented in Figure 8.6 in Vellinga, P., Mills, E. et al.

2001.In McCarthy et al., (eds.) Climate Change 2001: Impacts.

7.4 Data from Munich Re, presented in Table 8.3 in Vellinga, P., Mills, E. et al. 2001. InMcCarthy et al., (eds.) Climate Change 2001: Impacts.

7.5 Table 19.6 in Smith, J. B. et al. Vulnerability to climate change and reasons forconcern: a synthesis. In McCarthy et al. (eds.) Climate Change 2001: Impacts.

7.6 IPCC AR4 Synthesis Report, Table SPM 3.

10.2 Table 6.7 from Ramaswamy, V. et al. 2001. In Solomon et al. (eds.) Climate Change2001: The Scientific Basis; also Solomon et al. (eds.) Climate Change 2007. The PhysicalScience Basis.

10.3 Adapted from IPCC AR4 Synthesis Report, Table SPM 6.

11.2 Table SPM 6 Metz et al. (ed.) Climate Change 2007: Mitigatiz.

术语表

aerosol(s)　气溶胶

空气中固态或液态颗粒物的聚集体，通常大小在0.01μ至10 μm之间，能在大气中驻留数小时到数天或数月。气溶胶分为自然源或人为源。它们通过吸收或散射辐射直接影响气候，或者作为云凝结核间接影响气候。

afforestation　造林

在历史上没有树林的地区种植新的树林。

Agenda 21　21世纪议程

为联合国环境与发展大会各参加国所接受的关于21世纪各种环境与发展问题的一份文件。

albedo　反照率

某表面反射光的比率，通常用百分比表示。积雪覆盖的表面反照率高；植被覆盖的表面因光合作用吸收光，反照率低。

anthropic principle　人类原则

把宇宙存在与能观察到宇宙存在的人类存在相关联的原则。

anthropogenic effects　人类活动影响

诸如燃烧矿物燃料或砍伐森林等人类活动所造成的影响。

AOGCM　海气耦合环流模式

atmosphere　大气

围绕地球或其他行星的气体层。

atmospheric pressure　大气压

行星表面的大气压力。高气压常产生稳定的天气状况，而低气压常造成风暴如气旋。

atom　原子

能参与化学反应的元素的最小单体。它由包含质子和中子的原子核组成，原子核周围围绕着电子。

atomic mass　原子量

原子中原子核内的质子和中子总数。

biodiversity　生物多样性

对特定地区发现的不同生物物种数量的度量。

biological pump 生物泵

大气二氧化碳在海水中的溶解过程，在海中它通过浮游动物吞食浮游植物引起。这些二氧化碳被浮游植物用于光合作用。这些微生物残骸沉到海底，从而在碳循环中把碳移走，约需数百年、数千年乃至数百万年。

biomass 生物量

特定地区的生物质总重量。

biome 生物群落

一种独特的生态系统，主要以其植被性质为特色。

biosphere 生物圈

生物有机体存在的陆地、海洋或大气区域。

business-as-usual 照常排放

假设人类态度和优先权没有发生重大改变，未来世界能源消耗和温室气体排放的情景。

C3, C4 plants C3、C4植物

在光合作用过程中按不同方式吸收二氧化碳的植物群，因而它们受到大气二氧化碳增长的影响程度也不同。其中，小麦、水稻和大豆为C3植物，玉米、甘蔗和小米为C4植物。

carbon cycle 碳循环

大气、陆面和海洋之间以各种化学形式进行的碳交换。

carbon dioxide 二氧化碳

主要的温室气体之一，人类生成的二氧化碳主要由矿物燃料燃烧和森林砍伐引起。

carbon dioxide fertilization effect 二氧化碳施肥效应

在二氧化碳浓度增加的大气中植物快速生长的过程。它对C3植物的影响要大于C4植物。

Celsius 摄氏度

一种温度计量温标，有时写为百分度温标，它的固定点为水的冰点（0℃）和水的沸点（100℃）。

CFCs 氯氟烃

广泛用于制冷和气溶胶喷剂的合成化合物，直到认识到它们损耗臭氧层（它们还是强的温室气体），在大气中具有很长的生命史。1987年的蒙特利尔议定书导致减少氯氟烃的产量及其在发达国家的使用。

chaos　混沌

　　一种数学理论，用于描述对初始建立的方式非常敏感的系统。当该系统运行一段时间后，初始条件的微小差异将产生完全不同的结果。例如，单摆运动在摆动过程中悬物点经受强迫振荡时将形成一种特殊的型式。开始位置的细小差别将会造成完全不同的型式，而这无法通过研究初值进行预测。天气是部分混沌的系统，这意味着，即使利用完全准确的预报技术，也将总是存在着作出有效预报的提前时间长度的限制。

CHP　热电联产

　　热力发电厂产生的热量被用于不同方面的供暖，而不是被浪费掉。

CIS　独联体（前苏联）

climate sensitivity　气候敏感性

　　大气中二氧化碳浓度加倍时的全球平均增温。

climate　气候

　　某一特定区域的平均天气。

CO_2e or carbon dioxide equivalent concentration　CO_2当量浓度

　　作为二氧化碳和其他温室气体的混合物，能引起相同辐射强迫的二氧化碳浓度。

compound　化合物

　　由两种或两种以上元素按一定比例化合而成的物质。

condensation　凝结

　　气体向液体的相态变化过程。

convection　对流

　　因温度差异产生的流体中的热传输。

coppicing　矮林伐采

　　通过谨慎的修枝对树木进行修剪，以便树木不被完全砍光，可以重新生长。

cryosphere　冰冻圈

　　气候系统的组成部分，由地球和海洋上面、下面和表面的所有积雪、冰和冻土组成。

Daisyworld　雏菊世界

　　由James Lovelock发展的一种生物反馈机制的模式（也可参见盖娅假设）。

DC　发展中国家

　　也称为第三世界国家。

deforestation　森林砍伐

　　增强温室效应的原因之一。不仅在树木燃烧或分解时释放二氧化碳，而且之前的树木可以通过光合作用过程从大气中吸收二氧化碳。

deuterium　氘

　　氢的重同位素。

drylands　旱地

　　世界上降水少的区域，其降水往往由小的、不稳定的、短暂的、高强度的风暴形成。

ecosystem　生态系统

　　一种独特的植物、动物及其物理环境相互依存的系统。

El Nino　厄尔尼诺

　　南美沿岸太平洋海表温度的一种分布型，对全球气候有很大影响。

electron　电子

　　原子中带负电荷的成分。

element　元素

　　不能通过化学方法分成两种或两种以上更简单物质的任何物质。

environmental refugees　环境难民

　　由于干旱、洪水和海平面上升等环境因素而被迫背井离乡的人们。

EU　欧盟

evaporation　蒸发

　　液态向气态的相态变化过程。

FAO　联合国粮农组织

feedbacks　反馈

　　导致一个过程速率增强（正反馈）或减弱（负反馈）的因子，并且随着反馈过程的继续，这些因子本身以这种方式受到影响。一个正反馈的例子是地表降雪，它使反照率升高。太阳辐射被大量反射而不是被吸收，将使地表比无雪时更冷。这将促使更多降雪，从而这一过程得以继续。

fossil fuels　化石燃料

　　由古代动物和植物残骸分解而形成的燃料，如煤、石油和天然气，它们在燃烧过程中释放二氧化碳。

FSU　前苏联国家

Gaia hypothesis　盖娅假设

　　这一思想由James Lovelock发展，认为生物圈是可以通过控制物理和化学环境保持行星健康的实体。

geoengineering 地球工程

以抵消全球变暖而进行的环境人工影响。

geothermal energy 地热能

通过从地壳深层向地表传热而获得的能量。

global warming 全球变暖

温室气体增长引起全球温度升高的思想（参见温室效应）。

Green Revolution 绿色革命

20世纪60年代许多作物新品种的开发，使粮食产量明显提高。

greenhouse effect 温室效应

全球变暖的原因。入射太阳辐射通过大气向地面传输，使地面变暖。其能量作为热辐射再传输，但其中一部分被温室气体分子吸收而不再传向外层空间，因而加热了大气。其名称源于温室玻璃传输入射太阳辐射，但保留部分外逸热辐射，从而使温室内部变暖的能力。"自然"温室效应是由因自然原因出现的温室气体引起，这在太阳系其他邻近行星上也可观测到。"增强"温室效应是由因人类活动（如矿物燃料燃烧和森林砍伐）在大气中出现的温室气体引起的附加效应。

greenhouse gas emission 温室气体排放

向大气释放温室气体，造成全球变暖。

greenhouse gases 温室气体

地球大气中二氧化碳（CO_2）、甲烷（CH_4）和CFC等分子，它们因吸收地表发射的部分热辐射而加热大气（参见温室效应）。

GtC 10^9t碳（十亿吨碳）

$1 \text{ Gt} = 10^9 \text{ t}$，$1 \text{ Gt C} = 3.7 \text{ Gt CO}_2$

GWP 全球增暖潜势

任何气体与二氧化碳相比造成的增强温室效应的比率。

heat capacity 热容

某种物质温度改变1℃所需的热量输入。水具有很高的热容，因此，它吸收大量的热量输入，但使温度变化很小。

hectopascal（hPa） 百帕

大气压的单位，等于毫巴。通常，地面气压约为1000 hPa。

hydrological (water) cycle 水文（水）循环

大气、陆地、各海洋之间的水分交换。

hydropower 水力发电

利用水力进行发电。

IEA 国际能源署

担任OECD 27个国家能源顾问的机构。特别是，它致力于能源安全、经济发展和环境保护的"3 E"能源政策。

IPCC 政府间气候变化专门委员会

评估全球变暖的世界科学团体。

isotopes 同位素

某种元素的不同形式，其原子量也不相同。元素是由原子核包含的质子数定义的，但中子数可变化，从而出现了不同的同位素。例如，一个碳原子的原子核包含6个质子。最常见的碳同位素是^{12}C，带有6个中子，原子量为12。另一个同位素是^{14}C，带有8个中子，原子量为14。含碳化合物如二氧化碳将包含^{12}C和^{14}C同位素的混合物。也可参见氘和氚。

latent heat 潜热

当一种物质从液体向气体变化（蒸发）时所吸收的热量，例如海表水利用太阳能蒸发时。当一种物质从气体向液体变化（凝结）时则释放热量，例如云在大气中形成时。

Milankovitch forcing 米兰柯维奇强迫

对于因太阳辐射分布规则变化引发的气候变化规律性所施加的作用（参见米兰柯维奇理论）。

Milankovitch theory 米兰柯维奇理论

该理论认为，过去的大冰期可能与围绕太阳的地球轨道的定期变化有关，它可以导致入射太阳辐射的分布改变。

millibar (mb) 毫巴

大气压的单位，等于百帕。通常，地面气压约为1000 mb。

MINK MINK计划

由密苏里州、爱荷华州、内布拉斯加州和堪萨斯州组成的一个美国区域，美国能源部用该区域进行详尽的气候研究。

mole fraction 摩尔分数

摩尔分数（或混合比）指在一给定体积内某种成分的摩尔数与该体积中所有成分的总摩尔数之比。它对非同一性气体进行订正，因而不同于体积混合比（如用ppm等表示），这种订正与许多温室气体的测量精度有显著的相关。

molecule 分子

一种或多种元素的两种或多种原子以一定比例化合而成。例如，碳元素（C）与氧元素（O）的原子以1:2的比例化合成二氧化碳（CO_2）化合物分子。分子也可由单一元素构成，如臭氧（O_3）。

monsoon 季风

副热带地区（应是热带地区——校者注）特殊的季节性天气型，它常与特定时期的强降雨相关联。

neutron 中子

大多数原子核的一种不带电荷的成分，它几乎与质子具有相同的质量。

OECD 经济合作与发展组织

由30个国家（包括欧盟成员、澳大利亚、加拿大、日本和美国）组成的联合体，共同承诺民主政府和市场经济。

optical depth 光学厚度

在大气中达到一定水平的一种特定辐射，它入射到大气层顶的部分由$\exp(-T)$给出，其中T是光学厚度。

ozone hole 臭氧洞

南极洲上空的一个区域，在南半球春季时，那里约有一半的大气臭氧消失。

palaeclimatology 古气候学

通过像冰芯测量这种方法进行的古气候重建。这些方法利用取自深层冰芯的不同样本中不同氧同位素的比率，确定雪样在云中凝结时的大气温度。样本的来源愈深，雪变成冰的时间愈长（压缩更多的降雪量）

parameterization 参数化

在气候模式中，该术语指通过一种算法（一个逐步计算的过程）表征各种过程和适当的量（或参数）的技术。（更明确地说，是在模式中用网格尺度的量或参数表征次网格尺度过程的计算方法——校者注）

passive solar design 被动式太阳能设计

最大限度地利用太阳辐射的建筑设计。设计为被动式太阳能采集器的墙被称为太阳墙。

photosynthesis 光合作用

指一系列化学反应，通过这些化学反应，植物吸收太阳能、二氧化碳和水汽，形成生长所需的物质，并释放氧气。厌氧光合作用发生在无氧条件下。

phytoplankton 浮游植物

海洋中的小型植物生命形式。

ppb

十亿分率（10^{-9}），混合比（参见摩尔分数）或浓度的度量单位

ppm

百万分率（10^{-6}），混合比（参见摩尔分数）或浓度的度量单位

Precautionary Principle 预防原则

一种防微杜渐的原则，应用于可能的环境恶化。

primary energy 一次能源

诸如化石燃料、核能、风能等能源。它们并不是直接使用的能源，而是转化成光、可用热、动力能等。例如，燃煤火力发电站就是把煤作为一次能源来发电。

proton 质子

原子核中带正电荷的成分。

PV 光伏

太阳能电池通常由硅制成，它能把太阳辐射转化为电能。

radiation budget 辐射收支

进入和离开地球大气的辐射差额。从太空进入大气的太阳辐射量应该与离开地球表面和大气的热辐射相平衡。

radiative forcing 辐射强迫

对流层（低层大气）顶平均净辐射的变化，这种变化是由于温室气体浓度变化或总的气候系统的其他变化而产生的。云辐射强迫是指对流层顶由于云的存在而产生的净辐射变化。

reforestation 再造林

在以前曾是森林但已转作其他用途的土地上重新种植的树林。

renewable energy 可再生能源

取之不尽的能源，如水力能、光生伏打电池、风能和矮林伐采等。

respiration 呼吸作用

指一系列化学反应，通过这些化学反应，植物和动物利用氧气消化所贮存的食物，产生能量、二氧化碳和水汽。

sequestration 固碳

碳的清除或储存。例如，通过光合作用二氧化碳从大气中被吸收到植物中，或者在废弃的油田或气田中储存二氧化碳。

sink　汇

从大气中清除温室气体、气溶胶或其前体物质的任何过程、活动或机制。

solar radiation　太阳辐射

来源于太阳的能量。

sonde　探空仪

施放到大气中（如通过气球）的一种仪器，以获取诸如温度和大气压等资料，并通过无线电发回资料。

stewardship　维护

指这样一种态度，即人类应该把地球看作是一个可供耕种的花园，而不是被掠夺的宝库（还可参见可持续发展）。

stratosphere　平流层

大约10～50 km高度之间的大气区域，在该区域温度随高度而增加，并且臭氧层出现在该层。

sustainable development　可持续发展

能满足目前需要但又不损害后代满足其需要能力的发展。

thermal radiation　热辐射

所有物体发出的辐射，其辐射量取决于它们的温度。热的物体比冷的物体发射更多的辐射。

thermodynamics　热力学

热力学第一定律指出，任何物理或化学过程的能量都是守恒的（即能量既不可能被创造也不可能被消灭）。热力学第二定律指出，不可能建造一种装置，它只从一个储备库中取出热能，并把其转化成其他形式的能量，或只把热能释放给另一个温度不同的储备库。这一定律还提供了一种最大限度地提高热机（从较冷的物体取出热能，并把其释放给较热的物体）效率的方式。

thermohaline（THC）　温盐环流

海洋中由于温度和盐度差异引起的由密度驱动的大尺度环流。

transpiration　蒸腾

水分从植物向大气的传输。

tritium　氚

氢的辐射性同位素，在原子弹试验后用以跟踪放射性在海洋中的传播，从而绘制洋流图。

tropical cyclone 热带气旋

围绕以低气压为中心的风暴系统，发生在热带。它们的强度可以很强，也可称为飓风和台风。龙卷风具有类似的强度，但尺度要小得多。

troposphere 对流层

大约10 km高度的低层大气区域，在该区域温度随高度降低，并且对流是热量垂直热传输的主导过程。

UNCED 联合国环境与发展大会

1992年6月在里约热内卢召开，之后《联合国气候变化框架公约》由160个参加国签署。

UNEP 联合国环境规划署

建立IPCC的机构之一。

UNFCCC 联合国气候变化框架公约

拥有192个成员国，在1992年的联合国环境与发展大会上达成该协议。

UV 紫外辐射

watt 瓦特

能量单位。

WEC 世界能源委员会

包括能源用户和能源行业众多成员的国际机构。

wind farm 风力发电场

生产电力的风力涡轮机组。

WMO 世界气象组织

建立IPCC的机构之一。

Younger Dryas event 新仙女木事件

持续约1500年的冷气候事件，它中断了末次冰期后的地球变暖（如此称呼是因为它以北极花卉"仙女木"的扩展为标志）。它是通过古气候资料研究发现的。

zooplankton 浮游动物

海洋中的小型动物生命形式。